南海文库

南海周边安全形势分析

朱锋 主编

成汉平 副主编

下

南京大学出版社

图书在版编目(CIP)数据

南海周边安全形势分析：上下册 / 朱锋主编. —
南京 ：南京大学出版社，2021.6
（南海文库 / 朱锋，沈固朝主编）
ISBN 978 - 7 - 305 - 23423 - 1

Ⅰ. ①南… Ⅱ. ①朱… Ⅲ. ①南海－安全管理－文集
Ⅳ. ①P722.7－53

中国版本图书馆 CIP 数据核字(2020)第 169829 号

出版发行　南京大学出版社
社　　址　南京市汉口路 22 号　　　　邮　编　210093
出 版 人　金鑫荣
丛 书 名　南海文库
书　　名　南海周边安全形势分析(下册)
主　　编　朱　锋
责任编辑　田　甜
照　　排　南京南琳图文制作有限公司
印　　刷　江苏苏中印刷有限公司
开　　本　718×1000　1/16　总印张 54　总字数 770 千
版　　次　2021 年 6 月第 1 版　2021 年 6 月第 1 次印刷
ISBN 978 - 7 - 305 - 23423 - 1
定　　价　288.00 元(上下册)

网址：http://www.njupco.com
官方微博：http://weibo.com/njupco
官方微信号：njuyuexue
销售咨询热线：(025)83594756

目 录

第六部分　中国与南海：战略、规划与举措

第五部分

周边大国和地区与南海：意图、政策与行动

南海对于中国、美国和东盟究竟意味着什么?

孙建中 *

[内容提要] 南海从 20 世纪 70 年代起就已经开始逐步发生问题,但一直维持相对稳定局面,即使中越发生过几次武装冲突也没有影响南海整体稳定的大局。然而进入 21 世纪后,当美国开始视中国为主要战略对手并决定推行"亚太再平衡"战略时,南海局势急剧升温并因中国、美国和东盟三个重要国际行为体介入程度最深而成为当今世界上的一个突出热点。那么,各方在南海问题上到底存在着什么样的重大利益,它们到底要达到什么样的目标,以至都将南海作为一个战略博弈的主要平台? 本文认为:中国在南海问题上的所有做法都是围绕着一个意图而开展,这就是维护国家的领土主权,并为实现"海洋强国"创造条件;美国在南海问题上是要整合地区盟国和伙伴国并形成一个牵制中国的地区均势机制,借此维护其在亚太的军事主导地位和世界霸主地位;东盟在南海问题上是要维持中美相互牵制的状态,并利用南海问题有效推行"以小玩大"的"大国平衡"战略,从而尽可能长久地扮演"小马拉大车"的地区领导角色,尽可能长久地维持对其最为有利的"安全上靠美国、经济上靠中国"的地区格局。显然,明确各方在南海问题上的基本要求,特别是明确美国和东盟在南海问题上的基本要求,对于我们下一步制定切实可行的南海政策和亚太地区安全战略具有非常重要的意义。

[关键词] 南海 中国 美国 东盟 战略意图

---

* 孙建中,发表本文时为南京大学中国南海研究协同创新中心研究员。

南海问题尽管涉及"六国七方",但本质上属于中国和南海周边国家之间的矛盾和纠纷,而且在战后很长时间里都保持相对稳定与低调的状态。虽然中国与南越-越南之间分别在 1974 年和 1988 年发生过短暂的海上冲突,但在当时都没有引起国际社会的关注。南海依然处于整体和平状态,并没有成为影响地区稳定的突出问题。然而,进入 21 世纪后,美国逐步把战略注意力转向亚太,尤其是南海,这时南海才开始逐步成为影响地区安全乃至全球安全的重大问题之一。现在,南海问题已成为美国拉拢东盟等地区国家对中国进行战略牵制的最主要工具之一,其重要性甚至超出了两国在网空、太空和经济领域中的任何矛盾。然而,如何准确理解和把握这一奇特现象,南海问题对中美和东盟究竟意味着什么,这不仅是两个大国和一个地区国际组织所面临的重大问题,也是我们研究南海问题的学者必须认真对待和回答的一个问题。

一、南海问题总体上受制于中美关系,并与中美关系发展变化紧密相连

改革开放推动中国经济活力四射,对世界经济增长的贡献率越来越大,并使中国在新兴市场国家中处于一马当先的地位。随着中国国力的上升和美国国力的相对衰落,尤其是 2008 年美国发生金融危机后,美国对美中实力不断拉近进而发生权力转移的担忧进一步加剧,战略焦虑感越来越严重。因此,如何有效应对中国崛起给美国带来的挑战便成为美国面临的一个重要战略抉择。

(一) 美国对华战略的调整及中国的反应

在此背景下,美国在对华采取"两面下注"策略的同时,开始利用退休高官、智库专家和资深学者探讨采取对美国成本最低的合作共赢战略的可能性,其结果是产生了名噪一时的"G2"倡议。其基本意图是:美国的全球霸主地位因自身

实力的相对衰落而出现动摇迹象;中国因实力不断增强而最终可能与美国之间发生权力转移现象,从而取代美国成为世界的"老大"。为了保持全球霸主地位,继续维持由自己建立和主导的战后国际秩序,同时又可以避免守成大国与新兴大国之间形成恶性竞争的战略性结构矛盾,避免两败俱伤局面的发生,美国一方面需要实力不断强大的中国支持它维持自身全球霸主地位的努力,另一方面也需要给足中国人的"面子",满足中国因实力不断增长而自然产生的提升自身国际地位的要求。这实际上是一种"大交易"。按照美国人的设想,在这项"大交易"中,美国得到了继续维持世界"老大"地位的战略保障;中国不仅确保了和平崛起,而且还可以将和平崛起的成本降低到最低程度,因为中国和平崛起的成本在中美合作框架下要比在中美对抗框架下更小一些。然而,中国在 2009 年 5 月和 11 月两度公开拒绝"G2"倡议后,美国开始怀疑中国的战略意图,认为中国这样做就是要最后取代美国成为世界"老大",推翻美国主导的现有国际秩序,并建立自己主导的国际新秩序,因而开始认定中国将成为未来几十年里美国最大的潜在战略竞争对手,同时是现有国际秩序在未来几十年里面临的最大潜在威胁。2010 年,美国开始高喊"重返东南亚""重返东亚""重返亚太"等口号,之后又改为"转身亚太"的说法,最后确定为"亚太再平衡"战略。这意味着美国新的亚太地区战略正式出台。该战略一开始由时任国务卿希拉里提出,军事色彩十分浓厚,围堵中国的意图非常明显,后经继任国务卿克里修正后,更加重视军事与经济之间的平衡,即美国要从军事和经济两大领域同时牵制中国。

(二) 中美关系竞合一体,两面性非常明显,但从长远看共同利益大于冲突分歧,合作大于对抗

中美是当今世界上两个最大的经济体,两国关系涵盖诸多重要领域,在促进世界经济发展和繁荣、维护世界和平与稳定等方面发挥着巨大的作用。尽管中美关系是当今世界上最主要的双边关系,但这是一种非常复杂的竞合关系,目前正处于一个非常微妙的阶段。一方面,美国将中国视为当今世界上最主要的战略竞争对手,并因此在战略上推行"亚太再平衡"举措,军事上推出了"空海一体战",后来又升级为"全球公域介入与机动联合"概念,即使是在中东乱局不断恶化,欧洲也开始出现严重的安全问题时,美国依然没有放弃"亚太再平衡"战略,说明美国真的把中国当成需要认真对待的"战略对手"了。这对中国绝不是一件好事,因为中国的周边安全环境因美国对华政策的调整而趋向深度复杂:南海、东海等热点不仅会持续保持高温状态,而且热点之间的联动趋势也越来越明显。中国在南海开展岛礁建设后,美国对华态度更加强硬起来,甚至通过对台售武这种方式向中国施压。另一方面,中美关系似乎又出现了值得关注的新动向,美国军方高层在继续把中国列为主要威胁的同时,将俄罗斯列在了第一位,因为俄罗斯在乌克兰问题上的不妥协态度和在叙利亚采取的反恐军事行动导致美俄关系持续紧张,迫使美国不得不将更多的精力放在俄罗斯身上。这种对美国威胁排序的调整可能是中美关系将得到一定改善的一个信号,因为在冷战结束后不久美国继续把俄罗斯视为美国的头号威胁以及当美国将"基地"组织视为美国的头号威胁时,中美关系发展都非常顺利,尤其是现在,有许多共同利益要求两国加强合作、互利共赢,比如发展经贸关系,共同打击恐怖主义,加强气候变化问题上的合作,共同推动联合国改革,等等,其中"追逃追赃"合作在过去取得了非常显著的成果。更为重要的是,美国世界霸主地位的维持在客观上需要中国的默认与支持,而且中国也在致力于构建新型大国关系和军事关系。这些都将成为有力支撑中美关系保持长期合作基调的基本力量或基础。

二、中国与东盟不断密切的经济关系深受南海问题的制约,东盟在南海问题上的立场也开始发生微妙变化

东盟主要是由中小国家构成的一个地区性国际组织,在实力上无法与美国、中国、俄罗斯、日本、印度等大国相抗衡。但是,东南亚地区所占据的重要地缘战略地位又使得它成为主要大国的博弈场所。在此背景下,东盟何去何从,对于东

南亚地区的安全形势及其发展趋势具有很大影响。新加坡前领导人李光耀是世界一流的政治家,战略眼光十分敏锐,对于东盟在东南亚乃至亚太发挥何种作用具有可谓深谋远虑的打算,因而使得新加坡成了东盟实际上的大脑。东盟的对外行为直到今天依然深受李光耀地缘战略思想的影响。

(一)中国与东盟的经贸关系日趋密切,其奉行的"大国平衡政策"一开始并不指向任何特定的大国

冷战结束后,特别是进入 21 世纪后,一方面,东盟一体化进程不断加快,其与中国的经济关系日益密切,双方之间形成良性互动关系,在相互经济合作中实现了共赢的目标。另一方面,中国自改革开放后持续高速发展,经济规模不断扩大,对地区经济的影响日益加深,意味着东盟对中国的依赖度不断提升,因而逐步形成以中国为核心的东南亚地区经济体系网络。与此同时,二战后形成的美国主导东南亚安全事务的格局对于持续维护地区和平与稳定具有重要作用。东盟对于自己在经济上靠中国、安全上靠美国的做法感到非常满意。但是,为了突出自己作为地区主人的身份和把握自己命运的主动性,东盟提出了奉行"大国平衡"战略的政策,即通过引入更多的域外大国尤其是中美两个大国并让它们相互牵制,来确保东盟及其成员国的独立性和安全性,而其牵制的对象也将在不同的时期由哪一个大国对自己构成的威胁最直接或者最大而定,其余大国皆可充当自己可以借用的工具来牵制被平衡的大国。这就是东盟设计"大国平衡"战略的初衷。

(二)东盟对华关系在美国"亚太再平衡"战略推动下开始出现缝隙,其"大国平衡战略"开始主要针对中国

然而,自美国 2009 年开始高喊"重返亚洲"继而推行"亚太再平衡"战略后,南海问题随之升温并高烧不退,成为东盟不断加大防范中国军事"威胁"的一个重要借口,特别是在南海声索国和美国的多重推动下,东盟在安全事务上与中国出现渐行渐远的迹象。尤其是美国自二战后一直在东南亚地区处于安全上的主导地位,即便是在苏联与越南 1978 年签订军事同盟协定后也没有改变这一地区的安全格局。尽管目前中国国力不断增强,对东南亚的军事影响力不断扩大,尤其是在南海维护主权利益能力的增强,对东南亚安全格局的影响也在逐步增大,但尚未达到实质性改变东南亚地区安全格局的程度,美国依然在东南亚地区安全格局中发挥着主导性作用。此外,日本、印度等国不断加大介入南海问题的力度,客观上进一步巩固了美国在这一地区安全事务上的主导地位。鉴于美国在本地区安全事务中所处的领导地位,以及中国因国力不断增大而对其产生的心理威慑,东盟自然会继续寻求美国人的保护。新加坡前领导人李光耀曾经劝告美国"不要将东亚的主导权拱手让给中国"。[1] 2015 年底正式成立的东盟共同体在组织结构上进一步明示了东盟与美国之间的安全合作关系。众所周知,东盟共同体由政治安全共同体、经济共同体和社会文化共同体三个重要部分组成。前两部分主要对外,即政治安全共同体主要与美国绑定起来,经济共同体主要与中国绑定起来,进一步加固东南亚安全靠美国、经济靠中国的地区格局;后一部分主要对内,即社会文化共同体主要是通过文化上的互通与共融,不断深化一体化进程,为东盟在各个领域克服困难、达成共识创造有利的文化环境。这种制度设计意味着在安全事务上东盟主要与美国开展合作,中国主要是其通过合作而进行防范的对象。因此,东盟的"大国平衡"战略的矛头开始从过去的无固定对象转变为固定对象了,从过去的随时调整目标变为了长期聚焦一个目标了。

---

① 铁血社区网:http://bbs.tiexue.net/post2_4272801_1.html,登录时间:2016 年 12 月 21 日。

三、中美目前在南海问题上的战略意图具有非常明显的对抗性,但是东盟与中国的战略竞争性也在日趋加强

中美在南海问题上形成的对抗僵局在很大程度上是美国前总统奥巴马推行对华政策的结果。从上台一开始希望通过借助中国之力维护美国的地区和全球霸权地位遭拒,到转而希望通过遏制中国来延长美国的地区和全球霸主地位,南海问题成了美国手中可以随时打出的一张王牌。东盟在安全问题上的战略定位决定了它必须跟美国走并将中国看成是最大的潜在威胁对象,因而形成在与中国打交道时只谈经济不谈安全或者回避安全问题的局面。

(一) 南海问题升级在很大程度上是美国"重返东南亚"政策的产物,旨在构建一个牵制中国的地区均势机制

美国作为当今世界唯一超级大国所面临的最大问题就是它的国力开始出现衰落迹象,这将直接导致美国逐步丧失其全球霸主地位的结局,而最可能取而代之的国家就是中国。正因为如此,美国希望通过与中国合作的方式将中国对美国构成的潜在威胁转化为现实合作,从而延长其全球霸主的寿命。当中国没有按照美国的意图行事时,美国转而制定了"亚太再平衡"战略,主要战略意图之一就是通过直接介入南海事务并将南海打造成一个美国可以随时利用地区力量牵制中国的平台或者制度性的均势机制,一方面可以维护美国的世界霸主地位,另一方面可以有效管控中国对其不断增大的战略力量和战略威胁。这样做可以达到一箭双雕的目的。当然,中国与南海声索国之间的主权争议是一个直接的因素,但这种因素如果没有美国的介入或支持不可能扩大化或者持久化。美国正是利用了中国与南海声索国之间的矛盾为自己介入南海事务提供了借口,而南海声索国也利用了美国介入南海事务的机会谋求更大的利益,双方是一种相互

利用的关系。因此,"重返亚太"战略是美国在中美结构性矛盾日趋激化的特殊时期制定的一个在很大程度上旨在遏制和牵制中国的特殊政策。只要美国的力量在衰退而中国的力量在上升,那么美国就不太会轻易改变对中国奉行借力打力的政策,甚至在中美结构性矛盾趋于进一步激化时,也不排除美国进一步加大遏制或牵制中国的力度这种可能性。

(二)东盟借助南海问题一方面整合内部力量,另一方面把南海问题作为推行新的"大国平衡战略"的抓手

2015年"11月22日,东盟十国领导人在马来西亚首都吉隆坡签署联合宣言,宣布将从今年12月31日起正式成立以经济、政治安全和社会文化为三大支柱的东盟共同体"①。新的东盟共同体因为拥有6.25亿人口和2.6万亿美元的GDP总量而成为当今世界第七大经济共同体,其在安全领域的主要目标则是"小马拉大车",而实现这一目标的手段是"大国平衡"战略。东盟共同体内部需要不断整合资源才能加固存在和发展的基础,而这种整合又存在一定的困难,正如马来西亚前总理巴达维在2015年3月召开的博鳌论坛上所指出的那样:"东盟一直都是致力于密切的合作加强区域主义,而不是削弱各成员国的主权。我们最基本的行事方式就是要实现团结,而不是统一。"②因此,要不断推动东盟共同体的发展和深化,需要有强大外力的推动,而这个外力就是南海问题。也就是说,立刻解决南海问题不利于东盟共同体的内部整合进程;立刻解决南海问题不利于东盟针对不断崛起的中国而推行新版"大国平衡"战略;立刻解决南海问题也不利于东盟长期在本地区发挥"小马拉大车"作用的战略需要。再扩大一点说,立刻解决中美之间的结构性矛盾,也不符合东盟实现"小马拉大车"的战略目

---

① 《东盟共同体年底成立,对中国意味着什么?》,新浪网:http://news.sina.com.cn/zk/2015-12-01/doc-ifxmazmy2303406.shtml,登录时间:2016年12月17日。

② 《东盟共同体将于12月31日成立与欧盟性质不一样》,凤凰网:http://finance.ifeng.com/a/20150328/13590411_0.shtml,登录时间:2016年12月17日。

标,因为中美实现战略合作制度化将会彻底打掉东盟实现其安全目标的前提条件,就不再存在让东盟在大国之间玩弄借力打力的特殊地缘政治环境了。对于上述问题,我们应当保持清醒的头脑,切不可存在利用大力发展经贸关系来换取东盟在南海问题上做出实质性让步的天真幻想。例如,新加坡国防部长 2015 年12 月 9 日在美国新安全中心发表演讲时指出:"美国是维持亚太区域稳定与和平的关键力量,正当国际地缘政治出现变化之际,它作为太平洋大国须清楚展现留驻亚太的坚定决心。"①因此,在这一问题上,东盟看得很清楚。

四、中国和美国、中国和东盟在南海问题上的博弈方式各不相同,但都有各自的底线

中美之间的结构性矛盾是一个客观存在而且长期存在的客观事实。无论是放任这种矛盾发展下去进而导致两败俱伤,还是要彻底解决这一矛盾进而实现两国的全面合作,看来都不太现实。比较现实和具有可操作性的做法就是管控两国间存在的结构性矛盾,不要任这种矛盾发展下去。这对于中国而言,面临着如何应对并管理一个出现败落迹象的超级大国这一重大难题;对于美国而言,则面临着如何应对并管理一个不断崛起的新兴大国这一棘手问题。这两个问题不仅对两国而且对整个世界可能都是一个历史性难题,因为中美关系的走向将深刻影响未来的国际格局。显然,中国与东盟的未来关系也必将深受中美未来关系的影响,原因就在于,中美关系在很大程度上决定着东盟的地区战略基础和推行这种战略的条件是否继续存在这一根本性问题。

---

① 《新加坡防长谈南海争端:美国维持亚太和平稳定》,新浪网:http://mil. news. sina. cn/2015 - 12 - 11/1319846300. html,登录时间:2016 年 12 月 4 日。

(一) 中美博弈以保持"斗而不破"格局为底线

中美博弈虽然是新兴大国与守成大国之间结构性矛盾的自然表现,但是不同于冷战时期的美苏争霸。因为当时的美国不仅要遏制苏联,而且还想推翻苏联政权;而苏联则要消灭美帝国主义,取美国而代之,成为世界的新霸主。所以,它们之间的冲突所反映的是"一山不容二虎"的矛盾,具有强烈的生死对抗性和不可妥协性。而现在的中美矛盾是一种虽具强烈竞争性但具有可妥协空间的冲突,可以通过合作共赢的方式实现"一山容二虎"的目标,主要原因就在于中国始终坚持不称霸原则,而且愿意融入现行的国际体系之中,从未打算彻底推倒现有国际体系而重新建立一个新国际体系。为了避免对抗,中国不断地向美国明确传递这一战略信号。对此,美国政府官员和智库专家与学者都非常清楚。在此背景下,双方都希望通过合作管控矛盾、分歧与冲突,确保"斗而不破"的基本态势,努力在斗争与合作中形成一种"不冲突、不对抗、相互尊重、合作共赢"的新型大国关系。[①] 值得注意的是,当前中美在处理两国关系时所面临的最大挑战是:美国因自身出现衰落迹象而产生的不自信,进而产生强烈的战略焦虑感;中国因自身实力不断增强而产生的过度自信进而产生不太理智的战略优越感。这两种感觉碰撞在一起有可能导致中美关系的失控,从而打破"斗而不破"的格局,这将对两国关系产生致命性影响。因此,中美要共同管控矛盾、分歧和冲突。

(二) 中国与东盟的博弈则以"不冲击经济合作"为底线

东盟看到"经济上靠中国、安全上靠美国"这一地区格局对自己最有利后,其与中美的交往方式和博弈方式也大体上清晰起来:和中国主要谈经济问题,和美

---

① 傅莹:《中俄结伴但非结盟》,中国日报中文网:http://world.chinadaily.com.cn/guoji/2015 - 12/18/content_22738725.htm,登录时间:2016 年 12 月 18 日。

国主要谈安全问题;利用与中国的经济联系牵制美国,但同时决不能让与中国的经济关系影响到其与美国的安全关系;利用与美国的安全关系牵制中国,但决不能让与美国的安全关系影响到其与中国的经济关系。这样,东盟自己无形中在中美之间发挥着一种"平衡手"的作用,从而使自己处于最为有利的地位。当东盟在与中国进行博弈时,实际上是在两个领域同时进行的,也是一种"双保险措施":一是在经济领域加强与中国的合作,努力形成相互依赖关系,通过合作减少威胁感或恐惧感;二是在安全领域加强对中国的防范,努力形成互不构成威胁的关系,通过防范中国,减少不确定因素,避免危机的发生,确保地区的和平与稳定。但是,无论东盟对中国的防范心理有多么深重,其与中国的关系始终是以经济为主轴,始终确保不让任何事情冲击双方经济合作的底线。这也是中国在发展与东盟关系问题上的底线所在。

(三) 美国与东盟之间博弈以不打破各自的均势机制为底线

美国与东盟之间的关系非常微妙:一方面,美国要利用东盟充当自己牵制中国的工具,形成地区均势机制,实现让本地人牵制本地人的战略目标,从而为美国延迟衰落进程或者重振美国创造战略机会,因此,美国不希望东盟的战略设计干扰或者影响自己实现地区战略目标的进程;另一方面,东盟看重与美国的安全合作,主要是想利用美国的军事实力牵制中国不断强大的军事实力,从而创造一个大国相互制约下对东盟有利的地区和平环境,因此,东盟也不希望美国的"亚太再平衡"战略影响到自己目标的实现。在此背景下,美国和东盟必须找出一个双方都能够感到满意的均衡点,这就是以不打破各自设计的均势机制为底线。但是,基于双方的不同逻辑,在对华政策上美国更加关注地区安全问题,因而愿同中国更多地谈论安全合作问题,尤其是危机管控问题;而东盟在对华政策上则更加看重地区经济问题,因而愿同中国更多地谈论经济合作问题。这样的格局可能不会影响美国与中国开展经济合作,但有可能影响东盟与中国开展安全合作,从而影响中国"双规思路"的推进及效果。这一点需要引起我们的高度重视,否则的话,当我们强调与东盟开展安全合作时,东盟要么是加以回避,要么就是把美国也拉进来,以达到平衡中国的目的。

结　论

中国的崛起目前为止实际上是经济崛起,主要表现是中国在美国推行"亚太再平衡"战略之前就已经在亚太地区成为经济中心,加之中国与东盟自贸区协定的签署夯实了东南亚经济上靠中国的法律和经济基础,美国与东盟签署的《东南亚友好合作条约》也加固了东南亚安全上靠美国的法律和军事基础,这在客观上形成了亚太广大中小国家"经济上靠中国,安全上靠美国"的局面。美国推行"亚太再平衡"战略的主要目的是要让亚太中小国家无论是在经济上还是在安全上都要依靠美国,但现在看来未能如愿以偿,因为特朗普总统上台后的头一天,美国就抛弃了 TPP,这使得中国的经济吸引力更加强大。而亚投行(AIIB)的建立和"丝路基金"的设立,以及这些举措得到亚太国家的积极响应等情况表明,亚太国家不愿在经济和安全上都依靠美国,也不愿在经济和安全上都依靠中国,但它们更愿意在不同的领域依靠不同的大国,以便让大国之间可以形成相互制衡格局。因此,维持大国矛盾的存在,尤其是维持中美战略矛盾的存在,并将存在矛盾的诸多大国都引入亚太地区,进而利用大国之间的矛盾制约大国,是亚太中小国家奉行"大国平衡"战略的重要前提条件。在此背景下,美国或者中国要想在亚太地区让中小国家在经济和安全上都依靠自己,非常困难,几乎不可能实现,而最有可能出现的局面就是当前的"经济上靠中国,安全上靠美国"格局一直持续下去。也就是说,"经济上靠中国,安全上靠美国"的地区格局对南海国家最为有利,最终也可能为中国和美国所接受,进而成为一个相对持久和稳定的亚太地区地缘战略架构。

对美国加强军事介入南海问题的思考

曹　杨 *

[内容提要]　2015—2016 年美国军事介入南海问题显现出前所未有的高调,在加强军事存在、适时展示实力、提升盟友防务能力的同时,积极派遣海空兵力在南海我管辖海空域侦察巡航,进入我方驻守岛礁近岸水域进行挑衅,对我国家安全特别是岛礁设施和驻守人员安全构成了严重威胁。本文梳理了这一时期美国加强军事介入南海问题的主要表现,分析了美国一系列举动背后的战略考量,并对可能造成的影响进行了思考。

[关键词]　美国　南海　军事介入

随着"重返亚太"战略的推进,军事介入南海问题已经成为美国加强对中国的防范与遏制,维持自身亚太地区影响力和主导地位的重要举措。在南海问题上,美国逐渐从幕后走向前台,对南海的军事介入显现出前所未有的高调,在加强军事存在、适时展示实力、提升盟友防务能力的同时,积极派遣海空兵力在南海我管辖海空域侦察巡航,进入我方驻守岛礁近岸水域进行挑衅,对我国家安全特别是岛礁设施和驻守人员安全构成了严重威胁。可以预见的是,美国以维护"航行自由"为借口,加强军事介入南海问题的战略不会改变,介入强度将逐渐增大,造成的影响也将逐步显现。

---

* 曹杨,海军指挥学院研究员。

一、美国加强军事介入南海问题的主要表现

（一）政府和军队高官频繁发布涉及南海争端强势言论，将矛头直指中国

2015 年 1 月，美国海军第七舰队司令罗伯特·托马斯称，欢迎日本将空中巡逻范围扩至南海，以便对中国不断壮大的舰队力量形成制衡。3 月，他又建议，东盟国家应联合海上力量在南海巡航，并承诺第七舰队将为此提供支持。4 月初，履新不久的美国国防部长阿什顿·卡特在日本对南海和东海主权争议导致地区军事化提出警告。5 月 13 日，美国助理国防部长戴维·希尔向参议院外交关系委员会作证时，提到美国空军将向澳大利亚达尔文港部署 B-1 轰炸机，作为对中国在南海挑衅行为的一项军事反制措施。5 月下旬，美国副总统拜登在美国海军学院毕业典礼上致辞时，公然利用南海问题来动员士气。面对 1 070 名毕业学员，拜登先是渲染南海的紧张气氛，表达对美国国家利益的担忧；后是强调"亚太再平衡"战略的必要性和重要性，将其作为美国应对"风险"的利器。拜登赤裸裸地表示，到 2020 年，美国将有 60% 的海军力量被部署到亚太，军队需要做好准备，在座的毕业生责无旁贷。而此次毕业的学员中，将有 790 人进入海军服役。5 月 21 日，美国负责东亚事务的助理国务卿丹尼尔·拉塞尔在华盛顿的一场媒体吹风会上说，美国的侦察飞行"完全适当"，美国海军力量和军用飞机将"继续充分行使"在国际海域和空域活动的权利，美国将采取进一步举措，以保护各国在国际海域和空域航行的能力。同日，美国国防部发言人沃伦称，向中国在南海的人工岛 12 海里以内派遣美军飞机和舰船将是"下一步（行动）"。5 月 30 日，美国国防部长卡特在香格里拉对话会上发表讲话称，中方填海造地的规模和速度史无前例，超过其他声索国总和，中方在南海的行动与国际准则和规范不"合拍"。6 月 1 日，美国总统奥巴马对访问美国的一个东南亚青年领袖团体说，有可能中国对那片水域的一些领土声索是合理的，"但他们不应该为了确

立那些声索而拳脚相向,把别人赶出去"。奥巴马在白宫说这番话时做了个胳膊肘向外推的姿势。奥巴马称,美国在那个地区没有领土要求,但要求中国与其他国家在那个水域的领土主权争端能够和平解决。他说:"我们不是争议方。但是,在确保争端根据国际既定标准、通过外交途径得到和平解决这个问题上,我们确实有利害关系。因此,我们认为,该地区任何一方的填海造岛行动、挑衅行为,都是徒劳无益的。"11月初,美总统国家安全事务副助理罗兹称,美将继续在南海采取行动证明美对维护航行自由原则的承诺,这符合美利益。美国政府和军队高官涉及南海的言论无不表明了其军事介入南海问题的立场和决心,强化对我海上遏制和围堵的意图明显。

(二)美军海空作战兵力直接进入我管辖海空域,对我国家安全构成严重威胁

2015年5月11日,美国海军驻扎在新加坡的濒海战斗舰LCS-3"沃思堡"号驶近中国南威岛,我海军"盐城"号导弹护卫舰对其紧密监视。5月20日,美军一架P-8A反潜巡逻机飞越我南海岛礁上空,遭到我海军多次警告。应美军方之邀随机采访的美国有线电视新闻网(CNN)记者公开报道了此事,并公布了军方掌握的有关录音。7月18日,美太平洋舰队新任司令斯威夫特乘坐美军P-8A反潜侦察机在南海空域巡航,历时7小时。此前一天,他在访问菲律宾时向盟国保证,美军装备精良,随时准备应对南海的任何紧急状况。10月27日,美方不顾中国政府多次交涉和坚决反对,派"拉森"号导弹驱逐舰进入中国南沙群岛有关岛礁近岸水域。我海军"兰州"号导弹驱逐舰和"台州"号巡逻舰依法予以警告。美军公然派遣战斗舰艇和军用飞机频繁对我进行挑衅,并借机在媒体上大肆宣扬和炒作的行为,是近年来较为罕见的。这不仅将美国军事介入南海问题的政策落到了实处,还妄图以此为契机,将危机、争端制造者的名头强加于我,陷我于舆论被动的不利境地。

（三）在安全上，美国继续强化盟友关系、培植伙伴，在南海地区广泛开展军事合作，帮助盟友和伙伴提升军力与我抗衡

2015年初，美国就怂恿日本将空中巡逻范围扩至南海，鼓励日本向菲律宾等国提供装备、训练和作战上的帮助；建议东盟国家联合建立海上力量在南海巡航，并承诺第七舰队将为此提供支持。4月8日，日本防卫大臣中谷元和美国国防部长卡特在东京举行会谈，就加快日美防卫合作指针修订工作达成一致。新修订的日美防卫合作指针，删除了有关"周边事态"的提法，有意大幅扩大日本自卫队对美国军事行动的支援范围，将日美军事合作视野从日本"周边"扩展到全球。新指针通过后，日本即派出海上自卫队P-3C反潜巡逻机赴南海参与了菲律宾组织的联合训练。4月20日至30日，美国与菲律宾举行2015年度"肩并肩"联合军事演习。虽然只是例行演习，但此次双方投入兵力超过1.1万人，号称是两国15年来最大规模的联合军事演习。演习在菲律宾多个地点举行，且逼近我国南沙海域，其中三描礼士省圣米格尔海军基地距离我国黄岩岛约220千米，巴拉望岛距离我国南沙群岛约260千米，针对我意图十分明显。5月10日，美国海军"卡尔·文森"号航母战斗群、驱逐舰第一支队与马来西亚空军及海军在南海共同进行双边训练，以支持美国第七舰队的安全合作目标。美军方发布新闻称，美国承诺与马来西亚等该地区的伙伴国家培养和加深双边关系。6月1日，越南国防部长冯光青与卡特会晤并签署了《国防关系联合愿景声明》。卡特表示，美国将为越南落实海洋法律提供帮助，为越南海洋警察部队提供1 800万美元的援助，并继续帮助越南军队建设维和训练中心。5月31日，卡特在海防港参观了越南海军基地和越南海岸警卫队总部，这是美国国防部长历史上首次参观越南海军基地。当天，卡特还登上了一条在2014年"981"钻井平台事件中曾与中方船只发生冲撞的越南船。11月5日，美国国防部长卡特搭乘MV-22B"鱼鹰"运输机抵达正在南海海域航行的CVN-71"西奥多·罗斯福"号航母进行视察，并在"罗斯福"号航母上会见了马来西亚国防部长率领的参观团。媒体报道称,五角大楼有意与马来西亚签署协定,以便让美国航母更为频繁地使用位于沙巴的海军基地。美国不断挖空心思强化与南海周边国家的军事合作,无非是想把菲、越等国推到冲突前沿,以获得介入南海的合法性,并且使南海问题保持热度。同时,怂恿日本军事介入南海,为其减轻一定的军事负担。

二、美国加强军事介入南海问题的战略考量

(一) 作为实现其推行"亚太再平衡"战略的着力点,配合美国战略东移

美国加强军事介入南海问题绝不是一项孤立具体的政策和措施,其从属于美国一系列东南亚政策的关键环节,服从并服务于美国亚太战略的总体布局。实现"亚太再平衡",将主要的资源和精力由欧洲、中东转向亚太,需要足够的理由。对美而言,在亚洲诸多事务中积极介入南海问题,最符合美国维持地区霸权和主导影响力的现实需要。以此为契机,将其具有绝对优势的军事力量介入其中,不仅可以为提高话语权增加有力分量,还能通过防务合作深化与盟国和南海周边国家的关系,密切往来,增强南海周边国家对其军事依赖。

(二) 对中国经济的快速发展和国防军队现代化建设稳步推进展现出的良好势头表示忧虑

2008 年的金融危机重创了美国和欧洲经济,造成其经济实力的相对下降。而在全球经济衰退的浪潮中,以中国为代表的新兴经济体加速崛起,日益成为推动世界经济发展、维护世界经济稳定的重要力量。随着海洋强国和"一带一路"倡议的不断推进,中国经济良好的发展势头仍将持续。中国的国防实力逐渐增强,尤其是中国海军的现代化建设稳步推进,也为有效捍卫国家海洋权益奠定了坚实的物质基础。近年来,我国维护海洋权益的决心更加坚定,维权行动也取得

了较好的效果。这使美国判断认为,南海已经成为中美两国进行战略博弈的重要场所。

从长远看,利用南海问题可以激化中国与周边国家的矛盾,扰乱其稳定的周边安全环境,分散其精力,消耗其资源,迟滞其快速发展,从而阻止中国挑战美国在亚太地区的海上霸权。就短期而言,"亚太再平衡"作为执政期间的重要战略之一,奥巴马总统亦想在执政的收官阶段从该战略的实施中收获部分政治遗产,加之美军自身的利益诉求,军事介入南海问题则成为最为直接和有效的手段。

三、几点思考

(一) 美国加强军事介入,使南海争端变得更加复杂,为争端的解决增添了新难度

美国的各项举动表明,在解决南海争端问题上,其持有的原则和立场与我分歧严重。2014 年 7 月 11 日,美国国务院亚太事务助理国务卿帮办富克斯在智库战略与国际问题研究中心举行的"南中国海局势暨美国政策"研讨会中首度提出各方冻结当前行动的具体建议。而中方赞成并倡导以"双轨思路"处理南海问题,即"有关争议由直接当事国通过友好协商谈判寻求和平解决,南海的和平与稳定则由中国与东盟国家共同维护"。美国的军事介入,削弱了中国的声音,助长了越南和菲律宾等国的幻想,为越、菲推动南海问题国际化增加了底气。同时,南海周边国家在美国军事介入的背景下变得有恃无恐,侵犯我南海权益的行为会更加冒险和大胆,无疑加剧了南海地区局势的紧张。南海周边国家经济上依靠中国、安全上偏向美国的倾向短期内不会发生改变。

（二）美国加强军事介入，加大了南海当面中美军事对抗发生的风险

长期以来，美军舰机在海上方向对我实施的抵近侦察、测量和监视活动从未停歇，由此甚至导致事故的发生和紧张局面的出现。中美撞机事件、"无暇"号事件都发生在南海。2013 年 12 月 5 日，美国"考彭斯"号巡洋舰在南海对我"辽宁"舰进行监视时，险些与我前出的护航舰艇发生碰撞。随着美国军事介入南海力度的不断加大，其舰机在我南海当面的活动必将变得更加频繁，中美海空力量因沟通不畅、误判等原因造成航行（飞行）事故、舰机对峙和武装冲突的可能性加大。从当前情况看，两军海空兵力相遇主要表现为美方的主动挑衅和我方的积极维权，这样的氛围容易导致擦枪走火，不利于两国两军关系的长远发展。

（三）必须警惕美国怂恿日本军事介入南海问题对我维护海洋权益带来的不利影响

在美国"重返亚太"的大背景下，东海问题与南海斗争形势的联动效应逐渐显现。当前，中日两国关系仍未走出历史低谷。在事关领土主权和维护海洋权益等一系列重大问题上，两国分歧严重。日本保持在钓鱼岛问题上与我针锋相对的同时，正积极将军事实力向南海渗透，通过资金、装备援助等手段广泛进行外交活动，密切军事关系，开展军事合作，为南海周边国家与我抗衡提供支持。日本历来视南海为国民经济重要的"海上生命线"，美国怂恿日本军事介入南海问题，也为日本提供了可乘之机。日本不会轻易放弃这样千载难逢的好机会，军事介入南海几成必然。要警惕日本利用南海问题掣肘我国，防止南海的突发事件和不利因素波及钓鱼岛，给日方以可乘之机。

中美在南海地区的行为互动

——政策梳理和互动路径

郭丹凤*

[内容提要] 20世纪70年代以来,南海问题开始浮出水面。南海问题涉及"五国六方"[中国(大陆、台湾地区)、越南、菲律宾、文莱、马来西亚],矛盾集中在南沙岛礁的主权归属、海域纠纷等方面。美国并非南海争端方,却成为介入南海地区的实力最强的域外大国。美国对南海地区的介入是一个历史过程,自从奥巴马政府实行"亚太再平衡"战略以来,南海地区成为美国"重返东南亚"的重点地区。在客观现实中,中国与其他南海争端方之间的行为互动,常常成为中美两国在南海地区的较量。本文首先梳理了中国在南海地区的政策立场,以及美国对南海地区的介入过程,以考察中美两国在南海地区的行为演变过程。行为是社会学研究的起点,国家间行为互动是国际关系研究的重要切入点。在社会学中,完整的行动要素包括行动主体、客体及中介。从社会学的行为研究视角出发,分析中美两国在南海地区的行为互动,可将中美两国在南海地区的行为互动假设为一个互动行为集合体,中美两国互为行为主、客体,而南海地区或南海地区国家为行为客体或行为中介。据此,可将中美在南海地区的行为互动分为三类,从这三类行为互动中可得知中美两国在主体间规范上的差异,以及双方在现实中的互动路径。这种研究视角,一方面可以对中美在南海地区的分歧和共同

---

* 郭丹凤,外交学院国际关系研究所2014级博士研究生。

利益进行具体观察；另一方面，可启发中美双方应在中美关系大局中处理在南海地区分歧，避免中美关系大局被南海地区或南海地区国家主导。

[关键词]　中国　美国　南海问题　行为互动　互动路径

　　二战结束后，国际社会普遍对中国在南沙群岛的主权予以承认和尊重。20世纪70年代以前，南海周边的菲律宾和马来西亚等国没有任何法律文件或领导人讲话提及本国领土范围包括南沙群岛。但20世纪70年代以来，随着国际环境的变化，加之南海地区日益显要的战略地位和极其丰富的海底资源，南海问题开始浮出水面，而南海油气资源的发现和国际海洋法的制定对其起到了催化剂作用。1968年，联合国亚洲暨远东经济委员会下设的"亚洲外岛海域矿产资源联合勘探协调委员会"提交的一份勘察报告指出，南海海域、南沙群岛东部和南部海域蕴藏着丰富的油气资源。1982年《联合国海洋法公约》通过并开始实施，[①]南海周边国家趁机单方面主张大陆架和专属经济区，并对南沙岛礁提出"领土主权"要求。南沙岛礁"主权争议"主要涉及"五国六方"，即中国、越南、菲律宾、马来西亚、文莱和中国台湾地区。现实面对的南海问题主要是指20世纪70年代以来，由于南海周边国家对我南沙群岛的觊觎，这些岛礁的主权归属、海域划分和资源分配，在涉及政治、经济、法律等领域时所呈现出的诸多问题。[②]

　　在客观事实中，美国并非南海争端方，却是实力最强的域外大国，它对南海地区的介入，使南海局势更加复杂。考察越南、马来西亚和菲律宾等国的南海政策可知，美国因素对这些国家的南海政策起着至关重要的作用。美国对南海地区的介入有着一个历史演变过程，自从奥巴马政府实行"亚太再平衡"战略以来，南海地区

① 公约规定：每国有权确定其领海的宽度，直至从按照本公约确定的基线量起不超过12海里的界限为止；沿海国专属经济区从测算领海宽度的基线量起，不应超过200海里。但公约没有对专属经济区和大陆架之间的联系与区别做出明确界定，这为专属经济区重叠的国家产生冲突埋下了隐患。同时公约附件中规定，所有在1999年5月13日缔约的国家，须在该期限之前提出专属经济区和大陆架划界案送交联合国划界委员会。
② 刘中民：《被觊觎的岛屿——南海问题概述》，载《海洋世界》，2008年第1期，第12页。

成为美国"重返东南亚"的重点地区。南海问题成为美国介入南海地区的契机。中国与其他南海争端当事国的行为互动,常常成为中美两国在南海地区的较量。

中美两国在南海地区的行为互动是怎样的? 这成为中美在南海地区寻找共同利益和管控分歧的关键。本文首先从历史角度出发,梳理中国在南海地区的政策,以及美国介入南海地区的演变过程,以考察中美两国在南海地区的历史行为和当下政策。在社会学中,行为是社会学研究的起点,国家间行为互动则是国际关系研究的重要研究起点。社会学中的社会行为,完整的行动要素包括行动主体、客体及中介。从社会学的行为研究视角出发,可将中美两国在南海地区的行为互动视为一个互动行为集合体,中美两国互为行为主、客体,而南海地区或南海地区国家为行为客体或行为中介。据此,可将中美在南海地区的行为互动分为三类行为,从这三类行为互动中可得知中美两国在主体间规范上的差异,以及双方在现实中的互动路径。这种研究视角,一方面可以对中美在南海地区的分歧和共同利益进行具体观察;另一方面,可启发中美双方应在中美关系大局中处理在南海地区分歧,避免中美关系大局被南海地区或南海地区国家主导。

一、中国的南海政策梳理

中国是最早发现、最早命名南海诸岛的国家,也是最早并持续对南海诸岛行使主权的国家。中国对南沙群岛具有无可争辩的主权。据史料记载,自汉朝以来,中华民族在航海和渔业生产中就发现了南海诸岛。东汉杨孚的《异物志》、三国时期万震的《南州异物志》中均有南海诸岛的记载。唐朝时期中国开始对南沙群岛行使管辖权。明朝设海南卫巡辖西沙、中沙和南沙群岛。清朝时期,清政府对南沙群岛行使行政管辖。民国时期,国民政府在 1934 年审定并公布了《关于我国南海诸岛各岛屿中英地名对照表》,将南海诸岛分为四个部分:东沙群岛、西沙群岛、南沙群岛(今中沙群岛)和团沙群岛(亦称珊瑚群岛,今南沙群岛)。二战期间日本一度侵占了南海诸岛,1945 年日本战败投降,依据《开罗宣言》和《波茨坦公告》的精神，①中国政府于 1946 年接收了西沙和南沙群岛，并重申中国对南海诸岛的主权。1947 年，中华民国内政部重新命名了包括南沙群岛在内的南海诸岛，从而再次明确了中国对南海的固有主权。

1949 年新中国成立后，继续对南海行使主权，不断明确对南海主权的宣示。1950 年 5 月 15 日，中国人民解放军在西沙永兴岛登陆。1951 年周恩来发表《关于美英对日和约草案及旧金山会议声明》，强调：西沙群岛、南沙群岛、中沙群岛和东沙群岛一向为中国领土，②在南海海疆依然为 11 段断续线。③ 1953 年，中国将 11 段改为 9 段断续线。1958 年，中国政府发布领海声明，其领海宽为 12 海里并适用于东沙群岛、西沙群岛、中沙群岛、南沙群岛。1992 年，全国人大常委会通过了领海及毗连区法，再次明确中国的南海主权。1998 年，中国大陆颁布专属经济区和大陆架法，以立法的形式确定了《联合国海洋法公约》中对专属经济区和大陆架的规定。2014 年 12 月，中国外交部受权发布《中华人民共和国政府关于菲律宾共和国所提南海仲裁案管辖权问题的立场文件》中指出，"2011 年 4 月 14 日，中国常驻联合国代表团就有关南海问题致联合国秘书长的第 CML/8/2011 号照会中亦指出：按照《联合国海洋法公约》、1992 年《中华人民共和国领海及毗连区法》和 1998 年《中华人民共和国专属经济区和大陆架法》的有

---

① 1943 年 11 月中、美、英三国首脑在开罗会晤，发表《开罗宣言》，强调："三国之宗旨在剥夺日本自 1914 年第一次世界大战开始以后在太平洋所得或占领之一切岛屿，在使日本所窃取于中国之领土，例如满洲、台湾、澎湖列岛等，归还中华民国。"1945 年 5 月美、苏、英三国首脑会晤并发表《波茨坦公告》，第八条强调："《开罗宣言》的条件必将实施，而且日本之主权必将限于本州、四国、九州、北海道及吾人所决定的其他小岛之内。"

② 1951 年 7 月 12 日美、英公布对日和约草案规定，日本放弃对南威岛（南沙群岛主要岛屿之一）和西沙群岛的一切权利，但不提归还主权问题，为此，中华人民共和国中央人民政府外交部部长周恩来发表《关于美英对日和约草案及旧金山会议的声明》。见 1951 年 8 月 16 日《人民日报》。

③ 抗日战争胜利后，中华民国政府根据《开罗宣言》和《波茨坦公告》，1945 年 10 月 25 日收复台湾，随后收复西沙群岛和南沙群岛。1947 年 12 月 1 日，民国政府内政部重新审定南海诸岛地名 172 个，并发布公告，将原南沙群岛改名为中沙群岛，团沙群岛改名为南沙群岛。同时出版了《南海诸岛位置图》，标绘了一条由 11 段断续线组成的中国在南海的海域范围。1948 年，中华民国内政部公开发行《中华民国行政区域图》，并附《南海诸岛位置图》，向国际社会宣示了中国对南海诸岛及其邻近海域的主权和管辖权范围。

关规定,中国的南沙群岛拥有领海、专属经济区和大陆架"。①

在不断宣示和捍卫主权的同时,中国也逐渐开展在南海地区的行政规划,进行基础设施建设。1955 年和 1956 年,广东省和海南行政区组织西沙群岛、南沙群岛水产资源调查队秘密登上永兴岛,这是中国历史上第一次对西沙群岛资源进行的较为全面的调查考察活动。② 后又在永兴岛设立中心站,驻岛 200 多人,并在岛上设立供销社、卫生所、俱乐部和发电站。③ 1959 年,中国在西沙群岛的永兴岛设置"西沙、中沙、南沙群岛办事处",并驻岛行使主权管辖。1988 年 8 月,中国政府决定在西沙永兴岛建设"中继"机场,1991 年永兴岛机场竣工并投入使用。1988 年,中国成立海南省,其管辖范围包括西沙、中沙、南沙群岛的岛礁及其海域。1995 年中国在南沙群岛美济礁修建渔业避风设施,由农业部南海区渔政渔港监督管理局驻守。2007 年 8 月,中国建成了南沙渔船船位监测系统,为在南沙海域作业的渔船安装卫星监测船台终端设备。2012 年,中国撤销海南省西沙群岛、南沙群岛、中沙群岛办事处,设立三沙市这一地级市管辖西沙、南沙、中沙诸群岛及其海域。2013 年开始,中国启动在南沙群岛部分驻守岛礁实施吹填工程,2015 年 6 月外交部发言人指出,南沙岛礁建设除满足必要的军事防卫需求以外,更多的是为各类民事需求服务,以更好地履行中国在海上搜救、防灾减灾、海洋科研、气象观察、生态环境保护、航行安全、渔业生产服务等方面承担的国际责任和义务。发言人也指出,南沙岛礁建设是中国主权范围内的事,合法、合理、合情,不针对任何国家,不会对各国依据国际法在南海享有的航行和飞越自由

---

① 《中华人民共和国政府关于菲律宾共和国所提南海仲裁案管辖权问题的立场文件》,新华网北京 2014 年 12 月 7 日电。新华网:http://news. xinhuanet. com/world/2014 - 12/07/c_1113547390. htm,登录时间:2016 年 9 月 8 日。

② 南海网-海南日报:《八旬老干部(云林)献出西沙开发珍贵资料》。2009 年 9 月 5 日,南海网-海南日报。http://www. hinews. cn/news/system/2009/09/05/010553825. shtml,登录时间:2016 年 11 月 30 日。

③ 《西沙永兴岛经 50 余年开发已与普通城镇无异》,2012 年 6 月 24 日,中国新闻网:http://www. chinanews. com/gn/2012/06 - 24/3981930. shtml,登录时间:2016 年 9 月 6 日。

造成任何影响,也不会对南海的海洋生态环境造成破坏,无可指责。①

20 世纪 70 年代至 80 年代,南海周边邻国开始侵占中国南海诸岛,中国在加强主权宣示的同时,也开始寻找应对南海争端的方式。1974 年 1 月,中国以军事行动收复部分被越南侵占的西沙岛礁。1988 年 3 月,中国再次以军事行动反击越南对我南沙岛礁的侵占。同年 5 月,中国政府发表的《关于西沙群岛、南沙群岛问题的备忘录》中提出"将南沙问题暂时搁置一下,将来商量解决"的主张。② 20 世纪 70 年代,中国在与日本处理钓鱼岛问题时,提出"搁置争议,共同开发"原则;80 年代末期,中国也开始将此原则运用到南海问题上。由此可见,自 1988 年南沙海战以来,中国从维护地区和平与稳定出发,主张以和平协商方式解决争端。2002 年,中国与东盟签署《南海各方行为宣言》,表示由直接相关的主权国家通过友好磋商和谈判,以和平方式解决其领土和管辖权争议,各方同意在协商一致的基础上,朝着最终确定"南海行为准则"目标努力。在 1995 年的"美济礁事件"、2012 年"黄岩岛事件"等事件中,中国始终保持克制,坚持上述原则。2014 年 8 月 10 日,外交部长王毅提出,中国倡导以"双轨思路"来处理南海问题,即有关争议由直接当事国通过友好协商谈判寻求和平解决,而南海的和平与稳定则由中国与东盟国家共同维护。③

随着美国等域外国家对南海问题的介入,南海问题愈加复杂。中国对于那些意图破坏中国主权和破坏地区稳定的行为,持坚决反对态度。同时,中国也致力于挖掘与相关国家的共同利益,与其他国家一道维护南海地区的和平与稳定。2015 年 9 月 25 日,习近平在华盛顿同奥巴马共同会见记者时指出:"中美双方在南海问题上有着诸多共同利益。双方都支持维护南海和平稳定,支持直接当

---

① 《外交部发言人就中国南沙岛礁建设有关问题记者问》,新华网北京 2015 年 6 月 16 日电。新华网:http://news. xinhuanet. com/world/2015 - 06/16/c_1115629906. htm,登录时间:2016 年 9 月 5 日。

② 《中华人民共和国外交部发表关于西沙群岛、南沙群岛问题的备忘录》,《人民日报》1988 年 5 月 13 日,第 4 版。

③ 《王毅:以"双轨思路"处理南海问题》,新华网 2014 年 8 月 10 日电。新华网:http://intl. ce. cn/qqss/201408/10/t20140810_3322899. shtml,登录时间:2016 年 9 月 6 日。

事国通过谈判协商和平解决争议,支持维护各国依据国际法享有航行和飞越自由,支持通过对话管控分歧,支持全面、有效落实《南海各方行为宣言》,并在协商一致基础上尽早完成'南海行为准则'磋商。双方同意继续就有关问题保持建设性沟通。"①2016年1月27日,外交部长王毅在北京同来访的美国国务卿克里举行会谈并共同会见记者时,就南海问题表明中方原则立场。王毅指出,南海诸岛自古以来就是中国领土。中方有权维护自己的领土主权和合法正当的海洋权益,同时中国坚定致力于维护南海和平稳定,坚持通过对话管控争议,通过谈判协商和平解决争议。中方必要的防卫设施完全出于防御目的,这是任何主权国家享有的自保权和自卫权,与所谓"军事化"没有关系。美方应客观、公允、理性地看待这一问题。双方应以建设性方式管控好敏感问题,确保中美合作大局不受干扰。②

总之,中国维护南海岛礁及其海域主权的立场是明确的、一贯的。中国一向主张以和平方式谈判解决国际争端,不断努力与相关国家就南沙岛礁争议沟通磋商,提出"搁置争议,共同开发"的主张,主张以《南海各方行为宣言》和"双轨思路"为解决南海问题的方法。对于域外国家介入南海问题,中国坚决反对意图损害中国主权和危及地区稳定的行为,同时致力于挖掘共同利益,与相关国家一道推动南海地区的和平与稳定。

二、美国对南海地区的介入

二战结束后,冷战主导了全球局势。美国在冷战期间并没有完整的南海政策,相关政策基本上都是基于整个东亚战略框架而做出的反应。③ 新中国成立

---

① 《习近平同奥巴马共同会见记者,指出在南海问题上有着诸多共同利益》,新华网2015年9月26日,新华网,http://news. xinhuanet. com/world/2015 - 09/26/c_1116685063. htm,登录时间:2016年9月6日。

② 《王毅:美国应客观、公允、理性看待南海问题》,中国外交部网站,2016年1月27日,中华人民共和国外交部 http://www. fmprc. gov. cn/web/zyxw/t1335606. shtml,登录时间:2016年9月4日。

③ 鞠海龙:《美国南海政策的历史分析——基于美国外交、国家安全档案相关南海问题文件的解读》,载《学术研究》,2015年第6期,第107页。

后,美国将东南亚地区视为远东"反共"和围堵中国的重要一环,南海地区也被划入防御范围。1954年美国主使策划成立东南亚集体防务条约组织,《东南亚集体防务条约》的第八章认为:"如本条约所适用,'条约范围'是泛东南亚区域,也包括亚洲缔约国的全部领土,以及泛西南太平洋区域,不包括北纬21度30分以北的太平洋地区。"①这意味着条约覆盖了北纬21度30分以南的太平洋地区,而南中国海的绝大部分区域,包括海南岛在内都在此线之南。② 1956年,中国建设永兴岛、登陆甘泉岛,美国在制定应对政策时,一度将依据《东南亚集体防务条约》而做出单边军事行动作为备选方案之一。但在决策过程中,美国发现西贡提供的情报与美军侦察到的情报有很大出入,并意识到南海争端的复杂性,最终做出结论:一旦中菲越之间因领土争端诱发相关事件,美国最好的选择不是作为某一方的盟友,直接参与到争端的冲突中去,而是要保持中立并努力成为各方之上的仲裁者。此次会议确立了美国对南海争端的基本认识和政策原则。这些基本认识包括:南海主权争端本身与美国无关;美国不应对具体问题选边站,也不会直接介入具体问题的解决;美国宜以中立仲裁者的身份参与南海主权争端的解决进程。③

20世纪70年代,随着中苏关系恶化及中美关系的正常化,美国在南海的政策也随之由"有限介入"调整为"相对中立",既不明确支持盟友对南海岛礁的主权要求,也不明确反对中国维护南海主权的举措。④ 由于在全力抑制苏联扩张这一总体战略上有求于中国,当时美国的主要政策诉求是维持"中美苏战略大三角"的稳定,因此,对于南海争端这样的敏感问题也相应采取了较为"内敛"的政

---

① Southeast Asia Collective Defense Treaty (Manila Pact);September 8,1954(1). From Yale Law School, http://avalon. law. yale. edu/20th_century/usmu003. asp.

② 时永明:《美国的南海政策:目标与战略》,载《南洋问题研究》,2015年第1期。引自外交观察,http://www. faobserver. com/NewsInfo. aspx? id=11212,登录时间:2016年9月5日。

③ 鞠海龙:《美国南海政策的历史分析——基于美国外交、国家安全档案相关南海问题文件的解读》,载《学术研究》,2015年第6期,第107页。

④ 1974年中国与南越就西沙归属发生冲突,尽管南越当局一再请求,美国仍采取不介入的"中立"立场,这与1960年5月美国国务院发表声明否认西沙群岛属于中国领土形成鲜明对比。

策。① 在 1974 年的中越西沙海战与 1988 年的"3·14 海战"等南海地区重大事态中,美国选择了"中立"和"不介入"立场。但是,在此时期,美国与中国在航行自由与领海宽度等制度上的差异与矛盾逐渐凸显。1972 年 3 月 18 日至 20 日,美国的军舰和军用飞机先后闯入中国在南海地区的领海与领空,面对中国外交部的严正交涉,美国以军舰和军机未闯入岛屿周围 3 海里为开脱理由,但也指出为了中美关系利益,美国军舰和飞机以后在西沙群岛周围保持至少 12 海里的距离。

苏联解体后,美国成为世界上唯一的超级大国。老布什政府重新评估美国在东南亚的军事政策后,不断减少在东南亚的军事存在,并关闭了苏比克海军基地和克拉克空军基地。美国在南海奉行"积极中立"的政策,对南海问题"不表态、不介入",即"不支持南中国海主权争端中的任何一方"。② 但是,由于中美之间失去了联合抗苏的合作基础,随着中国实力的不断上升,美国开始重新树立对华战略认知,在南海地区改变了此前"不表态、不介入"的立场。20 世纪 90 年代以来,美国不断指责中国《领海及毗连区法》和《领海基线声明》不符合国际法,另一方面批评中国破坏地区稳定,并加强对越南与菲律宾的援助。1995 年 2 月中菲"美济礁事件"发生后,美国最终由"中立"转向"介入"。1995 年 5 月美国政府发表声明,一方面表示"重申美国政府对南海有争议岛礁不采取任何有法律意义的立场",但另一方面首次表示南海的通航自由涉及美国的基本利益。在南海争端中,美国逐渐显现出偏袒盟国的倾向,并表示如有必要将采取军事威慑手段"维护南海航道安全"。③ 随之美国众议院通过"美国海外利益法案",文中认为南海自由航行的权利对于美国和其盟国在太平洋的军事安全非常重要,所以任

① 王传剑:《南海问题与中美关系》,载《当代亚太》,2014 年第 2 期,第 6 页。

② Scott Snyder. *The South China Sea Dispute: Prospects for Preventive Diplomacy*. A Special Report, Washington, D. C.: The US Institute For Peace, August 1996.

③ Ralph A. Cossa, *Security Implications of Conflict in the South China Sea: Exploring Potential Triggers of Conflict*. Washington: the Center for Strategic and International Studies, 1998, pp. 15-56.

何使用武力夺取该区域岛屿的行为都应引起美国的"严重关注"。① 美国不断强化在南海及其周边地区的军事存在,2001 年 4 月 1 日中美在南海地区发生了"撞机事件"。"9·11"事件后,反恐成为美国的第一要务,尽管美国在南海周边依旧保持了相应的军事存在,但总体上持相对低调的姿态。小布什政府时期,为了避免直接插手南海问题,美国官方在南海问题上持"模棱两可的立场"。②

奥巴马政府上台后,美国开启"亚太再平衡"战略,宣布"重返东南亚",试图恢复和扩展在东南亚地区的影响力。2009 年 7 月美国时任国务卿希拉里·克林顿出席东盟系列峰会时签署《东南亚友好合作条约》,并宣布美国"重返东南亚",将强化在东南亚地区的存在。③ 2011 年至 2013 年,美国政府几名时任助理国务卿分别在不同场合叙述了"亚太再平衡"战略的路径④、支柱⑤和

---

① 参见 AMERICAN OVERSEAS INTERESTS ACT OF 1995—REPORT OF THE COMMITTEE ON INTERNATIONAL RELATIONS, HOUSE OF REPRESENTATIVES, 第 110—111 页。

② 邓凡:《美国干涉南海问题的政策趋势》,载《太平洋学报》,2011 年第 19 卷第 11 期,第 83 页。

③ Hillary Rodham Clinton, Press Availability at the ASEAN Summit. Laguna Phuket, Thailand, July 22, 2009. http://www. state. gov/secretary/rm/ 2009a/july/1263201. htm. 登录时间:2016 年 4 月 3 日。

④ 2011 年 10 月 4 日,美国时任东亚与太平洋事务助理国务卿库尔特·坎贝尔在名为"台湾为什么重要Ⅱ"的听证会上,叙述美国"亚太再平衡"战略之路径中的 6 个要素:加强美国的双边安全同盟以维持亚洲的和平、安全和繁荣,强劲的同盟可以弥补地区多边机制和为地区安全与繁荣创造一个环境;建立持久的结果导向型多边机制,以解决跨国挑战和创造更加完整的行为规范;努力与印度、印度尼西亚、中国、越南和新加坡等新兴国家建设更深层次、更重要的伙伴关系;推动美国在亚洲武装力量的现代化,使之更具地缘性分布、政治持续性和运作弹性;推动民主价值观和人权理念。From Kurt M. Campbell's Remarks at the hearing testimony of "Why Taiwan Matters Part II", http://www. state. gov/p/eap/rls/rm/2011/10/174980. htm. 登录时间:2014 年 3 月 6 日。

⑤ 2013 年 3 月,美国时任国家安全事务助理汤姆·多尼隆详细叙述美国"亚太再平衡"战略的 5 个主要战略支柱:增强美国与其亚太地区的盟国之间的关系;深化与新兴国家的伙伴关系;与中国建立稳定、富有成效和建设性的关系;增强区域机制的能效;帮助建立能维持区域共同繁荣的区域经济结构。From Tom Donilon: The United States and the Asia-Pacific in 2013. The Asia Society, March 11, 2013. http://www. whitehouse. gov/the-press-office/2013/03/11/remarks-tom-donilon-national-security-advisory-president-united-states-a. 登录时间:2014 年 3 月 6 日。

战略目标。① 2015 年 5 月 30 日,美国国防部长阿什顿·卡特在香格里拉对话会上称,美国的"亚太再平衡"战略迈入了一个全新的阶段,国防部下一步计划在亚太地区深化长久以来的同盟与合作,扩大美国军力态势,并在核心能力与平台上进行新的投资。②

在"亚太再平衡"战略背景下,美国深度介入南海地区。南海争端涉及南海周边国家之间的领土主权和海域划分等纠纷,这为美国深度介入南海地区提供了契机。2009 年 7 月,希拉里·克林顿在东盟地区论坛外长会上曾就南海问题表示"美国在南海的国家利益主要是维持南海航行自由","美国不倾向南海陆地领土争议中的任何一方","美国支持由所有南海领土争端方通过合作性的外交进程解决南海问题","美国愿意帮助处理南海问题";同时强调,东南亚和东盟对美国的未来至关重要,美国将与东盟共同面对"挑战"。③ 2010 年 7 月希拉里访问越南并发表声明,较为全面地阐述了美国的南海政策。同年 9 月美国与东盟发表《美国与东盟联合声明》,详细表述了未来美国参与东盟框架下各种地区合作机制的原则,并认为应在现有的合作框架下支持南海争端各当事国依据《联合国海洋法公约》及其他国际法原则和平解决南海争端。④ 2012 年 11 月美国在东

---

① 2013 年 3 月,美国时任代理助理国务卿约瑟夫·云也叙述了美国"亚太再平衡"战略的目标:深化美国和其在亚太地区盟国之间的关系,推动亚太地区经济增长和贸易,加强美国与新兴大国的关系,拓展亚太地区的良政、民主和人权,建设亚太地区区域机制以及阻止亚太地区的冲突等战略目标。From Joseph Y. Yun: Democracy and Human Rights in the Context of the Asia Rebalance. THE US DEPARTMENT OF STATE, March 21, 2013. http://www. state. gov/j/drl/rls/rm/2013/206498. htm. 登录时间:2014 年 3 月 8 日。

② 《美国"亚太再平衡"战略进入新阶段》,国防科技信息网,2015 年 6 月 1 日,http://www. dsti. net/Information/News/94551,登录时间:2016 年 9 月 3 日。

③ Hillary Rodham Clinton, Remarks at Press Availability. Hanoi, Vietnam, July 23, 2010. http://www. state. gov/secretary/rm/2010/07/1450951. htm. 登录时间:2014 年 3 月 6 日。

④ 美国海军分析中心(CAN)网站 2013 年 3 月发表该中心高级研究员迈克尔·麦克德维特、东南亚问题专家刘易斯·斯特恩共同完成的研究报告《漫长海岸项目:南中国海》,其中讲道:"2010 年夏天,奥巴马政府开始通过外交和加强军事存在方式发出如下信号:美国确实认为,在南中国海建立以规则为基础的稳定是美国一项重要的国家目标";但"这背离了美国以往奉行的保持中立和规避的政策",而"国务卿克林顿的干预背离了美国传统的政策",即"美国历来奉行的政策是孜孜不倦地试图避免卷入到不涉及美国利益的主权争端中去"。该报告结论则为:"尽管假装声称在涉及主权的问题上保持中立,但美国还是参与了南中国海领土争端。"

亚峰会上再次借南海问题向中国施压,奥巴马警告各方在南海问题上要有所克制,并建议各方建立和平解决争端的行为准则。2013 年 7 月美国国务卿克里在文莱与东南亚各国外长会晤时强调,"我们对处理南中国海争端的方式以及各方的行为有着强烈兴趣","作为太平洋国家和地区大国,在南中国海和平和稳定得到维护、国际法得到尊重、合法商业活动和航海自由不受妨碍符合美国的国家利益"。①

从奥巴马政府上任以来的一系列言行可以清晰地看出,美国介入南海地区的趋势主要表现为:强化在南海及周边地区的军事存在,确保南海"航道安全"和扩展其影响力;加强与东盟国家全方位合作,以联盟形式牵制防范中国的崛起;推动南海争端国际化和多边化,寻求介入时机以获取利益最大化。

三、中美两国在南海地区的行为互动:行为逻辑与互动路径

在社会学中,群体活动和社会过程是以互为条件和结果的社会行动为基础的。社会互动发生于个体之间、群体之间、个体与群体之间,相关双方相互采取社会行动时就形成了社会互动。社会互动,也即"我者"对"他者"采取社会行动以及"他者"做出反应行为的过程。行为是社会学研究的起点,完整的行动要素包括行动主体、客体及中介。行为主体,也即行为的发出者,行为客体是行为的承受者。在行为互动中,行为主体要么以直接方式,要么通过行为中介而作用于行为客体。行为主体作用于行为客体,形成了"涉物关系"和"主体间关系"(行为主体间的关系),"涉物关系"需要遵守相关技术规范,而"主体间关系"需要遵守行为主体之间所达成的协定。

从社会学的行为研究视角出发,分析中美两国在南海地区的行为互动,可将

---

① 法新社斯里巴加湾 2013 年 7 月 1 日讯,参见《参考消息》2013 年 7 月 2 日。

中美两国在南海地区的行为互动假设为一个互动行为集合体,中美两国互为行为主、客体,而南海地区或南海地区国家为行为客体或行为中介。中美两国作为行为主体时,其作用于行为客体的行为,有的属于"技术规范类行为",需要遵守具体的技术标准;有的行为属于"主体间规范类行为",需要遵守国家间相关的双边规范或多边规范。根据行为中介的不同,中美在南海地区的行为互动集合体中存在三类行为,通过逐类分析,可以观察两国的具体分歧与共同利益,从而为双方在南海地区管控分歧提供借鉴。

具体而言,这三类行为有:

(一) 中美两国分别为行为主体,南海地区为行为客体,无行为中介

在第一类行为中,中美两国分别为行为主体,自然地理意义上的南海地区为行为客体,无行为中介。在这类行为中,中美两国直接作用于南海地区,其行为形成了"涉物关系"和"主体间(国家间)关系"。中国直接作用于南海地区的行为又可分为两类:一类行为是中国基于主权而直接作用于南海地区的相关行为,比如主权诉求和权利维护、领海和毗连区划定与声明、行政规划、岛礁建设与开发、军事部署等行为,形成的是"涉物"关系,这类行为需要遵守相关"技术规范",也就是一些建设与开发技术、行政指令等国家内部规划标准;另一类行为是中国根据国际法所享有的在南海地区的"无害通过权",形成的是"主体间(国家间)关系",遵守的是国家间达成的国际海洋法。对于美国而言,美国不是南海地区国家,但其已享有无害通过权,也直接作用于南海地区,形成"主体间(国家间)关系",其行为需要遵守国际海洋法中对"无害通过"的相关规定。据此,中美两国分别直接作用于南海地区的行为,如图 1 所示:

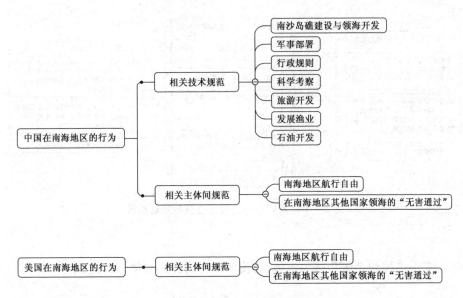

图1 中美两国在南海地区的行为之比较图

中国在南海地区的直接行为中,比如南沙岛礁建设与领海开发、行政规划、科学考察等行为,是中国在南海主权基础上发出的技术规范类行为,美国无权干涉;而对于属于"主体间规范"类的行为,中国依据国际海洋法规定,实施无害通过。美国在南海地区的直接行为中,往往以"南海航行自由"和"无害通过"为理由,指责中国在南海地区的合法行为,并靠近中国南沙岛礁附近实施侦查行为或海洋测量行为。从中美两国在此议题上的互动来看,两国间摩擦主要表现为"主体间(国家间)规范"上的差异,两国在领海长度、领海通行方面所持的规范不同。在这种情况下,双方在"主体间(国家间)规范"上的差异与矛盾激发了一系列危机,比如2001年4月中美南海撞机事件、2009年3月"无暇"号事件、2013年12月"考斯本"号事件、2014年8月P-8A"海神"号事件、2015年6月"拉森"号事件和2016年5月美国驱逐舰非法进入永暑礁领海事件等。但是,主体间规范上的差异不足以动摇中美两国在南海地区的共同利益——南海地区稳定和自由通行,双方在这些危急时刻最终都保持克制,没有扩大冲突范围。中美两国在主体间规范上的差异与互动路径如下图所示:

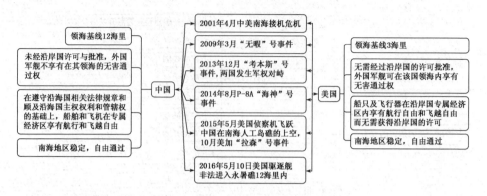

图 2　中美两国主体间规范差异与互动路径

（二）中国和美国为行为主体,南海争端方为行为客体,无行为中介

第二类行为中,中国或美国是行为主体,行为客体是那些与中国在南海地区存在主权纠纷的国家,无中介对象。中国与越南、菲律宾、马来西亚和文莱在南海问题上存在矛盾,而美国与这些国家有着密切的安全合作关系。国家间互动行为可简单分为冲突与合作两方面,据此可将中国或美国与越南、马来西亚和菲律宾等国的行为分为冲突类与合作类。当中国作为行为主体,直接作用于越马菲等国时,双方的冲突类行为表现为领土和水域纠纷、渔业纠纷、石油开发纠纷等,双方的合作类行为表现为双边和多边经贸合作、打击海盗、保护海洋环境和建立海上合作基金等。当美国作为行为主体,直接作用于越马菲等国时,双方的合作类行为主要表现为军事结盟、军售、海上联合军演、海上反恐等,双方的冲突类行为主要表现为战略目标差异、南海政策不一致、政治体制和价值理念等矛盾。如图 3 所示:

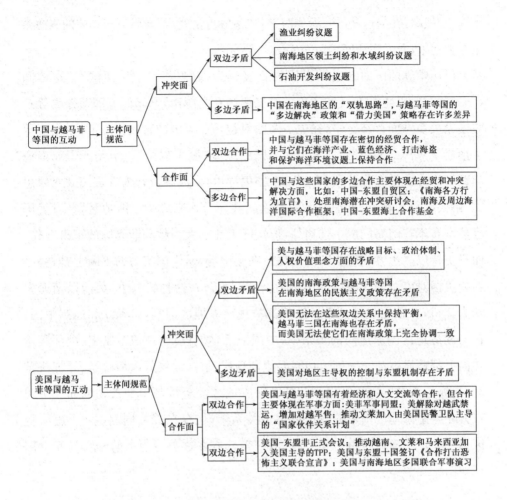

图3　中美与南海争端方的国家间互动行为分类

　　从图3可看出,中国与越马菲等国互动中,"技术规范间矛盾"和"主体间(国家间)规范矛盾"交织在一起,具体表现为渔业纠纷、石油开发纠纷、领土和水域纠纷方面及其解决方式,中国主张在《南海各方行为宣言》和"双轨思路"的指导下解决南海问题,而这些国家则"借力美国"和使用多边解决方式来应对。但是,在经贸合作领域,中国与这些国家之间在经贸领域的主体间规范比较一致,经贸相互依赖逐渐加深。从美国与越马菲等国的互动来看,双方在主体间规范上达成一致的领域集中在政治、外交和军事安全方面。美国借越马菲等国布局"重返东南亚"战略,在与这些国家合作时常将"南海自由通行"与当事国具体的南海政策结合起来,介入南海问题。

对比中美两国对越马菲等国的直接行为,可观察出中美两国在"主体间(国家间)规范"上的分歧和竞争。中美两国在与越南、马来西亚和菲律宾等东盟国家关系方面存在竞争,在中美两国对越马菲等国的直接作用下,东南亚地区形成了经济上靠中国、安全上靠美国的地区"撕裂现象"。中美两国在南海问题解决方式上存在分歧与竞争,中国倡导以《南海各方行为宣言》和"双轨思路"解决南海问题,以推动地区国家之间共同合作来维护南海地区稳定;美国虽然宣布不在南海问题中选边站,但实际上在加大与越马菲等国的军事合作,而且支持以多边方式解决南海问题。在美国看来,中国实力的不断上升,势必影响美国对南海地区国家的影响力与控制力。在这种背景下,美国以南海争端为契机,从顶层设计到具体政策都拉拢南海地区国家,以孤立和遏制中国。在与南海地区国家之间的关系中,中国缺乏顶层设计,在规范制定、国际舆论导向上都略显被动。中国迫切需要规划顶层设计,以统筹南海政策,并加快推动"南海行为准则"磋商,以弥补其在南海地区安全机制中的被动局面。中美双方在与南海地区国家的双边或多边关系中,也存在着共同利益——南海地区和平稳定与通行自由。具体而言,中美双方在这类行为中的分歧与互动路径如图4:

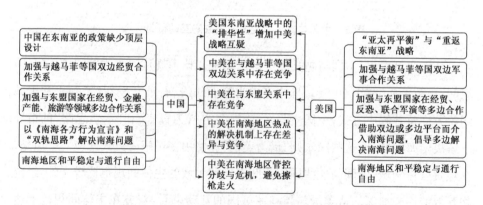

图4 中美两国处理与南海地区国家关系的分歧与互动路径

(三) 中美互为行为主、客体,存在行为中介

第三类行为中,中美作为行为主体与行为客体,南海地区或南海地区国家是行为中介。也即,中美两国通过作用于南海地区或者南海地区国家,而对彼此的外交政策产生影响。在这类行为中,行为主、客体根据不同环境而变换主、客体位置,但行为中介不能变换位置,也即行为中介不可成为行为主体或者行为客体。所以,在这类行为中,中美两国作为行为主、客体,其共同利益在于避免南海地区或南海地区国家主导中美关系大局。

根据以上两类行为可知,中美两国在与南海地区、南海地区国家打交道时,客观事实上确已形成了博弈场景,且在这些行为互动中,"技术规范"和"主体间(国家间)规范"彼此交织,彼此影响。当中美两国互为行为主、客体,而南海地区或南海地区国家成为行为中介时,如图5所示,双方的互动主要表现在三个层次:南海地区主体间权力结构层次、南海地区主体间(国家间)规范层次、南海地区政策/战略层次。

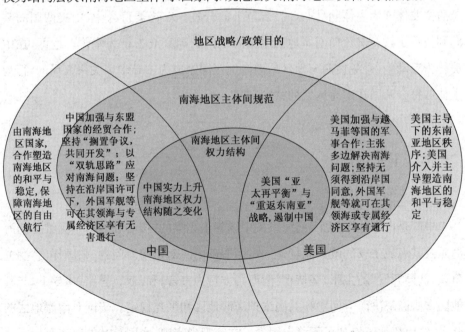

图 5　中美两国互为行为主客体时的互动层次

在汉斯·摩根索的"现实主义六原则"之中,利益的概念是由权力来界定的,如此,人们可以将国际政治的推理与有待于理解的事实联系起来。在地区权力结构层次,中国在权力结构中的地位上升,例如,中国推行的"亚投行"和"一带一路"都引起了东盟国家热议和参与。在美国看来,中国岛礁建设等行为,增强了中国在南海的"控制力",这削弱了美国在南海地区的控制力与影响力。在地区主体间(国家间)规范层次,中国作为南海问题当事国之一,一向主张"搁置争议,共同开发",坚持以"双轨思路"解决南海问题。美国作为域外大国,虽然表示在南海问题中"不选边站,保持中立",但在实际行动中则偏向越马菲等国,使南海问题变得更加复杂。在地区战略或政策层次,中国坚持由当事国通过友好协商来解决争议,由中国与东盟国家共同维护南海的和平与稳定;美国借"亚太再平衡"战略加紧在南海地区的介入,以扩大其在南海地区的控制力与影响力。

第一类行为和第二类行为,常常演变为现实中的第三类行为,前两类行为的互动路径交织出现在第三类行为互动中。在第三类行为中,"技术规范矛盾"和"主体间(国家间)规范矛盾"常常交织出现。归根结底,中美双方在南海地区的矛盾主要体现为主体间(国家间)规范上的分歧。在这类行为中,中美两国的共同利益在于——避免使南海地区或南海地区的国家成为行为主体。也即,在中美行为互动中,避免使南海地区或南海地区国家成为主导中美关系大局的"行为主体",符合两国在南海地区的共同利益。

结 论

中国是南海地区国家,南海事关中国领土完整的"核心利益",中国维护南海岛礁及其海域主权的政策立场是一贯而明确的。对于南海问题,中国提出"搁置争议,共同开发"的主张,坚持在《南海各方行为宣言》和"双轨思路"指导下,与其他国家协商解决南海问题和共同维护南海地区和平与稳定。美国对南海地区的介入,给南海地区增加了不稳定因素。在客观现实中,中国与其他南海争端方之间的行为互动,常常成为中美两国在南海地区的较量。随着中美双方在南海地区的较量,中美关系中的摩擦愈加增多,两国迫切需要在南海地区寻找共同利益和管控分歧。考察中美两国在南海地区的行为互动,清晰认识双方间的分歧与共同利益,成为双方管控分歧的关键所在。文章从社会学中的社会行为研究出发,把中美在南海地区的行为互动分为三类,考察中美在每类行为互动中的具体分歧与共同利益。文章结论认为,中美两国在南海地区的分歧主要体现在"主体间(国家间)规范"差异上,但这些差异不足以撼动两国在南海地区的共同利益。避免南海地区或南海地区国家主导中美关系大局,是中美两国的共同利益。维持南海地区的和平、繁荣和稳定,国际贸易航线的畅通与安全,都符合中美双方的共同利益。对于中美两国在"主体间(国家间)规范"上的差异,双方应当加强在政府间、智库间、民众间的交流与沟通,建立互信机制和完善的危机管理机制。

机制外单边规则执行与冲突管控

——以美国航行自由项目的行动层面为例

祁昊天*

[内容提要] 机制外霸权的规则执行会引发潜在的冲突,而美国航行自由项目的军事行动宣示在绝大多数情况下却不引发冲突,行动层面的自约束是降低冲突爆发可能的主要因素。沉没成本与文化内化使得美国的航行自由行动宣示形成了长期化的自维持,而常态化与长期化的航行自由项目可能为美国带来议程设置权,这一情形既有可能继续约束冲突的发生,也会侵蚀沿岸国的权益。

[关键词] 机制外霸权 航行自由 危机冲突管控 中美关系 行动互信

从行动层面入手,本文试图讨论美国航行自由项目(Freedom of Navigation Program, FON)①的危机与冲突隐患,及其约束机制。航行自由(军事)行动宣示(Freedom of Navigation Operations 或 Operational Assertions, FONOPs 或 FONOP)作为美国外交、安全政策中的一项长期化、制度化的政策,有别于其在其他许多外交领域的做法。作为二战后、冷战后绝大多数国际机制的发起者与

---

* 祁昊天,乔治城大学政治系博士候选人。

① Freedom of Navigation Program,中文文献及报道中一般译为"自由航行计划",笔者认为根据美国政府和军方的习惯译为"项目"也许更加贴切。

实际维护者,美国的霸权①体系有赖于这些机制的良好运转。但是在国际海洋法机制中,美国并不是一个完整的参与者。作为机制外的霸权,其单边规则执行的做法涉及他国主权等敏感领域,加上军事力量的介入,更是潜在的国际安全不稳定因素。但是从历史上看,由 FONOP 引发的激烈摩擦十分罕见,原因何在?本文不考察 FONOP 及相应外交博弈的法理问题,而主要聚焦军事行动层面。

本文将分为六个部分:第一部分从霸权(或强权)与机制的关系入手,在文献回顾基础上对 FONOP 的影响进行设问;第二部分简要梳理航行自由项目的概貌;第三部分从数据切入行动层面的讨论;第四部分讨论 FONOP 在行动层面自带的冲突约束机制;第五部分通过对苏美关系与中美关系的回顾,讨论目前在冲突和危机管控方面需要注意的问题;第六部分作为结论,延伸对美策略的讨论。

一、机制外霸权的规则强制

(一) 霸权与机制:文献简述

霸权并不是国际合作的充分或必要条件,但当霸权存在时,机制可以成为其推行规则的途径。② 一种类型的机制强调单方面作用,如:军事同盟中的主导国家;霸权稳定论中霸权国为国际政治经济体系提供公共产品;霸权在提供公共产品之外对他国进行威压(coercion)和"征税"(taxation);霸权国基于经济合作外

---

① 本文中所谈到的"强权"或"霸权"不存在价值判断,只表示中性的国际或区域体系中实力政治的主要参与者,及相应规则的主要制定和推行者。

② Duncan Snidal, "The Limits of Hegemonic Stability Theory," *International Organization*, 39:4 (1985), 579 - 614; Robert Keohane, *After Hegemony:Cooperation and discord in the world political economy*, Princeton:Princeton University Press (1984); David Lake, "Leadership, Hegemony, and International Economy," *International Studies Quarterly*, 37:4 (1993), 459 - 489.

生性的考量防止他国搭便车;等等。[1] 另一类型的机制强调相互约束,如体现为多边主义的内嵌自由主义(Embedded Liberalism),或霸权通过机制将权力分散化,取得更持久的合作,等等。[2] 机制既可以通过权力结构中主要行为体的推动,也可以通过利益与文化的内化(internalization)发生作用。[3]

但无论是哪种机制,都伴随着多个基本难题,如机制规则的遵守

[1] Charles Kindleberger, "Dominance and Leadership in the International Economy: Exploitation, Public Goods, and Free Rides," *International Studies Quarterly*, 25:2 (1981), pp. 242 - 254; Robert Gilpin, *The Political Economy of International Relations*, Princeton, NJ: Princeton University Press (1987); Joanne Gowa, "Rational Hegemons, Excludable Goods, and Small Groups: An Epitaph for Hegemonic Stability Theory?" *World Politics*, 41:3(1989): pp. 307 - 234; Joanne Gowa and Edward D. Mansfield, "Power Politics and International Trade," *American Political Science Review*, 87:2(1993), pp. 408 - 420.

[2] John Ruggie, "International Regimes, Transactions, and Change: Embedded Liberalism in the Postwar Economic System," *International Organization*, 36:2 (1982), pp. 379 - 415; G. John Ikenburry, *After Victory: Institutions, Strategic Restraint, and the Rebuilding of Order after Major Wars*, Princeton, NJ: Princeton University Press (2001).

[3] 关于不同类型机制对于不同因素的强调,分别参见——权力:Stephen D. Krasner, "Structural Causes and Regime Consequences: Regimes as Intervening variables," International Organization, 36:2 (1982), pp. 185 - 205; Joseph Grieco, "Anarchy and the Limits of Cooperation: A Realist Critique of the Newest Liberal Institutions," *International Organization*, 42:3 (1988),pp. 485 - 507; John Mearsheimer, "The False Promise of International Institutions," *International Security* 19:3 (1995),pp. 5 - 49; Joseph M. Grieco, "Anarchy and the Limits of Cooperation: A Realist Critique of the Newest Liberal Institutionalism," *International Organization*, 42:3(1988), pp. 485 - 507;利益:Robert Keohane, *After Hegemony*; Oran Young, *The Institutional Dimensions of Environmental Change: Fit, Interplay, and Scale*, Cambridge, MA: MIT Press, 2002; Arthur Stein, "Coordination and Collaboration: regimes in an anarchic world," *International Organization* 36 (Spring 1982), pp. 299 - 324; Charles Lipson, "International Cooperation in Economic and Security Affairs," *World Politics*, 37 (1984), 1 - 23; Robert Axelrod and Robert O. Keohane, "Achieving Cooperation Under Anarchy," *World Politics*, 38:1 (1985), pp. 226 - 254;观念:Risse-Kappen, "Ideas do not float freely: transnational coalitions, domestic structures, and the end of the Cold War," *International Organization* 48:2 (1994), pp. 185 - 214; Alexander Wendt, *Social Theory of International Politics*, Cambridge University Press (1999); Antonio Gramsci, *Selections from the Prison Notebooks*, New York: International Publishers (1971).

(*compliance*)与执行(*enforcement*)。[①] 遵守与执行是两个问题,一种观点认为规则的执行并不重要[②],但另一些研究认为机制本身在保障承诺方面是先天不足的,因而执行者的介入便很重要。[③] 执行能够进一步提高透明度、增加未来贴现(shadow of future)、缓解承诺难题(commitment problem)、提高违规的代价。此外,当机制的规则本身可能存在模糊空间时,规则的遵守与执行便会更为复杂。

最后,虽然霸权并不是合作的充分或必要条件,但是规则的执行需要明确的参与主体。当霸权国未正式参与某领域的国际机制时,笔者称之为"机制外霸权",而这一霸权若在(单边)推行相应规则,便出现笔者所称的"机制外霸权的规则执行"问题。

(二) 机制外霸权与单边规则执行

以是否参与机制和执行规则作为两个指标,我们可以将强权国家的选择分为四种情况:不作为、孤立主义、霸权稳定、机制外规则(单边)执行。在第一种情况下,霸权国作为机制参与者和领导者,并未起到维护机制的作用,最终可能导致机制的功能丧失与机制内利益分配失衡,典型的例子包括国联战争预防框架

---

① Downes et. al. , "Is Good News about Compliance Good News About Cooperation?" *International Organization*, 50:3(1996), pp. 379 - 406; Beth Simmons, "International Law and State Behavior: Commitment and Compliance in International Monetary Affairs," *The American Political Science Review*, 94:4(2000), pp. 819 - 835.

② Abram Chayes and Antonia Handler Chayes, "On compliance," *International Organization*, 47: 2 (1993), pp. 175 - 205; James Fearon, "Bargaining, Enforcement, and International Cooperation," *International Organization*, 52:2(1998), pp. 269 - 305.

③ George Downes et al. , "Is the good news about compliance good news about cooperation?" *International Organization*, 50:3(1996), pp. 379 - 406; Emilie Hafner-Burton, "Trading Human Rights: How Preferential Trade Agreements Influence Government Repression," *International Organization*, 59(Summer 2005), pp. 593 - 629; Sara Mitchell and Paul Hensel, "International Institutions and Compliance with Agreements," *American Journal of Political Science*, 51:4 (2007), pp. 721 - 737.

的失败。第二种情况也是一种逃避责任的情况,但与前者不同的是,强权选择了超脱于机制以外,也就是这一强权选择放弃成为机制内霸权,如一战后的美国。

强权、霸权的选择	机制内	机制外
执行规则	机制内霸权不作为 案例:国联战争预防框架的失败	孤立主义强权 案例:美国不加入国联
执行规则	以霸权为核心的多边安全机制 案例:春秋时期以维护联盟秩序为目的的干涉;海湾战争等	机制外霸权的单边规则执行 案例:FONOP

第三种情况是比较"正常"的机制与霸权组合,历史上的例子很多,如中国春秋时期的霸权政治。吕思勉先生认为"霸"为"伯"的假借字,[1]霸权国即兄长之国。钱穆认为"霸者标义,大别有四":尊王、攘夷、禁抑篡弑、裁制兼并。[2] 尊王,便是霸者代天下共主周天子行维持"国际"秩序和理念的职责;攘夷,是带领诸侯抵御体系外的安全威胁;禁抑篡弑与裁制兼并其实都是"维稳",维护诸侯国内部政治稳定。根据部分当代学者的观点,这几种职责的效果可一体衡量,而霸者的干涉又可再作细分。[3] 当代霸权国通过联合国授权所采取的军事干涉也属于这种情况。

最后一种情况,是较为特殊的组合:一方面,强权未正式参与机制;另一方面,其利益与意识形态却与该机制存在诸多重叠,并以单边方式强制推行相关规则。这时的霸权是名义的(de jure)外部行为人、实际的(de facto)的利益攸关方,美国的航行自由项目与行动宣示便是一例。美国不是《联合国海洋法公约》(UNCLOS)的签署国,却以其对公约的解释进行单边"维护"行动。

---

① 吕思勉:《吕著中国通史》,上海:华东师范大学出版社2005年版,第九章。王家范考证认为吕说不妥,王家范:《中国历史通论》,上海:华东师范大学出版社2000年版,第145页。

② 钱穆:《国史大纲》,北京:商务印书馆,1996年,第二篇第四章。

③ 关于职责效果的衡量,参见徐进:《春秋时期"尊王攘夷"战略的效用分析》,《国际政治科学》,2012/2(总第30期),第38-61页。陈琪与黄宇兴认为春秋时期的干涉可分为维护联盟、稳定宗法秩序、瓜分霸主遗产等六种,而这几大类中有六成以上的实际干涉属于机制内对规则的维护。参见陈琪、黄宇兴:《〈春秋时期的国家干涉〉:基于〈左传〉的研究》,载《国际政治科学》,总第13期,第33-73页。

这种规则执行从道义与利益上都带来潜在冲突:在全球公共产品的提供上可被视作僭越,在权力与权利的分配上则可被视为侵犯与挑衅。航行自由项目一经公布便遭到了多国指责。[①] 而美国也在 UNCLOS Ⅲ 谈判期间暂停了FONOP,以免刺激与会各国。[②] 在美军内部,FONOP 可能引发冲突很早便是共识。[③]

(三) 机制外单边规则执行的冲突性

这种潜在冲突与以下几个因素相关。

首先,机制规则本身存在模糊性,规则的出现与演进是动态的过程,机制内国家对规则的理解与应用是不同的。例如在 UNCLOS 定稿前的最后谈判中,是否加入领海无害通过的预先通知、批准条款引发了很大的争论,最终要求通知或批准的国家做出了让步。[④] 许多国家依然对无害通过原则有不同的阐述与实践:要求预先通知的国家包括印度、埃及、韩国、芬兰等 10 余国;需要预先批准的国家包括中国、菲律宾、越南、伊朗、巴基斯坦、罗马尼亚等 20 多个国家。[⑤]

其次,霸权以"局外人"身份单边推行规则,名不正而言不顺,缺乏法理与道

① U. N. Doc. A/CONF. 62/85 (1979); U. N. Doc. A/CONF. 62/SR. 118 (1979).

② William J. Aceves, "The Freedom of Navigation Program: A Study of the Relationship Between Law and Politics," *Hastings International & Comparative Law Review*, Vol. 19(1995/96), pp. 259 - 326.

③ William Arkin, "Spying in the Black Sea," *Bulletin of the Atomic Scientist*, May 1, 1998.

④ Thomas A. Clingan, Jr., "Freedom of Navigation in a Post-UNCLOS Ⅲ Environment," 46 Law &Contemporary Problems, 46:2(1983), pp. 107 - 123.

⑤ Kissi Agyebeng, "Theory in Search of Practice: The Right of Innocent Passage in the Territorial Sea," Cornell Law School Graduate Student Papers, Paper 9, http://scholarship. law. cornell. edu/lps_papers/9;数据核对可参照:United Nations, Division for Ocean Affairs, *Law of the Sea Bulletin*; United States Department of State, Bureau of Oceans and International Environmental and Scientific Affairs, *Limits in the Seas*; J Ashley Roach & Robert W. Smith, *United Nations Responses to Excessive Maritime Claims*, 2d edition, Martinus Nijhoff Publishers, 1996。

义上的合理性,美国内部尤其是军方也有声音要求重新考虑 UNCLOS。[1] 航行自由对于美国不只是意识形态问题,更是利益需要,美国海空力量作为其全球霸权的武力支柱,保持全球到达能力是战略和行动层面共同的需要。而利益的诉求则必然激化其与沿岸国的矛盾。机制本身所保留的模糊性为各国预留了不同解释的空间,霸权国的单边干预则将其政治化、公开化甚至军事化,引发他国不满,甚至导致摩擦和冲突,尤其是考虑到 FONOP 所针对的主要问题与主权有关。

马汉与柯白的海权思想分别影响着美军的海洋控制与力量投送思维,这在目前美国海军的观念中主要体现为,《21 世纪海权的合作战略(2015)》及其相关条例,如《海军行动概念 2010》(NOC10)、《海战》(NDP1)等。[2] 这些文件的问题是对于战时行动与和平时期武力使用及非战争军事行动(Military Operations other than War, MOOTW)的内涵差异缺乏明确界定,航行自由与行动自由(Freedom of Action)的界限可能出现混淆。[3]

在强调了所有上述因素后,本文的问题(puzzle)在于,美国 FONOP 历史上引发的军事化冲突非常之少(类似 1986 年针对利比亚的锡德拉/苏尔特湾冲突是极少的特例),不仅如此,其引发的外交交锋也是不多的。原因何在?

一种解释可以是现实主义的,即 FONOP 所针对国家的实力均落后美国很

---

① James K. Greene, *Freedom of Navigation : New Strategy for the Navy's FON Program*, Naval War College, Newport, Rhode Island, 1992; James H. Doyle, Jr. , "International Law of Naval Operations." *International Law Studies*, Vol. 72(1997), 17 - 38; Walter F. Doran, "An Operational Commander's Perspective on the 1982 LOS Convention," *The International Journal of Marine and Coastal Law*, 10:3(1995), 335 - 347; Dennis Mandsager, "The U. S. Freedom of Navigation Program: Policy, Procedure, and Future," *International Law Studies*, Vol 72(1997), 113 - 127.

② U. S. Navy Department, *A Cooperative Strategy for 21st Century Seapower*, Washington DC 2015; U. S. Navy Department, *Naval Operations Concept 2010 : Implementing the Maritime Strategy*, Washington DC, 2010; U. S. Navy Department, *Naval Warfare*, Naval Doctrine Publication 1, Washington DC, 2010.

③ Ivan T. Luke, "Naval Operations In Peacetime: Not Just 'Warfare Lite'," *Naval War College Review*, 66:2(2013), 11 - 26.

多。但这种解释存在几个问题：首先，美国强于其他国家本就是常量，很难确定其解释力；其次，相对实力作为一个总体结构性因素，很难解释为什么在操作层面美国与沿岸国的矛盾很少出现激化，即便是外交层面的口角；最后，如果我们可以把冷战期间的苏联作为美国势均力敌的对手，又该如何解释美苏之间围绕FONOP问题的相对平静？著名的1988年黑海撞船事件常被视为美苏对抗的案例之一，但详细审查其过程及结果后便会发现，这一事件的对抗性并没有那么强。[1]

总之，笔者认为相对实力这个结构性因素固然有其相关性，却无法很好地为我们解惑。本文将关注重点转向行动层面，笔者认为FONOP在行动层面"自带"的政治与军事管控机制降低了冲突发生与升级的可能性。

二、航行自由行动宣示

航行自由是一种观念，主要基于西方航海、经济和军事扩张的历史而产生，是海洋国家对沿岸国家的要求。与此同时，它更是利益的诉求，是海权与陆权对抗的某种历史阶段性结果。在美国，航行自由也是一种政策，美国政府从1979年开始，经过自卡特到小布什数任政府逐渐完善了"航行自由项目"，以宣示其海空军事力量在全球的机动权利与权力。[2]

航行自由项目主要由美国国防部与国务院合作开展，包括三个方面：军事行动宣示；外交抗议；国防部或国务院对外咨询磋商。其中行动宣示正如一位美国海军总军法官私下所言，"是典型的'打人打脸'行动，其目的就是让人们知道谁

---

[1] William J. Aceves, "Diplomacy at Sea: U. S. Freedom of Navigation Operations in the Black Sea," *International Law Studies*, Vol. 68, pp. 243 - 262.

[2] 几任政府的重要相关文件以时间顺序包括：1982年第72号国家安全决策指令，1987年第265号国家安全决策指令，1990年第49号国家安全指令，1995年总统决策指针/国家安全委员会32、33号文件，2003年参谋长联席会议CJCSI 2420.01A文件（"美国航行自由项目及敏感区域报告"），国防部2005DoDD C - 2005.1文件（"美国海上航行与飞越权利计划"）。

才是老大。至少在 FON 的问题上,美国就是不折不扣的世界警察"①。FONOP 不只针对敌对国家,也针对盟国(如日本、韩国、加拿大、澳大利亚等)。

美国国防部每年都会公布过去一个财年 FONOP 所针对的国家及 FONOP 的理由,不过行动的具体时间与位置是保密的,也不会公开针对某一国家的具体行动次数,而只标明一年内单次或多次行动或是否在前一年进行了同类 FONOP。虽然通过其他渠道我们对于 FONOP 的次数能够得到部分信息,但很遗憾,全面和精确数据是没有的。根据已有数据,我们知道美国在盟国的 FONOP 执行次数少于在非盟国或敌对国家。这很自然,除了现实政治的因素外,从法理角度而言美国的盟国更有可能与其持有同样立场。

具体而言,FONOP 针对的所谓"过度海洋主张"主要包括:历史主张;不合乎 UNCLOS 的领海基线划定;12 海里领海内不允许军用舰船、潜艇、飞行器在未经申请或许可的情况下无害通过,无论领海是否与国际航道重叠;超过 12 海里的领海主张;对专属经济区内军事行动等非资源类行动的限制;对群岛海运线进行限制;等等。②

现有文献对于 FONOP 的关注重点在于航行自由在法理与政治方面的演进,以及在美国政策层面的发展。这类文献很细致地梳理了几个重要问题:航行自由理念的历史与法理源头;美国航行自由项目的政治源头;美国航行自由项目的历史演进;美国航行自由项目的法理地位;等等。③

本文关于机制外单边规则执行却不导致冲突的设问是目前文献尚未足够重

---

① Amitai Etzioni, "Freedom of Navigation Assertions: The United States as the World's Policeman," *Armed Forces & Society*, September 8, 2015, pp. 1 - 17.

② United States, *National Security Decision Directive* 72, December 13, 1982.

③ 如:曲升:《美国"航行自由计划"初探》,载《美国研究》,2013 年第 1 期,第 102 - 116 页;J. Ashley Roach and Robert W. Smith, *Excessive Maritime Claims*, Martinus Nijhoff Publishers, 2012; Dennis Mandsager, "The U. S. Freedom of Navigation Program: Policy, Procedure, and Future," *International Law Studies*, Vol. 72 (1997), pp. 113 - 127; William J. Aceves, "The Freedom of Navigation Program: A Study of the Relationship Between Law and Politics," *Hastings International & Comparative Law Review*, Vol. 19 (1995/96), pp. 259 - 326; James H. Doyle, Jr. , "International Law of Naval Operations. "

视的。另外,现有文献缺乏对于行动层面的系统梳理,而这恰恰是考虑此问题的突破口。

三、行动层面数据及总体趋势

本文所采用的 FONOP 行动层面数据主要根据美国国防部过去 24 年的官方信息整理而成,如前所述,该数据的记录单位是 FONOP 所针对国家。根据这些数据,我们可以看到如下一些趋势:第一,FONOP 行动整体密度下降;第二,在大的下降趋势中,近年来有所回升;第三,FONOP 的重点领域从领海问题向专属经济区(EEZ)转移;第四,FONOP 的区域重点逐渐向亚太倾斜。

从大趋势来说,整体下降主要有两个原因:一是 FONOP 针对国的行为趋近于美国标准;二是美国兵力受限。① 冷战后随着美军舰船数量的下降,前方各大联合司令部、舰队司令部时常抱怨缺乏足够力量维持 FONOP 的密度。美军认为只有常规化的行动宣示才能证明 FONOP 不是挑衅性的,因为只有非常规的军事部署才带有明显的军事示威意涵。②

小趋势方面,无论是以美国国防部年报数据为准,还是其他渠道的个别年份次数信息,都可看出增加趋势。如 2013 年美军进行了 19 次 FONOP,2014 年为 35 次,上升了 84%。2014 年的 35 次 FONOP 中,有 19 次在美军太平洋司令部的责任区(Area of Responsibility),③这也能证明 FONOP 的重点在向亚太

① James Kraska, *Maritime Power and the Law of the Sea*, Oxford University Press, 2010, p. 400.

② George V. Galdorisi and Alan G. Kaufman, "Military Activities in the Exclusive Economic Zone: Preventing Uncertainty and Defusing Conflict," *California Western International Law Journal*, Vol. 32 (2000/01), pp. 253 - 302; James K. Greene, *Freedom of Navigation: New Strategy for the Navy's FON Program*, Naval War College, Newport, Rhode Island, 1992.

③ Mira Rapp-Hooper, "All in Good FON: Why Freedom of Navigation Is Business as Usual in the South China Sea," https://www. foreignaffairs. com/articles/united-states/2015 - 10 - 12/all-good-fon.

转移。

针对领海的 FONOP 数量下降是另一趋势。1991 年至 2004 年、2005 年之交,美军 FONOP 行动主要集中在领海主张、进入领海的要求、无害通过的规定等。2005 年至 2014 年,行动重心则集中在 EEZ 方面,如 EEZ 内军事行动的限制和规定、进入 EEZ 的规定、EEZ 上空管辖权等。

在针对中国的 FONOP 方面,中美两国的立场差异集中在两方面。EEZ 方面,美国认为所有船只可在无许可的情况下通过专属经济区与领海,军用舰船可在专属经济区内进行正常军事行动,如演习、侦察、测量、飞行器起降等。领海方面,美国坚持只要军用舰船或飞行器不进行以上军事行动,不对沿岸国产生威胁,则构成无害通过且无须预先知会或得到许可。

中国对于 EEZ 通行的要求基本等同于领海内无害通过,外国军用舰船与飞行器不得进行演习或侦察。而在领海内,外国舰船、军机的无害通过必须事先得到许可。① 一种观点认为中国关于后一问题的立场正在发生改变,2015 年夏末中国海军编队通过阿留申群岛一事,美国绝大多数舆论与一些华人学者解释为在美国领海无预先通知的无害通过。② 中国的官方解释是编队在塔纳加海峡这一国际航道行使了过境通行权,③这样的话将其与南海情形进行类比便是不合

---

① 中国相关的主要法律文件包括:1992 年《中华人民共和国领海及毗连区法》,1996 年《中华人民共和国领海基线的声明》,1998 年《中华人民共和国专属经济区和大陆架法》,2002 年《中华人民共和国测绘法》,2012 年《中华人民共和国政府关于钓鱼岛及其附属岛屿领海基线的声明》,2013《中华人民共和国东海防空识别区航空器识别规则公告》。

② 如,张锋:《南海强硬派或正中美国下怀,国际法应创造性为我所用》,澎湃新闻,http://www.thepaper.cn/newsDetail_forward_1388052;张锋:《为什么说美军在南海宣示"航行自由"没什么大不了》,http://www.thepaper.cn/newsDetail_forward_1385384;Sam LaGrone, "Chinese Warships Made 'Innocent Passage' Through U. S. Territorial Waters off Alaska," http://news.usni.org/2015/09/03/chinese-warships-made-innocent-passage-through-u-s-territorial-waters-off-alaska; Missy Ryan and Dan Lamothe, "Chinese naval ships came within 12 nautical miles of American soil," https://www.washingtonpost.com/world/national-security/chinese-naval-ships-came-within-12-nautical-miles-of-american-soil/2015/09/04/dee5e1b0-5305-11e5-933e-7d06c647a395_story.html.

③ 2015 年 9 月国防部例行记者会文字实录,http://www.mod.gov.cn/affair/2015-09/24/content_4626542_2.htm.

适的。否则,从法理上是不严谨的,从政治上也是不明智的。

根据数据,我们可以看到美军每年针对中国的 FONOP 基本都是多次的,且行动密度越来越高。过去 20 余年针对中国的 FONOP 主要集中在 EEZ 和领海通过预先许可这两项,2015 年 10 月 27 日美军"拉森"号抵近渚碧岛的行动,从某种角度便可被解释为领海无害通过。

基于 UNCLOS 第二部分第二节第 13 条和第五部分第 60 条,美国认为军用舰船和飞行器在沿岸国 12 海里范围内不可进行侦查、测量等军事行动,根据第八部分第 121 条,低潮高地与岩礁、岛屿拥有不同的国际法地位,不拥有领海,人工建筑与扩建是否可以改变海洋地物的性质,如能否提高低潮高地的法律规格也是争议焦点。[①] 在 10 月 27 日之前,这是外界对于美军 FONOP 针对点的普遍看法,认为此次行动将挑战领海问题本身,而事实上"拉森"号在渚碧礁附近并没有进行军事行动,正如一些学者的分析,渚碧礁可被认作临近沙洲的领海基点,因此根据 UNCLOS 第 13 条,美军行动不是挑战渚碧礁是否拥有领海,而是挑战中国对于领海通过的预先批准要求。[②]

四、行动层面分析与冲突管控

在以上美军 FONOP 数据的基础上,我们可以进一步讨论行动层面对美国与他国博弈的影响。FONOP 的具体执行流程属于保密信息,前文注释 17 中所提到的相关文件,无论是国家安全指令还是国防部和参谋长联席会议文件,都或是在公开版本中对具体流程做了加密处理,或是干脆没有公开。不过根据美军

---

① *United Nations Convention on the Law of the Sea*, http://www. un. org/depts/los/convention_agreements/texts/unclos/unclos_e. pdf;中文版《联合国海洋法公约》: http://www. un. org/zh/law/sea/los/。

② Bonnie S. Glaser and Peter A. Dutton, "The U. S. Navy's Freedom of Navigation Operation around Subi Reef: Deciphering U. S. Signaling," http://nationalinterest. org/feature/the-us-navy%E2%80%99s-freedom-navigation-operation-around-subi-reef - 14272.

FONOP 行动的历史和已知决策机制要点,我们依然可以梳理其行动层面与危机冲突管控有关的基本情况。

通过对 FONOP 行动层面的分析,我们可以发现三个冲突管控因素:一是 FONOP 的设计对侵略性的约束;二是 FONOP 执行本身的内在矛盾;三是 FONOP 执行的常态化及其对美国与沿岸国博弈方式的影响。

(一) FONOP 被重重条框和习惯限制,降低了其侵略性

1. FONOP 在法律上十分谨慎。FONOP 是一项专业性和政治性都非常强的任务,从航线的选择,航行中的舰、机操作,到与沿岸国拦截或伴航舰机的沟通,美军的官兵培训要具体到关键战位,每一个指令和操作都可能影响美国的信号是否准确表达。每一级相关军事单位都会安排军法官提供法律咨询,从最基层的编队或单艘舰只,到舰队及飞行联队,到作战司令部、区域联合司令部,再到最高层的参谋长联席会议。美海军舰艇及海军航空兵一线指挥人员需要严格遵守《海军行动法律指挥官手册》。① 任务执行过程中,哪些战术动作可以采取,哪些必须禁止,都有严格规定。

2. FONOP 的决定不是单向的,沿岸国家和任务范围的筛选必须经过自下而上与自上而下的双向过程,有时甚至是往复的。虽然国家安全委员会定期向军队发送政策性信件,从原则上鼓励一线部队展开行动宣示,但是美国最高决策层几乎从未下达关于地点和时间的具体建议。② 相反,这些行动建议都是首先来自基层司令部。此外,这一过程还涉及军队的平行机构如外交系统、环保机构的与闻甚至监督权,如 FONOP 的政策部分由参联会战略计划与政策(J-5)主

---

① Department of the Navy (Office of the Chief of Naval Operations and Headquarters, U. S. Marine Corps), Department of Homeland Security (and U. S. Coast Guard), *The Commander's Handbook on the Law of Naval Operations*, 2007.

② Dennis Mandsager, "The U. S. Freedom of Navigation Program."

任负责,行动部分由行动(J-3)主任负责,①但在政治敏感区域(Politically Sensitive Area, PSA),则必须有国务院的介入。②

3. 因此从社会科学方法论角度而言,当我们考察 FONOP 时,不能只关注那些确实发生了的。在美军历史上,大多数 FONOP 提议是被否决的。在安全决策圈内,反对 FONOP 的声音主要可能来自驻外使馆、外交系统高层、军方高层以及五角大楼参谋人员。③ 也就是说,对于 FONOP 最为积极的支持声音来自拥有 FONOP 经验的部队,而华盛顿和目标国首都的高层文官、军官由于不熟悉 FONOP 行动的协调、法律、紧急情况处理等问题,在是否执行 FONOP 的问题上偏于保守。这也体现在 2015 年上半年白宫与军方之间关于是否在南海中国驻守岛礁 12 海里以内进行 FONOP 的矛盾。④

(二) FONOP 的执行存在一些内在矛盾,抑制了其挑衅性

1. FONOP 的博弈逻辑是通过军事存在发出政治信号,而保密与低调却是其执行过程的一大特色。⑤ 美军历史上大多数 FONOP 并非明目张胆、锣鼓喧天地展开。甚至很多目标国家只有通过五角大楼财年终上交总统与国会的公开报告,才能得知美军曾在其专属经济区甚至领海展开过行动宣示。⑥ 不过对于重点目标,美国自会辅以高调的舆论造势,如 2015 年秋天在南海。

---

① James Kraska, Maritime Power and the Law of the Sea: Expeditionary Operations in World Politics, Oxford University Press, 2010, p. 403.

② James K. Greene, *Freedom of Navigation: New Strategy for the Navy's FON Program*, Naval War College, Newport, Rhode Island, 1992.

③ 同上。

④ Austin Wright, Bryan Bender and Philip Ewing, "Obama team, military at odds over South China Sea," http://www. politico. com/story/2015/07/barack-obama-administration-navy-pentagon-odds-south-china-sea-120865.

⑤ Alberto R. Coll, "International Law and U. S. Foreign Policy: Present Challenges and Opportunities," *The Washington Quarterly*, Vol. 11, No. 4, 1988, pp. 107-118.

⑥ William J. Aceves, "The Freedom of Navigation Program"; Dennis Mandsager, "The U. S. Freedom of Navigation Program."

2. 部门间利益和认知的差异加强了 FONOP 的保守倾向。联系到前面所说的决策过程,美军常常主动规避沿岸国的主张领域,或绕行或不采取可能被视为挑衅的战术动作。从美国立场而言,这抵消了 FONOP 的功能性;从冲突管控的角度而言,则降低了危机出现和升级的可能,如 PSA 的建立。PSA 在FONOP 行动层面带来了连锁反应,为了防止误入 PSA,一线指挥官常常(主要在不甚紧要的地方)采取保守措施,在 PSA 基线以外再划出数十千米(常为 80千米左右)的缓冲区,而更大规模的编队如航母攻击群则又会在此基础上额外设置向外延伸 16 千米至 25 千米的缓冲区。[①] 这种自我约束的行为从美国角度看有悖于 FON 项目的宗旨,但是它无疑降低了潜在摩擦发生的机会。

(三)虽然在国际上有反对声音,在美国国内也有各种限制与顾虑,但无疑已在重点区域常态化与长期化,"打一枪换一个地方"的情形并不是 FONOP 的执行方式

美军认为"军事存在"的常态化是贯彻其国际法立场、推行美国利益的基础,否则便可能出现"过度海洋主张"的先例与默许,这对于规则的执行是不利的。从数据中可以看出,针对某一特定目标的某一特定"过度海洋主张",美军会在一段时间内进行反复、连续的行动,如对于伊朗和阿曼在霍尔木兹海峡的政策、中国对专属经济区上空的管辖权、印度对专属经济区军事行动的要求、菲律宾群岛水域的领海问题、加勒比与非洲国家的领海主张等。

这种常态化虽然增加了美国与 FONOP 针对的国家进行交锋的机会,却同时可能抑制冲突的发生。美国在挑衅与约束之间的平衡向对方释放了一种信号,一条明确的红线——在侵犯对方的同时,美国为自己划的红线。这种信号的明确性在首次或最初若干次交锋中也许不甚明朗,但是随着互动次数的增加,双方都经历了学习的过程。这种对美国与沿岸国博弈方式的塑造,可以理解为一

---

① James K. Greene, *Freedom of Navigation*.

种独特的政治议程设置权(agenda setting power)。这一点对美国是有利的,因为随着被侵犯方进入美国的节奏,适应了FONOP的方式,便有可能帮助美国达成巡航常态化目的。换言之,常态化的FONOP作为一种广义的机制具有自维持(self-enforcement)甚至自加强(self-reinforcement)的特点。

下面将结合案例探讨美国与FONOP针对国之间行动层面的"默契",并结合美苏围绕FONOP斗争的经验,探讨中美之间行动互信的建立与完善。

五、案例分析:行动互信

"行动互信"在军事领域原本是指战术层面同袍之间的信任、能力匹配、认知接近等特质,是审视军事效率(military effectiveness)的一种视角。[①] 笔者这里所指的"行动互信"有别于这一概念,是指国家之间在行动层面所拥有的联通性和可预期性。虽然国际关系中充满不确定性(uncertainties),但是行为的可预期能够避免不必要的摩擦与冲突,这一点在军队之间的互动更加重要。笔者用这一概念与国际关系学界、政策界常用的"战略互信"进行区别与对比。相对于战略互信难免的"咬文嚼字",行动层面的互信需要更加实打实的联通与互动机制。

(一) 黑海撞舰

1988年7月11日,苏联武装力量总参谋长谢尔盖·阿赫罗梅耶夫与美国参谋长联席会议主席威廉·克罗在华盛顿发表了《关于防止危险性军事行动的联合声明》。一年后,克罗与新任苏联总参谋长米哈伊尔·莫伊谢耶夫在莫斯科签署了《防止危险军事行动协议》,但就在美苏取得军事互信机制历史性进展的

---

① 这一概念是比较新的,其在军事领域的使用范围尚不是很广。美军的相关研究始于 Nicole Blatt, *Operational Trust: A New Look at the Human Requirement in Network Centric Warfare*, Naval Postgraduate Scholl, 2004。

不久前,苏联领海刚刚上演了号称"冷战最后事件"的苏美撞舰。

1988 年 2 月 10 日,美第六舰队巡洋舰"约克城"号、驱逐舰"卡隆"号驶入黑海,苏联随即派遣护卫舰"宁静"号与护卫舰"SKR-6"号监视美舰并执行驱逐任务。2 月 12 日,美舰驶入苏联领海,苏舰开始对美舰进行驱离。警告无效后苏联海军高层下达了撞击驱离的命令。对峙一共持续了一个小时,苏舰始终未能迫使美舰提前驶出苏领海,美舰基本保持原定航向与航速直至完成通过,四舰均无人员伤亡。整个过程中,苏联态度坚决,美国也十分谨慎。撞击之外,苏联未采取其他威胁性的战术动作,而美舰则将航向航速保持在"无害通过"可接受的范围,双方均保持了克制。①

1983 年,苏联颁布《苏联领海、内海与港口的外国军舰航行与停靠规则》,规定只有国际航道才可算作无害通过的许可海域,外国军舰可在波罗的海、鄂霍次克海、日本海的苏联领海内无害通过,而黑海则没有适用的航道。这是苏美在黑海出现摩擦的原因之一。

这一"冷战最后事件"的降温十分迅速,撞舰之后 5 个月美苏军队高层便对如何加强危机协调达成了新的共识。这是苏美军舰首次在苏联领海内的"肢体接触",也是最后一次。事件降温后,除了前面提到的军事行动协议之外,1989年,美苏两国签订了《关于无害通过的国际法规则的联合的共同解释》。而根据这一解释,苏联完全改变了以往的国际法立场,放弃了之前对于预先通知与批准的要求。②

在 1988 年撞舰事件之前,美苏已有数十年海上摩擦的经验,形成了一整套

---

① William J. Aceves, "The Freedom of Navigation Program"; Dennis Mandsager, "The U. S. Freedom of Navigation Program."

② William J. Aceves, "Diplomacy at Sea: U. S. Freedom of Navigation Operations in the Black Sea," *International Law Studies*, Vol. 68, pp. 243 - 262; Lawrence Juda, "Innocent Passage by Warships in the Territorial Seas of the Soviet Union: Changing Doctrine," *Ocean Development and International Law*, 21:4(1990), pp. 111 - 116; Barbara Kwiatkowska, "Innocent Passage by warships: A reply to Professor Juda," Ocean Development & International Law, 21:4(1990), pp. 447 - 450.

沟通机制与相处习惯。危机管控与协调机制的建立对于两国"斗而不破"发挥了重要作用。1972年，美苏签署《关于防止公海及其上空意外事故的协定》（INCSEA），为两国提供了平时沟通与危机时协调的机制及行为准则。16年后的撞舰事件中，局势虽然一度紧张，但双方行动都受到了这一机制的约束，而事件的迅速降温也得益于这一机制：双方在对峙中采用了彼此明了的沟通方式，减小了误判的可能；双方一线部队均在政府和军队高层的严格节制下；双方指挥官能够直接沟通；事件中两国军事、外交沟通机制畅通，国际内部军事、外交部门协调顺畅；最为重要的是，以INCSEA和之后《美苏防止危险军事行动协议》为代表的框架都不是寻求解决战略与政治问题，而是聚焦在行动层面。①

（二）中美行动互信

中美海上军事互信与磋商机制的基础，是签订于1998年1月19日的《关于建立加强海上军事安全磋商机制的协定》（或称《中美海上军事安全磋商协定》，英文缩写MMCA）。MMCA借鉴了INCSEA的经验，但仍有一些缺陷。②

首先是较易受到总体政治关系的影响。美苏INCSEA机制是国与国级别，除了苏联入侵阿富汗这种大规模战争外，两国两军之间的制度性磋商与协调始终没有中断。MMCA则是部委级别，很容易因中美两国整体关系的变化而波动。

再就是中美两军交流在行动层面的实质内容仍然偏少，冲突预防措施失效后的危机管控、沟通与善后程序等均有待完善。参与MMCA磋商的中美代表缺乏一线部队人员，其结果是军事行动与军事外交割裂，两条管道在各自国内缺

---

① John H. McNeill, "Military-to-Military Arrangements for the Prevention of U. S.-Russian Conflict," *International Law Studies*, Vol. 68, 1994, pp. 575 – 581.

② 张愿、胡德坤：《防止海上事件与中美海上军事互信机制建设》，载《国际问题研究》，2014年第2期，第96 – 108页；钱春泰：《中美海上军事安全磋商机制初析》，载《现代国际关系》，2002年第4期，第8 – 11页；蔡鹏鸿：《中美海上冲突与互信机制建设》，载《外交评论》，2010年第2期，第30 – 37页。

乏协调,在两国之间缺乏协商。

近些年的中美海空相遇事件便体现了预防与反应机制的有待加强。如2009年3月南海"无瑕"号事件,5月在黄海中国渔船与美舰"凯旋"号的对峙,6月菲律宾海域中国潜艇撞上美舰"麦凯恩"号的拖曳声呐阵列,2013年美舰"考本斯"号抵近侦察"辽宁"号航母并遭到"黄岗山"号登陆舰拦截,以及频繁发生的中美空中相遇。

这一情况正在改变,2015年美濒海战斗舰"沃斯堡"号在南海海域与"衡水"号相遇,双方通过及时有效的沟通降低了误判可能。2015年美舰"拉森"号抵近渚碧礁时,中方军舰先后对其进行了10余天的伴航,除了10月27日当天相对紧张的气氛外,中美一线官兵实则保持了轻松的交流,日常对话中还包含了每日饮食、家乡、节假日计划等内容,①这是非常职业的表现。

2014年11月,中美签署了两个互信机制,即"建立重大军事行动相互通报信任措施机制"和"海空相遇安全行为准则"。2015年9月,两国又分别针对这两个机制签署了"军事危机通报"与"空中相遇"附件。根据最近两军舰机相遇来看,中美的默契正在提高。中国军队在捍卫国家权益的基础上,对美军的回应十分到位且足够克制。而美军也越来越注意重点培养熟悉南海及其他中国周边海域FONOP任务相关领域(如中国装备性能、训练水平、地理、水文、法律等)的指挥官、舰员、机组。

结　论

机制外霸权的规则执行带来潜在的危机冲突,但FONOP很少引发军事危机甚至外交冲突。本文主要分析了它在行动层面的自我约束以及美国与行动目

---

① "罗斯福"号随军记者 Yeganeh Torbati,"'Hope to see you again': China warship to U. S. destroyer after South China Sea patrol," http://www. reuters. com/article/us-southchinasea-usa-warship-idUSKCN0SV05420151106.

标国互动对冲突的抑制。自21世纪初以来,中国逐渐成为美国FONOP的重点对象,了解美国FONOP自身的约束机制对于我们更好地理解其行动意涵、采取更优策略十分重要。在此基础上的行动互信是进行冲突与危机管控的重要一环。

不过在危机预防以外,我们还应注意另外两个问题:一是FONOP的长期化与常态化,二是与此相关的权益维护。FONOP的常态化极有可能在中美两国之间形成某种"议程设置权",一方面虽可能有助于避免冲突出现,另一方面却会造成对中国权益的实际侵蚀。

美苏在黑海的焦点是外军无害通过领海问题,而中美在南海的分歧则是更为复杂且深层次的问题。苏联在1988年撞舰事件之后在国际法的解释方面做出了重大让步,这是值得反思的。与黑海相比,南海的情况更加复杂,不仅牵涉周边国对他国通过领海的要求,还涉及海洋地物及周边海域定性的争议。中国一些观察人士在评论中美分歧时,不应落入唯法条文本论和某一种解释系统的陷阱,忽视国际上对于国际法解释的诸多争论与模糊地带,如直接采纳某种海洋地物不具有领海的说法或使用"人工岛"之类模棱两可的词汇。在应对美国这些行动方面,中国面对着大量的国际舆论压力与法律陷阱,苏联的无条件让步不足取。

国际法既是用来约束武器的批判,也可以是批判的武器,将一切国际问题降维而看作实力政治的观点既无理也失义。但同时,国际法体系既是对权力政治的约束,也是实力政治的结果,它不是"不言自明"的真理,却可能处处存在带有政治意图的话语陷阱。因此,在与美国的相互交往中,不仅需要行动互信,更需要"行动自信"。如何有效协调这两方面,超出了本文所能讨论的范围,将是下一步探索的方向。

美国南海"舆论战"技战术意图分析及启示

刘海洋*

[内容提要] 南海问题的实质是中美在南海地区政治、军事和外交领域的战略博弈,美国将"舆论战"作为这种战略博弈的内在组成部分,注重综合运用政府官方发声、媒体舆论炒作、学术机构解读等不同手段打"组合拳",对外传播效果彰显,技战术特点突出:一是建立官方、学界和媒体统筹协调、紧密配合的对外传播机制;二是在策略上擅长主动出击,通过不断设置新议题打主动仗;三是在议题设置上有效利用东西方文化差异,注重玩逻辑和语言文字游戏,奉行双重标准,片面理解国际规则和秩序。美国南海"舆论战"对服务美国内政治、团结美国盟友、遏制中国等发挥了重要作用,其意图后果值得东盟国家反思,其方式方法值得中国借鉴。

[关键词] 美国 中国 东盟 南海问题 "舆论战"

近年来,美国从行动、外交、舆论上多重出击,连续就南海问题向中国发难。2016年,先是美国海军"威尔伯"号导弹驱逐舰于1月30日进入中国西沙领海,之后美国福克斯电视台于2月16日炒作中国在西沙部署地空导弹,与美国官方联系紧密的智库国际战略研究中心(CSIS)于2月22日炒作中国在南沙建设雷达设施,美军太总司令哈里斯于2月23日在参议员军事委员会上指责中国在东亚谋求军事霸权,美国总统、国防部长等政府高级官员亦不断表态。政府官方发

---

* 刘海洋,发表本文时为南海研究协同创新中心研究员,法学硕士。

声、媒体舆论炒作、学术机构解读,美方的"舆论战"组合拳打得非常紧凑、非常奏效。中国政府的外交、国防部门尽管每次都予以坚决回应,但在西强中弱的国际舆论格局中,中国官方的有限声音总显得捉襟见肘。抛开中美双方在军事和外交层面的交锋不谈,仅从对外传播的角度分析,美国通过设置议题操控南海舆论态势,使中国总处于被动应对的不利态势。美国南海"舆论战"使用了哪些战术技巧,其背后的真实意图是什么,对东盟和中国有何启示,值得认真梳理研究。

一、美国南海"舆论战"的技战术特点

在美国的对外传播话语体系中没有"对外宣传"这一概念,相对应的术语有公共事务和公共外交。因此,从广义上讲,美国的"舆论战"就是通过综合运用公共事务、公共外交等手段实施对外传播战略、达到对外传播目的的过程。这一概念在南海问题上同样适用,美国在南海的"舆论战",也是综合利用官方、民间、媒体等不同公共事务和公共外交手段实施影响国际舆论的对外传播,实现其在南海的战略目的。在操作层面,美国在实施南海"舆论战"的技战术运用上有一些鲜明的特点。

(一) 在对外传播协调机制上,美政府各部门统筹协调到位,官方、学界和媒体紧密配合

首先是美官方发声层级高、渠道多、平台广,各种声音同频共振,效果彰显。在发声主体上,美总统、国务卿、国防部长以及战区司令、舰队指挥官等军政各级领导人都出面发言,相对应的各级军政部门发言人也出面发言,并不时有匿名官员向媒体透漏消息。在发声渠道和平台上,既通过媒体渠道对外发声,还有效利用各种多、双边外交场合,发表声明,表明立场,使对美方政策的对外传播达到效果最大化。在职责分工上,美政府和军方配合巧妙,通常由军方"唱白脸"说丑

话、硬话示强,再由白宫、国务院等政府部门"唱红脸"表示控制局势的缓和姿态,表面上表现为政府和军方发声不一致,似为有矛盾,实则通过"红""白"脸配合将美国利益最大化。这种政府和军方的密切配合也表现在其在南海的军事、外交、舆论等各领域工作任务的协同展开。美在打南海外交牌的时候,必然有海上的军事威慑行动施压来配合;美在开展军事行动的同时,必然有外交运筹和舆论造势来配合,从而达到相得益彰、效益递增的效果。其次,美官方和学术界、媒体配合非常密切。美官方信息有时透漏给予政府有密切联系的学术机构,有时独家提供给某一特定媒体。美国军方还邀请电视媒体搭乘军机赴南海嵌入采访,通过现场的即视感增强对外传播的感染力和轰动效应。此外,在炒作时机上,既有在军事行动前的舆论造势和试探,又有军事行动后的媒体跟进报道和渲染,形式灵活多样。上述紧密衔接、相互联动的动作显示出美国政府及军方对公共事务的娴熟操控和对外传播战略运用的高水平,也反映出美国的军事、外交、舆论等职能部门在重大行动上的无缝链接。

(二) 在对外传播策略上,美方始终打主动仗,不断设置新的议题

南海问题发酵以来,美方针对中方岛礁扩建进程,配合自身外交议程和军事行动不断制造议题,诱使国际舆论总是跟着美国的议程设置走。在工程建设初期,美国主要炒作岛礁建设、单方面行为、武力和胁迫行动、国际法、航行自由和南海仲裁等。在中国宣布陆域吹填结束后,美国针对中国开建岛上配套军民用设施,开始配合军事行动炒作军用舰机进入中方岛礁 12 海里、联合巡航、联合演习、民航试飞等。随着双方军事应对逐渐升级,中国对美国不断加大的军事化行动被迫做出各种应急式反应,美国炒作重心又向军事部署、军事化、地区控制、东亚霸权等议题转移。可以预见,南海国际仲裁庭宣布裁决结果后,美方必然会借题发挥、大肆炒作,在行动层面加大南海军事干预力度的同时,打着维护国际法治的名义为自己的后续强力行动造势和寻找借口。通俗形象地讲,美国这种策略的重点是"玩舆论",其结果是,美方每制造出一个议题,中方就不得不被动应

对,而且绝大多数议题纯粹是美方为了方便指责中国而生生制造出来的伪命题,或是美国为了制造舆论而把本来是双边或地区层面的问题刻意渲染成为国际问题。

(三)美方凭借谙熟西方思维习惯擅长玩逻辑游戏,这些简单的颠倒黑白的技巧往往能起到出其不意的效果

美国在整个南海问题上使用的首要技巧就是颠倒"鸡生蛋还是蛋生鸡"的逻辑顺序。美国实施"亚太再平衡"战略之前,尽管中国和个别周边国家存在领土主权争议,但整个亚太地区整体和平、繁荣、稳定。东盟各国搭乘中国经济快速发展的顺风车,双方在经济上互利双赢,在政治上保持着顺畅的沟通,长时间以来彼此相安无事、共享和平。但随着美战略重心转移并增兵亚太,日本、菲律宾在美国的支持、怂恿和策应下,纷纷示强和采取攻势姿态。先是日本突破和平宪法限制,不断扩充军备,加强离岛军事部署,并通过将中国钓鱼岛国有化在东海挑起事端,中国被迫做出反应,划设了东海防空识别区,公布了钓鱼岛领海基线。继而,菲律宾海军和执法部门频频在南海非法使用武力和采取强制措施。2011年10月18日,菲律宾军舰进入中国南沙礼乐滩附近海域,扣押了中国渔船拖曳的25艘小艇。① 2012年4月10日,菲律宾军舰进入中国黄岩岛海域,派荷枪实弹的士兵强行登临在潟湖内正常作业的中国渔船,并非人道地强迫中国渔民脱掉上衣在海上暴晒两个多小时。② 2013年5月9日,菲律宾渔政船对正常作业

---

① 《2011年10月20日外交部发言人姜瑜举行例行记者会》,中华人民共和国外交部网站 http://www.fmprc.gov.cn/web/fyrbt_673021/jzhsl_673025/t869317.shtml,登录时间:2016年3月8日。

② 《外交部边海司司长邓中华接受凤凰卫视访谈文字实录》(2012年5月10日),中华人民共和国外交部网站 http://www.fmprc.gov.cn/ce/cepl/chn/xwdt/t930567.htm,登录时间:2016年3月8日。

的中国台湾渔民暴力执法,对手无寸铁的渔民实施扫射,造成一名船员死亡。①中国在领土主权安全和海洋权益受到严重威胁的情况下被迫采取了一些防御措施和防卫部署,这些行为的性质是被动的应急式反应,符合国际法和国际惯例,但中方的防御性措施被美方颠倒逻辑说成是单方面的扩张示强行为,这是一个典型的"鸡生蛋蛋生鸡"的问题。从逻辑上讲,则正好相反。美实施"亚太再平衡"战略、不断加强亚太军事部署才是造成南海局势紧张的根源和诱因,中国在东海和南海采取的一切措施都是针对日菲等单方面行为的自卫和预防措施,所有南海安全形势变化的主要原因在于"美国人来了",尽管美国人从未离开亚太。其次,美国故意混淆能力手段和政策意图的逻辑关系,通过炒作能力渲染中国"威胁"。这一点突出表现在美国不断炒作中国的各式武器装备上。无论是美学术机构炒作中国在西沙部署地空导弹可以对过往军民用舰机构成威胁,还是哈里斯在听证会上指出中国的东风-21和东风-26反舰导弹可以对美国航母构成威胁,美方都是单纯以武器的作战能力、射程范围等为标准来判断中国是否构成威胁。美方的这个逻辑游戏不难戳穿。以出口到非洲的砍刀为例,好人可以用它来砍柴切菜,坏人却用它来实施种族屠杀,但决定砍刀是否构成威胁的主要因素是持刀者的意图,而非砍刀本身。如果照搬美国的逻辑,美国的许多尖端武器具有全球打击能力,并没有人指责美国对全世界的军民用舰机都构成威胁。美国在指责中国的航母、导弹、潜艇等构成威胁的时候,其潜台词是中国奉行攻击性的侵略政策,而事实正好相反。中国走和平发展道路,奉行防御性的国防政策,几十年来没有参与过任何武装冲突,中国的强大有利于维护世界和地区和平稳定;恰恰是美国执行全球扩张战略,其兵力部署全球,连年参加武装冲突。性能相同的武器装备在谁手里更具有威胁不言自明。最后,美国故意混淆岛礁领土主权争议与航行自由之间的关系。《联合国海洋法公约》为不同法律性质的海域规定了无害通过、过境通行、群岛海岛通过等多种航行制度,就是为了调和沿

---

① 《2013年5月10日外交部发言人华春莹主持例行记者会》,中华人民共和国外交部网站http://www.fmprc.gov.cn/web/fyrbt_673021/jzhsl_673025/t1039287.shtml,登录时间:2016年3月8日。

岸国领土主张和海洋大国航行自由主张之间的矛盾,这一问题已经基本解决。比如,马六甲海峡、霍尔木兹海峡等国际海峡都处在相关沿岸国领海之内,海峡内的水域属于沿岸国的领海,沿岸国当然对整个海峡所在水域拥有主权,但这种主权主张并不影响其他海域使用国根据过境通行制度规定行使国际法赋予的航行自由权利。在世界其他海域,存在岛礁主权和海域划界争端的情况也很多,但这些主权争议并不影响相关海域的合法航行飞越自由。在南海同样如此,尽管岛礁主权归属中国,但这并不必然影响其他国家依国际法享有的航行自由。

(四)美国假借"讲规则、讲秩序"的名义通过炒作"中国违反国际法"争取国际道义支持

时任美国总统奥巴马在接受新加坡媒体采访时指责中国不遵守国际法和奉行"丛林法则",把中国描绘成一个国际规则的破坏者,给中国扣上违反国际规则的大帽子,借此名义在舆论上抹黑中国。这也是美方官员的一贯做法,此类抹黑攻击通常表现为三种情况。一是概括模糊、大而化之地指责中国违反国际法,但只是泛泛而论,并不提供实实在在的国际法依据,也从不指出中国具体违反哪一条国际法规则。因为美国很清楚,对于中国在自己主权范围内搞建设的行为,无论是国际条约还是国际习惯,都很难找到中国违法的实在法依据。"中国的岛礁建设并不必然违反国际法,但它确实违反了南亚的和谐与风水。"①时任美国助理国务卿拉塞尔的这句话很好地反映了美国官员在这一问题上的真实想法,这种虚妄指责中国违反国际法的做法,纯粹是为了方便在舆论上指责中国。二是更加具体地指责中国在南海破坏航行自由。每年世界上有50%的商船队从南海经过,从未有任何一个国家的商船因为航行自由问题在南海的通行受到阻碍,

① "Tensions rise between Washington and Beijing over man-made islands" (May 13, 2015), https://www. washingtonpost. com/world/asia _ pacific/tensions-rise-between-washington-and-beijing-over-man-made-islands/2015/05/13/e88b5de6-f8bd‐11e4-a47c-e56f4db884ed_story. html,登录时间:2016年3月9日。

南海航行自由自始至终都是一个伪命题。同前述毫无根据地概括指责中国违反国际法一样,炮制航行自由这个伪命题也是为了方便在舆论上抹黑中国。三是指责中国不接受菲律宾提起的南海仲裁。中国不接受、不参与单方面提起仲裁的选择本身是符合国际法的,澳大利亚等许多国家也都做出声明——在公约允许的事项上排除强制管辖,但这种合法行为仍被夸大渲染。无论是指责中国违反国际法,还是指责中国破坏航行自由,不接受国际仲裁,由于从形式上讲法治观念在西方民众价值观中占有重要地位,在不明真相的国际公众面前,美国很容易通过这些廉价的新闻标题收买到国际道义的支持。

(五)美国在炒作南海"军事化"议题上奉行典型的双重标准,很多情况下为在舆论上抹黑中国,罔顾事实刻意制造新闻

中国在拥有主权的本国领土上部署飞机、导弹、雷达等军事设施,被美国贴上"军事化"的标签;菲律宾、越南在非法侵占中国的岛礁上部署雷达、飞机、火炮、导弹等军事设施美国则视而不见;美自己派先进军用舰机对中国抵近侦察、侵入中国领海以及在南海联合巡逻、联合演习的行为,更被美国美化为行使航行自由。中国在没有争议的西沙群岛上部署战机,且连美国人都承认这种本土防御部署早已存在,却被美国炒作为构成威胁和加剧地区紧张局势的军事化行为;美国先进的 P8A 侦察机和可挂载核武器的 B52 轰炸机不远万里来到中国的家门口侦察挑衅,且天天来、月月来、年年来,西方媒体均视而不见。中国在南沙岛礁上部署军事设施被美国指责为在争议领土上"欺凌弱小",美国的许多盟国在有争议的领土上部署军事设施则没有任何问题,比如英国在马岛的军事部署。大量事实证明,美国对自己适用"强权即真理(Mighty is right)"的原则,对中国则适用"大国即错(Big is wrong)"的原则。美国始终戴着有色眼镜看待中国在南海的任何行为,其标准其实只有一个:任何的民事或军事行为只要是中国做出的就是错的。这样就为美国在舆论上指责中国提供了极大的便利。

（六）美国凭借霸权和语言文化优势垄断国际舆论，使中国同时面临着人为和天然的双重沟通传播障碍

如前所述，美国玩逻辑游戏，假借国际法名义抹黑中国，在"军事化"议题上持双重标准，识别这些技巧和花招并不难，使用汉语语言很容易就能戳穿和说清楚，但美国这些简单的战术技巧仍然屡屡奏效，美国在舆论上始终能够"翻手为云、覆手为雨"。问题的关键在于，美国掌握着国际舆论的话语权，操控着制造和引导国际舆论的大喇叭，决定着西方媒体报道什么和不报什么，同时英语语言对中国而言又形成一道天然的屏障，这两者叠加构成了中国对外传播很难逾越的双重障碍，产生了非常不利的影响。一是中国的声音、观点传播不出去，西方少有的理性客观的声音也没有市场。尽管中国官方可以阐述事实立场，专家学者可以对美方的花招策略进行分析解读，但这些用中文传播的声音很多情况下无法到达西方受众，西方记者即使了解中方的观点也不会去做报道。笔者曾就南海航行自由问题与一名西方大报记者沟通，该记者也承认南海航行自由实际上不存在问题。然而该记者提出，中国南沙岛礁建设尽管并没有实际上妨碍航行自由，但将对未来的南海航行自由构成潜在威胁；而且，如果他顺着中方的观点去解释澄清，那么华盛顿的编辑那里肯定通不过，所以他只能顺着美方的观点批评中国阻碍南海航行自由。这说明西方媒体其实很清楚美国在南海问题上的主要观点是站不住脚的。美联社首席记者马特曾在美国务院例行记者会上两次质问美方舰机在南海的侦察巡逻是不是军事化行为、是否会加剧南海紧张局势，但由于美国的舆论霸权和西方媒体的价值观判断，西方少有的客观理性的声音也传播不出来。二是语言文化优势方便美方通过玩文字游戏，恶意制造和引导舆论，混淆国际公众视线。最典型的莫过于美国关于航行自由和中国在西沙部署地空导弹的炒作。美国、澳大利亚等国的各级官员在指责中国妨碍南海航行自由的时候，都会提到南海对于世界海运和全球贸易非常重要，给西方受众的暗示就是中方岛礁建设妨碍了民用船舶和飞机的航行自由，尽管这些外国官员心里

非常清楚,实际上是其军用舰机的非法航行自由受到影响。美国在炒作中国西沙正常进行地空导弹防御部署时故意混淆西沙群岛(西方英译名称为 Paracel Islands)和南沙群岛(西方英译名称为 Spratly Islands),而之前关于南海军事化的炒作都聚焦于有争端的南沙群岛海域。对于普通的西方受众而言,他们不会对 Paracel Islands 和 Spratly Islands 这两个英文词汇做认真区分,都会朴素地理解为美国指责中国在整个南海搞军事化。尽管玩弄这些语言词汇上的技巧手段很简单,但非常奏效,误导了大多数西方民众。

二、美国南海"舆论战"的战略考量和主要意图

南海问题的实质是中美在南海地区政治、军事和外交领域的战略博弈。无论是菲律宾单方面提起仲裁案、美炒作航行自由和"军事化",都是给这一本质上为战略博弈的政治问题披上法律或军事技术的外衣。作为美国全球霸权战略的一部分,美国"亚太再平衡"战略与中国和平崛起有着结构性的矛盾,尽管中国一再重申避免"修昔底德陷阱",美国固有的冷战思维和霸权逻辑还是使其很难接受中方的善意。

在美国南海战略总体目标的指引下,美国在南海"舆论战"中使用的战术技巧简单有效,通过制造和引导舆论,蓄意渲染中国"威胁",混淆国际公众视线,成功实现了其预期的多重战略战术目的。从意图上分析,美国南海"舆论战"有一石多鸟之效,对服务美国国内政治、团结美国盟友、遏制中国等都发挥了重要作用,为实现美国在南海乃至亚太地区的战略提供了有力支撑。

从中美战略博弈的角度分析,美方的首要目的是从战略上孤立和遏制中国,通过恶化中国的周边安全环境,阻碍中国的和平崛起,打破中国和平发展所需要的战略机遇期。其次,通过渲染中国"威胁"推进其军事部署,压缩中国的地缘战略空间,从战术上为中国和平经略南海、合法进出"两洋"设置障碍。再次,通过不断地蚕食、接触和对抗,了解南海战场环境,探摸中国军事底线和武器装备性

能,争取军事上的绝对优势。最后,美国有效利用国际国内两个舆论场的互动影响,通过设置主权、安全等民族主义议题在中国国内制造不稳定因素,企图打破中国和平发展的既定步伐和节奏。

从塑造美地区盟友和伙伴关系的角度分析,美方的意图,其一是通过制造舆论向其亚太盟友渲染亚太地区的高危安全环境,提高其盟友对美国的需求度和依赖性,从而配合美国在亚太扩大军事存在的战略部署,这包括在韩国部署"萨德"系统以及在日本、菲律宾等其他亚洲国家新增兵力。其二,表明美国履行盟国义务的能力决心,塑造和影响军事同盟和伙伴关系,精心打造类似北约的亚洲版军事同盟体系。其三,通过宣传宣示美国在亚太的霸主地位,告诉其亚太盟友这个地区仍然是"美国说了算",通过军事扩张同步增强其政治和经济影响力,为其经济政策保驾护航。美国制造的许多议题明显有离间中国和东盟国家关系的作用,以此达到拉拢和引导东盟国家抱团一致对抗中国的目的。其四,作为附加值,美方通过夸大威胁和展示先进武器,加剧地区军备竞赛,为向亚太国家出口更多武器埋下了伏笔。

从服务美国内政治的角度分析,美南海"舆论战"的战略目的,其一,是服务美"亚太再平衡"战略,通过渲染中国"威胁"夸大其亚太军事存在的必要性和重要性,为其将60%的海空兵力增加部署到亚太塑造必要的安全环境和舆论环境。其二,从战术上讲,是为美在南海的抵近侦察、领海入侵、联合巡航、军事演训等非法军事行动做舆论铺垫,为其打破所做出的在南海问题上"不选边站队"的政治承诺寻找借口,同时通过舆论造势扩大其非法军事行动的政治影响,为其非法军事行动争取更多国际舆论支持。其三,美国始终秉持冷战思维,始终怀有很深的"修昔底德陷阱"心结,需要树一个靶子作为其发展的战略竞争对手。同时美国保有冷战时期形成的霸权惯性,企图像控制墨西哥湾和加勒比海一样控制南海。其四,通过制造舆论转移国内民众视线,弥补其中东政策、反恐政策和近几次战争失败的不良后果。美国在与东盟的峰会结束后即刻炒作南海议题,也反映出美国拉拢东盟联合抗衡中国失败后的迫不及待。其五,渲染中国"威胁"是美国防务部门争取国防预算的客观需要。美军太平洋司令部司令哈里斯在参议院军事委员会上罕见地指责中国谋求东亚霸权,美防长卡特将中国列为美军面临的五大威胁之一,当然是越放大中国"威胁",得到的预算就会越多。第六,满足美国内代表军工利益集团的政客的需要,为美国武器出口营造良好外部条件和舆论环境。最后,在舆论上抹黑中国也是"贼喊捉贼"的外宣需要,美国作为南海军事化的根源和最大推手,在舆论上指责中国很好地达到了欲盖弥彰的效果。

三、对东盟和中国的影响及启示

对东盟国家而言,美国通过"舆论战"宣示的政策主张与其背后隐藏的真实意图值得反思。南海问题本来是中国与少数几个南海声索国之间因岛礁主权和海域划界产生的争议,这些争议本来也不是中国与这些声索国家之间关系的全部,更不是中国与东盟之间关系的全部。但是,近年来东盟的一些公开表态显示,南海问题正逐步作为东盟的集体议事日程被摆上多边舞台。美国军事干预南海的政策是否符合东盟国家利益,美国插手南海问题对东盟国家到底是福还是祸,美国在南海的真实意图是否如美国宣传的那样充满和平与善意,这都值得东盟国家多打几个问号。

首先,美国在南海的军事干预政策是否真的会为南海乃至整个亚太地区带来和平与稳定? 近年来,美国以反恐、防核武器扩散、人道主义干预、推翻独裁政权等为名,主导和参与了伊拉克战争、阿富汗战争、利比亚战争、叙利亚战争等多场武装冲突,还陷于打击 IS 战争。但是,这些美国军队到达的国家和地区并没有实现其所宣称的自由、民主、和平、繁荣与稳定,很多目前仍陷于内乱、难民危机等多重灾难。二战后美国两次来到亚太都带来战争,在朝鲜半岛和越南造成深重的战争创伤。现在美国又从军事上干预南海问题,美国将给这个地区带来和平还是战争,美国在其他地区的干预实践及最终结局为包括东盟国家在内的整个亚太国家提供了很好的警示。

其次,东盟是否愿意牺牲东盟的整体利益换取菲律宾一个国家在南海的非法领土主张? 东盟和中国的关系近十几年来健康快速发展,南海问题并不是中国与东盟之间的重大问题,东盟国家作为集体所关心的航行自由困难也根本不存在。而目前的现实是菲律宾每每用南海问题绑架东盟与中国关系。东盟其他国家是否心甘情愿被菲律宾绑架,为个别国家的非法利益不顾中国与东盟国家关系大局是否值得,那些在南海问题上与中国根本不存在领土和划界争议的国家的利益如何维护,东盟与中国是否应该继续"求大同、存小异",这些问题值得深思。

再次,东盟有没有必要为美国的"航行自由"计划背书? 如果美国认为航行自由就是其军用舰机在别国享有主权的领海领空内享有不受任何约束的航行和飞越自由,正如其军舰未经批准进入中国西沙领海那样,东盟国家是否接受这样的海洋主张呢? 换言之,东盟国家是否也同意美国或其他海洋大国的军用舰机未经批准在自己的领海领空内自由巡航呢? 据笔者了解,美国的"航行自由"计划同样直接挑战许多东盟国家的海洋政策主张。比如,印度尼西亚根据《联合国海洋法公约》在其群岛水域内指定了三条群岛海道作为国际航道,但美国明确予以否认,美国认为印尼群岛水域内所有可以用来通航的水道都是国际水道,其军用舰机可以自由通行。与中国类似,孟加拉国、印度、印度尼西亚、越南等许多亚太国家要求军舰进入其领海前需经批准或事先通报,世界上有 52 个国家有类似的国内立法规定①,美国的"航行自由"主张显然不符合大多数地区国家的利益。可以想象,如果不是中国冲在前面与美国的非法"航行自由"主张做斗争,下一次美国的军用舰机必将出现在某个东盟其他国家或地区的领海领空。

最后,如果中美真的在南海发生冲突,东盟国家就必定会从中受益吗? 中国与东盟国家同属亚洲国家,拥有共同的"以和为贵、求同存异"的东方战略思维和东方战略文化,多年来中国对其他国家在南海侵占中国岛礁的行为保持了最大

---

① 根据联合国网站和其他公开资料显示,共有 50 余个国家的国内立法规定外国军用舰机进入其领海须经批准或事先通报。

克制,这些争端从来没有直接影响到中国与东盟的关系。这从根本上不同于"国强必霸、强权扩张"的具有对抗性的西方战略思维和文化。中美冲突必然影响整个亚太和平稳定,给整个地区国家带来不可估量的冲击和影响。美国在南海挑事以后随时可以"拍屁股"走人,而东盟国家和中国是无法选择的近邻,南海的和平稳定是中国与东盟关系的最大"公约数",符合中国与东盟的共同利益。二战后,美国在亚洲两次挑起重大武装冲突,给相关国家带来深重灾难,这次美国军事干预南海将会给包括东盟在内的亚洲人民带来什么,值得亚洲各国共同深思。

对中国而言,逐项与美国相比,中国在南海舆论态势上相对被动,也缺乏统一的对外传播战略。要改变这种态势,首先要从观念上改变对于对外传播工作地位和作用的认识,不再仅仅把各级信息发布部门当成"嘴"而不让其参与"大脑"决策,要通过各部门联动形成合力,主动设置议程,加强公关策划,真正实现新闻执政。政府各级各部门对外传播观念和新闻执政意识的落后恰恰是中方的"阿喀琉斯之踵",需要大力改进。

其次要多利用外媒、多使用外语进行对外传播。在国内国际两个舆论场的互动联系更加紧密的形势下,南海问题上的对内宣传很多,但无法在国际舆论场传播和落地,国际舆论场的引导和塑造依然是中国的弱项和短板,这在处理外交、国防等国家安全议题上尤为突出。客观来讲,美方舆论霸权和英语语言形成的天然障碍很难打破,目前形势下我们只能顺势而为,在发挥内媒主观能动性的同时,通过主动组织外媒赴南沙采访,使用外语进行对外传播,更多地发出我们在国际上的声音,除此之外没有其他捷径。在组织外媒采访和利用外媒上依然需要突破观念上的障碍,因为许多职能部门比照内媒来认识外媒,对外媒报道缺乏应有的理性和包容。中方自己不组织外媒赴南沙采访,外媒必然会通过其他渠道前去采访,CNN 和 BBC 已经这样做了,其他媒体也会效仿。与其如此,不如中方自己组织外媒赴南沙采访,既展示中国在南沙岛礁建设意图上的开放透明,又体现中国对相关海域的有效管辖。

浅析中美"南海航行自由"问题的发展与本质

高子川　陈　昊　严志军[*]

[内容提要]　"南海航行自由"是美国在南海问题上对我的主要发难点之一,也是当前中美在南海问题上斗争的重要焦点。中美围绕该问题的斗争有一个不断发展的过程,双方对航行自由的理解也存在着重大的分歧。而分歧的背后实质上是双方战略与安全利益的博弈,"南海航行自由"已成为美国在南海实现多重战略目标的重要抓手。

[关键词]　中美　南海　航行自由　本质

近年来,美国政要频繁在各种公开场合提及并宣称维护"南海航行自由是美国国家利益",反对"任何妨碍航行自由的做法"。虽然中国认为"南海航行自由不存在问题","南海航行自由问题是个伪命题",但仅做如此表态并不能从根本上解决这一争执,也难以让世界信服。因此,我们还需梳理美国有关"南海航行自由"问题的发展过程,深入揭示其背后的真正目的和意图,这样,才能更有针对性地回击美国的无端指责,占据政治和法理的制高点。

一、中美"南海航行自由"问题的由来及发展

在冷战结束之前,美国对南海问题总体上持中立的基本立场,对在南海自由

---

*　高子川,海军指挥学院战略系教授;陈昊,海军指挥学院硕士研究生;严志军,海军 92692 部队。

航行问题没有太多关注。冷战结束后,美国开始进一步关注南海问题,包括美国在南海的航行自由问题。1994年,克林顿政府对于南沙问题的立场发生了变化,开始把南海问题视为一种"威胁",并倾向于认为这种威胁是中国引起的。同年10月,时任美国国防部长威廉·佩里称,"南海问题若爆发冲突将破坏南海地区的稳定,并对美国海上交通线构成威胁,还会妨碍自然资源开发活动"。1995年1月,中、菲发生美济礁事件。同年5月,时任美国国务院发言人克莉斯汀·雪莉发表美国的"南海声明",称"维持航行自由是美国的基本利益,南海地区所有船只与飞机的自由通行,对整个亚太地区,包括美国在内的和平与繁荣至关重要"。时任美国太平洋部队司令理查德·马克海军上将称,"我们对航行自由非常关心,南中国海是许多国家,包括我们自己的一条重要的贸易通道"。国务卿克里斯托弗也首次明确称,"在有争议的海上航线维持航行自由符合美国的根本利益"。由此,"南海航行自由"问题正式进入中美南海交锋的议题之中。

2001年4月1日,在海南岛附近我专属经济区发生中美"4·1"撞机事件,我方认为美侦察机在中国专属经济区内飞行,是违法行为;美方认为其侦察机是在国际水域上空飞行,享有航行(飞越)自由,坚持认为是合法的,并在短短一个多月后便恢复侦察活动。此次事件成为美国再次挑起"南海航行自由"问题的导火索。2009年3月,在南海又发生"无暇"号事件,美国军事测量船"无暇"号因抵近我海南岛和西沙群岛之间海域从事海洋数据收集而遭到我方船舶的阻拦和驱赶,美国就此大做文章,指责中国威胁了美国的海上航行自由。

2010年,美国政府多次指责中国对南海断续线内海域的权利主张,违反了国际海洋法上的航行自由,威胁了美国利益。2011年7月,美国国务卿希拉里·克林顿在出席东盟地区论坛期间,高调宣称维护南海航行自由的重要性和紧迫性,她表示,"最近发生在南中国海的事件可能会破坏该地区的和平与稳定","美国在南海的航海自由和遵守国际法方面的国家利益受到了威胁"。2011年9月,美国、澳大利亚两国的外交和国防部长在旧金山举行会谈,发表联合声明称南海航行自由事关美澳两国的利益,呼吁各国在处理南海主权纠纷时遵守国际法。2012年6月,在香格里拉对话会上,美国国防部长帕内塔与菲律宾国防部长加斯明举行会谈,双方确认了在南海的"航行自由"符合美菲两国的国家利益,并磋商了提升菲海军能力等问题。由此,"南海航行自由"问题成为美国对华指责和发难的一个常态化问题。

2015年,中美围绕"南海航行自由"问题的斗争焦点转移到中国控制的南沙岛附近海域及空域。针对中国的南海岛礁建设,美国动用海军舰、机在我岛礁附近海域和空域航行和飞越等所谓巡航活动,声称要捍卫和行使美国"航行自由"的权利。美方行动的高潮是于当年10月27日派"拉森"号导弹驱逐舰在我南沙渚碧礁和美济礁12海里海域内航行,于11月8日和9日派遣B-52战略轰炸机飞越我南沙岛礁附近空域。对此,我国予以严正斗争,包括外交交涉、抗议和现场跟踪、监视和警告。

二、中美在"南海航行自由"问题上的主要分歧

归纳美国对南海航行自由的基本立场和中美围绕该问题的斗争历程,双方的主要分歧点包括两个方面:一是美国舰机在中国南海专属经济区的航行自由权利,二是美国舰机在中国南沙岛礁(尤其是中方进行大规模人工建设之后)附近海域及空域的航行自由权利。

关于第一个方面,《联合国海洋法公约》(以下简称《公约》)第58条规定了其他国家在沿海国专属经济区内的权利和义务。第五部分与第十三部分也赋予了沿海国对专属经济区内海洋科学研究的管辖权。中美之间的分歧就在于第十三部分没有明确将军事测量等军事活动规定为一种海洋科学研究。我方认为,沿海国对在本国专属经济区内的军事测量等一系列海洋资料收集活动具有管辖权,美国在中国专属经济区从事的这些专门针对中国的军事测量等活动,属于收集海洋数据和资料的活动,是海洋科学研究,应尊重中国的管辖权;而美方认为,虽然《公约》明确规定,沿海国对在其专属经济区内开展的海洋科学研究拥有管辖权,但军事侦察、军事测量和军事调查均不属于海洋科学研究,是《公约》没有

明确禁止的行为,在中国专属经济区从事这些活动无须事先征得中国同意,是一种海洋自由,中国阻碍其军事测量活动属于妨碍了美国"南海航行自由",中国对美方的上述活动不得干扰,并应保证这些活动的顺利开展,同时宣称中国也可以到美国专属经济区去搞测量和调查等活动。我国坚决认为美国这些军事活动是滥用《公约》的有关公海自由和海洋和平利用等条款的规定,那种完全意义上的"航行自由"只有在公海才享受,在我专属经济区内具有威胁性的肆意"航行自由"属于非法行为。

关于第二个方面,主要涉及中国南沙岛礁是否拥有领海以及美方是否可以行使"航行自由"的权利。美方认为,根据《公约》的规定,中方控制的岛礁中多数属于低潮高地(岩礁),不应拥有领海,中国对岛礁进行人工建设并不能改变其原有的性质,因而美国不承认中国有关岛礁拥有领海,既然没有领海,那美国军舰、飞机就有权自由航行和飞越。中方认为,包括南沙群岛在内的南海诸岛自古以来就是中国的固有领土,中国对南沙群岛及其附近海域拥有无可争辩的领土主权与海洋权益;中方尊重和维护各国依国际法在南海享有的航行和飞越自由,但坚决反对以航行和飞越自由为名损害中国主权和安全利益;美方军舰有关行为威胁中国主权和安全利益,危及岛礁人员及设施安全,损害地区和平稳定。由此可见,美方是以所谓的国际法为依据,否认或挑战中国在南沙岛礁区的主权和海洋权益,而中国则以南沙岛礁领土主权为基础,维护自身的安全利益。换言之,美方强调的是所谓的法律权利,而中方强调的是主权和安全利益;美方要刻意挑战中方的权利主张,中方则要维护自身的主权和安全利益。

三、美国在"南海航行自由"问题上的战略意图

美国如此重视南海航行自由问题,是有着多重战略目的和意图的,"南海航行自由"只是个借口和可资利用的工具,美国想通过航行自由问题实现自己的战略利益。

一是利用"南海航行自由"问题谋求地区军事霸权。南海地处战略要地,且海上资源丰富,具有突出的战略价值,美国视南海为重要的军事战略通道,认为南海对于美国控制亚太制海权和维护其亚洲领导地位至关重要。而中国在南海军事实力的增强则被美国视为威胁和挑战。2009年,美国传统基金会亚洲研究中心主任沃尔特·罗曼发表《斯普拉特利群岛:对美国在南中国海领导地位的挑战》一文,认为"中国对南海的主权要求可能会产生这样的结果:某一天美国太平洋舰队需要得到中国的允许才能在此活动","如果中国以这样的速度不断发展海军,再需要10年,就将会给美国造成现实威胁",这引起了美国军方的高度关注。为了美国在南海的军事存在和制海权,美国就拿航行自由为切入点,在南海问题上制造"航行自由"问题,将自己谋求的南海海域"控制权"说成是国际法中的"自由航行权",声称"南海航行自由受到威胁",要派遣力量来维护南海国际航道的航行自由,也是为了赢得南海国家对美国插手本地区事务的认可。因此,美国所谓"南海航行自由"问题中的"自由"就是其军舰可以随意在南海任何海域航行的自由;把中国专属经济区作为其军事舰船或飞机的试验场,在这里从事军事侦察、军事测量等海洋数据收集活动,是为了遏制中国的军事发展。

二是利用"南海航行自由"问题鼓吹"中国威胁论"。在中美战略博弈的进程中,"中国威胁论"是美国惯用的一张牌,在南海问题上也不例外。美国用冷战"零和"思维和"国强必霸"的逻辑,无端地判断中国今后将挑战美全球霸权,无法容忍中国的强大和在亚太地区影响力的上升。为了拿南海问题遏制中国发展,美国不顾事实真相,将中国阻挠其军事测量、军事侦察等活动,歪曲解释为中国对南海航行自由造成了威胁(从美国政客的说辞中可以看到,中国反对未经批准进入我专属经济区从事军事测量等活动,美国就无端解释为"外国军事船舶无法进入南海"),以此大肆鼓吹"南海航行自由与安全受到威胁",指责中国关于南海历史性水域的主张不符合当代国际法实践,并多次指出这将危及南海海域国际航行自由和地区稳定,给国际社会造成一种南海局势堪忧的假象,离间中国与东南亚国家特别是南海周边国家的关系,企图利用有些国家对中国和平发展的顾虑,编造"中国威胁论"的新版本。

三是利用"南海航行自由"问题为介入南海事务正名。在美国全球战略重心东移的背景下,美国将南海问题作为一个有力抓手,介入其中是"重返亚洲"战略的一步棋子。由于在南海问题上美国不是当事国,对于南海事务特别是各种岛屿和海洋权益争端,理论上没有发言权,这就会让其无处下手,也就是插手南海问题师出无名。为此,美国一再拿"南海航行自由"说事,政府高官明确指出其"重返亚洲",确立对南海的影响,符合这一地区许多国家的要求,所以炒作所谓"南海航行自由"问题,将完全两码事的岛屿争端与航行自由问题混为一谈,意图很明显,就是要让介入南海争端的行为正当化,干扰中国解决南海问题。由此可见,美国以"航行自由"为借口企图介入南海争端,并支持南海相关国家的做法,名为公益,实为私利,是重返东南亚战略的一种表现,其本质仍然是为了遏制崛起的中国,确保美国在南海地区的战略地位,防止中国对美国的海上霸权形成挑战。

四是利用"南海航行自由"问题阻挠干扰中国南沙岛礁建设。中国在南沙岛礁开展的建设将对南海局势的发展走向产生重大而深远的影响,将极大地改善中国在南海的战略地位和战略态势。美国认为,这将对美国在南海的地位,包括美国在南海的军事存在和军事活动带来严重的挑战,这是美国不愿意看到的。因此,它对中国岛礁建设极力加以反对和阻挠。而以航行自由为名,到中国岛礁附近进行所谓巡航,一方面表明美国不承认中国人工岛礁建设产生的结果,另一方面企图通过巡航将中国置于政治、法律上的被动地位,以此牵制中国的岛礁建设。而且,美国想通过常态化的南海巡航,掌握在南海斗争中的规则制定权,即在南海的行为规则不能由中国单方面确定,而是要由美国来主导,通过宣示和维护美国在南海的所谓航行自由权利,美国希望一定程度上稀释和化解中国南沙岛礁建设对美国产生的不利影响。

结　论

中美在南海"航行自由"问题上的分歧,表面上是关于如何理解和行使"航行自由"的法律问题,实质上是中美之间的政治斗争和战略与安全利益的博弈。因此,我们既要从法理层面开展斗争,更要从政治和安全层面统筹应对。

浅析中美南海军事安全问题的
发展趋势及对策措施

张俊杰*

[内容提要]　中美南海军事安全问题,主要是指中美两军,特别是两国海军在南海方向军事安全领域内的利益矛盾和战略冲突,以及双方在南海当面海域海上军事行动中发生的直接摩擦和安全事件。本文主要从中美南海军事安全问题的本质、发展趋势和对策措施三个方面进行分析、阐述。

[关键词]　中美　南海　军事安全　发展趋势　对策措施

中美南海军事安全问题,主要是指中美两军特别是两国海军在南海方向军事安全领域内的利益矛盾和战略冲突,以及双方在南海当面海域海上军事行动中发生的直接摩擦和安全事件。

一、中美南海军事安全问题的本质

中美南海军事安全问题存在的空间范围广泛,表现形式多样,本质上反映了多方面的矛盾和对立:

＊　张俊杰,发表本文时为海军指挥学院讲师。

（一）国家利益的矛盾和对立

美国一向奉行全球战略，国家利益至上是其处理一切安全问题的出发点，其国家利益的根本点，就是美国在世界上的经济、政治、军事全面优势和霸权地位。美国一直认为在亚太地区有其生死攸关的国家利益，从冷战初期就建立了以双边军事同盟为基础的地区安全体制，21 世纪以来亚太地区的地缘战略地位进一步提升。然而，由于信息化军事技术及武器装备的发展，以及恐怖主义和核扩散问题的日趋严重，太平洋作为确保美国本土安全的天然屏蔽彰显脆弱；另一方面，中国、俄罗斯等潜在对手的存在以及东盟国家自我意识的强化使美国在亚太地区最大的国家利益——"战略存在""战略优势""领导地位"受到严峻挑战，其中特别是中国的崛起。中国作为新兴国家体的突出代表，GDP 持续高速增长，已经位居世界第二，已成为世界经济的稳定器；中国提出的世界"多极化"和建立国际政治经济新秩序、摒弃冷战思维的"新安全观"，以及建设和谐世界的政治主张，产生了重大的国际和地区影响。美国认为：坚持社会主义道路且日益强大的中国，是其称霸世界、推进"民主""人权"价值观的主要障碍，是亚太地区最有可能威胁美国国家利益的"敌对国家"。为此，逐渐将战略重心移至亚太地区，亚太地区战略调整紧锣密鼓。近年来，美国通过强化美日同盟、提升美韩同盟地位、重返东南亚、加强关岛军事设施、调整亚太军事部署等手段，加强其在太平洋上构筑的第一岛链及以关岛及夏威夷为中心的三线军事体系，精心构筑了针对中国的海上包围圈。尤其是，美国把南海的领土岛礁争端、海域划界之争，与美国的海外基地安全、海上航线安全、海上武装力量安全等问题统一运筹，利用一切可以利用的因素遏制中国的崛起，以维护其在亚太地区的政治、经济、军事和战略利益。这些，与我实现中华民族伟大复兴的国家利益无疑形成了尖锐的矛盾。因为中国的崛起，需要进一步走出去，实现国家的可持续发展和安全发展，这都必然要冲击美国在亚太地区所谓的国家利益。这种国家根本利益的矛盾和对立，是导致中美南海军事安全问题的根源。

（二）海上军事安全利益矛盾明显

美国是一个崇尚实力的国家。一个多世纪以来，在马汉海权理论的影响下，美国始终依赖强大的海上军事力量，建立海外基地，强力控制与其利益攸关的海域，尤其是重要的海上战略通道，推行全球自由航行理念，确保其国家海上安全利益以及在全球范围内国家利益的实现。因此，美国在战略上遏制中国，归根结底要表现在军事遏制上。从20世纪50年代开始，美国就沿着第一岛链建立军事同盟为基础的安全体制，在日本、韩国、菲律宾和我国台湾建立军事基地；20世纪90年代后，美国继续强化军事同盟，并通过与东南亚国家签署军事准入协定，加强前沿军事存在，巩固战略围堵；世纪之交，伴随新军事革命的兴起，美国一方面将军事遏制圈延伸到第二岛链，另一方面直接针对军事干预我台湾问题和南海问题的需要，在我当面海域尤其是专属经济区内进行海战场准备性质的海空抵近侦察，试图全面掌握我近海海洋环境数据、我海军潜艇声纹特征及活动规律、我军中远程弹道导弹的战技性能等情报，形成系统精确的海洋战场综合情报。若美军顺利完成测量任务，将形成近海战场态势对美单向透明，并将研发直接针对我的武器装备，我将难以达成军事行动的主动性；同时，将严重削弱我核潜艇等"杀手锏"装备的作战效能，对我潜艇兵力前出第一岛链战备活动形成重要威胁。此外，美海军测量船在我当面海域沿东西向采用格栅式航线、以10至15海里宽度进行拉网式测量，这种长时间、高密度的扫海式勘查，严重挤压了我海空兵力的正常活动空间，并对我在海上进行正常训练和航行的军用舰艇特别是潜艇航行安全造成极大威胁，极易引发"中美撞机"一类的海上危险军事行动。因此，中美南海军事安全问题上的斗争，本质上是海上军事安全利益的矛盾和对立。

（三）海军战略发展及其兵力运用中的角力加大

一个国家海军战略的发展及其兵力运用，受国家军事战略的指导，根本上是随着海上方向国家利益及其安全需求的不断发展而发展，并最终与之相适应。美国国家利益的全球性、军事战略的全球性，要求美国海军全球部署、前沿存在，以保护美国的国家利益，使其朋友和盟国相信美国会履行对地区安全的持续承诺，慑止和劝阻潜在对手与对等的竞争者，与之相适应的是其全球扩张性的远洋进攻型海军战略。从1986年的以蓝水和海上作战为中心的"海上战略"到1992年关注近岸海区的"从陆到海"和1994年的"前沿存在……从海到陆"，从2001年的《21世纪海上力量》到2007年的《21世纪海上力量合作战略》，美国海军的关注重点逐步从"蓝水"向"绿水"和"棕水"海域转变，但其前沿存在、威慑、海上控制以及力量投送等四项核心能力并未发生改变。非但如此，基于美国对海上安全形势和主要威胁对象判断的调整，其在别国，尤其是在主要对手和潜在对手的家门口摆阵布势、建设战场的需求随之日益突出，美国海军的作战空间也相应地从世界大洋逐渐推进到别国的沿海和近岸海域，上述四项核心能力在这种趋势下更是有增无减。进入21世纪以来，美国海军针对我国海军能力发展的兵力部署和战场建设，就体现了这一战略及其兵力运用的变化。我国奉行"积极防御"的海军战略。21世纪，中国的崛起很大程度上依赖于海洋方向的安全，首先是台湾问题，其次是南海、东黄海岛礁主权问题和相关海洋权益的维护问题，这些问题困扰着我国大踏步地拓展海上发展利益；而随着国家发展"三步走"战略的实施，我国家海上贸易航运通道、石油航线畅通，海外投资和人员安全，亦是我面临的越来越现实的海上安全问题。国家利益在海上方向的拓展，国家海上安全战略的发展，要求中国海军战略由近海防御型向近海防御与远海防卫型转变，发展信息化海上作战能力，打赢信息化海上局部战争，扩大海上战略防御范围，保障我主要出海口和战略通道的安全，并逐渐覆盖我国海上安全利益所及的海域，这必然与美国试图全面遏制中国海军发展的战略意图形成冲突。

国家利益的根本矛盾和对立,海上军事安全利益的根本矛盾和对立,决定了海军战略发展及其兵力运用中的角力。作为军事安全领域的斗争,中美南海军事安全问题本质上具有对抗性质,而且这种对抗潜在的强度和烈度正在逐步显现、提升。

二、中美南海军事安全问题的主要发展趋势

中美南海军事安全问题的变化与发展既有中美这两个内部因素的相互作用,也有大量外部因素的推动和影响,在总体上呈现出一定的规律性。新世纪新阶段,中美南海军事安全问题主要呈现出以下几点发展趋势:

(一) 中美南海军事安全问题结构性矛盾不可调和,战略较量性质日益突出

中美南海军事安全问题,是中美之间战略上遏制和反遏制斗争在南海上方向的聚焦,反映了两国政治制度、意识形态、价值观的结构性矛盾和根本利益冲突。

随着经济快速发展,综合国力不断提升,以及国际影响力日渐提高,中国的崛起之路势不可当。中国的崛起对世界的和平与发展具有积极意义,但是在美国看来,中国的崛起对美国构成了挑战。为了防范中国发展到与美国平起平坐的地步,挑战和威胁美国的全球霸主地位,美国将"关注"的重点逐渐转向中国。从 2009 年年底至今,美国先后发表了《核态势评估报告》《网络空间安全评估报告》《太空安全评估报告》《四年防务评估报告》《中国军事与安全发展报告》和《国家安全战略报告》等一系列文件,标志着美国全球战略的重点已经从欧洲转移到了亚洲,尤其是东南亚地区。同时,美国对中国的定位发生变化,由负责任的"利益攸关方"转变为"竞争对手"和"潜在的挑战者"。美国在 2010 年的《四年防务评估报告》中提出,美国国家安全面临的威胁正由国际恐怖主义转变为"反进入"

和"区域拒止"。美国认为,中国军队应对美军的战略就是"反进入"战略,并已经具有了"区域拒止能力",美国必须加强战略上的应对。美国的上述反应显示,美国已经把中美南海军事安全问题上升到威胁美国全球战略以及海上自由航行等核心价值理念的高度,中美之间围绕南海军事安全问题展开战略较量的性质将日益突出。

从发展看,随着美国全球战略重心调整至亚太地区,以及美国对中国的重新定位,加强对中国的遏制将是美国今后相当长一段时期内的基本战略和政策。中美之间的结构性矛盾将会不断反映到中美南海军事安全问题上,麻烦会越来越多。

（二）中美在南海发生海上军事摩擦和安全事件的概率加大,军事对抗性质正在加强

在新军事变革和战争形态改变的大背景下,尽管美国对中国的战略包围已从第一岛链扩展到第二岛链,但第一岛链以内海域仍旧是美军战场准备的重点。美国必须实施抵近侦察,不断精确化数据,加强信息化战场建设,才能有效达成对中国在战略上的遏制、战役上的控制和战术上的反制。

近年来,美国就中美海上军事安全问题在各种场合不断宣称,美国不会改变政策,并将继续在中国的专属经济区开展侦察、测量活动。美国新版《四年防务评估报告》把"在反进入环境中慑止并挫败侵略"作为美军的六大核心能力之一,为此采取的第一项措施就是推行"海空一体战"构想。该构想明确指出,美军的主要作战对象中国人民解放军,其目的是战胜具备"反进入和区域拒止"能力的敌人,对付日益增长的对美国行动自由的挑战。美国正式采纳"海空一体战"构想,说明美国不仅在战略上将中国视为威胁其全球及亚太战略利益的头号潜在对手,而且从战役层面对中国的防范也已进入实实在在的准备阶段。

在可以预见的未来,为了削弱解放军以潜艇、导弹和防空系统为核心的"反进入"和"区域拒止"能力,美军在我南海海域的侦察、测量活动将更加频繁。如此一来,执行这些侦察、测量活动的美舰机都极有可能与我水下航行的潜艇、反跟踪监视的水面舰艇和飞机以及支援我海上公务船执法的军用舰机发生近距离接触。可以肯定,未来双方之间的军事对抗性也会随之增强,发生海上军事摩擦和安全事件的危险性也将进一步加大。

(三) 中美南海军事安全问题在范围和地域上将不断拓展,新的矛盾和问题还可能发展

近年来,中美海上军事安全问题范围和地域上扩展的趋势明显。一是南海问题。南海自然条件较好,适应大型舰船活动,又有大陆和海南岛为依托。东沙、西沙、中沙和南沙群岛,是南海上的重要立足点,可以有效监控该海域和诸多重要国际航线。2008年以来,美军加大了对我南海侦察力度,甚至多次出现4至5艘测量船同时在南海作业的情况,直接导致2009年"无暇"号和"胜利"号侦察船事件的发生;而2010年,美侦察机赴南海侦察又较去年同期增加了近一倍。随着台湾问题局势的缓和,美国对南海问题的干预意图逐步公开化。时任美国国务卿希拉里宣称,美国在中国南海问题上具有"国家利益"[①];美国太平洋司令部总司令罗伯特·威拉德表示,美国将长期在南海维持军事存在,并希望周边各国积极发展军力以"保护各自领海"[②];奥巴马也公然表示,"作为一个太平洋国家,美国与亚洲人民及未来利害攸关,我们需要与亚洲国家建立伙伴关系","美国意欲在亚洲发挥领导作用"[③],并要求保证中国声称拥有主权的海域的航行自由。这表明了美国未来必将加大对南海事务的干预力度,南海方向的中美海上军事安全问题将走向前台。二是随着中国海军力量的强大和运用范围的拓展,中美南海军事安全问题还将拓展到南海出海方向的巴士海峡、马六甲海峡、巽他海峡等海峡水道,并向更远的印度洋海域发展。三是随着海上恐怖主义、海上走

---

① 《媒体解读南海何以成为中国'核心利益'》,载《参考消息》2010年8月26日第16版。
② 参见《美依托岛链建声纳阵尽掌我东海黄海潜艇动向》,环球网,http://mil.huanqiu.com。
③ 参见《美国高调插手南海制衡中国》,新华网,http://news.xinhuanet.com。

私贩毒、海盗、海上非法移民等跨国犯罪问题等非传统安全威胁的增加,以及中国国家利益日益向海外延伸,基于维护和平、良好的地区海上安全秩序的需要,中美在南海非传统安全领域的海上国际性军事合作将逐渐趋于频繁。但是,由于彼此在国家根本战略利益上的冲突,即便是在合作中,双方的侦察与反侦察、监视与反监视活动也将伴随于合作活动的全过程。一些新矛盾也将会逐渐显现,如中美海军在开展海上维和行动、联合反海盗行动、国际人道主义救援与救助活动等非战争军事行动中的指挥权等问题,双方在海上兵力行动中的军事摩擦和冲突的风险依然存在。

(四)中美南海军事安全问题总体以斗争为主、合作为辅,但也必将受制于两国两军关系大局

美国对中国的遏制战略决定了双方在南海军事安全问题上以斗争为主的基调。冷战结束后,美国对我始终没有放弃采取前沿存在、实战性威慑等军事手段对我进行围堵和遏制。今后,美国利用南海等问题牵制和遏制中国的基本意图也不会改变。21世纪,面对中国崛起的"威胁",美国出于同样的目的将南海争端看作"重大战略利益",列为其在亚洲面临的三大"安全威胁"之一。所以,在当前和今后一个时期,斗争将是中美南海军事安全问题的主要方面。

中美南海军事安全问题对于双方来说都是个战略性的问题,问题的解决不可能一蹴而就。斗争与合作并用成为双方在中美南海军事安全问题上的必然选择。美国对我"遏制"的同时,与我"接触"的另一手也在施展。在海上军事安全合作领域,美国希望长期保持中美海上军事安全磋商机制等沟通渠道的畅通。尽管中美双方在安全关切、国际法适用等问题上交锋不断,达不成共识,但这一磋商机制多次作为落实两国高层领导共识的平台,在促进两国两军关系发展、加强两国海军的相互了解和沟通、避免海上误解误判等方面还是发挥了不可替代的作用。而与此同时,美国企图通过拉拢我参加多边海军合作来促使我军备透明,推动我"融入国际社会",实施进一步的"西化",达到以较低的代价获取较大安全利益的目的。正如美国前国务卿克里斯托弗所说,"我们必须设法通过接触而不是通过对抗来解决我们的分歧。虽然我们寻求对话和接触来处理我们同中国的分歧,但是我们将毫不犹豫地采取必要行动来保护我们的利益"。① 此外,中美海军间实现了多次高层互访、军舰互访、联合军事演习、军事学术和专业技术交流。这些合作活动,为化解中美两国在南海军事安全问题上的紧张局势,发挥了积极作用。虽然从某种意义上说,双方的战略疑虑还在加深,不过合作将日益成为中美关系不可或缺的组成部分。在新世纪新阶段,中美两国已经充分认识到这种双方互有需要的道理。中国领导人说,中美关系是最重要的双边关系。奥巴马说:"要处理地区和全球性的问题,没有中国的合作是不行的。"因此,中美南海军事安全问题尽管面临诸多困难,但服从、服务于两国两军关系的大局,以斗争为主、合作为辅,寓合作于斗争,将成为双方在中美南海军事安全问题上斗争的重要形式。

三、对策及措施

从国家安全和发展的高度出发,加速、强化以海军为主体的海上力量的现代化建设,并积极配合国家政治外交斗争,是处理和应对中美海上军事安全问题的总体趋势和要求。

(一) 加强海军现代化建设,增强威慑能力

正确处理和应对中美南海军事安全问题的关键,是加强海军的现代化建设,增强威慑能力。随着美国的战略重点逐步移向亚太,中美南海军事安全问题越来越尖锐,形势愈来愈复杂。我必须加强海军的现代化建设,加强核心战争能力

---

① 《克里斯托弗就美对华关系发表演讲》,新华社华盛顿 1996 年 5 月 17 日英文电。

的建设,包括对信息的有效控制能力、远程精确的打击能力、快速的反应能力、灵活的机动能力和综合的保障能力,随时准备"遏制战争,控制危机,打赢战争"。为此,我海军应重点谋求三军联合作战中高技术海军特色兵力的跨越式发展,谋求立足威慑的海军"杀手锏"装备的发展,谋求立足适应"近海防御"并兼顾"远海防卫"的海军兵力的发展和现代化。我海军应当首先重点发展攻击型核潜艇、新型常规动力潜艇、大型驱逐舰、歼轰机等海军特色武器装备,特别要大力发展潜艇及其高性能导弹和鱼雷等武器系统,使之成为遂行对台作战、抗击强敌干预、实施战略核威慑以及实施外线作战和远海作战的主要突击力量;将大型驱逐舰等水面舰艇的发展与未来航母编队的发展相联系;适时发展具有高度信息化作战和远程打击能力的核动力攻击型潜艇与战略核潜艇、航母以及远程航空兵等海上作战力量;同时,突出发展信息战装备。通过加速和增强海军的现代化建设和威慑力,对直接危害我国家海上安全利益的问题实施灵活、有效的海上战略威慑,以维护国家主权独立、领土完整和海洋权益,保障国家日益扩大的海上利益的安全,改善海上安全战略态势。

(二) 加强近海执法力量与军事力量配合,敢于运用低强度对抗手段

在处理和应对中美南海军事安全问题时,一支强大的海军,是我国实现完全统一和维护国家海洋权益最重要的保障。但是,海军在应对和处理中美南海军事安全问题时的敏感性强,海军发挥作用存在诸多限制因素。相比之下,海上行政执法力量在维护我海上国家利益时,不仅符合国际政治环境的要求,而且海上有其独特的优势。因此,在处理中美南海军事安全问题时,我除了继续保持海军战略威慑能力还应加强与近海执法力量配合,敢于用低强度对抗手段维护我海上利益。

首先,我应充分发挥我海上力量的主力先锋作用,要敢于、善于、巧于进行海上军事斗争,维护我国家海上利益。尤其是当我海上利益和国家安全受到美方的直接威胁时,我海上力量应敢于从正面迎敌,敢于低强度对抗(如反侦察行

动),但要把握好兵力使用强度,避免造成军事冲突和局部战争。冷战时期,苏联对进入其管辖海域的美国军舰采取过舰艇碰撞等极其危险的行动,迫使美国军舰做出让步。在美苏两国对抗十分激烈的情况下,苏联这种"极端"的做法并没有引发苏美两国的军事冲突,恰恰相反,这种做法最终导致了《美苏关于防止公海水面和公海上空意外事件的协定》和《美苏关于防止危险军事行动的协定》的签订,开了海上军事安全合作的先河。同样,2001 年的中美撞机事件虽然导致两国关系一度紧张,但并没有导致两国军事冲突。如今中美两国之间的关系远比当年美苏关系"融洽"得多,双方之间也有顺畅的沟通管道,双方都不希望发生直接的军事冲突。所以,我应更加积极主动地果断进行适度低强度对抗,加强战略运筹,提高运用艺术,以有效应对中美南海军事安全问题,维护我国家海上利益。

其次,发挥近海执法力量独特优势,加强海上维权力度。海上行政执法力量在维护我海上利益方面具有有别于海军的独特优势:第一,作为政府的职能部门,海上行政执法力量通过在管辖海域进行执法,能够以实际行动体现国家主权和管辖权的存在,可以起到向其他国家宣示主权和管辖权的作用。第二,与海军相比,海上行政执法力量强力色彩不明显,不易引起权益主张各方的过敏反应。当权益冲突发生时,有一定的回旋空间,有利于避免事态扩大和争端的和平解决。第三,海上行政执法力量是一支"准军事化"力量,可以根据形势需要进行角色转换。在和平时期,它属于政府职能部门序列;而在战争时期,它可以直接转入海军战斗序列。海上行政执法力量的上述优势和特点使其更便于使用低强度对抗手段来维护我海上利益,例如海上拦截、海上示威等低强度对抗。这既显示了我坚决维护我海上权益的决心,又不易于造成海上军事冲突和危机。

实践证明:海军与近海执法力量协作配合,适时进行海上低强度对抗,不仅能够实现优势互补,最大限度地维护我海上国家利益,也是新世纪新阶段我处理和应对中美南海军事安全问题的必然要求。

(三) 利用中美海上军事安全磋商机制,在建立规则中维护我安全利益

中美南海军事安全磋商机制是两军,特别是两国海军重要的对话和交流渠道。该磋商机制自 1998 年建立以来,双方通过保持机制的正常运行开展对话交流,加深了相互了解,积极推动了两军关系的改善和发展。两军在这一磋商机制框架内,经过十年多来的磋商,总体而言取得了一些积极成果。通过磋商,我向美方反复阐述了中方的安全关切,对美舰在我当面海空域进行频繁情报搜集活动提出了严正交涉,对美方保持了压力;就撞机事件引发的中美海上军事安全问题与美方进行了磋商,尽最大可能维护了我安全利益;我就中美海军舰艇互见距离内的通信问题进行了磋商,促进了双方舰艇在海上相遇时的安全;与美方协调中美海上联合搜救演习有关事宜,并邀请美方介绍国际通用的海上通信文件,使这一机制成为结合借鉴美军建设经验、促进两国海军务实性合作的平台。

但是,由于中美两国的安全关切存在严重分歧,双方虽就海上军事安全领域内的诸多问题进行过多轮磋商和研究,却仍未能就避免海上意外事故的具体方式方法、管道途径和快速消除海上紧张情势的机制等具体议题展开实质性磋商,中美海上军事安全问题并没有得到根本解决。因此,我应进一步利用磋商机制与美就中美海上军事安全问题进行斗争,在创建有利于我的海上安全合作机制中维护我安全利益。一是推动机制向常态化方向发展,使机制成为磋商化解两国海军之间经常性海上摩擦和纠纷的第一道平台,避免直接进入外交交涉程序,扩大事端。一方面,我要从稳定中美关系大局、发展我军军事外交以及贴合海军未来发展的需要出发,巩固和发展两国海军业已存在的交流合作方式,并不断拓宽合作领域,发展新的合作方式,保持中美海上军事安全磋商机制的正常运行;另一方面,双方通过对具体摩擦案例的磋商,交换一线情况,阐释各方立场,形成新的对话交流方式,既坚决维权,又致力于避免海上意外事件。二是在磋商机制的合作中既要坚持政策的坚定性,又要显示策略的灵活性;既要在原则问题上不让步,明确设置底线,又要努力绕过那些一目了然、难以解决的问题,寻求在机制

内维护我海上利益的新突破。比如,在美舰机抵近侦察的问题上,我既要与威胁我国际安全和遏制中国的问题挂钩,明确我反对其抵近侦察的基本立场所在,又要表明赞同在技术层面避免意外事件的基本立场,努力在合作解决技术层面安全问题的过程中,贯穿我方的安全关切,并利用磋商机制对美保持压力,迫使其减少使用高性能侦察飞机和舰艇在我专属经济区内的非和平目的的军事活动,在一定程度上遏制或减少美对我抵近侦察造成的安全影响,维护我国的安全利益。三是适时提出我方主张,积极建立有利于改善我海上安全环境、维护我海洋权益的规则。例如,在中美海上军事安全磋商协定中坚持写入以三个联合公报为基础;在中美海上航行安全的磋商中,坚持我领海基线制度,坚持遵守沿海国国内法的原则,利用 MMCA 制约美在我沿海的活动,维护我安全利益和海洋权益。

(四)加强与美国海军在非传统安全领域的合作,促进我海军能力建设

中美南海军事安全问题虽属于传统安全问题,在当前和今后一段时期内,美方对我"接触+遏制"的战略不会改变的情况下,短期内难以有效解决。21世纪,随着海上恐怖主义、海盗、海上重大灾害、海洋环境污染和疫病等跨国性非传统安全威胁的上升,中美海军在非传统安全领域合作的发展空间和潜力逐步扩展。我应积极开展与美海军在非传统安全领域的安全合作,这既符合我为维护世界和平贡献力量的需要,符合我负责任大国形象的需要,也较容易与美方寻找到利益共同点,达成共识,营造双方良好关系的气氛,为我解决中美南海军事安全问题赢得更大的战略缓冲空间。

我与美国在非传统安全领域的海上军事合作应直接服务于海军战斗力建设,服务于提高新世纪新阶段海军有效履行使命任务的能力,服务于解决中美海上军事安全问题的斗争准备。首先,应加强合作,推动两军关系的发展。通过中美军舰互访等多种形式的中美海上军事安全合作,促进两军关系的发展,保持我周边以及亚太地区安全环境的和平与稳定,为我海军的发展和建设营造一个宽

松的外部环境。其次,发展两国海军高层及政策部门的磋商平台,进行战略对话。我应充分利用双边海上军事安全合作,积极发展两国海军高层及政策部门的战略对话平台,在合作中有目的地进行海上"反遏制"斗争。最后,在两军的合作中,重点是要把海上军事合作行动与未来战时的运用有机结合起来。主要方法有:一是利用海上军事合作行动扩大在国家利益攸关海域的军事存在,使平时运用形成战略威慑效能,成为我慑止战争、营造有利海上安全环境的一部分。二是利用海上军事合作,加强组织指挥方面的训练和部队进行海上作战行动的演练,并结合人道主义救援、灾难救助、海外撤侨等行动,在执行非战争任务的同时,提升实战能力。三是利用海军在遂行海上反恐、远海护航、国际维和、抢险救灾、海上救援等非战争军事任务行动的同时,锤炼部队远程机动、快速反应、遂行多种作战任务能力。四是将海上军事行动与战争准备相结合。通过在远海的海上军事合作,借机把战场纵深从近海向远海拓展,积极拓展海上防卫的任务领域和范围,加强海上战略预置和机动部署,形成纵深防卫战略态势,为战时做好充分的准备,并为未来保护国家海外利益及执行撤侨等相关任务做准备。

(五) 加强国际舆论攻势,为维护我海上利益营造有利的舆论环境

中美南海军事安全问题涉及国家众多,利益复杂交汇,敏感性强。近年来,随着我国综合实力的日益壮大,我国在中美南海军事安全问题上的摩擦和碰撞成为国际舆论关注的焦点,而对我国的一些负面报道更是成为当事国和西方媒体炒作的对象,造成了不利于我的国际舆论。煽动性的国际舆论虽然不可能成为亚洲国家的集体感受,更不可能驱动南海周边国家采取针对我国的集体敌对行动,却能在实际上误导南海周边国家对我国的看法,使我在处理中美南海军事安全问题时面临更大的压力。

作为一支正处于快速变革中的力量,我国的崛起必然会受到故意刁难甚至歪曲的指责,尤其是在中美海上军事安全问题这种敏感性极强的问题上。由于以美国为主的西方国家控制着国际舆论的导向,在今后的很长一段时间内,国际

舆论的压力将始终伴随着我国。所以，我必须高度重视国际舆论的影响，积极做好舆论宣传工作。首先，我要对各种复杂的国际舆论做出正确回应，化消极的国际影响为积极的国际影响，化不利因素为有利因素，为解决中美南海军事安全问题营造一个良好的国际舆论环境。其次，针对各种海上矛盾和争端与周边各国加强战略层面的国际交流与合作，建立广泛的交流渠道，包括高层互访、战略对话与磋商、科研院所之间的学术交流机制，增信释疑。再次，充分利用国际法和《联合国海洋法公约》，通过新闻公开事实、学者发表评论、举办专题报告等方式，揭露美方行为对我国家安全造成的严重威胁，以正视听，并争取国际社会的支持。最后，我要顶住压力积极推动我国度过崛起的冲刺期，尽快成长为一个世界一流强国，为中美南海军事安全问题的解决提供最有说服力的实力保障。

美菲同盟关系的战略转型与南海问题

周士新[*]

[内容提要]　美国和菲律宾的同盟关系源于两国在殖民时期的战略合作,以及第二次世界大战和冷战时期两国政府共同的战略倾向。美菲同盟关系存在着一系列的制度保障和协调行动,但总体上延续着殖民时期的不平等性质。冷战结束后,美菲同盟关系因国际和地区形势的变化而一度中断,但随着近年来南海问题的升温而被重新定义,菲律宾成为美国维持在东亚强大军事存在和实行"亚太再平衡"战略的重要"支点"之一。然而,随着美国在南海问题上并没有满足菲律宾的期待,以及菲律宾新政府内政外交政策倾向出现变化,对南海问题进行了重新定位,美菲同盟出现了不确定性,南海问题的处理和解决显示出积极的发展前景。

[关键词]　美国　菲律宾　同盟　南海问题　行为准则

近代西方殖民历史对现代以来的东亚地区国际关系具有非常大的影响。这不仅体现在当前东亚国家与前殖民列强之间的敏感且具韧性的关系上,而且体现在东亚国家间至今仍存在的大量未解决的国际和地区问题上。这种情况在美国和菲律宾的关系上表现得尤为明显。作为当前世界上最强大且具有霸权倾向的国家,美国对其前殖民地的影响力,远远超过了英、法、荷等传统殖民国家。这不仅体现在第二次世界大战中,更体现在以美苏为代表的东西阵营对峙的冷战

---

*　周士新,上海国际问题研究院外交政策所研究员。

时期,美国和菲律宾通过签署具有强制性的条约,结成了强劲的同盟关系,维护着两国长期的战略利益。然而,由于美国在管理与菲律宾同盟关系的政策和行动上都显得过于傲慢和强势,并引发了一系列具有负面影响的问题,以及美国并没有为改善菲律宾国内安全环境和解决与周边国家的矛盾和问题做出实质性贡献,美菲同盟也随着冷战的结束而一度暂停。然而,近年来,美菲同盟关系因南海问题而得到强化,并出现了不确定的发展特点,对于中国具有重大战略价值和意义,对南海问题的管理和解决产生了较大影响。也正是如此,梳理美菲关系的历史演进、现状和发展前景,对于分析南海问题的未来走势具有非常重要的启示意义。

一、美菲同盟关系的演变

美菲关系是美菲殖民关系历史演进的产物。从 1898 年赢得与西班牙的战争后,美国对菲律宾进行了长达几十年的殖民统治,不可避免地决定性地影响了菲律宾的国防和安全政策。菲律宾的国防政策也必然会长期显示出非常强烈的亲美特征。1934 年 3 月 24 日,美国国会通过了"菲律宾独立法",容许菲律宾联邦政府从 1935 年 11 月 15 日至 1946 年 7 月 3 日过渡为自治政府,但菲律宾的外交政策和国防政策仍在美国的掌控之中。菲律宾议会通过的法律仍需要得到美国总统的批准。1935 年的菲律宾联邦 1 号法案[1]通过法律形式框定了美国对菲律宾的内政外交具有绝对的控制权。1935 年 12 月 23 日菲律宾议会通过的《国防法案》(NDA)允许美国可以在菲律宾领土上驻扎军队,同时允许菲律宾政府可以建立自己独立的武装力量。尽管经历了多次修改,菲律宾《国防法案》至

---

[1] "Commonwealth Act No. 1: An Act to provide National Defense of the Philippines, penalizing certain violations thereof, appropriating funds therefor, and for other purposes," December 21, 1935, http://www.lawphil.net/statutes/comacts/ca_1_1935.html.

今依然有效,为两国同盟关系奠定了法律基础,被称为维持两国关系的"脐带"。① 根据菲律宾联邦 1 号法案,1936 年 8 月,菲律宾联邦政府总统曼努尔·L.奎松授予在美国陆军参谋长任期届满的道格拉斯·麦克阿瑟菲律宾元帅军衔,并于 1937 年 12 月 31 日请他出任菲律宾陆军总司令,帮助组建菲律宾陆军。麦克阿瑟是菲律宾国防计划的缔造者,为菲律宾军事现代化发展奠定了基础。

第二次世界大战是美国与菲律宾关系发生重大转变的时期。日本占领菲律宾让美国和菲律宾具有了共同敌人,并肩作战抗击日本加强了美菲关系的基础。在日本军队 1941 年到 1945 年占领菲律宾期间,菲律宾总统奎松逃亡到美国建立流亡政府。也正是在这一时期,菲律宾的政府官员和社会精英形成了严重依赖美国的习惯和传统,将美国视为自己国家摆脱日本殖民统治的解放者,②让美国成为菲律宾人心目中的"救世主"。但仍有部分菲律宾人认为美国和日本只是争相殖民菲律宾而已,在本质上没有太大的区别。

当 1946 年 7 月 4 日宣布菲律宾独立时,菲律宾总统曼努埃尔·罗哈斯阐述的国防政策具有明显的亲美倾向,承诺其将遵从美国的外交政策,接受美国的指导和培训,还强调需要"在有关我们共同的国防和安全政策上与美国开展最紧密的合作"。③ 罗哈斯总统与美国政府签署了《普遍关系条约》④,概述了两国的总体外交关系。1947 年 3 月 14 日,菲律宾总统罗哈斯还签署了《军事基地协议》,为美军在菲律宾各地建立 23 个军事设施提供了合法性,特别是美国租用苏比克

① Rommel C. Banlaoi, "US-Philippines Alliance: Addressing 21st Century Security Challenges," in Carl Baker and Brad Glosserman edit, *Doing More and Expecting Less: The Future of US Alliances in the Asia Pacific*, *Issues & Insights*, Vol. 13, No. 1, Honolulu, Hawaii, January 2013, p. 55. https://csis-prod. s 3. amazonaws. com/s3fs-public/legacy _ files/files/publication/issuesinsights_vol13no1. pdf.

② Samuel E. Morrison, *The Liberation of the Philippines: Luzon, Mindanao, the Visayas 1944—1945*, Vol. 13 of *History of the United States Naval Operations in World War II*, New York: Castle Books, 2001.

③ Jose Ingles, *Philippine Foreign Policy*, Manila: Lyceum of the Philippines, 1982, p. 18.

④ "Treaty of General Relations between the Philippines and the United States of America," July 14 1946, ChanRobles Virtual Law Library, http://www. chanrobles. com/rpustreatyofgeneralrelations. htm#. WAXCOfl94dU.

湾海军基地和克拉克空军基地 99 年。1947 年 3 月 21 日,双方签署了《军事援助协议》,美军通过军事培训、武器采购、获得军事资产和提供技术援助等方式帮助菲律宾建立自己的武装力量,与《军事基地协议》形成相互补充的作用。1951年 8 月 30 日,菲律宾和美国签署了《共同防御条约》,承诺共同抵御外来可能的武装攻击。《共同防御条约》至今仍然有效,是美国和菲律宾同盟关系的最重要基础。

在冷战期间,美菲同盟关系对促进美菲两国关系的作用主要体现在两个方面:一是帮助美国在东亚地区对社会主义阵营进行的热战,二是帮助菲律宾维护国内安全与稳定。作为盟国,菲律宾军队也参加了美国主导的朝鲜战争和越南战争,与美军并肩战斗。1972 年 9 月 21 日,费迪南德·E.马科斯总统签署了"军事戒严令",实行军事管制,并利用美菲同盟不仅成功应对了双方认同的共同外部威胁,削弱了内部安全威胁,而且通过高压统治,长期垄断着菲律宾政权。为了保住在菲律宾的军事设施,美国不得不务实而小心翼翼地"与这个独裁者跳华尔兹"。[1] 马科斯为了维持自己的政权,利用国内反对美国的民族主义情绪,要求美国提供大量的军事援助,对使用菲律宾领土上的军事设施提供补偿。马科斯担任总统第一任期时就提出要修订《共同防御条约》,重新定位美菲同盟关系,甚至威胁中止美菲《共同防御条约》,以摆脱美国对菲律宾的控制。1966 年 9月 16 日,美菲两国政府签署了《拉莫斯—腊斯克协议》,将美军使用在菲律宾军事基地的期限从 99 年缩短为 25 年。这也意味着 1991 年必定会成为美菲关系转折的关键年。

冷战结束让美菲关系发生了巨大转变。根据 1987 年的菲律宾宪法,1991年《共同防御条约》到期后,在菲律宾国内禁止建立永久性外国军事基地,[2]美军不得不从克拉克和苏比克湾等基地撤军,削弱了两国同盟关系的基础。两国政

---

[1]　Raymond Bonner, *Waltzing with a Dictator : The Marcoses and the Making of American Policy*, New York: Random House, 1987.

[2]　"The 1987 Philippine constitution," February 2, 1987, http://www.lawphil.net/consti/cons1987.html.

府曾一度协商签署《友好合作与安全条约》,建立一种新型的安全关系,但受国内反美情绪的影响,被菲律宾参议院否决了。[①] 1992 年 11 月 24 日,美军完全撤出了在菲律宾的军事设施,让美菲同盟关系陷入"休眠"状态。菲律宾甚至在 1993 年正式加入了不结盟运动。随着《军事基地协议》的终止,美国暂停了每年向菲律宾提供 2 亿美元的《对外军事援助计划》(FMF),还对菲律宾使用"过剩国防产品"(EDA)增加了限制条件。美国国防部甚至不再将菲律宾武装力量作为"国际军事教育和培训计划"(IMET)的优先选择。美军撤出在菲律宾的基地后的时期,或者说在冷战后时期,美菲同盟关系日益恶化。菲律宾政府提出了自主国防的理念,在 1995 年通过了《菲律宾武装部队现代化计划》,甚至通过与东盟其他国家加强地区多边合作,来应对日益复杂的安全环境。[②]

随着冷战后地区形势的发展,特别是 1997 年亚洲金融危机后国内经济出现了严重问题,菲律宾政府逐渐认识到,自主或多边合作都不是完全的解决方案,而且非常不切实际。随着南海问题逐渐显现和升温,特别是 1995 年美济礁事件后,菲律宾政府认为有必要重启与美国的同盟关系。1998 年 2 月 10 日,双方签署了《部队访问协议》(VFA),[③]《协议》在 1999 年得到了菲律宾参议院的批准,被认为是在实质上重启《共同防御条约》,让两国重续同盟关系。此后,美国军队开始在菲律宾轮驻,并和菲律宾恢复了在菲律宾进行双边军事演习的活动。

2000 年 2 月,两国开始进行年度"肩并肩"(Balikatan)联合军事演习,被认为是美菲重启同盟关系的里程碑。两国还在 2000 年对菲律宾安全形势进行了联合防务评估(JDA),并在 2003 年进行了更新,明确了菲律宾国防和军事机构

---

① Leszek Buszynski, "Realism, Institutionalism, and Philippine Security," *Asian Survey*, Vol. XLII, No. 3, May/June 2002, p. 487.

② Jose T. Almonte, "New Directions and Priorities in Philippine Foreign Relations," in David G. Timberman, *The Philippines: New Directions in Domestic Policy and Foreign Relations*, New York: Asia Society, 1998, p. 148.

③ "Agreement Regarding the Treatment of US Armed Forces Visiting the Philippines," February 10, 1998, ChanRobles Law Library, http://www.chanrobles.com/visitingforcesagreement1.htm#.V9yDNfl94dU.

的一些不足之处，难以有效应对外部安全威胁和面临的内部安全威胁。[1] 为此，菲律宾和美国开始落实《菲律宾国防改革计划（PDR）》，从而提供一个战略框架，"对国防和军事机构进行全面性、体制性、结构性和系统性的一系列改革"。[2] "9·11"事件成为菲律宾加强与美国同盟关系，支持美国全球反恐战争的分水岭事件。美国在 2001 年向菲律宾提供了 190 万美元，此后急剧增长到 2002 年的 4 400 万美元，2003 年达 4 987 万美元。[3] 美国总统乔治·W. 布什在 2003 年 10 月访问了菲律宾，宣布菲律宾为其非北约主要盟友（MNNA），两国军事合作关系得到了全面恢复。2006 年，美国和菲律宾建立了安全合作委员会（SEB），[4] 侧重加强双边合作，应对传统安全威胁。美国和菲律宾还签署了《后勤共同支援协议（MLSA）》，让美国军队有限但战略性地使用菲律宾的军事设施。根据《后勤共同支援协议》和《部队访问协议》，美国可以派遣至少 600 名军人加入菲律宾联合特种作战特遣部队（JSOTFP），[5] 持续驻扎在棉兰老岛。

二、美菲同盟关系的现状

自菲律宾建立共和国以来，尽管美菲关系经历了一些曲折起伏，但双边同盟

---

① Rocky L. Carter, "Current State of the U. S. -Philippines Alliance," in Carlisle Barracks, *Strategy Research Project*, PA：US Army War College, 2011, p. 11, http://www. dtic. mil/dtic/tr/fulltext/u2/a553024. pdf.

② Office of the Secretary of National Defense, *The Philippine Defense Reform Program*, Quezon City：Department of National Defense, 2003. http://www. globalsecurity. org/military/world/philippines/pdr. htm.

③ Bureau of Political-Military Affairs, "Philippines：Security Assistance," Washington D. C. , July 11, 2007.

④ "Philippines-United States Security Engagement Board Terms of Reference," March 27, 2006, http://www. state. gov/documents/organization/83382. pdf.

⑤ Herbert Docena, "Unconventional Warfare：Are U. S. Forces Engaged in An Offensive War in the Philippines?" in Patricio Abinales and Nathan Gilbert Quimpo, *The U. S. and the War on Terror in the Philippines*, Pasig City：Anvil Publishing, Inc. , 2008, pp. 46 - 83.

关系维持了 60 多年的时间。目前,美国将其与菲律宾的同盟关系作为其能成功实施"亚太再平衡"战略的重要组成部分。[①] 菲律宾阿基诺三世政府执政期间,不仅将支持美国的"亚太再平衡"战略作为其展示对同盟忠诚的标志,而且想利用这种同盟关系增强菲律宾应对安全挑战的能力。阿基诺三世政府对国家安全的认知发生了巨大变化,国家安全政策也随之做出了巨大调整:一是增加军费开支,促进国防现代化,并将军事力量结构从强调陆军转移到海军,从重视打击南部恐怖分子到重视西边南海方向,将海上安全作为其优先安全任务;[②]二是在美国的怂恿和支持下,试图通过法律途径解决与中国的领土主权争端,帮助美国以南海问题为抓手,更方便地遏制中国崛起和影响力;三是试图通过南海问题多边化、地区化和国际化,绑架东盟和东盟国家在南海问题上发出不利于中国的立场,以达到美国分化和遏制东盟的目标。2013 年 1 月 22 日,菲律宾利用《联合国海洋法公约》附件 7,单边提请强制仲裁中国在南海的领土主权和海洋管辖权主张。国际社会对南海仲裁案的关注程度,很快就远远超过了菲律宾与东盟其他成员国和中国评估落实《南海各方行为宣言》和磋商"南海行为准则"的进程,这对地区形势的和平与稳定造成了极大的负面影响。

然而,菲律宾的综合实力和经济发展水平难以支撑起如此过于雄心勃勃的国家安全政策,与美国加强军事安全合作成为阿基诺三世政府的最优先战略选择。阿基诺三世政府认识到,菲律宾不可能与军事实力快速增长的中国相抗衡,加强与美国的同盟关系以及更广泛的安全合作关系,才是保护菲律宾领土主权和完整的最佳手段。[③] 在这种情况下,2011 年 11 月 16 日,时任美国国务卿希拉

---

① Mark E. Manyin, Susan V. Lawrence and et al, *Pivot to the Pacific: The Obama Administration's "Rebalancing" Toward Asia*, Washington DC: Congressional Research Service, March 28, 2012, http://fas.org/sgp/crs/natsec/R42448.pdf.

② Richard D. Fisher Jr., "Defending the Philippines: Military Modernization and the Challenges Ahead," Center for a New American Security (CNAS), *East and South China Sea Bulletin*, No. 3, May 3, 2012, https://www.cnas.org/files/documents/flashpoints/CNAS_ESCS_bulletin3.pdf.

③ Renato Cruz de Castro, "Future Challenges in the U. S. -Philippines Alliance," East-West Center, Asia-Pacific Bulletin, No. 168, June 26, 2012.

里·克林顿访问菲律宾,庆祝《共同防御条约》签署 60 周年,菲律宾政府首次正式表示支持美国的"亚太再平衡"战略。两国发表了《马尼拉宣言》,强调两国安全关系将继续与亚太地区和平、安全与繁荣密切相关。2012 年 1 月 27 日,美国和菲律宾举行了第二次双边战略对话,发表了联合声明,重申了对两国 60 年同盟关系的承诺,认为有必要通过拓宽安全、国防、商业、执法、人权和救灾合作,深化两国同盟关系。① 2012 年 4 月 30 日,美菲举行了首次国防部长+外交部长的"2+2"部长级会谈,菲律宾强调需要美国援助菲律宾军队提高领土防御、反叛乱、反恐甚至国家建设的能力。这意味着菲律宾希望更多地使用美国的"过剩国防产品",更多地利用《国际军事教育和培训计划》,会根据《对外军事援助计划》得到更多的好处。2014 年,时任美国总统巴拉克·奥巴马访问了菲律宾,两国政府签署了《加强防务合作协定》(EDCA)。② 此外,菲律宾与其他国家,如澳大利亚、韩国、越南和日本等加强了安全合作关系,接受这些国家的军事援助和培训,进行联合演习以及购买军事装备等。

对美国来说,与菲律宾的同盟关系是其维持在东亚地区强大军事存在和发挥战略影响的最重要政策工具之一。尽管美国与泰国也存在着同盟关系,每年也进行"金色眼镜蛇"联合军事演习,但双方在战略上的合作并不顺畅。美国与新加坡的战略合作虽然相当顺畅,但新加坡并不愿意成为美国的盟国,同时也要平衡中国和其他东盟国家特别是印度尼西亚和马来西亚的反应。当然,菲律宾与美国之间在对于一些具体问题仍存在着许多分歧的情况下加强合作,显示出他们在选择共同安全威胁的问题上达成了共同认识,让美菲同盟关系经受了时间的考验。中国关于南海问题的政策立场和实际行动,成为美国拉拢菲律宾时可以利用的重要安全议题。2016 年初,两国政府决定进一步落实《加强防务合

---

① "Joint Statement of the United States-Philippines Bilateral Strategic Dialogue," U. S. Department of State, January 27, 2012, http://www. state. gov/r/pa/prs/ps/2012/01/182688. htm.

② "Agreement between the Government of the Philippines and the Government of the United States of America on Enhanced Defense Cooperation," April 28, 2014, http://www. gov. ph/downloads/2014/04apr/20140428-EDCA. pdf.

作协定》,确定了美国在菲律宾的 5 个军事基地进行轮驻,[①]让美国可以利用菲律宾距离南海最近的机场。[②] 2016 年 4 月 12 日,时任美国参议院军事委员会主席约翰·麦凯恩在英国《金融时报》撰文称,美国必须强硬回应中国追求海上霸权的行为,采取更多的措施兑现防卫菲律宾安全的承诺。[③] 2016 年 4 月 14 日,美国国防部长阿什顿·卡特访问菲律宾,与菲律宾国防部长加斯明一起乘坐 V－22"鱼鹰"运输机,登上正在南海巡航的"斯坦尼斯"号航空母舰,观摩"肩并肩"军事演习,承诺美国将给予菲律宾 4 000 万美元军事援助,强化情报共享、监视与海上巡逻,这一援助将使美菲同盟关系上升至"一个新的水平"。[④] 该次演习的规模相当大,大约有 7 000 名美国和菲律宾的军事人员。[⑤] 2016 年 4 月,美国空军根据《部队访问协议》进驻克拉克空军基地。6 月 16 日,4 架 EA－18G "咆哮者"电子战飞机从菲律宾克拉克空军基地起飞,对黄岩岛进行抵近飞行侦察,加强了对南海的巡逻力度。

---

① 指的是靠近巴拉望的安东尼奥·包蒂斯卡空军基地、马尼拉南部的巴塞空军基地、马尼拉北部的麦格塞塞堡、棉兰老岛的伦比亚空军基地和宿务的埃布恩空军基地。

② Dan Lamothe, "These Are the Bases the US Will Use Near the South China Sea; China Isn't Impressed," *Washington Post*, March 21, 2016, https://www.washingtonpost.com/news/checkpoint/wp/2016/03/21/these-are-the-new-u-s-military-bases-near-the-south-china-sea-china-isnt-impressed/.

③ 张鑫:《麦凯恩鼓吹强势回击中方"海上霸权"专家:一旦冲突美负全责》,环球网:http://world.huanqiu.com/exclusive/2016－04/8808511.html,登录时间:2016 年 10 月 25 日。John McCain, "America Needs More Than Symbolic Gestures in the South China Sea," *Financial Times*, April 12, 2016, http://www.ft.com/cms/s/0/69f9459e-fff4－11e5－99cb－83242733f755.html#axzz493Cv7GSx.

④ 周良臣:《卡特访菲凸显菲律宾地位变化,阿基诺三世受到鼓舞》,环球网:http://world.huanqiu.com/exclusive/2016－04/8804129.html; Lisa Ferdinando, "Carter Hails 'Ironclad' Relationship with Philippines," *U. S. Department of Defense Press Release*, 15 April 2016, http://www.defense.gov/News-Article-View/Article/722302/carter-hails-ironclad-relationship-with-the-philippines; Terri Moon Cronk, "Carter: Balikatan Exercise Demonstrates Close U. S., Philippines Relationship," *Defense News*, April 15, 2016, http://www.defense.gov/News/Article/Article/722432/carter-balikatan-exercise-demonstrates-close-us-philippines-relationship,登录时间:2016 年 10 月 22 日。

⑤ Camille Abadicio, "Balikatan 2016 Officially Closes," *CNN*, April 15, 2016, http://cnnphilippines.com/news/2016/04/15/balikatan-exercises-USPhilippines-AFP-ashton-carter.html.

然而,美菲同盟关系的关键问题是,两者的这种共同认知并不总是绝对不变的,在未来可能在一定程度上以某种方式发生变化。毕竟,菲律宾与美国加强安全合作还存在一些限制因素,影响着双方建立强劲同盟关系的意愿。第一,菲律宾国内长期担心美国的新殖民主义和美国的霸权倾向,特别是美国在菲律宾领土上建立军事基地,损害了菲律宾的主权独立。尽管美国在菲律宾大众中具有一定程度的好感,但反对美国在菲律宾驻军的力量和情绪也非常强。第二,中国巨大的经济力量和市场对菲律宾具有强烈的吸引力。中国是菲律宾国家建设特别是菲律宾急需的基础设施建设的重要潜在来源。菲律宾阿罗约政府淡化南海问题,与中国在经济上的合作较为顺畅,双方都从中获得了好处。阿基诺三世虽然在 2011 年访华时签署了一系列合作协议,但因两国关系冷化而未能实施,影响了菲律宾国家经济的增长。第三,美国未能有效帮助菲律宾应对国内安全挑战,特别是打击菲律宾南部宣称效忠"伊斯兰国"的阿布沙耶夫武装组织①和增强菲律宾进行人道主义援助和救灾(如有效应对 2013 年底"海燕"台风②)的能力。

三、美菲同盟的走向及对南海问题的影响

一般来说,菲律宾总统虽然只有一届任期,但时间较长,为期六年,对菲律宾内政外交的决策具有强大的影响力,决定着菲律宾的优先战略选择。因此,菲律宾新当选总统罗德里戈·杜特尔特对美国、中国及南海问题的态度和认知决定着美菲同盟关系在未来 6 年的走向,双方合作的可能性和紧密程度,以及可能采

---

① Per Liljas, "ISIS is Making Inroads in the Philippines, and the Implications for Asia are Alarming," *Time*, April 14, 2016, http://time. com/4293395/isis-zamboanga-mindanao-moro-islamistterrorist-asia-philippines-abu-sayyaf/? utm.

② Sheena Chestnut Greitens, "Obama's Visit to Asia and the U. S.-Philippine Alliance," *Brookings East Asia Commentary*, No. 77, April 2014, http://www. brookings. edu/research/opinions/2014/04/07-us-philippine-alliance-greitens.

取的政策路径和具体措施。杜特尔特是来自棉兰老岛的首位总统,是一个倾向于采取强硬措施打击毒品犯罪、维护社会安全的领导人。他在竞选期间就经常发表一些具有争议性甚至挑衅性的言论。在国内安全上,杜特尔特曾表示要与菲律宾共产党进行谈判,并和从 1968 年开始一直反对政府的菲律宾国内军事武装组织新人民军采取和解政策,继续推进阿基诺三世政府时期就已经进行的和平谈判,促进国内冲突的和平解决。①

杜特尔特的外交政策走向,包括其对中国和美国可能采取的立场,一开始还不是很清楚,没有显示出其未来行为的具体线索。② 在选举期间,他承诺将架着冲锋舟到与中国有争议的岛上,插上菲律宾的国旗,表示其将优先考虑通过多边方式解决争端。这些都是中国不愿意看到的。然而,他也高度质疑阿基诺三世政府通过单边仲裁解决南海问题的有效性,表示如果其他方式都不能成功的话,将寻求与中国进行直接的双边谈判,表达了将与中国搁置争议,在争议海域共同开发渔业和油气资源,以及吸引中国投资的意愿。③ 他在胜选及就任后多次会见中国大使,派遣前总统菲德尔·拉莫斯与中国进行非正式接触,并多次对中国帮助菲律宾的政策行为表示感谢,反映出杜特尔特试图改善与中国关系的强烈倾向。另一方面,尽管他在胜选后与美国总统奥巴马通话,多次接见美国高官和高级代表团,曾表示支持 EDCA 以及跨太平洋伙伴关系,并对其表达了强烈兴趣,但他也质疑在与中国发生危机时,美国作为同盟及时援助菲律宾的可靠性。④ 另外,他非常不满美国历史上在菲律宾所犯下的罪行,以及美国指责其打

---

① "Philippines Duterte Offers Posts to Rebels, Vows to Renew Death Penalty," *Huffington Post World*, May 16, 2016, http://www.huffingtonpost.com/entry/philippines-duterte-peace-talks_us_5739cf79e4b077d4d6f37b78.

② Edith Regalado and Alexis Romero, "Duterte to US: Are you With Us?" *Philippine Star*, May 17, 2016, http://m.philstar.com/314191/show/d5b6ced03efc93b99b4ef35de953894a/.

③ Eileen Ng, "Duterte Starts Building Bridges with China," *Today*, May 16, 2016, http://m.todayonline.com/world/asia/duterte-wants-friendly-relationchina-open-talks-over-south-china-sea-row? utm.

④ Gracel Ortega, "Duterte: US military must follow guidelines prescribed by AFP under EDCA," *Update Philippines*, May 9, 2016, http://www.update.ph/2016/05/duterte-us-military-must-follow-guidelines-prescribed-by-afp-under-edca/5331.

击毒品犯罪时违反人权的做法,认为这些损害了菲律宾的主权独立和尊严,因此使用非常激烈且粗暴的言辞进行了反击,引起了美国评论人士对未来美菲合作关系前景的担忧。

总的来看,杜特尔特对中国最可能采取的是一种务实主义的政策,要比阿罗约和阿基诺三世政府对中美两国的关系更加平衡。有些菲律宾学者认为杜特尔特政府可能会采取"等边平衡"战略。① 也就是说,杜特尔特认识到菲律宾在南海问题上依然需要美国,②要求美国更加明确其对共同防务条约的承诺,但可能不会那么积极地执行仲裁结果,以换取中国在南海争议地区的和解态度,允许菲律宾渔民去黄岩岛附近海域捕鱼,③在菲律宾认为有争议的地区进行共同开发,甚至到菲律宾认为没有争议的区域进行联合开发。菲律宾最高法院已经通过立法的形式,使得 EDCA 成为维持与美国保持紧密合作的基石,同时美国也是仅次于日本的菲律宾第二大出口市场和最大的私人投资来源,④菲律宾民众,特别是菲律宾精英,大多对美国持有比较紧密的联系和深厚的感情,会约束杜特尔特政府不要在疏远美国、转向中国的方向上走得太远。当然,美国奥巴马政府和特朗普政府必须慎重管理与菲律宾的同盟关系,谨慎处理两国间的一些敏感问题。

杜特尔特希望超越南海问题来处理与中国的双边关系。对杜特尔特来说,当前的南海问题已经陷入了僵局,无法再前进一步。阿基诺三世政府在美国怂

① Richard Javad Heydarian, "The Philippines Under President Duterte," *Southeast Asia View*, Brookings, 23 May 2016; Richard Javad Heydarian, "What Would a Duterte Administration Mean," Asia Maritime Transparency Initiative (CSIS), May 13, 2016, http://amti. csis. org/will-duterte-administrationmean/.

② Christina Mendez, "We need US for South China Sea-Duterte," *The Philippine Star*, September 21, 2016, http://www. philstar. com/headlines/2016/09/21/1625911/we-need-us-south-china-sea-duterte.

③ Richard Javad Heydarian, "The Philippines' South China Sea Moment of Truth," *The National Interest*, April 29, 2016, http://nationalinterest. org/blog/the-buzz/asias-new-battlefield-the-philippines%E2%80%99-south-china-sea-15985? page=show.

④ Victor Andres "Dindo" C. Manhit, "Beyond an Independent Foreign Policy for the Philippines," *Business World*, September 21, 2016, http://www. bworldonline. com/content. php? section=Opinion&title=beyond-an-independent-foreign-policy-for-the-philippines&id=133731.

愿下而采取了鲁莽行动,通过军事力量抓捕中国渔民酿成"黄岩岛事件",不仅让中国结束了菲律宾对黄岩岛的主权占领,而且菲律宾渔民甚至不敢到附近捕鱼,遭受了大量的经济损失,也让菲律宾民众对菲律宾政府的南海政策产生了强烈不满。中国明确且坚定地"不承认、不接受、不执行"上届阿基诺政府单边提请的南海仲裁案。尽管仲裁结果明显有利于菲律宾,但没有约束力和执行力,菲律宾不仅没有能力来单边执行这一结果,而且还可能导致菲律宾遭受更大的损失。一旦中国对黄岩岛进行建设,对菲律宾来说将造成难以逆转的悲剧。阿基诺三世曾表示,如果中国建设并军事化黄岩岛,美国必须在军事上做出回应。如果美国不能采取军事行动,将损害美国"所谓盟友的道德优势和信心"。① 然而,美国可能是担心陷入更大的同盟牵连风险,不愿做出这样的承诺。对杜特尔特来说,自己对于中菲在南海问题的不愉快经历,导致两国关系全面倒退,没有太多的责任包袱。相反,如果他在南海问题上做出和解姿态,则可能会让两国得到更多的合作机会。毕竟,中国多次强调自己坚持通过磋商和谈判和平解决争议的立场是一贯的,中菲双边对话的大门始终是敞开的。② 杜特尔特政府开启与中国关于南海问题的谈判,不仅可以让菲律宾在损失更多利益和机会的基础上缓解目前的紧张局势,而且会让其以此为基础加强与中国在更多领域的合作。

因此,从趋势上看,随着杜特尔特"具有里程碑式意义"的成功访华,双方同意"由直接有关的主权国家通过友好磋商和谈判,以和平方式解决领土和管辖权争议",③中菲关系因南海问题缓和而走向改善,美菲同盟的必要性和重要性将会有所下降。然而,这仍然要取决于多种因素:第一,杜特尔特政府对南海问题

---

① Javier Hernandez, "Benigno Aquino Says US Must Act if China Moves on Reef in Scarborough Shoal," *New York Times*, May 19, 2016, http://www.nytimes.com/2016/05/20/world/asia/benigno-aquino-philippines-south-china-sea.html

② 《2016 年 9 月 20 日外交部发言人陆慷主持例行记者会》,中华人民共和国外交部网站,2016 年 9 月 20 日,http://www.mfa.gov.cn/web/fyrbt_673021/t1398913.shtml,登录时间:2016 年 10 月 25 日。

③ 《中华人民共和国与菲律宾共和国联合声明》,中华人民共和国外交部网站,2016 年 10 月 21 日,http://www.fmprc.gov.cn/web/zyxw/t1407676.shtml,登录时间:2016 年 10 月 21 日。

的政策是否具有一贯性。南海问题的解决路径决定着中菲关系稳定向好的基础和底线,杜特尔特政府要认识到中国在南海问题上的立场和行动具有充分的合理性与合法性,不要指望中国在南海问题上做有损于国家利益的事情,更不要指望利用各种多边舞台挑起南海问题损害中国在国际和地区社会中的负责任形象。第二,美国下届政府是否继续利用菲律宾推进其"亚太再平衡"战略。杜特尔特在内政外交政策上虽然比较强势且比较强硬,却难以彻底切割菲律宾与美国100多年的战略纽带,无论在南海问题上还是其他地区和国际问题上,菲律宾还需要美国提供一定程度的战略支持。第三,中菲能否真正超越南海问题,甚至搁置南海争议,在更广泛的范围内开展合作。中菲关系仍需要强大的黏合剂和推动力,增强杜特尔特改善与中国关系的信心和意愿,满足其促进菲律宾经济持续增长的现实需要。第四,南海行为准则的磋商结果是否能有效促进地区和平与稳定。随着"南海行为准则"的早期收获取得成效和最终结束,中国和菲律宾也具有更大的责任在南海问题上保持克制,遵守准则,这也会制约美国等域外国家在南海地区的政策和行为。

结　语

美国和菲律宾的同盟关系源于两国之间自近代殖民时期以来的互动与交往,并形成了较为完备的制度保障,存在着较为深厚的情感基础。美菲同盟关系在许多难以释怀的不愉快经历和难以割弃的共同利益相互博弈的过程中,出现了曲折波动、暂停和重启,至今已经跨过了半个多世纪,在国际和地区的新形势下,面临着更加不确定的未来。美国在菲律宾具有较为牢固的影响力,并投注了大量的战略资源,在全球经济再平衡和亚太战略再平衡的过程中,菲律宾成为美国扩大在亚太地区特别是东亚地区影响力的桥头堡之一。美国如果失去了菲律宾的战略支持,其利用南海问题绑架其他国家压制中国的目标将最终落空,无论是越南还是新加坡都难以替代菲律宾的功能,大大增加了美国维持在东亚地区持续存在的战略资源的难度。因此,美国会不遗余力地拉住甚至绑架菲律宾继续为其战略目标服务,不惜一切代价地将菲律宾框定在自己的东亚同盟架构之中,提升自己在维持地区形势中的地位,使其朝着自己界定的和平与稳定方向发展。然而,美国的战略诉求不能建立在一厢情愿的基础之上,而要照顾到菲律宾方面的战略利益,特别是站在菲律宾的角度,从维护、保障和促进菲律宾的国家利益出发,迎合杜特尔特政府的战略需要,增进两国之间的战略合作。美国如果一味地试图利用菲律宾绑架中国,但同时自己又不能实质性地影响南海问题的过程和结果,甚至可能造成中国在预防和反击美国的行动中不断缩小菲律宾的战略空间,美国就会不可避免地被杜特尔特政府抛弃,使菲律宾不再将其作为处理和解决南海问题首先选择的合作对象。另外,中国与菲律宾关系的改善也让美国难以再利用南海问题牵制或压制中国的地区影响力。对此,美国需要具有清醒的认识,准确把握地区形势的现状和大势,谨慎处理南海问题,平等对待和切实尊重包括中国和菲律宾在内的东亚国家,并在地区合作中发挥建设性作用,才会赢得地区国家的尊重和欢迎,在国际和地区事务中的影响力才会得到维持。

美菲军事互动对南海形势的影响

周德华　胡海喜[*]

　　一段时期以来,美国的战略重心逐步东移,关注点转向亚太,在东南亚积极寻找"代言人"和"马前卒"。菲律宾在南沙侵占我部分岛礁并进行了实际开采,从中获得了巨大的经济利益,企图拉拢域外大国介入该地区事务,固化这种格局。美菲双方出于各自战略利益考虑,两国军事合作不断向纵深发展,全面提升军事交流对话层次,两军高层互动渠道增多;签署多项军事合作计划与协议,两军互动机制日臻完善;增加军舰访问数量和频率,两军联合训练形式多样;合作开发联合军事基地,美军企图长期保持地区存在;扩大联合军演规模,提升两军联合作战能力;提高军备合作水平,准备应对突发事件;等等。军事合作水平已大为提升,对我国南海安全形势造成了重大影响。

一、美国借机插手南海,进一步压缩我国南海战略空间

　　美菲军事互动使美国进一步插手南海事务有了更多的借口和着力点,使我在南海面临的对手和所需应付的对象增多,南海战略空间遭到挤压。

---

　　* 周德华,海军指挥学院战略系教授;胡海喜,海军指挥学院战略系副教授。

（一）进一步加大美国的军事存在力度，我维护海洋权益军事斗争准备压力增大

近年来，美国调整东南亚政策，大大增加在该地区部署的海空军力量，以应对各类非传统安全威胁及"太平洋沿岸"有关国家"反介入"能力提升带来的挑战。在此背景下，美国一直试图将菲律宾打造为亚太地区除驻日基地外的备用指挥基地。为加大实际存在力度，美国与菲律宾在经过 1991 年到 1999 年的关系低谷阶段之后，近 10 多年来又迅速地恢复升温。兰德公司在其撰写的一份研究报告中就曾建议，为应对台海冲突，"万一日本不同意美国使用冲绳基地，吕宋岛空军基地的利用就至关重要"。对此菲律宾军方也高度支持。菲律宾国防部高官公开表示，只要事先征得菲政府许可，美军舰机部队可以使用苏比克和克拉克的 2 个前美军基地。一旦达成租借协议，美国的航空母舰将进驻这个优良的深水港，形成在南海区域长期、稳定、强大的军事存在。美菲军事合作升温有助于美扩大在东亚、东南亚地区的军事存在，进而加强对我军事威慑，为其推行"空海一体战"构想提供温床，加快其在亚太进行前沿军事部署及建立多边安全网的步伐，从而增加其干预本地区各项事务的能力和可能性。可以预料，随着美菲军事合作层次的不断提升，美在菲重新恢复永久性军事基地的可能性也将大大提高。一旦美方重新在菲拥有军事基地，无疑将对我南海局势稳定产生不利影响。黄海、东海和南海的西沙等水域距我大陆非常近，也是我国极为敏感的区域，在和平时期，美国海军的航母编队尚不会实施频繁进入的挑衅行动。但是，南沙水域一方面离我大陆较远，另一方面，南沙岛礁大多数并不为我所掌控，美国海军在菲律宾的军事存在成为现实以后，会长期、经常、频繁地出入和游弋于南海水域，对我海军在南海的军事活动形成巨大干扰。美国选择这一方向加大军事存在力度，实则是找到了一个进一步挤压我战略空间的突破口。轻则使南海局势更加混乱，我掌控南海局势发展的难度日益增大；重则使我在南海水域的军事存在受到重大威胁，在无力实施直接对抗的情况下，不得不陷于停滞或收缩的状

态。届时,我维护南海海洋权益的军事斗争准备将不得不以大量的精力投入到应付美军干扰上来。

(二)美国力图完成对我战略围堵重要一环,我海上通道安全面临的形势更加严峻

美国战略重点转移到亚太,其主要目的是通过对我实施战略围堵和挤压,遏制我迅速崛起的势头。从其战略围堵的包围圈来看,美国在东北亚的伙伴韩国,东亚的日本、中国台湾地区,经济、军事实力均较强,能够通过制造各种争端对我形成有效的牵制;而美国在东南亚的伙伴菲律宾则于1991年将美国驻军赶出国内。两条岛链中的第一岛链明显地在末端出现弱势一环。因此,美国急需在南海周边另外再寻找一个能够对我形成牵制的"代言人",巩固其在第一岛链的围堵态势。出于"矬子里拔大个"的心态,美国选中了经济实力较强、侵占我岛礁数量最多的菲律宾,并意图以租用军事基地的形式实现军事力量的长期存在。但是,随着我国的强大及对南海利益日益重视,菲律宾又再次表现出欲与美国加强军事合作的意向,美国则亦乐于与菲恢复军事上的密切关系,毕竟他们之间的历史与美越之间的历史完全不同。从地理位置上看,菲律宾不仅直接面对我南沙群岛,而且直扼我海上交通的咽喉。菲律宾对我国海上交通影响的这一地缘因素,也正是美国所看中的。即使我国能够与菲律宾妥善地处理南沙岛礁争端问题,打破美国借南沙群岛问题牵制我国的意图,海上通道安全更加严峻的形势也不可避免。何况我国还很难与菲律宾就南沙岛礁争议达成一致意见。因此,美菲加强军事互动,是美国对我实施战略围堵的一个重要环节,使我走向世界的出口进一步落入其监视之下,我海上通道的安全形势更加不容乐观。

(三)美国进一步干涉我主权事务借口增多,我对美战略中的牵制性因素增大

台湾问题一直是美国从战略上对我实施牵制的一个有力"抓手",随着两岸经济联系的紧密、两岸关系的逐步缓和,美国感到这一因素的牵制力有所减弱,便怂恿日本高调抛出钓鱼岛问题,其意图亦是通过制造事端,牵制我和平稳定地发展,并为将来进一步挑起摩擦奠定基础。但是,美国又感到通过钓鱼岛牵制我国的力度还有点小,便急于寻找另外一点,并为持续制造事端打下先期基础。与钓鱼岛问题相呼应,美国选择了插手南海事务,并加强与其在南海周边的传统盟国菲律宾的联系,高调重温《美菲共同防御条约》,明着是为菲律宾撑腰打气,实际上是要使其手中掌握更多可用于牵制我国的"牌"。从我国目前情况来看,在十年以内,以军事手段彻底解决南海问题的可能性不大。然而,在共同遏制我国的战略契合点下,美菲都把军事交流作为双方交往的一个重要方面。可以预见,随着时间的延续,美菲军事互动会向着进一步深入的方向发展。由于把菲律宾拉入其利益的关系方,美国会更加高调地强调南海于其国家利益的重要性,为干涉我主权事务制造更多的"借口"。一旦我在南海水域向菲律宾施加压力,美国便会迅速跳出来,以维护自身利益为由进行干涉。近几年美菲所进行的军事演习中有很多就是针对南海岛礁争夺而进行的。就我国而言,在对美战略中难以完全放开手脚,原因之一即在于台湾、钓鱼岛等问题的牵制。美菲军事互动会使美国进一步插手南海事务的步伐加快,加之南海对我国的巨大战略价值,我在对美战略中又增加了新的牵制性因素,美国就会动辄打出这张"牌"。从长远来看,在对美战略中,我可能会陷入更为被动的态势。

二、加剧东南亚军备竞赛,致使南海周边区域力量失衡

美菲军事互动,使美国加大了在南海的军事存在力度。大国军事力量的深度介入,必然会对南海周边各国的军事力量平衡产生巨大冲击,刺激南海周边各国加大军事投入,加剧东南亚军备竞赛。

(一)刺激南海周边国家加大军事投入,使我解决南沙问题障碍增大

美菲军事互动可以视为美国将在军事上深度介入南海的一个明确信号,相当于直接向南海周边各国表示"美国将在南海方向遏制中国的发展",进一步引申的含义就是"美国在南海周边的伙伴国不需要再担心中国军事力量的压力,可以大胆地开发非法侵占的海域"。当然,这种态势的完全形成还需要一定的时间,但是这种意图是非常明显的。这一信号的传递,无疑给南海周边各国打了一针"强心剂",为了表示自己的"诚意"和"作为",南海周边各国也会毫无疑虑地加大军事投入,欲图借助美国这一"后盾"构筑以武力维护所得利益的防线。除了越南加大海军建设力度之外,菲律宾也积极地加强海军建设,便是一个明显的例证。在我国与南海周边各国的军事力量对比上,我一直占有绝对优势,这也是我以和平方式解决南海争端的强有力后盾。但是,南海周边各国加大军事投入力度的同时,其重点发展方向会特别注重针对我海上作战特点的制约性力量投入,例如潜艇、岸基航空兵等力量。此类力量的发展虽然不会从根本上改变我优敌劣的态势,但是确实会使我海上作战行动受到很大的影响和制约。借此,南海周边各国为维护既得利益,在军事上对我形成制约能力的可能性增大。我通过政治手段解决南沙问题的障碍随之增大,而以军事手段解决的代价也会猛增。

(二)刺激菲律宾加大海军建设力度,对我军的海上绝对优势形成挑战

菲律宾在南海周边各国中的军事、经济实力都不算很强,面对我国迅速发展的经济、军事实力,在无可奈何地看着双方差距越拉越大的同时,会越来越觉得以其自身的军事力量维护南沙非法利益几乎毫无可能。多年来,菲律宾一直努力地将南海问题引向国际化、提交东盟年会等,企图通过引起国际社会的关注,在政治上牵制我国,进而实现其长期持续侵占南沙的目的。这些不断向外寻求帮助和支持的行为恰恰反映了其心虚、害怕的内在本质。美菲建交和双方军事

互动的加深,使菲律宾突然感觉到其多年的"努力"有了"成果",更加坚定了不惜以武力维持"侵占现状"的信心。菲律宾积极地向美国靠拢,并表示愿意租借海军基地给美军使用,这与当初赶美国人走的时候大不相同,其主要原因就是看重美国奉行的对华遏制战略于其有可借助之处,更愿意靠拢美国以寻求支持。当然,虽然拉了这样一个"后盾",但美菲关系的发展还有很长的路要走,美国在短时间之内还不可能真正成为菲律宾的"帮手",将来也是未知之数,毕竟中美都是世界性的大国。对于小规模的摩擦和军事冲突,美国是不会直接插手介入的。2012 年爆发的黄岩岛对峙事件恰恰说明了这一问题。但是,美国所传递的"介入南海"信号使菲律宾信心大增,认为只要能够在美国介入的调子下挺过一段时间,当美国对华的"遏制战略"进一步收缩时,菲律宾在南沙问题上就可以"高枕无忧"了。因此,在可预见的时间内,在最可能发生摩擦的形势下,菲律宾要维护其南沙非法利益,从根本上讲还得靠自己,这是菲律宾的"当务之急"。这一心理大大刺激了菲律宾的海军建设,近些年来其投入力度迅速加大,并向美国购买了海军舰艇。菲律宾并不会妄想凭一己之力可以打败我国,其加强海军建设的目的在于,和平时期能够拖住我国,在战时能够顶住我军,以等待世界局势的发展变化和更好的时机。菲律宾的这一动作虽然不会改变双方的力量优劣对比,但是对我国其他的海上执法、维权力量确实形成了挑战。

(三) 加剧南海周边区域力量失衡,各国之间的矛盾会逐步显现

在共同面对中国崛起的情况下,南海周边与我有岛礁主权争议的国家以东盟为依托,在对待南沙主权争端上基本用一个口气说话,目的即在通过内部合作共同与我抗衡,以长期侵占非法利益。但是,就南海周边各国家之间而言,也并非没有利益冲突。作为美国在南海周边的唯一盟国,菲律宾一直以南沙群岛的"主权国"自居,并单方面将南海更名为"西菲律宾海",但是其在南沙所占岛礁数量比越南少得多,在军事上又无力与越南和中国抗衡,所以曾多次提出将南沙地区"非军事化",建议有关各国从南海撤军,使南沙群岛成为一个类似南极的非军

事化地带,冻结各国的领土要求;后又提出将南沙一带的资源视为"南中国海每个周边国家的继承财产",应当"联合开发这些资源"。其实质是想浑水摸鱼,借机扩大自身利益。文莱、马来西亚等国亦对此加以附和。然而,南沙目前最大的利益获得者越南,早已将其所侵占的南沙岛礁视为"私有",显然对此持反对态度。因此,各国只是在面对"中国威胁"的情况下暂时地放下争议,采取"一致对外"的态度。随着美菲军事互动的深入发展和美国在南海方向对我牵制力度的增加,越、马等国会日益真切地认识到菲律宾亦是他们扩大南海利益的障碍之一,双方在处理南沙问题上的意见分歧必然加大,之间的矛盾也会逐步显现。当然,就目前情况来看,这一矛盾还是潜在的、次要的,若想待其明朗化,还需要一定的时间以及视形势的发展而定。

三、激化南海争端矛盾,增大我维护南海海洋权益难度

美菲军事互动开启了美国实际插手南海事务的大门,在改变南海争端各方力量对比的同时,也将逐步打破南海争端矛盾长期和平发展的现状,使其有可能走上"激化"和"对抗"的道路。我以和平方式解决南海争端的主张在具体实施过程中,会日益困难,甚至变得不切实际。

(一)南海周边各国携大国而造势的动作加快,我"主权在我"的主张难以实际推行

南海水域的争端矛盾,长期以来一直是我国以及南海周边各国之间的区域内部事务。虽然越、菲等国一直想将其推向复杂化、长期化、国际化,但是,由于我国的长期克制和忍让,南海争端矛盾一直处于和平发展的状态,并未出现"激化"的苗头。美国在军事上的深度介入,配合其政治上的立场和言论,使南海周边各国认识到美国在南海问题上一改过去"中立"态度,明显表现出遏制中国的

立场和态势。基于这一认识,南海周边各国会把美国的介入看作千载难逢的"良机",视为南海问题国际化的实际"成果"。因此,在与美国接触中,他们无不论及南海问题,并努力求得美国的表态,美国亦乐于如此。在反复接触、频繁地发表言论以及在军事领域的实际动作中,南海周边各国便借美国插手南海之力努力造势,使南海主权争端矛盾日益复杂化、逐步国际化,努力使国际社会对南海现状产生深刻印象,借此维护他们非法侵占南海岛礁的现状。在此情况下,我国提出的"主权在我"的主张,便难以获得国际社会的普遍认可,特别是对于一些不明真相或别有用心的国家而言,更愿意听信一面之词,更愿意相信中国是"恃强凌弱"。"主权在我"的主张便显得苍白无力,被视为"无关痛痒"的口号,甚至有可能被南海周边各国内部视为"笑谈",对解决南海争端难以产生任何实际的推动作用。

(二) 进一步推进南海主权争议的国际化步伐,我"搁置争议"的主张难以实际推行

南海周边各国由于均实际地占有部分南沙岛礁,在面对我强大的压力下,一直努力使南海主权争议走向国际化,先是在东盟内部达成一致,又多次意图将南海主权争议提交联合国裁决,并通过"合作开发"等形式拉多个西方大国介入。其目的就是使南海主权争议复杂化,在更大的范围内获得关注,使更多的国家参与到争议问题的讨论中来,根本没有要"搁置争议"的想法。美国是当今世界唯一的超级大国,自封为"世界领导者",其战略重点、对外政策、力量存在等方面的变化,都会对地区乃至世界形势造成很大的影响和冲击。美菲军事交往的加深以及联合军演的目标指向,明确表明了美国欲介入南海事务的意图。这不但会引起南海周边国家的关注,也会在世界范围内引起广泛的关注,必将进一步刺激南海主权争议的国际化步伐。美菲军事上再次走向合作以来,世界各国政府、媒体、评论的情况,正说明了上述问题的严重性。在此情况下,南海主权争议不仅不会被"搁置"起来,还会引起多方关注,成为"热点"问题。我"搁置争议"的主张会因争议国的反对立场和超级大国的介入而难以实际推行。因此,作为一种外交手段,我国可以不断地呼吁"搁置争议",而在实际的军事斗争准备中,必须清楚地认识到南海主权争议是不可能被真正"搁置"起来的,而且还有可能向着范围扩大化、矛盾被激化的方向发展。

(三) 南海周边各国独占既得利益的心理增强,我"共同开发"的主张难以实际推行

南海周边各国在面对中国崛起的巨大压力之下,不得不在内部结成同盟,在外部寻找后盾,以维护其既得利益。美国深度介入南海问题,被南海周边各国视为"救星",大大增强了他们长期、稳定获取南海利益的信心和决心,特别是南海周边各国,独占既得利益的心理加重,没有哪一个国家愿意和周边国家对其实际控制区进行"共同开发"。就我国而言,目前还不具备独立开发南海资源的能力,也需要借助外国石油公司进行合作开发。在这种情况下,南海周边各国更愿意直接与西方大国公司合作进行油气开发,谁也不愿意与我协商相关事宜,更不可能希望中国从中分取"一杯羹"。即便是我国具备了独立开发南海资源的能力,南海周边各国也不会愿意与我合作开发。从目前各国对南海资源的开发情况来看,明显地存在着一种"能开发多少就开发多少,能获取多少利益就获取多少利益"的思想,亟欲进行迅速开发、大力开发、完全开发,以独占其实际控制区的既得利益,根本就没有想过与我国"共同开发"。而有能力进行南海油气开发的外国公司,出于自身利益和方便的角度,且在其本国的政治导向和国家授意的影响下,也更愿意寻找南沙诸岛的实际"控制国"进行合作开发。在这种情况下,我"共同开发"的主张实际上成了一厢情愿的外交口号,真正实施的可能性极小,而且这种可能性会随着美国的介入越来越小。

四、军事摩擦概率上升，我南海方向安全利益面临的挑战日益严峻

超级大国的介入，使南海周边各国在军事上的信心增强，贴近或挑战我底线的行为会增多，与我发生军事摩擦的概率会上升，我南海方向安全利益面临的挑战日益严峻。

（一）超级大国在背后的唆使将日益深入，我把握南海方向安全的主动性面临严峻挑战

南沙岛礁主权争端的主要矛盾集中于我国与南海周边国家之间，虽然我国面对的是"一对多"的局面，但是我国由于经济、政治、军事实力均大大超过南海周边各国而在双方矛盾中占据主动地位。多年来，我国从国内发展和维护地区稳定的大局出发，一直主张通过和平方式解决岛礁主权争端，虽然进展比较缓慢，但是南海周边地区和平稳定的整体态势并未打破。美国插手南海的步伐加快，特别是美国加快与其传统盟国菲律宾的军事互动力度，使得双方关系日益拉近。在美菲双方均以我国为对手的战略交叉点下，不能排除将来美国在背后唆使菲律宾主动制造事端的可能性。特别是当我国实力进一步增强、台海局势缓和以后，美国会感觉到单纯依靠日本在钓鱼岛争端上为我国"制造麻烦"的力度已不够大，便可能唆使南海周边国家在南沙岛礁主权争议问题上"大做文章"，不仅在经济上加大开发力度，更可能在岛礁主权的归属上发表明确的声明、在政治上给我"出难题"、在军事上加大对我南海作业安全的威胁，甚至是直接制造"撞船""撞机""擦枪走火"等摩擦，而日本则可能在钓鱼岛方向同时发难，使我国不得不同时面对南北两个方向的危机。若出现上述情况，我国不得不做出比较强硬的反应，那么我多年来努力维持的南海和平局面亦将被打破，我把握南海方向

安全的主动性也会面临严峻挑战。

（二）南海周边各国在军事上对我的敌视态度将日渐强硬,南海争端军事属性的地位进一步提高

多年以来,南海周边各国在军事上对我国一直采取防范态度,担心我国会凭借军事力量武力夺取南沙群岛的控制权,但是限于与我军事力量的巨大差距,还不敢以十分强硬的态度与我直接对抗。而我国出于内外政策和地区稳定大局考虑,也并未准备在短期内以武力收回南沙群岛的控制权。但是,南海区域的军事力量因美国介入而产生巨大的失衡,我国军事力量的绝对优势被迅速削弱,南海周边国家正努力撑起美国这顶"保护伞",以维持在美国主导下的南海"力量平衡"。而美国以其超强的军事实力,完全有能力在军事上于南海区域形成一个与我对抗的"小集团"。近年来,美菲所进行的"金色眼镜蛇""卡拉特""肩并肩"等军事联演便假想设定某敌对国舰只与菲律宾舰船在有争议地区相撞,随着双方矛盾的不断升级,美国与菲律宾组成联合特遣部队实施联合作战以阻止敌方部队对菲律宾主权利益的进一步侵略,针对我意图明显。同时,在演习科目设定上,新增了争夺海上油气区、保护油气平台等实兵科目,凸显美借菲插手南海地区事务、菲倚美整体实力并攫取南海利益的企图。在此情况下,我军事上对南海周边各国造成的压力会大大减弱,此消彼长之下,南海周边各国在军事上对我的敌视态度将日渐强硬,甚至有可能通过主动制造摩擦等方式为美国直接介入创造"借口"。而美国也肯定希望在时机成熟时,有国家能够挑战一下我国的"底线",毕竟单纯依靠政治和外交上的挤压是遏制不住我国发展势头的,必要时会从军事上直接为我制造"麻烦"。因此,我国通过政治、外交等途径妥善解决南海问题的可能性日益降低,南海争端军事属性的地位进一步提高。如果我方应对不力,很可能会被迫卷入一场对方有预谋的突发性军事冲突之中,而且由于美国的介入,在这场冲突中,我国很难在南沙诸岛实际控制权上获得更大的利益。

（三）各国在南海水域上的军事接触将日益增多，军事摩擦的不可控性增强

军事摩擦包括有预谋的军事摩擦和突发性军事摩擦。随着南海周边各国军事力量的逐步增长、美国军事力量的长期存在、各国独占既得利益的心理加重，以及各国对我态度的改变、大国的唆使等，各方军事力量在南海水域的存在力度会逐步加大。菲律宾从美国购买的两艘"汉密尔顿"级军舰便主要用于南海巡航之用。在菲的刺激之下，各国军舰巡航的频率会提高，同一水域内同时出现不同国别军舰的情况会增多。在各方对于同一区域存在争端的情况下，军舰的近距离接触必然会使军事摩擦的隐患上升。特别是当各国政府换届、内外政策发生变化等重要时期，各国对待南沙主权争端的态度会直接决定双方军舰相遇时的态度。如果当时对方指挥官头脑发热或者是个极端分子，那么我们便不能排除对方可能会制造"擦枪走火""船舷相碰"等突发性摩擦。军舰不同于民用舰船可以用"近距离接触"的方式驱赶，在双方都有武装的情况下，"近距离接触"很可能迅速升级为冲突。在此情况下，我军的单方面控制已不可能有效地解决问题。这种突发性摩擦的处置几乎完全决定于指挥员的能力、素质、应变能力和对政策的把握水平。另外，在我国不主动挑起事端的情况下，也不能完全排除敌方在条件成熟时会制造有预谋的军事摩擦的可能性。因此，在我而言，军事摩擦的不可控性实际上是增强了，必须对此预先有准备。

从幕后走向中央

——中美海权竞争激化背景下的美国南海政策

王　森[*]

[内容提要]　中美海权竞争的激化是东亚权力转移的突出表现，以美国"亚太再平衡"战略为牵引，南海争端成为国际社会关注的重要问题，并成为中美在西太平洋的主要竞争领域之一。美国在外交布局、军事力量运用、法理和战略谋划等层面多管齐下：从一般意义上的"选边站"转向赤裸裸的"拉偏架"；从幕后"操手"转向前台"老大"；从间接干预转向针锋相对的直接介入。但是由于美国需要关注全球利益，防务预算紧缺，东亚各国对其联盟战略存在犹豫，地理上远离南海，以及对华战略两面性，等等，美国的南海政策受到制约。当然这些制约因素也出现了弱化的征兆。未来，中美在东亚海域将可能实现长期竞争性共存。当前中国海上力量的发展已经成为美国战略家关注的焦点。作为典型的海洋霸权，美国对中国"走向深蓝"的趋势尤为敏感，这种战略猜疑有可能对未来中美关系的发展造成不利影响。

[关键词]　美国　海权　南海政策　中美关系　亚太再平衡

南海问题产生之初，域外大国普遍持相对中立和不介入的立场，在相当长的一段时间内避免了南海问题的复杂化。随着 20 世纪 90 年代世界形势和地区格局的变化，美、日、印等国纷纷调整亚太政策，逐步加强对南海问题的关注力度。

---

* 王森，发表本文时为解放军国际关系学院 2013 级博士研究生。

与此同时,东盟一直寻求推动南海问题多边化和国际化,这是东盟试图平衡中国在南海影响力的重要途径和支点,也为大国介入和炒作南海问题提供了"合法"的渠道和可乘之机。① 奥巴马上台后,为了维护美国的全球霸主地位,开始推行"亚太再平衡"战略,南海地区逐渐演变为"再平衡"战略的重要着力点。在 2009 年 6 月举行的第 16 届东盟地区论坛上,时任美国国务卿希拉里·克林顿(Hillary Clinton)签署文件加入《东南亚友好合作条约》,宣布美国"重返"东南亚。② 2010 年 7 月,克林顿在越南河内举行的东盟地区论坛上公然向中国"发难",指责"南中国海问题在于中国",以此次讲话为标志,美国南海政策转向了实际上的"选边站",在经历了 21 世纪头一个十年的相对平静期后,以美国"亚太再平衡"战略为背景,南海争端又重新成为国际社会关注的重要问题,③并成为中美在西太平洋的主要竞争领域之一。

一、背景动因——权力转移背景下中美海权之争表面化

权力转移(power transition),是一个"由于世界政治中国家实力发展不平衡规律的作用,国家在国际权力结构中的位置所发生的原有的主导性大国地位下降、新兴崛起的大国地位上升,并获得主导性大国地位的权力变化过程"。④ 在此过程中,现有的主导性大国总是竭力运用其所拥有的绝对或相对实力来维护自身作为体系领导者的地位以及相应的利益分配,防止出现对自己地位的任

---

① 王森、杨光海:《东盟"大国平衡外交"在南海问题上的运用》,载《当代亚太》,2014 年第 1 期,第 35 - 57 页。

② Hillary Rodham Clinton, "Press Availability at the ASEAN Summit," Laguna Phuket, Thailand, July 22,2009, http://www.state.gov/secretary/rm/2009a/july/126320.htm,登录时间: 2015 年 12 月 1 日。

③ Alice D. Ba, "Staking Claims and Making Waves in the South China Sea: How Troubled Are the Waters?", *Contemporary Southeast Asia*, Vol. 33, No. 3, 2011, p. 269.

④ A. F. K. Organski,*World Politics*, New York: Alfred A. Knopf,1968,Chapter 1.

何挑战，并会采取"预防性战争""遏制""约束"或者"接触"等政策以应对新兴大国的崛起，①而与此同时，崛起中的大国则会利用所获得的相对实力，在地区及全球体系中寻求更大的发言权和影响力。从"权力转移"理论来看，在东亚这一区域性的国际体系当中，中国的迅速崛起和美国的相对衰弱确实催生了权力转移现象，居于该进程主导地位的是中美两个大国，中美是东亚权力转移的主角和中心。②

美国在西太平洋地区的权力地位，"过去、现在乃至将来很大程度上都是由海权界定的"。③ 所以东亚权力转移的突出表现就是中美海权竞争的激化，而这一竞争本质上是中国海洋权益追求与美国海洋霸权护持的矛盾。海权是一个相对模糊、极具弹性的概念，特别是随着人们对海权的理解从军事领域向政治、经济等领域的不断拓展，海权的概念变得更为复杂。正如有学者指出的那样："海权可以被界定为一国进行海上商业活动和利用海洋资源的能力，将军事力量投送到海上从而对海洋和局部地区的商业和冲突进行控制的能力，以及利用海权从海上对陆地事务施加影响的能力的总和。"④无论海权概念的内涵如何丰富，海上力量始终居于基础地位，是海权其他内涵得以实现的前提和保证。例如，著名海洋战略研究权威杰弗里·蒂尔（Geoffrey Till）就是将"海上力量"（maritime power）与"海权"（seapower）替换使用。并且指出"无论用哪个词，都应将海军与民事/海事的互动、海军与陆军和空军部队的互动包含进来"。⑤

① Randall L. Schweller, "Managing the Rise of Great Powers: History and Theory," in Alastair Iain Johnston and Robert S Ross, eds. , *Engaging China: The Management of an Emerging Power*, London and New York: Rutledge, 1999, pp. 1 - 32.
② 张军、杨光海：《东亚权力转移的可能性探析》，载《战略决策研究》，2015 年第 2 期，第 16 页。
③ David C. Gompert, "Sea Power and American Interests in the Western Pacific," Rand Corporation, http://www. rand. org/content/dam/rand/pubs/research _ reports/RR100/RR151/RAND_RR151. pdf, xi, 登录时间：2015 年 12 月 15 日。
④ Sam J. Tangredi, ed. , *Globalization and Maritime Power*, Washington, D. C. : National Defense University Press, 2002, pp. 3 - 4.
⑤ ［英］杰弗里·蒂尔著，师小芹译：《21 世纪海权指南》（第二版），上海：上海人民出版社 2013 年版，第 29 页。

中国是陆海复合型国家,但海权长期以来并未进入中国的战略视野。2003 年 5 月,国务院公布的《全国海洋经济发展纲要》第一次明确提出了"逐步把中国建设成为海洋强国"的战略目标。2012 年 11 月召开中国共产党第十八次代表大会发表的报告再次明确重申了"建设海洋强国"的目标。① 海洋强国自此正式上升为中国的国家战略。2015 年 5 月,国务院新闻办公室发表的《中国的军事战略》白皮书首次提出"近海防御、远海护卫"的战略要求,要求海军战略"逐步实现近海防御型向近海防御与远海护卫型结合转变,构建合成、多能、高效的海上作战力量体系,提高战略威慑与反击、海上机动作战、海上联合作战、综合防御作战和综合保障能力"。② 中国海洋强国目标的确立和新海军战略的提出旨在维护中国日益扩展的海上利益,捍卫中国应有的海洋权益,同时为国际社会提供更多的公共物品,履行大国应尽的国际义务。它要求中国发展足够强大的海上力量,以便为承担这些任务提供坚实的实力保障。但是,中国这一努力被美国视为威胁和挑战,因为确保制海权是美国保持霸权地位的关键。因此,面对中国崛起和加快向海洋发展的趋势,美国加强了在西太平洋海域的前沿存在和海上联盟的重组,由此导致中美海权之争凸显。

在此背景下,伴随着"亚太再平衡"战略的推出,美国的南海政策出现了重大变化。支撑这一变化的利益考量是多方面的,包括:不断上升的南海地缘政治重要性、对美国极端重要的海上航行自由、美国对于海洋领土争议背后根深蒂固的"法律主义"情结等。③ 但最深层的担忧则是中国实力的不断增强以及由此带来的亚洲乃至全球权力格局的改变。美国战略界认为,中国不会安于现状,其最终

---

① 胡锦涛:《坚定不移沿着中国特色社会主义道路前进,为全面建成小康社会而奋斗》,中华网,2012 年 11 月 18 日,http://news. china. com/18da/news/11127551/20121118/17535254_10.html,登录时间:2015 年 12 月 10 日。

② 中华人民共和国国务院新闻办公室:《中国的军事战略(全文)》,新华网,2015 年 5 月 26 日,http://news. xinhuanet. com/2015 - 05/26/c_1115408217_2. htm,登录时间:2015 年 12 月 15 日。

③ 周琪:《冷战后美国南海政策的演变及其根源》,载《世界经济与政治》,2014 年第 6 期,第 40 - 44 页。

目的是要将美国逐出亚洲，要挟并控制邻国以及该地区的海空领域。一旦允许中国控制南海，不仅美国在该海域的"航行自由"无法得到保障，美国在亚太的海权优势受到削弱，也将使周边其他国家屈服于中国，使美国在亚洲盟国和伙伴中信誉扫地，最终将被中国排挤出东亚和东南亚。① 这就是美国在南海问题上调整立场，强势介入南海争端的主要原因。

美国的战略家们普遍认为，霸权的更替与海上力量的兴衰密不可分。② 在他们看来，经济实力转化为军事能力是一个自然而然的逻辑过程。遏制战略的提出者乔治·凯南早在 1947 年就指出，在国际舞台上存在的各类权能当中，工业-军事权能是最危险的，因此主要的着重点应当放在对它加以保持和控制。③ 而中国经济和军事力量近年来的快速发展，特别是以"辽宁号"航母为代表的海上力量的进步，尽管显然只是弥补过去所欠的军事现代化旧账，旨在建立与中国地位相符的武装力量，但在美国眼中就成了"抵消美国关键军事技术优势的潜在威胁"。④ 客观地讲，近年来主要基于军事和海上力量的大力发展，中国开始以更加主动、大胆的姿态开展海上维权。东海防空识别区的划设、"981"大型深水钻井平台的投入使用、海军舰艇编队赴南海进行海上综合训练等，都是这种姿态的主要体现，也是主权国家面对自己权益受到威胁时所应有的正常反应。但这些在美国看来都成为危及地区和平与稳定、危及海上航行自由、不遵守国际准则的具有"敌意"的行为。尤其是中国从 2013 年下半年开始在南沙进行的岛礁建设更是遭到美国的非难。美国为此所用的托词冠冕堂皇，包含的理由多种多样，但归根结底还是集中在"海权"上。在美国看来，中国的这一举动无论对于南海

---

① ［美］理查德·内德·勒博著，陈定定等译：《国家为何而战？过去与未来的战争动机》，上海：上海世纪出版集团 2014 年版，第 144 - 145 页。

② George Modelski and William R. Thompson, *Seapower in Global Politics*, 1494 - 1993, Macmillan, 1988, p. 17. 转引自杨震、周云亨、朱漪：《论后冷战时代中美海权矛盾中的南海问题》，载《太平洋学报》，2015 年第 4 期，第 44 页。

③ ［美］约翰·刘易斯·加迪斯：《遏制战略：战后美国国家安全政策评析》，第 39 页。

④ Department of Defense, "Annual Report to Congress: Military and Security Developments Involving the People's Republic of China 2015," http://www.defense.gov/Portals/1/Documents/pubs/2015_China_Military_Power_Report.pdf, p. i., 登录时间：2015 年 12 月 20 日。

战略格局、美国所支持的海洋法和所看重的海洋秩序,还是对于美国在该海域和西太平洋的战略利益所造成的影响都将是非常重大和深远的。也就是说,美国提升对南海问题的关注,加大在此问题上对中国的施压,虽然是出于多方面的利益考量,但最根本、最具决定性的还是对于"海权"的关切,是担心崛起的中国对其在南海乃至整个西太平洋的海上优势和主导地位的冲击,这才是中美南海矛盾的焦点所在。

二、政策表现

此前经过"981"钻井平台风波事件不断发酵,中美关系中的南海争议从未像今天这样,直接进入了正面行动冲突和战略利益交锋。① 美国正从一般意义上的"选边站"转向赤裸裸的"拉偏架",从幕后"操手"转向前台"老大",从间接干预转向针锋相对的直接介入。②

首先,在外交上,美国重组其海上联盟,加强同传统盟友及新伙伴的合作,同时不断对中国制造外交压力。美国善于运用"灵巧权势"(smart power)抓住机会③,这一点在 2014 年"981"风波中表现极为明显。冲突一发生,美国国务院就将此事件定义是"中国挑衅"④,并迅速发起了一波接一波的"南海外交",为越菲等国打气助威,同时对越菲等国提供实质性支持。4 月 23 日至 29 日,奥巴马访问日本、韩国、马来西亚和菲律宾等亚洲四国,意在重申并践行美国"重返亚洲"

① 已有学者对此做出了精彩的研究。参见朱锋:《南海主权争议的新态势:大国战略竞争与小国利益博弈——以南海"981"钻井平台冲突为例》,载《东北亚论坛》,2015 年第 2 期,第 3 - 17 页。

② 胡波:《2049 年的中国海上权力:海洋强国崛起之路》,北京:中国发展出版社,2015 年,第91 页。

③ 时殷弘:《对外政策与历史教益:研判和透视》,北京:世界知识出版社,2014 年,第 39 页。

④ 《克里指中国在南中国海"挑衅",王毅促美方避免助长挑衅行为》,联合早报网,2014 年 5月 14 日,http://www.zaobao.com/special/report/politic/southchinasea/story20140514 - 342819,登录时间:2015 年 12 月 10 日。

的承诺,挽回和增强美国亚太地区盟友的信心;同时通过维护亚太地区联盟体系的稳固,推动美国综合利益的进一步深化。其中的一项重要内容,就是在南海问题上对菲律宾提供安全"再保证"。奥巴马访问期间与菲律宾签署的《加强防务合作协议》,使得美军能够以轮换部署的方式进驻菲律宾军事基地,扩大在菲律宾的军事存在,并为五角大楼在菲律宾投资新建筑和基础设施铺平了道路,为美国在有争议的南海沿岸新建设施奠定了基础。① 美国国务卿约翰·克里在"981"风波之后迅速邀请越南外长访问美国,不仅让原本"不占理"的越南摆脱孤立,而且还获得了不少西方的掌声。7月,美国东亚事务助理国务卿帮办福喜(Michael Fuchs)提出所谓的南海问题"三冻结"方案,即争端各方不再在争议岛礁设立新的设施、不改变岛礁的自然地貌、不在争议海域单方面采取行动,其矛头指向非常明显。国务卿克里则在东盟之行中宣布向东盟国家提供5 720万美元的海洋执法援助,帮助越南和菲律宾等国改善海洋执法的能力。10月2日,克里在华盛顿会见越南外长的当天,美国政府宣布部分取消对河内的武器禁运政策,允许向越南出售防御性武器。2015年以来,围绕南海岛礁建设、季节性休渔等问题,美方也频频发声,对中国无端指责。5月16日,克里访华时又以南海问题为说辞,向中国施压。10月10日,美国国务院负责国际肃毒与执法事务的助理国务卿布朗·菲尔德宣布,美国将加快对东南亚各国海上执法单位的援助,提供1亿多美元给菲律宾、越南、马来西亚和印度尼西亚,为其海岸卫队等购买配备与船只,以提升其海上通讯与侦察能力。② 11月18日,奥巴马在亚太经合组织领导人会议开幕前与时任菲律宾总统阿基诺会晤,表示中国必须停止在有

① 2016年1月12日,菲律宾最高法院举行2016年首次全体大法官会议,就涉及菲美《加强防务合作协议》的案件进行裁决。15名大法官以10票支持、4票反对、1票弃权的投票结果,裁定菲美《加强防务合作协议》"是行政协议,而非协定",因而无须参议院批准,符合宪法规定,从而为美军更大规模进驻菲律宾打开方便之门。菲军已考虑把北吕宋地区的克拉克、苏比克、马格赛赛堡等军事基地开放给美国军队使用,在这些菲军基地内为美国军队提供驻地。

② 《提供一亿多美元美援助东南亚提升海上执法能力》,联合早报网,2015年10月10日,http://www.zaobao.com/special/report/politic/southchinasea/story20151010 - 535741,登录时间:2015年12月15日。

争议的南中国海地区填海造地,并重申了美国对菲律宾的安全以及亚太航行自由的承诺。① 由于 2016 年是美国大选年,因而在此期间,包括美众议院议长、共和党总统参选人等在内的美国政界人士对奥巴马政府外交政策发出更强烈的批评。②

其次,在军事力量运用上,美国军方持续鼓噪,竭力强调美国的军事存在对东亚安全秩序的不可或缺性,同时前所未有地加大在南海的军力活动力度,通过军力部署强化了美国与南海相关国家的同盟和伙伴关系,深化了其"亚太再平衡"战略。美国的同盟战略与其军事力量运用关系十分密切。2015 年 1 月,美国海军开始在南海地区进行常规侦察飞行,从菲律宾的基地派遣先进的 P-8 海上反潜巡逻机收集情报。随后几个月里,美国海军高官不断鼓励日本、东盟在南海地区巡逻,③并向菲律宾和越南的海岸警卫队提供船只和其他设备。5 月,美方首次派遣"沃思堡"号濒海战斗舰靠近南沙群岛,美海军官员宣称此类"常规巡逻任务将成为今后的新常态"。同样在 5 月,美国一架侦察机 20 日突然飞越中国正在开展建设活动的南海岛礁上空,遭到中国海军 8 次警告。CNN 称,美国国防部实施此次飞越行为的目的是向中国亮明"美国不承认中国的领土要求"。10 月 27 日,美国以"航行自由"例行巡航为名首次派遣"拉森"号驱逐舰进入美济礁、渚碧礁附近 12 海里海域,B-52 轰炸机也"误入"中国占领的华阳礁上空 2 海里范围内,引发了国际社会对于南海争端解决方式军事化的强烈担忧。

再次,在法理层面,美国开始公开质疑中国"九段线"(南海断续线)的性质和

---

① 《重申保护菲安全　奥巴马:中国须停止在南中国海填海造地》,联合早报网,2015 年 11 月 19 日,http://www.zaobao.com/special/report/politic/southchinasea/story20151119-550366,登录时间:2015 年 12 月 20 日。

② 《美众议院议长:南中国海局势凸显美须保持强大海军》,联合早报网,2016 年 1 月 9 日,http://www.zaobao.com/special/report/politic/southchinasea/story20160109-568828,登录时间:2016 年 1 月 15 日。

③ 2015 年 1 月,美国第七舰队司令罗伯特·托马斯(Robert Thomas)表示欢迎日本将其自卫队空中巡逻范围扩大到南海,有助于制衡中国海军力量的崛起。3 月 17 日,他更是鼓动东盟国家联合建立海上力量在南海巡航,并承诺第七舰队将为此提供支持。随后,美国海军作战部副部长霍华德也表示,如果东盟国家决定联合起来对抗中国,那么美国将和东盟国家站在一起,"支持这样的动作"。

地位,支持菲律宾单方面提起的南海仲裁案。2014年2月5日,美国助理国务卿丹尼尔·拉塞尔在美国众议院外交事务委员会作证时,诬称中国在南海基于"九段线"的领土要求缺乏国际法依据,是"造成这一地区的不安全性或不稳定性"的重要原因,并要求中国予以澄清。[①] 这是美国官方首次在该问题上直接向中国发难。此后,美国政府和军方高官频频表态,质疑中国的"九段线"。2013年1月22日,菲律宾向中国发出将"与中国就菲律宾在西菲律宾海的海洋管辖权引起的争端"提交仲裁的书面通知及权利主张,从而启动了菲律宾诉中国仲裁案。在《第二号程序令》中,仲裁庭确定2014年12月15日为中国提交其回应菲律宾诉状的辩诉状的日期。2014年12月5日,仲裁庭书记官处收到了"越南外交部提请菲律宾诉中国仲裁案仲裁庭注意的声明"的同一天,美国国务院下属机构海洋与国际环境科学事务局发表题为《海洋的界限:中国南海海洋主张》(*Limits in the Seas*)的政策报告,力图用所谓"理性分析"的方式来掩盖其偏袒菲律宾的立场,同时抹黑中国的合理诉求,[②]对中国的"九段线"立场提出了迄今为止最全面的"美国版"官方质疑和批评,[③]并将此报告提交仲裁庭,为菲律宾提案提供佐证。

最后,在战略层面,美国通过密集发布《国家安全战略报告》《21世纪海上力量合作战略》《亚太海上安全战略》等一系列政策文件,加紧遏制中国的战略谋划和布局。2014年9月3日,时任国防部长查克·哈格尔(Chuck Hagel)做了关于军事技术变革的重要讲话,要求国防部制定一套"革命性的抵消战略",以应对

---

① "Assistant Secretary Russell's Congressional Testimony on Maritime Disputes in East Asia," February 5, 2014, http://www. cfr. org/territorial-disputes/assistant-secretary-russels-congressional-testimony-maritime-disputes-east-asia/p32343/,登录时间:2015年11月15日。

② 这种做法在整篇报告里随处可见,其具体表现就是报告充斥着大量的常识性错误。详细分析参见林蓁:《美国〈海洋界限:中国南海海洋主张〉报告评析》,载《亚太安全与海洋研究》,2015年第2期,第1-10页。

③ United States Department of State, Bureau of Oceans and International Environmental and Scientific Affairs, "Limits in the Seas-No. 143 China: Maritme Claims in the South China Sea", December 5,2014,http://www. state. gov/e/ oes/ ocns/opa/ c16065. htm,登录时间:2015年12月10日。

美国军事技术领先地位所面临的潜在挑战。此"抵消战略"也被新上任的国防部长阿什顿·卡特(Ashton Carter)全面继承并积极推进。2015年1月8日,美国国防部联合参谋部主任、空军中将戴维·戈德芬(David Goldfein)向美军相关单位发布政策备忘录,正式宣布放弃"海空一体战",代之以确立"全球公域介入与机动联合"的概念,目的在于更加全面地动员各军种力量,协同应对美国面临的安全挑战。2015年2月6日,白宫发布了奥巴马任期内最后一份《国家安全战略报告》报告。其所反映的核心问题,是美国对其可能丧失常规军事优势的担忧。报告指出,中国综合国力的发展和军事技术的进步将对美国的军事优势形成新的挑战,因此,美国希望通过新一轮的军事技术革新巩固自身优势,防止被中国拉近差距。2015年3月23日,美军方发布《21世纪海上力量合作战略》,这是美国时隔8年对其海洋战略的更新,[1]该战略重申"前沿存在"和"加强合作"的基础性作用,强调"印亚太"地区对美国经济发展和海上安全的重要意义,提出"全域介入"和"全球海军网"等新的作战概念。该战略是美国"亚太再平衡"战略在海洋领域的调整和升级,反映出美对华在海洋领域政策的两面性,体现了美国希望与中国在共同应对海上安全威胁方面加强合作的意愿,也暗含了美国对中国建设"21世纪海上丝绸之路"的反制策略。[2] 8月21日,美国国防部首次发布《亚太海上安全战略》,报告提出美军在亚太地区追求的三大战略目标:保护海上航行自由,慑止冲突和胁迫,敦促遵守国际法和国际准则。其着力方向主要包括四方面:第一,增加在亚太海域的军事存在以确保有效遏制冲突和威胁,并及时对突发事态做出反应;第二,强化从东北亚到印度洋的盟友和伙伴关系,共同应对在该地区的潜在挑战;第三,通过军事外交,增大透明度,减少误判或冲突的风险,推动共享的海上航行规则;第四,共同加强地区安全机制,鼓励建立发展一个

---

① U. S. Navy, U. S. Marine Corps, U. S. Coast Guard, "A Cooperative Strategy for 21st Century Seapower," March 23, 2015, http://www. defense. gov/Blog_files/MaritimeStrategy. pdf, 登录时间: 2015年12月15日。

② 刘佳、石莉、孙瑞杰:《2015年美国〈21世纪海上力量合作战略〉评析》, 载《太平洋学报》, 2015年第10期, 第49页。

开放、高效的地区安全架构。①

三、制约因素

尽管美国高调关注南海问题,但是出于多种原因,美国的南海政策还是存在力量施展的极限。

第一,美国是真正的全球性大国,其战略不可能仅集中于单一地区。美国的战略目标是在世界范围内保持领导力。② 在战略布局调整上,奥巴马注重全球范围的均衡用力,在西亚、北非实行"离岸制衡"和"背后领导",在亚太地区强调"再平衡"。③ 美国所面临的地缘政治挑战,从东亚到中东和东欧,情况都不太乐观,即便美国有意重点加强对亚太的再平衡力度,其余地区的地缘政治挑战也会严重牵制其资源和精力。大国崛起于地区性守成,衰落于全球性过度扩张。美国在南海地区采取的战略主要是联合盟友及伙伴举行军事演习,加大对它们的军事援助或在国际舞台上摆出姿态,从外交上向中国施压,而不太可能真正实行直接出兵的军事战略。这恰恰反映"奥巴马主义"中所表述的所谓美国"战略底线"——决不为非核心利益在并非迫不得已的时候派美国兵去海外打仗。④

第二,美国防务预算紧缺也不允许其大规模持续性地在南海投入战略资源。单以军事力量为例,未来很长一段时间,美国国防部将面临一种"挑战式"的财政环境。美国军费占国内生产总值(GDP)的比例自 2010 年开始下滑,"2012 财

① Department of Defense, "Asia-Pacific Maritime Security Strategy," August 21, 2015, http://www. defense. gov/Portals/1/Documents/pubs/NDAA% 20A-P _ Maritime _ SecuritY _ Strategy - 08142015 - 1300-FINALFORMAT. PDF,登录时间:2015 年 12 月 15 日。
② http://www. whitehouse. gov/the-press-office/2014/05/28/remarks-president-united-states-military-academy-commencement—ceremony,登录时间:2015 年 12 月 10 日。
③ 王鸣鸣:《奥巴马主义:内涵、缘起与前景》,载《世界经济与政治》,2014 年第 9 期,第 108 - 128 页。
④ 时殷弘:《对外政策与历史教益:研判和透视》,第 39 页。

年,美国军费从 7 110 亿美元减少到 6 680 亿美元,这也是 1991 年以来单个财年的最大降幅。奥巴马建议到 2023 年,将军费占 GDP 的比例削减到 2.4%。这将是第二次世界大战以来军费与 GDP 比例的最小额"。[①]《2011 年预算控制法案》规定,2012—2021 财年,美国将累计削减 4 870 亿美元的国防预算,头 5 年必须削减 2 590 亿美元[②];该法案还制定了一个自动减赤机制。该机制一旦启动,这十年间每年将再额外削减 500 亿美元。美国国会两党 2013 年达成的预算妥协虽然暂缓了自动减支的压力,但是危险将在 2016 年再次来临。[③] 美国 2016 财年国防预算申请达到 6 120 亿美元,比上一财年增长 8%。该预算法案虽然得到了参众两院的批准,却由于"完全颠覆"了此前的全面削减开支计划,最终遭奥巴马否决。[④] 在这种情况下,美国用于实现其"亚太再平衡"的军事力量必然会受到长期影响。

第三,美国联盟战略的强化与扩大并没有取得东亚各国一致的响应。2011年兰德公司发布了研究报告《对华冲突:前景、后果和威慑战略》,在评估当前中美在南海地区的态势时指出,虽然美国占据明显优势,但是随着中国实力的上升,美国在东亚不应该再通过前沿部署的方式同中国直接对抗,以免因误判而发生冲突,而是应该通过支持亚洲盟国和伙伴国家来平衡中国,支持这些国家增强对抗中国的信心和实力。[⑤] 但实际情况是,亚洲国家并不都愿意在中美之间选

---

① Walker D, "Trends in U. S. military spending," council on foreign relations, July 31, 2013, http://www.cfr.org/defense-budget/trends-us-military-spending/p28855. 登录时间:2015 年 12 月 25 日。

② Department of Defense of the United States of America, "Defense Budget:Priorities and Choices,"p. 1. 转引自杨光海:《解析美国军事战略的调整》,载《和平与发展》,2012 年第 5 期,第 21 页。

③ 储召锋:《解读美国 2014 年〈四年防务评估报告〉》,载《现代国际关系》,2014 年第 5 期,第 29 页。

④《美总统奥巴马否决美 2016 年国防预算草案》,环球网,2015 年 10 月 26 日,http://world. huanqiu. com/exclusive/2015 - 10/7839391. html.登录时间:2016 年 1 月 10 日。

⑤ James Dobbins, David C. Gompert, David A. Shlapak, and Andrew Scobell, "Conflict with China:Prospects, Consequences, and Strategies for Deterrence," http://www. rand. org/pubs/ occasional_papers/OP344. html.登录时间:2016 年 1 月 15 日。

边站。以南海问题为例,在对美国角色的期待上,东盟内部就存在分歧。越菲之所以不断加大从区外大国尤其是美国那里寻求支持,相当程度上是由于其无法从东盟内部得到有力支持。围绕美国究竟应该在南海争端中扮演什么样的角色的争论加剧了东盟内部的分歧。有些成员国担心,如果美国扮演更加积极的角色,只会引起中国的不满和对抗,从而使争端的解决变得更加复杂化。① 2012 年7 月东盟外长会议未能发表联合公报,就是成员国内部在南海问题上无法协调立场的结果。2015 年 11 月,第三届东盟防长扩大会议未能发表联合声明,则显示出在南海问题上,不仅东盟内部分歧依旧,在东盟与其对话伙伴之间也难以达成一致意见。

第四,美国与南海在地理上相距过远将会阻碍其发挥影响力。国际政治中有一个"地理的铁律"(tyranny of geography),意思是说地理状况的影响(或制约)能够对国家战略目的的实现施加严厉限制。② 美国虽然高度关注南海问题,在该地区也拥有多方面的利益,特别是海权优势,但是它并不是一支当地力量。正如李光耀所说,"美国距离的劣势是一个关键,在亚洲边缘的太平洋,美国会逐渐发觉越来越难以发挥其影响力,情况将不如以往。势力格局的关键在于距离。中国有地理上的优势,要在亚洲发挥影响力可谓轻而易举。反观远在 8 000 英里外的美国,那完全不可同日而语。在发挥影响力时,双方所付出的努力、后勤方面的复杂性和成本上的差异,是相当可观的"③。

第五,美国在东亚的利益也包括同中国合作,以促进本国的经济繁荣,共同维护全球安全,④这就使其战略依然具有遏制与接触的两面性。尽管在 2016 年国情咨文中,奥巴马宣称作为世界上最强大的国家,"当重大国际问题出现时,世

---

① Ian Storey, "ASEAN is a House Divided," *Wall Street Journal*, June 14,2012.
② [美]威廉森·默里、[英]麦格雷戈·诺克斯、[美]阿尔文·伯恩斯坦编,时殷弘等译:《缔造战略:统治者、国家与战争》,北京:世界知识出版社 2004 年版,第 9 - 10 页。
③ [新加坡]李光耀:《李光耀观天下》,北京:北京大学出版社 2015 年版,第 53 页。
④ David C. Gompert, "Sea Power and American Interests in the Western Pacific," Rand Corporation, http://www. rand. org/content/dam/rand/pubs/research _ reports/RR100/RR151/RAND_RR151. pdf, p. 81,登录时间:2016 年 1 月 10 日。

界民众不会等着北京或莫斯科来领头解决，他们会找我们"①。但是美国清楚，"在所有亚洲国家中——是否是在全球各国中尚有争议——中国有最大的潜力帮助或阻碍美国应对本地区和地区外的安全挑战。包括能源安全、海上安全、气候变化、世界经济增长、贸易体系的健康、国际组织的有效性等问题"。管理美国和中国在地区和全球利益之间的紧张度——在（这个领域）接触与（其他领域）遏制——是美国对华战略设计与实施中最具决定性的挑战。美国面对包括南海在内的整个东亚战略蕴含着多重困难：在不刺激中国军力发展的情况下限制其军力的使用；虽然面对中国武力的风险上升也要安抚地区伙伴；加强遏制，但是不依赖威胁升级；在所有这些困难之上还有最复杂的一项，即在地区制衡中国的同时号召中国同美国一道应对全球挑战。②

正是由于以上原因的存在，美国对南海的介入受到了很多因素的掣肘。但是近来这几方面的限制因素都有弱化的趋势：（1）尽管中东等地区持续牵制美国的战略注意力，但是中国作为主要战略对手的定位并没有改变；（2）与此同时，尽管财政困难限制了美国全面的军事力量布局，但是美国为了有效维持其"亚太再平衡"，主动降低了与亚太部署所需军力无关的投入，集中资源强化这一地区的相关军力部署和军事力量建设；（3）美国通过渲染中国军事威胁，加大地区外交力度，高调呼吁地区安全合作，不断试图将东亚各国统合到自己的立场下；（4）在地理空间限制因素上，美国不断发布的战略报告都在反复强调美国未来向本地区的力量部署，就是为了克服这一关键性障碍的行动。还必须注意到两个层次的问题，从宏观上观察，遥远的距离和巨大的水域阻碍是美国力量在南海投送和西太地区大规模发挥影响力的不利因素，但是从现阶段的具体军事部署来看，美国海空军在南海附近如新加坡、菲律宾设有军事基地，更别说在东北

① President Obama delivered his final State of the Union address on January 12th, 2016. https://www. whitehouse. gov/sotu，登录时间：2016 年 1 月 15 日。

② David C. Gompert, "Sea Power and American Interests in the Western Pacific," Rand Corporation, http://www. rand. org/content/dam/rand/pubs/research _ reports/RR100/RR151/ RAND_RR151. pdf，p. 81 - 87.

亚还有日本、韩国两个盟国。相比之下,中国在南海周边却没有军事基地。应该反过来说,南海处在美国海空军的"家门口",而中国海空军远道而来,美军倒是以逸待劳的一方。① (5) 对于美国"地区威慑＋全球合作"的对华战略,出现了两种相反相成的趋势:一方面,中国出于人类命运共同体的责任感,并没有在亚太海上竞争激化的情况下,拒绝全球合作,奥巴马任期结束前在中国的合作下取得了包括气候问题、伊核问题等全球问题的重大进展。这在一定程度上降低了美国政府在战略平衡中的焦虑。但是另一方面,美国不认同中国"另起炉灶"式地真心促进全球治理体系向着更加公平合理方向的变革努力,认为这是中国在挑战既定国际秩序与规则,引发了美国在全球问题领域对中国实施接触战略的动摇。两者相加,美国在全球包括亚太地区都可能出现强硬应对中国的战略取向。

四、未来趋势

基于以上因素的动态变化,尽管中美在东亚近海的战略互动并不必然导致冲突,但结果也充满着不确定性。目前大国介入南海的模式,按照程度和决心由低到高大致有如下几种:一是开展外交或防务交流以示支持;二是消极的外交支持;三是向相关国家出售武器和培训相关军事人员;四是积极的外交支持;五是直接在南海展示武力,威胁中国;六是向相关国家提供大规模军事援助;七是直接军事介入。目前美国的介入已经深入到第四和第五种模式。② 而从更大范围和更高层次的亚太海权竞争看,从最严重到最理想的状况依次是:海上局部战

---

① 薛理泰、何国忠:《南海争端未来走向》,共识网,2015 年 11 月 25 日,http://www.21ccom. net/articles/world/zlwj/20151124130822_all.html,登录时间:2015 年 12 月 26 日。

② 消极外交支持意指某国对南海相关争端方对岛礁或海域的实际占有或声索给予公开或含蓄的外交支持或承认,但不去质疑或反对他国的主权,如印度对越南南海大陆架的支持;积极外交支持是指不仅支持一方的主权要求,同时还质疑或否认另一国的主权要求,如美国对越南的支持和对中国南海断续线历史主权的否认。赵卫华:《中越南海争端解决模式探索——基于区域外大国因素与国际法作用的分析》,载《当代亚太》,2014 年第 5 期,第 101 页。

争;在东亚海域实现竞争性共存(虽时有海上摩擦,但基本可以管控);陆海分治;海洋共治。①

根据上述各方面情况判断,未来包括南海、东海(含台海)在内的中美亚太海权竞争最有可能出现的就是第二种状况,即中美在东亚海域实现竞争性共存,虽时有摩擦但基本可控。之所以如此,是因为无论是构建"新型大国关系",还是加强战略合作,两国关系因存在霸权国与崛起国的权力之争,故而不大可能建立起高度互信的良好关系,但又存在共同规避冲突的共存利益,这也就决定了中美关系发展有其限度。在亚太海域,中美海权竞争同样需要斗而不破。尽管两国海洋战略的分歧使得双方在亚太海域的竞争不可避免,但规避大规模冲突,加强海上务实合作,也符合双方共同利益。② 与此同时,由于偶发事件无法排除,发生海上摩擦的可能性依然存在。为了应对海上摩擦的常态化,中美双方将会加强风险预防和危机管控。另外,亚太许多国家也不愿受中美海洋竞争的牵连,地区性海上安全机制将会逐渐建立。③ 而且,海上非传统安全合作的共同利益也为中美之间、中国与周边国家之间的海上合作提供了可能。④ 但是,考虑到引发中美亚太海洋摩擦的因素很多,中美双边海上冲突预防和危机管控制度建设大多属于消极合作,这也意味着中美海洋摩擦难以事前全部预防,同时事后处理也大多会一事一议,战略互信的有限和军事安全的敏感性将导致建设系统性的海上安全合作制度比较困难。⑤

---

① 参见凌胜利:《中美亚太海权竞争的战略分析》,载《当代亚太》,2015 年第 2 期,第 77 - 80 页。凌胜利将竞争性共存和时有摩擦但基本可控分为两种,笔者以为二者是统一的,故合二为一。

② 凌胜利:《中美亚太海权竞争的战略分析》,第 80 页。

③ Bayani H. Quilala IV, "An ASEAN Maritime Regime: Defusing Sino-US Rivalry in the South China Sea," *Journal of Law and Social science*, Vol. 2, No. 1, December 2012.

④ David Arase, "Non-Traditional Security in China-ASEAN Cooperation: The Institutionalization of Regional Security Cooperation and the Evolution of East Asian Regionalism," *Asian Survey*, Vol. 50, No. 4, July/August 2010, pp. 808 - 833.

⑤ 赵峰、李志东:《论美国海权之路中的外交因素及其对中国的启示》,载《当代世界》,2010 年第 5 期,第 64 页。

结　语

　　著名地缘政治学家埃瓦恩·安德森(Ewan Anderson)认为,地球上虽然只有很小一部分地区是世界地缘政治巨变的中心(epicenters of geopolitical upheaval),但这些地区的影响范围却很广。[①] 南海特别是南沙群岛正是属于此类地区。美国国防政策委员会委员罗伯特·卡普兰(Robert Kaplan)撰文指出:"21世纪地缘政治的战场是海洋,确切地说,是南海,如何应对南海危机,解决南海纠纷,已成为地区以及全世界关注的焦点。"[②]南海问题的复杂性在于多种冲突与紧张态势的纠缠,不仅包括领土、海洋权利和资源方面的争端,还包括不断崛起的中国与力图维持现状的美国之间在地区甚至全球范围日趋激烈的较量。[③]

　　中美关系仍将是影响中国调整与国际体系关系基本走向的最重要因素。[④] 中国主动提出构建"新型大国关系"本意在于防止中美走向对抗,以创新的思维、切实的行动,共同探索全球化时代发展大国关系的新路径。但是,近期美国南海政策不断滑向事实上的选边站,破坏了或者说起码是不利于"新型大国关系"的构建。未来南海局势的演变,将和美国在南海的政策选择有直接的关联。而美国的介入程度仍将取决于南海争议的表现方式和美国对中国南海行为的战略判断。可以预见的是,南海问题上的中美战略竞争将长期化,但随着时间的推移,

---

　　① Ewan W. Anderson, *An Atlas of World Political Flashpoints: A Sourcebook of Geopolitical Crisis* (London: Pinter Reference, 1993), p. xiii.

　　② Robert Kaplan, "The South China Sea is the Future of Conflict," *Foreign Policy*, Issue 188, 2011, pp. 1 - 8.

　　③ Alice D. Ba, "Staking Claims and Making Waves in the South China Sea: How Troubled Are the Waters?" p. 270.

　　④ 唐永胜、李冬伟:《国际体系变迁与中国国家安全战略筹划》,载《世界经济与政治》,2014年第12期,第34页。

中国的实力在不断提升，在南海的反介入能力也在不断增强，而美国的实力则呈相对下降的态势，其介入的成本在不断攀升，边际效益则逐渐下降，因此，与中国合作更有利于维护其在南海的合理权益和地位。但是，当前中国海上力量的发展已经成为美国战略家关注的焦点。作为典型的海洋霸权，美国对中国"走向深蓝"的趋势尤为敏感，因此，这种战略猜疑有可能对未来中美关系的发展造成不利影响。

日本南海政策的历史演变及其启示

杨光海[*]

[内容提要]　日本不是南海争端的当事国,却对南海有着很深的情结。日本的南海政策源于日本国家统一后滋生的领土扩张欲望,后从帝国主义时期的商业入侵和武力侵占,到冷战时期的被迫退出和保守中立,再到冷战结束以来以新的方式重新介入,经历了一个阶段性的起伏变化过程。尤其是近些年来,随着南海争端升温,日本对南海的介入无论是从立场、态度的变化,还是从策略手段的运用等方面看,都达到了战后以来前所未有的程度。纵观日本南海政策的演变轨迹,可以发现,日本的南海政策是由多种因素决定的。其对该问题的介入是以阻挠中国行使主权和管辖权为根本目的,同时还兼顾其他更多目标的追求。日本的介入所能产生的实际效力虽然有限,但由此引发的消极后果不容小视。日本虽有进一步加大介入的意愿,但同时也面临诸多条件的制约。

[关键词]　日本　南海政策　历史演变　消极影响　制约因素

日本不是南海争端的当事国,也不是南海周边国家,但对南海却表现出格外的兴趣。尤其是最近几年来,随着南海争端升温,日本对南海的介入不断升级和加剧。这其中既有内外政治背景影响和现实利益方面的考量,也有历史渊源之脉。只有将二者结合起来,才能够对日本的南海政策有一个比较完整的理解。

---

* 杨光海,解放军国际关系学院国家安全战略研究中心主任、国际关系学科教授、博士生导师。

本文从历史角度对日本南海政策的演变轨迹做一考察,挖掘其中的特点和规律,以便为更全面地认识日本介入南海争端的本质、预测其未来走向提供参考和启示。

一、帝国主义时期:从"商业入侵"到"军事占领"

日本是一个国土狭窄、资源奇缺的海岛国家,向海外"开拓疆土"是日本统治集团在二战之前长期怀有的梦想。这一梦想由"大陆"和"南下"两个方向组成。除了邻近的朝鲜、琉球和中国之外,位于亚洲大陆以南的东南亚半岛和海岛各地、南太平洋诸岛和澳大利亚,甚至更为遥远的印度及印度洋,也是他们觊觎的对象。早在 16 世纪末,丰臣秀吉初步统一日本之后,便企图先占朝鲜,进而征服中国、南洋和印度,建立一个定都于北京的大日本帝国。[①] 此后,不断有经世家提出向外扩张的思想,并向幕府建言献策,其中就包括对"南洋"的垂涎。至幕府末期,面对西方列强"东渐"加剧,日本以武力向外扩张的思想急剧膨胀。1868年明治政府成立后,在发表的第一个《外交布告》中就宣布了"大力扩充兵备,使国威光耀海外万国"的基本方针。[②] 此后,日本虽然集中精力推进"大陆政策",但"南进"思想一直怀揣在心。而且,随着"大陆政策"连连得手,"南进"作为一种战略,被逐步地纳入实施阶段。

南海是一个半封闭海,被中国华南、中南半岛、马来群岛和菲律宾群岛环绕,也是西出太平洋进入印度洋和印度次大陆、南下抵达澳洲大陆和南太平洋的必经之地。该海域不仅战略地位重要,海洋资源也很丰富,因此是日本"南下"战略的支点和中枢,该海域散布的众多岛屿被其看作是向四周进攻的跳板。早在1895 年,日本通过甲午战争强迫清政府割让台湾后,就企图以台湾为基地,进一

---

① ［日］箭内健次:《海外交涉的观点》(第 2 卷),转引自米庆余著:《日本近现代外交史》,北京:世界知识出版社 2010 年版,第 8 页。

② 米庆余著:《日本近现代外交史》,北京:世界知识出版社 2010 年版,第 6 页。

步夺取南海诸岛。日本此举是从"商业入侵"开始的。

大约从 20 世纪初起，也就是台湾被吞并后不久，一些日本殖民者开始侵入东沙群岛。他们或是以"发现"为名宣称对岛礁的领有，或是要求将其并入大日本帝国的版图，或是要求将其置于台湾总督府的管辖之下，[①]由此掀起了向南海扩张的风潮。此后便不断有日本财阀侵入该海域，从事鸟粪石（磷矿）、海藻、渔业等资源的非法勘察和开采活动。1907 年，明治政府提倡"水产南进"运动，进一步刺激了他们南下的欲望。同年，日本殖民者西泽芳治（Nishizawa Yoshiji）率领 105 名工人再次侵入东沙岛，对其重新命名，并树立日本国旗。在遭到清政府抗议后，日本驻广州领事馆与清政府展开谈判。经过两年的交涉，日本被迫承认中国对东沙群岛的主权，却向清政府勒索了一笔赔款。不过，日本殖民者的侵略并未停止，并不时与中国政府派往该海域巡逻的船只发生摩擦。[②]

一战结束后，日本凭借膨胀起来的军事优势，明确提出要实现对本土以南两大海洋区域的控制：一个是所谓的"内南洋"，即日本以战胜国名义从国联获得"委任统治"的赤道以北的太平洋岛屿及周边海域，包括北马里亚纳群岛、加罗林群岛和马绍尔群岛等（日本称之为"南洋群岛"）；另一个是所谓的"外南洋"，囊括东南亚海岛和半岛各国以及该地区的广大海域。在此战略指导下，日本财阀加快了向南海的扩张。其中，规模最大的是日本拉萨磷矿公司（Lhasa Phosphates Company）的侵夺活动。1918 年，该公司委托日本退伍军人海军中佐小仓何之助率领 16 人抵达南沙的太平岛等岛屿从事勘察活动。次年，该公司开始在太平岛上修建码头、轻便铁道及房舍等设施。两年后磷矿投产，陆续开采 8 年之久。至 1929 年，该岛磷矿储量已所剩无几。此时恰逢世界性经济危机爆发，该公司才不得不停办，但仍有部分日本人留下来继续开采。[③] 除疯狂掠夺资源外，该公

---

① Ulises Granados, "Japanese Expansion into the South China Sea: Colonization and Conflict, 1902-1939," *Journal of Asian History*, Vol. 42, No. 2, 2008, p. 123.

② Ibid., p. 123.

③ 《海军巡弋南沙海疆经过》，转引自张良福编著：《让历史告诉未来——中国管辖南海诸岛百年纪实》，北京：海洋出版社 2011 年版，第 155 页。

司还企图窃取南沙群岛的主权,如将南沙群岛更名为"新南群岛";1920 年在岛上秘密埋设主权标牌;1921 年向本国政府提出将"新南群岛"并入日本领土的申请及开发方案等。① 这一时期,日本政府和军方虽然没有直接出面,但对于这些活动均持支持的态度。而他们之所以采取这种策略,按照日本学者的解释,是为了给日后对这些岛屿提出"领土"要求和实施占领的活动,积累基于"发现""先占"及"开发利用"之上的法律依据,因为日本人"对于把自己的声索建立在历史性的主权主张之上并不感兴趣",因此才采取了"实用主义原则,即这些岛屿属于'无主地',周边水域属于'公海'"。② 可见,日本人从染指南海之日起就在为最终侵占做准备,并竭力抹杀南海诸岛自古以来属于中国领土的事实,尽管他们谙知这一点。而从日本军方角度看,他们之所以支持这些活动,还怀有更为长远的战略动机,因为"在日本海军眼里,这些岛屿将成为其日后向南扩张的有用支点"。③

面对日本殖民者对南海岛屿的侵占,中国政府和沿海人民曾多次抗议,日本人不得不于 1928 年撤出西沙群岛。但法国却以安南(即越南)保护国的名义趁机介入,先是以各种借口对西沙群岛提出主权要求,在遭到中国政府抗议后,把矛头又转向南沙群岛,从 1930 年 4 月起到 1933 年 4 月止,共侵占其中 9 个较大岛礁。对此,中国政府曾派军舰到该海域游弋以示抗议,但未能奏效。1933 年 4 月,法国外交部向日本驻巴黎大使馆发出"法国所占南沙诸岛属于印支联邦领土"的通告。8 月,日本外务省照会法国政府表示抗议。后经六轮谈判,两国于次年 3 月达成临时协议,法国保证不将所占岛屿用于军事目的并尊重日本公司在该海域的经济利益,日本才暂时作罢。

1936 年 8 月,日本广田弘毅内阁召开五相会议,制定了"确保帝国在东亚大

---

① Ulises Granados, "Japanese Expansion into the South China Sea: Colonization and Conflict, 1902 - 1939," p. 126.

② Ibid. , p. 141.

③ Stein Tønnesson, "The History of the Dispute," in Timo Kivimaki ed. , *War or Peace in the South China Sea* , Copenhagen: NIAS Press, 2002, p. 10.

陆地位,同时向南方海洋发展"的《国策基准》。1937年7月7日,日本发动全面侵华战争。8月25日,日本第三舰队司令长谷川清(Hasegawa Kiyoshi)宣布对上海至汕头的中国海岸实行封锁。9月5日,日本又宣布把封锁范围扩大到中国沿海其他各地。此前两日,日本海军占领东沙环礁。9月17日,日本空军开始轰炸海南岛。12月16日,日军占领金门岛。至此,从台湾到北部湾入口处的整个南海北部地区已被置于日本海军的控制之下。日本的军事进攻引起法国不安,法国驻印支殖民当局遂于12月4日至7日派兵固守太平岛。次年7月4日,法国宣布占领西沙群岛。日法在南海的矛盾白热化。但日本侵占南海诸岛的决心已定,分别于1938年12月23日和27日宣布将南沙群岛和西沙群岛并入台湾总督府管辖。只是由于当时正忙于扩大对中国大陆的进攻,加之尚未做好在海上与英、法、美列强摊牌的准备,日本才没有立即采取占领行动。

与此同时,日本加紧了与德意法西斯的勾结,在《反共产国际协定》的名义下结为侵略扩张的轴心国,并由此获得德意对其在远东扩张的支持。1938年,意大利照会法国,宣布废止此前签订的划分两国在非洲势力范围的条约。为了防止意大利抢夺其在非洲的领地,法国把驻印支和南海岛礁的部分军队调往吉布提,这为日本军事进攻提供了机会。作为轴心国对付法国的总体战略的一部分,1939年2月11日,德意两国驻日本大使敦促日本加快攻占海南岛。[1] 美国则力图以牺牲中国来换取日本放弃侵占其在太平洋上的领地。至此,日本军事进占南海诸岛的时机已经成熟。2月28日,日军攻占海南岛,[2]3月1日攻占西沙群岛,3月30日攻占南沙群岛。4月1日,日本政府以官报形式正式宣布将南沙群岛冠以"新南群岛"的名称,连同东沙和西沙群岛,一并划归"台湾总督府"管辖,隶属高雄县。随后,日本在所占岛礁上修建停机坪、电台、气象台、灯塔、浮标、仓

---

[1] Stein Tønnesson, "The History of the Dispute," p. 138.

[2] 根据当时美国的一份外交电报分析,日本占领海南岛"将对控制大陆与吕宋岛之间的南中国海以及限制(英属)新加坡所支配的势力范围产生巨大影响"。Greg Austin, "Which South China Sea Island Holds the Greatest Military Significance?" *The Diplomat*, October 13, 2015, http://thediplomat. com/2015/10/which-south-china-sea-island-holds-the-greatest-military-significance/. 登录时间:2015年10月14日。

库、淡水池、营舍等,并在太平岛上修建潜艇基地,作为向东南亚和中国南部发动进攻的前进基地。[①] 4 月 17 日,日本外务省发表声明,为其侵占行动百般辩护,声称日本所占诸岛为"无主地",日本国民此前在该地从事经济开发活动已经表明,这些群岛应属日本所有。同一天,日本外务省还公布了日本声索区域的坐标范围(北纬 7°～12°,东经 111°～117°,这正好是南沙群岛的坐标范围),以及南沙群岛 13 个主要岛屿的日语名称。[②]

关于日本侵占南海诸岛的动机,英国学者霍尔的解释是:日本"之所以要这样做,是为了克服它苦于没有比福摩萨(即台湾)更靠近新加坡的海军基地这一严重不利。占领海南岛可使它与新加坡的距离缩短至一千三百海里,而占领斯普拉特利岛(即南沙群岛)则可再缩短七百海里"[③]。由此可见,日本在二战之前,不仅把南海视为一个有着商业价值的矿区和渔场、一块能够填补其扩张欲望的"新领土",也用作实施"南进"战略的军事要地。事实也证明,后来日本在发动对菲律宾、新加坡、印支半岛、马来半岛、婆罗洲、爪哇和加里曼丹等地的军事进攻中,以及在接下来维持对这些地区的军事占领期间,其对南海航线的控制和在南海岛礁上建立的设施的确发挥了极大的军事战略效用。[④] 反过来,对这些周边地区的占领又巩固了日本对整个南海的控制。

---

① 《海军巡弋南沙海疆经过》,转引自张良福编著:《让历史告诉未来——中国管辖南海诸岛百年纪实》,北京:海洋出版社 2011 年版,第 156 页;Daniel J. Dzurek, "The Spratlys Islands Dispute: Who's on First?" *Maritime Briefing*, Vol. 2, No. 1, Durham: International Boundaries Research Unit, 1996, pp. 10‑11.

② Ulises Granados, "Japanese Expansion into the South China Sea: Colonization and Conflict, 1902—1939," p. 139.

③ [英]D. G. E. 霍尔著:《东南亚史》(下册),北京:商务印书馆 1982 年版,第 920‑921 页。

④ 据记载,日军在占领南沙各主要岛屿尤其是太平岛期间,曾进行了有组织、有计划的大规模开发。因其作为日军南进基地,效用极大,故盟军于日军投降之前,曾数度大肆轰炸,致所建设施几乎全被摧毁。参见:《海军巡弋南沙海疆经过》,转引自张良福编著:《让历史告诉未来——中国管辖南海诸岛百年纪实》,北京:海洋出版社 2011 年版,第 157 页。

二、战败及冷战时期:从"被迫放弃"到"避免介入"

1945 年 8 月日本战败投降后,从所占岛礁上撤出了驻军。国民政府根据《开罗宣言》和《波茨坦公告》,于 1946 年 12 月派军队和民事部门接管了西沙和南沙群岛。1951 年 9 月签订的《旧金山和约》第 2 条第 6 款也明确规定,"日本放弃对南沙和西沙群岛的一切权利、权利名义和要求"。但由于美国的操纵(和约起草人为时任美国国务院负责对日媾和事务的顾问杜勒斯),以及作为和会参与方的法国和南越政权的反对,条约对这些岛屿的主权归属问题故意只字未提,为日后的争端埋下了隐患。不过,早在和约签署之前的 8 月 15 日,周恩来外长就代表中国政府发表了《关于美英对日和约草案及旧金山会议的声明》,严正指出:"西沙群岛和南威岛正如整个南沙群岛及中沙群岛、东沙群岛一样,向为中国领土",中国对这些群岛的主权,"不论美英对日和约草案有无规定及如何规定,均不受任何影响"。[1]

由于新中国政府被排斥在旧金山和会之外,而台湾当局也没有受邀参加和约谈判,作为补充,在美国的干预下,日本与台湾当局于 1952 年 4 月签署了《日台和约》。其中的第 2 条写道:"兹承认……对日和约第二条,日本国业已放弃对于台湾及澎湖列岛以及南沙及西沙群岛之一切权利、权利名义与要求。"[2]由于该和约是日本同其所承认的"中华民国政府"签订的,在同一时期日本与东南亚一些国家签订的类似条约中均未提及西沙或南沙群岛,这就意味着日本事实上接受这些群岛归中国所有的事实,是中国拥有西沙和南沙主权的又一证据。另外,把西沙和南沙同台湾及澎湖列岛放在一起提出,给人的印象是这些曾经被日

---

① 何春超、张季良、张志主编:《国际关系史资料选编:1845—1980》(修订本),北京:法律出版社 1988 年版,第 212 页。
② 转引自郭渊:《冷战初期日本南海政策及东南亚战略取向》,载《日本问题研究》,2014 年第 1 期,第 52 页。

本侵占的领土作为一个整体都属于中国所有。① 不过,日本后来还是玩弄了一些手段。例如,日本在签署该和约后与法国政府的信函往来中诡辩称:从日本方面看,与台湾订立的这个新条约并没有对《旧金山和约》做出任何改变。② 这说明,日本碍于历史和法理,虽然不得不放弃对这些岛屿的侵占,但从内心讲并不愿意使其回归中国,尽管它不得不对此事实予以接受。这使人们不禁联想起日本在结束对台湾的殖民统治后在有关台湾主权归属问题上的一贯表态。那就是,日本至今不肯明确表示承认"台湾是中国领土的一部分"。在 1972 年 9 月发表的宣布中日邦交正常化的《联合声明》中,日方只是表示"日本国政府充分理解和尊重中国政府的这一立场",但并没有明确表示"承认"或"不持异议"。③ 日本的这一表态连美国都不如。例如,在中美于 1972 年 2 月发表的《上海公报》中,"美国方面声明:美国认识到,在台湾海峡两边的所有中国人都认为只有一个中国,台湾是中国的一部分。美国政府对这一立场不持异议"④。

尽管日本在南海诸岛归属问题上讳莫如深,但仍有不少正式出版物明确承认了中国的主权。⑤ 另外,对于当时围绕南海岛礁所发生的冲突,日本也没有做出过激反应,而是采取了不介入、不表态的立场。如 1974 年 1 月中国与南越发生西沙之战后,日本外务省发言人发表意见称:"日本已根据 1951 年的旧金山和约,声明放弃对这些岛屿的一切权利、所有权和主权要求,不能再发表任何进一步的意见。"⑥1988 年 3 月,中国经过赤瓜礁之战,从越南手中一举夺回南沙群岛 6 个岛礁的主权。日本对此反应平淡,并没有将中国此举看作"扩张主义",而是

---

① Stein Tønnesson, "The History of the Dispute," p. 13.

② Ibid. , p. 13.

③ 参见何春超、张季良、张志主编:《国际关系史资料选编:1845—1980》(修订本),北京:法律出版社 1988 年版,第 514 页。

④ 同上,第 500 页。

⑤ 有关证据的介绍,参见吴士存:《南沙争端的起源与发展》,北京:中国经济出版社 2010 年版,第 52 - 54 页。

⑥ 转引自郭渊:《冷战初期日本南海政策及东南亚战略取向》,载《日本问题研究》,2014 年第 1 期,第 52 页。

认为这只是冷战背景下中越冲突的延伸。① 这一时期日本之所以采取不介入的立场,主要是由以下四方面因素决定的:

一是"日美基轴"路线的影响。冷战时期的日本外交遵循两条路线,其中之一就是把与美国的关系视为整个对外战略的"基轴",采取外交上对美国一边倒、安全上依靠美国保护的基本政策。由于这一时期美国在南海问题上采取中立立场,尤其是 20 世纪 70 年代初中美关系解冻并建立战略合作关系后,美国在南海问题上更加谨慎,所以日本也就紧跟美国而行。另外,在冷战前期,除了在朝鲜和越南战争期间,美国对日本在安保方面承担责任提出过特别要求之外,一般只满足于让日本充当其在亚太驻军的基地提供者这一被动角色。20 世纪 70 年代初,美国从亚洲收缩,而与此同时日本成为经济大国之后,美国对日本的期望升高,开始要求日本"分担责任",但这仅限于要求日本发展本国防务,承担起本国国防的"主要责任"。至于是否应让日本在地区安全事务中发挥更加主动的作用,美国一直持否定的态度。这主要是因为,美国担心重新崛起的日本会脱离美国的控制,也担心日本的介入会打破美国的战略部署,如破坏其与中国的缓和及战略合作。这无形中也压缩了日本在南海、东海等地区问题上独立发声的空间。

二是"经济中心主义"的导向。冷战时期日本外交采取的第二条路线是"经济中心主义"。其实质是:面对战败国的悲摧地位及《和平宪法》的严格限制,把经济复兴作为首要目标,走贸易立国、经济立国之路,并借助经济资源和经济外交手段,实现"重返国际社会",成为"为国际社会做贡献"的"国际国家"。这种外交战略决定了日本:(1) 在国际事务中必须采取"低姿态",尤其是在国际战略和安全领域,必须谨慎行事,追随美国而少做独自判断,力避出头,避免卷入国际纷争;(2) 在发展道路上必须坚持和平主义,重塑"和平国家"的形象。这一路线对于日本在南海等地区安全问题上采取审慎态度也产生了重要影响。

三是"专守防卫"战略的限制。受《和平宪法》的限制,战后的日本采取了"以

---

① Lam Peng Er, "Japan and the Spratlys Dispute: Aspirations and Limitations," *Asian Survey*, Vol. XXXVI, No. 10, October 1996, p.1000.

日美安全体制为主、以自主防卫为辅"的安全战略。在此战略框架下,日本政府在 1970 年首次发表的《防卫白皮书》中明确了"专守防卫"的战略方针。其要点包括:保持最低限度的自卫力量,不拥有战略进攻性武器;不实施先发制人的攻击,只有在受到武力入侵时才进行有限的武装自卫,防御作战限定在日本领空、领海及周边海域;不攻击对方基地,不深入对方领土实施战略侦察和反击。① 从防卫的范围上看,日本自卫队起初是以本土为中心的 200 海里以及宗谷、津轻和对马海峡为限,后来虽逐步扩大,如 1976 年版《防卫计划大纲》和 1978 年版《日美防卫合作指针》出台后,扩大为"周边数百海里和海上航线 1 000 海里",并且提出了"保卫西南航线"的任务,但其范围仍限于从大阪湾到巴士海峡,该海峡以南航线的保障仍交由美军负责。1983 年版《防卫白皮书》赋予了自卫队"海上歼敌"的权利,但也没有提出要突破 1 000 海里的防卫范围。这从安保体制上对日本介入南海事务也构成了制约。

四是维护对华关系大局的考虑。中国是日本的最大近邻,也是其战前最重要的资源产地和商品市场,只是由于追随美国的遏制政策,日本在战后才失去了中国,只能以零星的民间贸易的形式来弥补在中国市场的损失。1971 年 7 月尼克松突然宣布即将访华的消息,引起日本朝野极大震动,也为日本打开对华关系大门提供了可能。日本干脆一步到位,在次年 2 月尼克松访华之后,于 9 月直接宣布同中国复交。此后,两国关系发展顺利,与中国的经贸往来成为推动日本经济继续扩张的重要动力。而与此同时,中国与苏联关系的僵持和对苏联及越南霸权主义的坚决反对,也使得日本认为有必要同中国保持友好。在此背景下,日本不得不在中国最为关心的领土等敏感问题上保持克制。

---

① 金熙德:《日美基轴与经济外交》,北京:中国社会科学出版社 1998 年版,第 115 页。

三、冷战结束以来：从"有限介入"到"全面插足"

冷战结束后，随着国际格局的转型、日本实力地位的变化及国家战略的调整，日本放弃了原有立场，开始介入南海问题。这一时期，日本的南海政策虽然是以"介入"为总体特征，但在不同背景下，介入的程度及所用手段有所不同，经历了一个从"有限"到"全面"、从"初试锋芒"到"加大力度"的升级过程。

（一）20 世纪 90 年代的"有限介入"

日本对南海争端的介入是从美济礁事件开始的。1995 年 2 月中菲之间围绕美济礁问题发生摩擦后，日本政府官员在同菲律宾方面磋商时表示支持菲方的立场，并承诺将敦促中国"采取克制"。此后，只要日本政要与中国领导人接触，都试图提出南海问题。日本还利用多边渠道发出它的声音。在 1991 年 7 月召开的东盟外长扩大会议上，日本外相中山太郎提议，以此会议为框架，成立一个专门讨论地区安全问题的机制。日本的这一建议对后来东盟地区论坛（ARF）的建立产生了重要影响。此后该论坛便成为日本炒作南海问题的重要场所。在 1995 年 8 月于文莱举行的第二届 ARF 外长会议上，日本外相河野洋平提议将南海问题纳入该论坛中讨论，并以"维护航行自由"和"和平解决南沙争端"为名表达日方的关切。日本还自荐担任了论坛"建立信任措施会间会工作组"的两主席之一，积极推动把朝鲜、台湾、南海等热点问题纳入论坛议程。在 1999 年举行的第六届 ARF 外长会议上，日本趁会议讨论预防性外交之际，要求论坛把限制成员国的主权确立为预防冲突的原则。印尼从 1990 年发起主办的"南中国海潜在冲突研讨会"也是日本谋求利用的场所，但由于中国、印尼以及东盟其他一些成员国对日本作为非争议国和域外国家参与持有异议，日本始终未能挤进去。这个半官方研讨机制是由加拿大国际开发署资助的。据印尼驻菲律宾大使哈西姆·贾拉尔（Hashim Djalal）于 1995 年 11 月透露，日本政府曾向印尼试探性地提出，如果把研讨会改在东京举办，日本将承担办会的一切费用。印尼则以中国可能反对为由，拒绝了日本的这个建议。①

　　尽管日本积极推动南海问题多边化，但依靠美国的保护和帮衬仍然是日本应对包括南海在内的安全问题的主导性政策，因为在日本看来，与美国的双边同盟才是其安全战略的基石，相比之下，多边主义只是补充，而不是替代。这与美国以双边同盟为支柱的"轴辐式"亚太安全战略不谋而合。美济礁事件后，美国首次发表《南中国海声明》，日本对南海的关注也随着美国的表态而升温。不仅如此，经过冷战后最初几年的"漂移"，从 20 世纪 90 年代中期起，日美同盟还出现了不断强化的趋势，而且每一次强化都包含着对南海的考虑。1997 年 9 月两国共同发表新版《防卫合作指针》，用地理界限模糊的"周边事态"概念，把两国合作的范围扩大到了整个亚太地区，把同盟的任务从应对"日本有事"扩展到应对"日本周边有事"，把合作的内容从日本提供基地、美国提供保护扩展到日本向美国的军事行动提供补给、运输、维修、通讯、警戒等多项支援，以及两国在搜集情报、公海扫雷、人道主义救援、紧急疏散、海上封锁和空间管制等多领域协同行动，从而大大提升了日本自卫队的角色地位。这就意味着，一旦南海发生需要美国军事介入的冲突，而此冲突又被认定为"影响日本和平与安全"的"周边事态"，日本自卫队就会以提供后勤和后方支援的方式协助美军作战。为了使美军能够重返菲律宾，1998 年 2 月美菲达成《访问部队协议》，日本随即表示欢迎。1999 年日本制定《周边事态法》，作为落实新《指针》的国内立法。

　　不过，20 世纪 90 年代，日本在介入南海争端时还是有所顾忌和节制的，尤其是对于军事介入采取了回避的态度。美济礁事件后，日本研究界围绕本国应在南海问题上扮演何种角色展开讨论。其中，一部分人主张日本与东盟国家开展海上联合执法巡逻，另一部分人鼓吹日本海上自卫队对中国采取威慑战略。

---

① Lam Peng Er, "Japan and the Spratlys Dispute: Aspirations and Limitations," p. 1007 - 1008.

但由于国内和平舆论的制约,这些声音并没有被日本政府采纳。① 1995 年 2 月,外相河野洋平在日本国会举行的有关日本在南海问题上的立场的质询会上发表讲话时,除了"敦促各声索方通过对话和克制的办法解决争端"之外,并没有就日本应该扮演何种角色提出具体意见。面对有议员提问,如果中国在南海采取进一步的行动,日本是否会停止对中国的政府发展援助时,出于避免冒犯中国的考虑,河野以此想法尚属推测和假设为由,并没有做出回答。而当有人问及日本是否打算在南沙问题上扮演领导角色并将该问题列入即将于同年 11 月由大阪主办的 APEC 峰会的讨论议题时,河野也给出了否定的答案。② 日本防卫厅下属的防卫研究所发表的《东亚战略评估 1996—1997》报告虽然提到南海争端,但只是一笔带过,在讲到美济礁事件时,把中国的行为描述为试图在南沙群岛建立一处"立足点"。③ 日本防卫厅在 2006—2010 年间发表的各年度《防卫白皮书》中,在讲到东南亚安全形势时,只是把南海争端作为该地区众多的"不稳定因素"之一来看待,并没有对中国做出过激的指责。④

(二) 2009 年以来的"全面插足"

进入新世纪后,南海局势趋于缓和,日本对南海的介入也有所收敛。可是,从 2009 年起,南海争端再度升温,日本的介入也水涨船高,而且无论从态度、立场,还是从力度和深度等方面看,都达到了战后以来前所未有的程度。具体来说,主要有以下表现。

1. 加大制造"中国威胁论",全面反对中国的领土主权及政策主张

日本是"中国威胁论"的始作俑者之一。日本的"中国威胁论"以往多以中国

---

① Ibid., p. 1004.

② Ibid., p. 1004.

③ *East Asia Strategic Review 1996 - 1997*, Tokyo: National Institute for Defense Studies, Japan, 1996, p. 196.

④ *Defense of Japan* (*2006 - 2010*), Ministry of Defense, Japan, http://www.mod.go.jp/e/publw-paper/index.html. 登录时间:2015 年 10 月 3 日。

的军事现代化、中国的军费增长以及中国国防政策的透明度为口实,但自从南海和钓鱼岛争端升温以来,中国的海洋政策及海上维权行动也成为其攻击的对象。例如,日本防卫研究所从2010年起每年都用日、英、中三种文字发表《中国安全战略报告》。2011年版《报告》以中国的海洋战略及南海政策为主题,声称"中国在南海的一系列强硬行动,使东南亚各国对中国一向宣传的'和平发展战略'失去了信任";"将来若在南海发生偶然冲突,包括日本在内的、共用海上交通线的所有周边国家的安全保障都将受到威胁"。报告还指责中国在南海岛建立大型海军基地,称这将打破太平洋军力平衡。[1] 日本防卫省发表的2014年版《防卫白皮书》指责说:"中国采取了所谓的强硬措施,包括企图从自己的立场出发,通过胁迫措施改变现状。这种做法与现行的国际法及国际秩序不相符。这些措施所涉及的危险行动会导致预想不到的后果,加剧人们对于中国未来发展方向的忧虑。"[2]2015年7月28日,日本防卫省发表题为《中国在南中国海的活动》的报告。这是日本防卫省首次专门针对南海问题公开发表评述报告。报告采取图解方式,对中国自20世纪50年代起到目前为止所采取的历次维权行动进行歪曲性描述和解读,把中国最近在南沙的岛礁建设定性为"军事化",渲染这种活动的军事意图及影响。报告还通过比较中国与越、菲、马三国海空军力量之间的"巨大差距",制造对中国的军事恐慌。另外,整个报告对中国自古经营和管辖南海诸岛的历史事实只字不提,对东南亚争议国侵占中国领土、先行挑衅滋事的举动予以回避。[3]

日本时任首相安倍晋三在利用南海问题渲染中国"威胁"方面更是扮演了急先锋的角色。他在2012年底第二次上任伊始,就在西方某著名媒体上发文指

---

① 日本防卫省防卫研究所编:《中国安全战略报告2011》(中文版),2012年2月,第21、23页,http://www.nids.go.jp/publication/chinareport/pdf/china_report_CN_web_2011_A01.pdf.登录时间:2015年10月13日。

② *Defense of Japan* 2014,Tokyo:Ministry of Defense,Japan,2014,pp.32-34.

③ *China's Activities in the South China Sea*,Tokyo:Ministry of Defense,Japan,July 28,2015,http://www.mod.go.jp/j/approach/surround/pdf/ch_d-act_20150728e.pdf.登录时间:2015年8月2日。

出:"南中国海似乎越来越注定会变成'北京湖'(Lake Beijing)——就像分析家们所说的鄂霍次克海对于俄罗斯那样。这片海域之深,足以让解放军为其有能力发射携带核弹头的导弹的核动力攻击潜艇建立基地。在不久的将来,解放军海军的新建航母将随处可见——这对于恐吓它的邻国来说已是绰绰有余。这就是日本为什么决不能向中国政府以胁迫方式在东中国海的尖阁列岛周围海域举行的日常性演习屈服的原因所在……如果日本屈服,中国在南中国海的地位将更加巩固,航行自由——这个对于像日本和韩国这样的贸易国家来说具有生死攸关意义的原则——将会受到严重阻碍。除日本海军外,美国海军的舰艇也将难以进入整个区域,尽管这两个海域的大部分都属于国际水域。"①

日本还公开表达对其他争议方的支持,鼓动它们同中国对抗。例如,针对菲律宾单方面将争端提交国际仲裁法庭的举动,日本防卫相小野寺五典于2013年6月访问菲律宾时表示,"日本方面完全支持这种努力",支持菲方保卫其在南海有争议的领土的立场,并将加强与菲方在海洋安全方面的合作。② 2014年3月30日,菲律宾向仲裁法庭提交正式诉讼书的第三天,日本就派出两艘驱逐舰到菲律宾访问,并同菲海军举行联合演练,以实际行动显示对菲的支持。日本防卫研究所发表的《东亚战略评估2014》报告对菲律宾的这一举动也大加赞赏,声称:"从国际社会的公平和正义角度看,这是一个令人信服的主张","期望能够对中国的单边行动产生制约性影响"。③ 2014年5月初,中国的981钻井平台在西沙海域作业遭到越南强力阻挠后,安倍在接受采访时,一方面指责中国导致"紧张关系升级",另一方面反复声明在南海领土争端上支持菲律宾和越南。④

---

① Shinzo Abe, "Asia's Democratic Security Diamond," *Project Syndicate*, December 27, 2012, http://www. project-syndicate. org/commentary/a-strategic-alliance-for-japan-and-india-by-shinzo-abe. 登录时间:2013年1月5日。

② Camille Diola and Alexis Romero, "Japan to take Phl's side in South China Sea dispute," *The Philippine Star*, June 27, 2013.

③ *East Asian Strategic Review 2014*, Tokyo: The National Institute for Defense Studies, Japan, May 2014, p. 150, http://www. nids. go. jp/english/publication/east-asian/e2014. html.

④《外媒:安倍反复发声明支持菲越,急欲联手抗华》,参考消息网,2014年5月29日,http://world. cankaoxiaoxi. com/2014/0529/394730. shtml. 登录时间:2014年5月29日。

2. 利用各种渠道,推动南海争端多边化和国际化

自从南海争端再次升温以来,日本在推动争端多边化和国际化方面更加卖力。日本 2013 年《防卫白皮书》将南海问题定性为"整个国际社会关心的一个共同课题,而且与亚太地区的和平稳定直接相连"。① 除继续在每年的 ARF 会议上频频向中国发难之外,日本还把东亚峰会(EAS)、东盟国防部长扩大会议(ADMM+)、东盟海事扩大论坛(EAMF)等多边机制作为工具。在 2011 年 11 月的东亚峰会上,与会的日本首相野田佳彦对南海局势表现出格外的"关切",还建议成立一个由峰会各成员国政府官员及专家组成的"东亚海上安全论坛"(但未被会议采纳)。安倍在 2014 年出席香格里拉对话会上发表主旨演讲时,也"敦促进一步提升东亚峰会的地位,以使其成为讨论地区政治与安全事务的首要论坛"。为达此目的,他还"建议成立一个由各成员国常驻东盟代表组成的常设委员会","为其制定路线图,以便于这个峰会能够同 ARF 和 ADMM+一道,在一个多层次的框架内发挥作用"。②

为了制造更大的国际效应,日本把目光还投向了七国集团(G7)这个由纯西方大国组成的国际组织。2015 年 4 月在德国吕贝克举行的 G7 外长会议单独发表了一份涉及南海和东海局势的《关于海洋安全的声明》,这在 G7 近 40 年历史上尚属首次。据日本外务省一名高级官员透露,这是日本极力推动的结果。这位官员还坦言:"如果(在 G7 里)日本不做,谁会做呢?"与会的德国外长施泰因迈尔在新闻发布会上也解释说:"作为明年 G7 会议的主办国,日本对于在今后几年内把这一问题保留在议事日程上极感兴趣。"③两个月后召开的 G7 首脑会议在发表的《联合宣言》中也对南海问题发表议论,而且在讲到中国的岛礁建设时,措辞从"表示关切"升格为"强烈反对"。这也是安倍竭力争取的结果。日本

① *Defense of Japan 2013*, Ministry of Defense, Japan, 2013, p. 89.

② The 13th IISS Asian Security Summit-The Shangri-La Dialogue-Keynote Address by Shinzo ABE, Prime Minister, Japan.

③《日本强推 G7 通过涉东海南海声明:反对武力伸张领土》,光明网,2015 年 4 月 17 日,http://world. gmw. cn/2015-04/17/content_15394380. htm. 登录时间:2015 年 4 月 17 日。

利用国际组织,拼凑制华联盟的企图越走越远。

3. 加强与东盟的海上安全合作,拉拢东盟联合制华

日本与东南亚的合作虽然起步较早,但一段时间以来主要表现在经济领域,安全方面虽有涉及,但仅限于打击海盗、航运交通、救灾、维和等非传统安全问题,而且局限在民事合作上。① 然而,近年来,日本在这些方面已经有了很大转变,开始在军事安全领域崭露头角。与此相适应,日本介入南海的方式也具有了新的内涵及特点,最具突破性的就是加强与东盟在海上安全领域的合作,并且开始超越纯民事范畴,向准军事、军事领域扩展。为此,日本利用东盟国家发展水平较低、海上执法及军事力量较弱的现实,把"支持海上安全能力建设"作为"一项关键性的政策重点",而支撑这一政策的战略考量是"东盟保持抵挡中国日益增长的海上压力的实力及抗御力,是阻止中国向有争议的领土水域渐进扩张的重要前卫,也有助于为东盟开展同北京的外交谈判创造更好的条件"。② 作为支持能力建设的重要举措,同时也为了凸显在东南亚及南海的战略角色,日本主要采取了以下三种新的政策手段:

一是联合军事演练。联合军事演练是国际军事关系中的一种常见现象,但对于日本这样一个在向海外派兵方面面临诸多限制的国家来说,却是一件难以企及的事情。虽然"9·11"事件后,日本自卫队借着反恐的"东风",实现了向海外派兵,也参与了美国主导下的一些军事演习,但并未涉足南海海域。如今这种情形正在改变:日本自卫队不仅更加频繁地参与美国主导的各类演习,而且还单独出动,有针对性地同菲、越、马等争议国开展联合演练,日本也因此实现了自战后以来向南海投送军事力量的历史性突破。尤其值得注意的是,在2015年6月

---

① Rizal Sukma and Yoshihide Soeya eds, *Beyond 2015: ASEAN-Japan Strategic Partnership for Democracy, Peace, and Prosperity in Southeast Asia*, Tokyo: Japan Center for International Exchange, 2013, pp. 222, 223, http://www. jcie. org/japan/j/pdf/pub/publst/1451/full%20report. pdf. 登录时间:2015年7月4日。

② Ken Jimbo, *Japan and Southeast Asia: Three Pillars of a New Strategic Relationship*, The Tokyo Foundation, May 30, 2013, http://tokyofoundation. org/enarticles/2013/japan-and-southeast-asia.

与菲军队在巴拉望岛附近海域举行的一次空中联合演练当中,日本首次派出一架 P－3C 巡逻机参与,并且搭乘菲军事人员一同飞行。有日本自卫队官员就声称,此次训练将推进美国所期待的自卫队赴南海巡逻,若把训练中使用的遇险船只替换为中国船只,"就成了警戒监视活动"。①

二是输出武器装备。受冷战时期制定的武器出口禁令的限制,日本以往在武器装备出口方面基本上是空白(只有同美国的合作除外)。为了刺激国内工业特别是防务工业的发展,显示日本在军事安全领域的影响力,同时也为了增强东盟国家尤其是南海沿岸各国同中国对抗的底气和能力,2011 年 12 月,野田佳彦内阁召开安保会议,对执行了近半个世纪的武器出口禁令做出重大修改,允许在两种情况下向外国出口武器装备:一是在与美国等友好国家合作研发军事装备时;二是在为国际和平与安全做贡献以及提供人道主义救援时。2014 年 4 月,安倍内阁又制定了"防卫装备及技术转让三原则",以取代 1967 年的"武器出口三原则"。② 新三原则的确立实际上宣告了武器出口禁令的彻底终结,为日本向它所感兴趣的国家输出武器装备全面放行。以此为契机,目前日本政府正在积极推动向东盟国家提供巡逻船、军用飞机、多功能支持船等,并已经取得一些进展,包括向菲提供 10 艘新巡逻船、考虑向菲赠送 3 架用于执行空中巡逻的比奇TC－90"空中之王"飞机、向越南赠送 6 艘可以转作巡逻船使用的二手船,以及计划向越出售一批新巡逻船等。在 2014 年 8 月举行的东盟-日本外长会议上,日本承诺向东盟国家提供巡逻船、通信系统及其他装备。2014 年 2 月举行的第5 届日本-东盟副国防部长级论坛把"能力建设倡议的未来实施方向"和"防卫装

① 《日本在南海"野心"有多大?》,新华网,2015 年 6 月 24 日,http://news. xinhuanet. com/world/2015－06/24/c_127946152. htm. 登录时间:2015 年 6 月 24 日。

② 新三原则是:(1) 禁止向违反双边或其他国际条约义务、违反联合国安理会决议义务以及卷入国际冲突的国家转让防卫装备;(2) 防卫装备的转让必须在严格审查下实施,即必须有助于为和平做出积极贡献,有助于促进日本的安全,有助于与盟国的联合开发,有助于加强同美国及其他国家的安全合作,以及有助于自卫队开展活动和保护日本国民;(3) 确保对非预想的使用情况以及对第三国的转让实行妥善监督。Heigo Sato, "From the Three Principles of Arms Exports to the Three Principles of Defense Equipment Transfer, *AJ ISS-Commentary*," No. 197, The Association of Japanese Institutes of Strategic Studies, May 14, 2014, p. 3.

备及技术转让合作"列为讨论议题,其中,后者是首次被纳入该论坛讨论。①

三是战略性使用 ODA。ODA 即政府发展援助,是日本对外政策的重要工具,其实施重点一直在东南亚。但是,由于日本的 ODA 政策不允许向对象国军队和与军事有关的活动提供援助,这在冷战结束后急于在国际安全领域凸显角色的日本看来已经不合时宜,于是便出现了利用 ODA 更好地为本国战略和安全利益服务的呼声。2015 年 2 月,安倍政府制定了名为《发展合作大纲》的新 ODA 大纲。新大纲把"更具战略视野"列为 ODA 的首要原则,在"更加积极地为国际社会的和平、稳定与繁荣做贡献"的名义下,解除了对援助他国军队的限制,但仍保留了"只能用于非军事目的"的规定。不过,新大纲还写明:"当受援国的武装力量或其成员参与诸如公益或救灾等非军事目的的发展合作时,将根据其实际意义,单独地加以考虑。"②这等于说,只要认定为"非军事目的",就可以援助,从而极大地提高了 ODA 的灵活性。最近几年来日本政府向东盟国家提供的 ODA 大都含有"战略性使用"的意味,特别是针对菲、越、马、文等声索国的援助,其"战略"意图尤其明显。

4. 加快与美国的战略对接,构建日美联合干预体制

受《和平宪法》的限制,同时也得益于《日美安全条约》的保障,日本一直把与本国安全有关的事务交由美国主导,把美国在亚太的军事存在和介入视为"不可或缺"。因此,尽管近年来日本不断加大对南海的介入,但都是在与美国保持协调的前提下进行的。换言之,日本的南海政策仍然是以美国的态度为导向。而由于美国对南海的干涉也呈现强化和升级的态势,所以日本的介入显得更加自信和顽固。为了顺应美国的战略需要,同时构建与美国的联合干预体制,安倍第二次上任后,加快了与美国在军事战略上的对接。在此方面,日本的第一个动向是,响应美国的呼吁,探讨在南海联合巡逻。对南海实施监视侦察一直是美国介

---

① *Defense of Japan 2014*, p. 272.

② *Cabinet Decision on the Development Cooperation Charter*, Ministry of Foreign Affairs, Japan, February 10, 2015, pp. 8, 9-10. http://www.mofa.go.jp/files/000067701.pdf. 登录时间:2015 年 6 月 20 日。

入南海的一项重要举措,进入 2015 年以来,美国出现了把监视侦察的范围向有争议岛礁及海域聚焦的倾向,甚至扬言要派军舰进入中国驻守且已完成扩建的岛礁 12 海里以内。不仅如此,美国还开始要求日本参与。目前日本正在就此进行研究。2015 年 6 月日本派 P-3C 巡逻机参与同菲军方联合演练,虽是打着演练的名义,但据分析,"可能会成为日本参与在南海联合巡逻的前奏"。① 关于日本参与南海巡逻的动机,日本防卫省一名官员在接受记者采访时称,日本这么做主要是为了制衡中国"在南中国海的迅速扩张……我们必须让中国知道,他们不拥有该海域"。② 为了实现在南海巡逻和投送兵力的便利化,安倍还谋求与菲政府签署类似于美菲于 1998 年达成的《访问部队协议》。2015 年 6 月,安倍在与来访的阿基诺会谈时就启动该协议的谈判达成一致意见。而一旦该协议达成,日本海警和自卫队就能够获得与美军同样的待遇,以临时访问或轮换部署的形式使用菲律宾基地,同时解决远程加油和补给问题,确保巡逻覆盖南海海域。

日本加快与美国战略对接的另一个重大举措是制定新版《防卫合作指针》。新指针已于 2015 年 4 月 27 日在日美"2+2"会议上获得通过并公布。与 1997 年的旧版指针相比较,新指针在以下几方面取得了突破:(1) 取消了防卫合作的地理限制,把合作范围从应对"周边事态"扩大到全球,强调"日美同盟的全球性质";(2) 把原来设想的"周边事态"改换为"对日本和平与安全产生重大影响的事态",并且以"此种事态无法从地理上来定义"为由,明确双方的合作将不再限于日本周边,从而为日本自卫队在包括南海在内的世界各地与美军联合作战敞开大门;(3) 把"应对日本以外的国家遭受武力攻击"纳入防卫合作的范畴,明确指出:"当美国或第三国遭受武力攻击,而日本并没有遭到武力攻击时","日本自卫队将采取包括使用武力在内的适当行动"予以支援,同时还指出:"当与日本关

---

① Shannon Tiezzi, "Joint Japan-Philippine Flight over South China Sea Riles China," *The Diplomat*, June 25, 2015, http://thediplomat.com/2015/06/joint-japan-philippine-flight-over-south-china-sea-riles-china/. 登录时间:2015 年 6 月 26 日。

② 《日本自卫队考虑派战机在南中国海巡逻》,联合早报网,2015 年 4 月 30 日,http://www.zaobao.com/special/report/politic/southchinasea/story20150430-474247. 登录时间:2015 年 4 月 30 日。

系密切的外国遭受武力攻击,并因此而威胁到日本的生存,明显而颠覆性地危及日本国民的生活、自由和追求幸福的权利时","日本自卫队(也)将采取包括使用武力在内的适当行动"。① 这就是说,只要美国、美国的盟国或是日本认为与其有着密切关系的国家在任何地方卷入任何军事冲突,日本自卫队都可以前往援助,从而大大降低了日本军事介入国际冲突的门槛。

另一个值得关注的重大动向是,为了使新指针具有国内法律依据,以安倍为首的自民党及其右翼执政团体把解禁集体自卫权、允许自卫队在海外行使武力作为优先课题,全力推动相关安保法制的修改和完善。2015 年 5 月 14 日内阁会议通过的由 1 项新法案和 10 项修正案组成的一系列新法案,就是这一努力的最终成果。这些新法案的核心是,绕开《和平宪法》的束缚,通过重新解释宪法第九条,允许日本以"行使集体自卫权"的名义,向海外派兵,介入国际冲突。这套新法案已分别于 6 月 16 日和 9 月 19 日在国会两院获得通过。这标志着《和平宪法》已被架空,日本自卫队武力介入海外冲突合法化。

5. 加强与美澳印的多边协调与合作,筹组遏制中国的"志同道合者"联盟

除了把东盟国家作为抗衡中国的前沿力量,以及把日美同盟作为干预的主导性机制之外,日本还加强了对澳、印等国的拉拢,目的在于利用这两国在价值观上与其有着一定的相同之处、对印-太力量平衡抱有关切,以及对中国崛起怀有一定疑虑的心理,配合美国"亚太再平衡"战略指导下的"巩固传统盟友、寻找新的伙伴"的战略部署,筹组针对中国的"志同道合者"联盟,扩大遏制中国的联合阵线。为此,安倍早在 2006 年第一次执政时,就提出了建立由日、美、澳、印组成的"四国联盟"的构想。如果说当时南海问题还没有在这一构想中占据显要位置的话,那么到了第二次执政时,该问题就变得非常突出了。为了推动围堵中国的海上联盟的建立,他在第二次上台后又提出了一个新的、更能体现价值观认同的所谓"亚洲民主安全菱形"倡议,亦即"由澳大利亚、印度、日本和美国的夏威夷

---

① *The Guidelines for Japan-U. S. Defense Cooperation*, April 27, 2015, http://www.mod. go. jp/e/d_act/anpo/shishin_20150427e. html♯container. 登录时间:2015 年 5 月 6 日。

州组成一个菱形结构,以维护从印度洋地区到西太平洋的海上公域"。① 目前日本正在加紧外交努力,分别从日澳和日印双边以及日美澳和日美印三边等层面加以推进,最终实现这几组关系的融合。

结　论

通过梳理日本南海政策的演变轨迹,特别是考察最近几年来日本介入南海争端的新动向和新特点,可以得出以下几点结论和启示:

(一) 日本对南海有着难以割断的历史情结和多重利益考量

日本从 20 世纪初就开始染指南海,从最初对该海域资源的掠夺和地位的觊觎,到后来逐个入侵岛礁,再到最后的全面侵占,日本有着根深蒂固的南海情结。虽然战后日本从所占岛礁完全撤出并在事实上承认中国的领土主权,但这是在国际反法西斯战争胜利的大背景下被迫做出的。在领土扩张主义作为一种国际性风潮已成为历史的当今时代,日本若想重新夺取该海域的领土,几乎是不可能的。该海域航道在日本经济和能源供应中的"生命线"地位、该海域油气资源对于能源奇缺的日本的巨大诱惑力、该海域作为沟通印太两大洋以及东北亚与其他地区之间海上交通的枢纽地带而在国际地缘战略中所占有的独特地位、后经济主义时代的日本决意在国际战略和安全领域扮演重要角色的宏愿,以及由此激发的日本力图把这一区域作为其实现这一宏愿的试验场的考量等,决定了日本必然会保持对该海域局势的持续介入。而冷战结束以来东亚战略格局当中中日两强竞争局面的形成和加剧、中国在这场竞争中优势的增大和日本在这场竞

---

① Shinzo Abe, "Asia's Democratic Security Diamond," http://www.project-syndicate.org/commentary/a-strategic-alliance-for-japan-and-india-by-shinzo-abe. 登录时间:2013 年 1 月 8 日。

争中优势的减少,连同两国在钓鱼岛及东海争端的存在和升温,日本因此而把这两个不同方向的争端关联起来考虑、把中国在南海的政策同在东海的政策相挂钩、把南海争端的解决前景当作东海争端解决的样板来看待等,又决定了日本必然会以偏袒的、阻挠中国的方式来介入。实际上,只要了解日本与南海关系的历史,以及权力转移背景下日本对中国崛起的逆反和排斥心理,就可以发现,日本对于南海争端的态度并不是像它公开宣称的那样"不采取立场",日本介入的目的并不仅限于确保本国海上交通线的畅通和安全,而且还企图阻止中国对南海岛礁及海域行使主权和管辖权,并借此谋求更多、更远的战略目标。这就是日本介入的真实动机,也是它把介入的砝码压在了东南亚声索国身上的原因所在。

(二)日本南海政策的走向归根结底是由其国家大战略所决定的

日本虽然怀有介入南海争端的强烈意愿,但它是否会选择介入,与其说是受到南海局势本身发展变化的影响,不如说是由其他一些更大、更重要的因素来决定的。就像冷战时期日本对待南海问题的态度受到其自身战略定位、国家发展方向,以及中美、中日关系大局等诸多因素的影响一样,后冷战时期日本的南海政策也将继续受到这些因素的制约。因此,考察日本南海政策的下一步走向,不仅要看日本所公开宣称的利益是否得到保障,更重要的是要看日本如何定位自己的战略方向,作为盟主的美国如何看待南海问题,日本如何看待中国崛起、奉行何种对华政策并由此导致中日关系处于何种性质,以及日本是否把南海问题与这些问题联系在一起。因为,相对于南海问题来说,这些问题更具有大战略层面的含义,也更具有全局性的影响,南海问题只是枝节和从属。20世纪70年代至80年代,南海曾两次发生军事冲突,而且两次都是中国在收复领土主权方面取得进展。按照日本今天的说法,这足以构成影响该海域和平稳定和航行自由的严重事态,但是日本并没有采取介入行动,反应也比较平淡。而到了后冷战时期的今天,尽管该海域并未发生任何军事冲突,总体局势平稳可控,航行自由也从未受到妨碍,南海作为重要国际海上航道的地位一如既往,但日本还是采取了加大介入的姿态。这说明,那些更具有大战略含义和全局性影响的因素才是决定日本南海政策走向的关键。只有理解了这一点,才能够理解日本南海政策的本质。但遗憾的是,从目前的趋势看,这些层面的因素似乎正朝着消极的方向演化。据此可以推断,未来日本对南海的介入很可能会顽固化和长期化。

(三) 美国是影响日本南海政策走向的最大外部变量

在影响日本南海政策的诸多外部因素当中,美国的态度和立场至关重要,战后以来一直是影响日本政策选择的首要外部变量。换句话说,日本在南海的一言一行同美国的态度紧密相连,日本的南海政策可以被置于美国南海政策的背景下来看待。这是因为:第一,日美同盟一直被日本视为对外战略的"基石"。冷战时期的日美同盟保障了日本的国家安全,也为其实现经济起飞提供了"搭便车"的机会;后冷战时期的日美同盟则是其"借船出海"、走向"正常国家"的工具。第二,受战败国地位的制约,日本只能保有非常有限的军事力量;军国主义的历史包袱,又使其在介入国际安全事务方面不可能走得太远,也难以独立扮演角色。而面对这样的窘境,美国不仅继续保持对日本的安全承诺,还力促日本发挥更多、更大的作用。既然有这样的好处,日本就只能把自己的利益紧紧同美国联系在一起,把自己的目标追求牢牢附着在追随美国的战略上。在当今以右翼保守为主流的日本政界和战略界看来,在本国面临的威胁和挑战越来越多样化和严峻化,而本国国力又趋于衰减、其他大国迅速崛起的条件下,只有紧跟美国和联合美国,才是明智之举。这就决定了日本在南海等问题上的一举一动必然是以美国的态度为前提。因此,若要让日本住手,必须先让美国闭嘴。

（四）日本介入南海争端的实际效力虽然有限,但由此引起的消极后果不容小视

日本对南海的介入虽然是以阻止中国行使主权和管辖权为日的,却是在一些冠冕堂皇的旗号下进行的,如"遵守国际法,尤其是《联合国海洋法公约》"、"维护海洋法治及航行自由"、"反对使用武力及武力威胁"、"积极为国际和平做贡献"(即安倍的所谓"积极和平主义")、"支持东盟保持团结"、"支持东盟国家海上安全能力建设"等。这些旗号具有很大的鼓动性和欺骗性。尤其是"支持能力建设",对于发展水平较低、对外援需求迫切的东盟国家来说极具诱惑力。这也是日本的介入能够得到它们不同程度的欢迎和支持的重要原因。不过,对于日本介入所能产生的实际效果也应有一个适当的估计。一方面,出于平衡中国力量、提升自身安全能力和发展水平的考虑,东盟国家当然乐见日本的介入和援助。但是,对于日本借此孤立中国、筹组反华联盟的企图,它们则不会苟同。与在中美关系上的立场倾向一样,东盟大多数国家也会努力避免在中日之间选边站。即便是菲、越这两个激进争议国,在南海和对华政策上也倾向于"政经分离"的政策。因此,面对日本的收买和拉拢,它们也有自己的考量,会努力"避免给人造成它们是在东京的授意下串通起来同中国对抗的印象"。[①] 至于印、澳等国,尽管日本在提升与其战略-安全关系方面已经有所收获,并将继续有所收获,但日本若想更进一步,让它们成为它所期待的全面遏制中国的多边联盟的一员,却不大可能取得成功,除非这两国本身已经改变了对中国崛起的积极看法,也除非中国的海洋战略在它们看来完全是挑战。而实际上这种情况不大可能出现。这就是安倍起初提出的"四国联盟"构想遭遇冷落,后来抛出的"民主安全菱形"倡议同样曲高和寡的原因所在,因为这两国担心该倡议"几乎肯定地会被北京视为美国

---

① Ian Storey, "Japan's Growing Angst over the South China Sea," *ISEAS Perspective*, # 20, 2013, April 8, 2013, Singapore: Institute of Southeast Asian Studies, p. 8.

领导的遏制或围堵中国的战略的一部分",并因此而"持有很深的保留意见"。[1]

但另一方面,也必须认识到,日本的介入确实起到了恶化中国的舆论环境,助长菲、越等国同中国对抗的恶劣作用,同时也为其在该地区扮演战略角色、加强同中国竞争影响力提供了可乘之机。另外,随着武器出口禁令的解除,日本也谋求在该地区的军售市场上占据一席之地。尤其值得警惕的是,日本参与南海巡逻一旦成为现实,将是日本介入力度进一步升级的重要标志,不仅会使南海博弈变得更加复杂化,还将增大其与中国在除东海之外的海域发生对抗、摩擦乃至冲突的危险,为中国和有关各方抑制南海争端升温、维护该地区和平的努力注入新的不稳定因素。因此,一旦日本介入进一步加剧和升级,南海问题难免成为中日海上斗争的另一个焦点。

(五) 日本对南海的介入虽有进一步升级的可能,但也面临诸多条件的制约

以下五个方面,均在制约着日本对南海的介入:一是经过"失去的 20 年",日本对国际事务的影响力有所下降,在推进南海方向的战略目标方面,可利用的战略资源并不多,也缺乏足够的政治和外交影响力,军事干预的条件和能力更是受限。[2] 二是由于军国主义的不光彩历史和对历史反省的不彻底,东盟国家对日本增加在本地区的军事存在心存反感,对与其开展军事合作持保留态度,[3]这使其在考虑军事介入时不得不非常慎重。三是东盟各国在南海问题上的政策差异较大,部分国家(如印尼)担心美、日等区外国家加大介入会使局势更加复杂化,使争端更加难以控制和解决,也不利于东盟在本地区树立"核心地位",这是日本在加大介入时不得不顾及的,否则就会有违于它"支持东盟核心地位"的承诺。

---

① Ian Storey, "Japan's Growing Angst over the South China Sea," p. 9.

② Tomotaka Shoji, "The South China Sea: A View from Japan," *NIDS Journal of Defense and Security*, 15 Dec. 2014, The National Institute for Defense Studies, Japan, pp. 132,135.

③ Rizal Sukma and Yoshihide Soeya eds, *Beyond 2015: ASEAN-Japan Strategic Partnership for Democracy, Peace, and Prosperity in Southeast Asia*, p. 204.

四是美国对南海的介入虽在升级,但也是有底线的,即避免被拖入与中国的军事冲突或是被盟国的政策绑架,日本既然选择以搭美国车的方式介入南海争端,就必须紧随美国的节奏。五是中国的维权意志和反制措施。南海诸岛及其附近海域是中国领土不可分割的组成部分。"中国维护自身主权和领土完整的意志坚如磐石。"(中国外长王毅语)中国主张与有关争议方通过直接谈判的方式妥善解决争议,同时与东盟共同承担起维护南海和平与稳定的责任,坚决反对任何外部势力介入干涉。如果日本方面无视中国的这一严正立场,不断加大介入力度,中国必将采取强有力的行动进行反击。在此方面,中国拥有足够的资源和手段——包括政治的、经济的、军事的等,也有现成的机会可以利用。例如,中国可以利用日本对钓鱼岛和东海问题的担心,加大在这一方向的斗争力度。到那时,日本旨在通过在南海给中国制造麻烦来减轻其在钓鱼岛和东海问题上的压力的打算可能就会适得其反。因此,正如日本研究者自己所担心的那样,"如何在南中国海与东中国海之间保持一种适当的平衡"可能是日本不得不"面临的一个挑战"。① 总之,日本如果无视客观条件的制约,不断升级干涉,必将承受由此带来的巨大风险。

---

① Tomotaka Shoji, "The South China Sea: A View from Japan," p.135.

2015—2016 年日本南海政策动态评析

李聆群*

[内容提要] 2015 年日本的南海政策呈现出非常显著的特点,那就是在安倍上台后的 2013 年至 2014 年所进行的整体战略布局的框架下快速推进、展开和深化,具有很强的延续性,同时在政策姿态上更加直接和强势。日本在南海问题上的不断介入和由此带来的南海问题的"国际化"使得中国在处理南海争端时更加棘手。因此,中国应充分利用日本介入南海的局限性,制定有效的应对策略。2016 年日本的南海政策十分引人注目,变与不变两条线交织在一起。一方面,与 2015 年相似,日本首相安倍晋三继续推动日本的南海政策按照其规划的整体战略布局的框架来展开和深化,体现出很强的政策延续性。另一方面,与之前相比,2016 年日本的南海政策出现引人注目的新变化。这种变化主要体现在两个层面。一是安倍政府对南海政策进行了一系列微调,从而展现出前所未有的主动和强势的政策姿态。二是从 2012 年开始安倍以强人政治方式大力推动的战略转型在 2016 年实现了从量变到质变,特别是在实践层面,挣脱了战后日本和平体制的限制,开启了海外军事活动的新局面,这是值得亚洲乃至全世界高度警惕的一个趋势。

[关键词] 日本 南海政策 动态分析 2015—2016 年

---

* 李聆群,南京大学中国南海研究协同创新中心副研究员。

安倍政府对日本政治、经济、外交和军事的整体布局,紧紧围绕着日本的国家战略大转型展开,转型的最终方向是使日本摆脱战后体制的束缚,成为政治军事大国,获得主导亚太事务的霸主地位,并在国际舞台上扮演大国角色。[①] 安倍意识到,在当前的地缘政治环境和亚洲秩序的现实面前,要实现这一战略目标,必须同时在三个方面展开行动:一是遏制中国崛起和对冲其在地区事务中不断扩大的影响力;二是积极拉拢东南亚国家,超越传统的经济辐射力而在政治、安全和外交领域获得更有力的主导权;三是充分利用日美同盟,既要利用参与和承担美国主导的亚太安全秩序的分工的机会,突破以往与亚洲其他国家在防务安保层面的合作范围和层次,从而顺着美主导的亚太安全体系的脉络快速铺开其自身对地区秩序的影响力,又要借助美国重返亚洲遏制中国的东风,与美在政治、经济和外交层面联手,实现打压中国的目标。

对安倍而言,南海本身就是亚太地区具有重要地缘战略价值的海域,日本应努力成为在该海域有分量的发言者甚至主导者。同时,南海争端的僵持给安倍在上文所提及的三个方面同时发力提供了非常完美的抓手。首先,在南海问题上搅浑水可以加大中国和相关声索国之间处理争端的难度,消耗中国的精力,破坏中国和平崛起的战略环境,使中国在东南亚乃至国际舞台上的形象受损。其次,南海争端影响着中国与东南亚国家的关系。不可否认,南海周边国家,包括非声索国,都对中国如何处理南海争端以及未来南海争端的走向有一定程度的担忧。因此,在南海问题上表现出积极参与的姿态并支持相关声索国,可以博取部分东南亚国家的好感,迎合东南亚国家的对冲(hedging)和平衡(balancing)政策取向,若再辅以政治、经济和防务方面的援助,日本就可以快速提高自身在东南亚的影响力。再次,南海争端也是美国实施重返亚太战略的发力点,日本与美国联手搅局南海争端,顺理成章地借此加强日美同盟,实现日美在塑造亚太地区事务上的双赢。最后,鉴于澳大利亚、印度等域外大国也觊觎南海,安倍有望利

---

① 安倍政府的整体战略布局和其南海政策的关系,参见李聆群:《日本南海政策最新动态评析》,《南海局势深度分析报告:2014》,南京大学中国南海研究协同创新中心,2015 年 1 月,南京。

用南海问题联合东南亚国家及域外大国共同形成对抗中国的包围圈。

一、2015—2016 年度日本南海政策的具体开展

(一) 在南海问题上继续选边站,利用各种外交场合向中国发难

2015—2016 年度,安倍政府选边站的立场更加明确,充分利用各种场合造势,增加南海问题的曝光度。日本发布的 2016 年版的《外交蓝皮书》多处就南海问题发难,称南海问题是日本的重要关切事项,对于凭借实力单方面改变现状表示关切,中国举动引发来自日本和国际社会的应对,而日方将南海问题作为重要的关注课题,呼吁各方严格遵守安倍 2014 年针对中国抛出的所谓"海洋法治三原则",并称为确保航行及飞行自由与各国合作应对。[①] 与 2015 年版蓝皮书中的"较谋求维持海洋秩序"的措辞相比,其介入南海问题的态度和立场更进了一步。在 2016 年版的《防卫白皮书》中,日本继续炒作"中国威胁"和海洋安全问题,用了相当的篇幅将中国的政治军事外交活动渲染成为"中国威胁",导致日本安保环境日趋恶劣,以便为颁布实施的新安保法炮制借口,为进一步加强军事力量和空间制造舆论环境。[②]

日本积极利用各种多边场合,或拉拢或施压,试图联合其他国家共同对中国施压。香格里拉对话会,七国集团(G7)峰会,东亚峰会(EAS)和包括东盟防长扩大会(ADMM-plus)在内的东盟系列会议等,都可以看见日本积极行动的身影。在日本外务省的力推下,为峰会做前期准备的七国集团外长会继去年再次发表一份关于海洋安全的声明,涉及东海和南海的局势,明确提出强烈反对"单

---

① *Diplomatic Bluebook* 2016,Ministry of Foreign Affairs,Japan,http://www.mofa.go.jp/files/000177713.pdf,pp. 76 - 84,177 - 180.

② *Defense of Japan* 2016,http://www.mod.go.jp/e/publ/w_paper/2016.html,pp. 41 - 70.

方面改变现状的举动",并点名指出南海军事基地化、岛礁建设等活动。① 安倍
又借 G7 峰会的首脑会谈的机会,与奥巴马谈及南海问题,讨论与南海周边国家
加强安保合作。2016 年 7 月 1 日,日本刚担任联合国安理会轮值主席国,其常
驻联合国代表别所浩郎就召开集会,对南海问题表达"强烈关切",称若有国家提
出请求,会考虑把南海问题列为安理会的议题。在双边场合上,日本介入南海更
加直接和强势,一方面,频频接触南海周边国家,就如何在南海合作对抗中国展
开讨论,提出各种援助承诺,另一方面,主动寻找新的域外国家进行拉拢。例如,
2016 年 1 月借与法国举行外长防长"2+2"磋商之机,日本将南海问题包装成亚
洲与中东非洲之间的自由交通问题,②影射中国在南海的正当维权行为,抹黑中
国。法国在南海问题上有所表态,与日本利用连续三年"2+2"磋商的机会游说
拉拢法国密不可分。

(二) 由渲染紧张气氛升级为主动挑事制造地区紧张局势

与前几年相比,2016 年日本在南海问题上表态更加明确,由站在一旁渲染
紧张气氛升级为主动挑头制造地区紧张,这个新变化特别反映在其对待"菲律宾
南海仲裁案"的态度上。从临时仲裁庭做出关于"南海仲裁案"的管辖权和可受
理性的裁决开始,安倍就在各种场合言必称国际法,并借此频频推销其针对南海
问题炮制的"海洋法治三原则"。在 5 月份的 G7 峰会上,安倍积极游说其他国
家领导人共同针对"仲裁案"发声,导致峰会发表的领导人宣言中用专门的篇幅
谈海洋安保,称支持通过仲裁手段解决争端。③ 在日本 2016 年版的《防卫白皮
书》中,两次提到所谓的"南海仲裁案",甚至无理要求中国接受所谓的仲裁结果,

① *G7 Foreign Minister's Statement on Maritime Security*, April 11, 2016, Hiroshima, Japan, http://www.mofa.go.jp/mofaj/files/000147444.pdf.

② 〈第 3 回日仏外務・防衛閣僚会合(2+2)共同発表〉,日本外务省,2016 年 1 月 6 日, http://www.mofa.go.jp/mofaj/files/000216551.pdf.

③ *G7 Ise-Shima Leaders' Declaration*, May 26 - 27, 2016, http://www.mofa.go.jp/files/000160266.pdf.

并支持菲律宾阿基诺政府的相关非法主张。① 日本在"仲裁裁决"的结果即将出台的前夕,竭力为"仲裁案"造势。6 月 27 日日本外务省官员,称日方正密切关注"南海仲裁案",认为单独或同 G7 国家、东盟国家就此发声是合适的。在私下场合,日本用尽各种手段拉帮结派,甚至招致一些国家的反感,如柬埔寨首相洪森就批评日本向其施压,要求柬埔寨和其他东盟国家在"仲裁裁决"公布后表态支持,属于严重的干涉内政行为。

7 月 12 日,临时仲裁庭正式公布所谓的"裁决结果",日本第一时间表态,称"裁决结果"具有法律约束力,紧接着在 7 月亚欧首脑会议、东亚合作系列外长会等场合,不厌其烦地声称所谓的仲裁结果必须得到遵守。之后,日本牵头起草和推动与美国和澳大利亚联合发表涉"南海仲裁案"的"三国共同声明",称仲裁结果具有最终法律约束力。② 日本又拉拢印度、法国等国家就"仲裁裁决"表态和向中国施压。安倍政府对裁决的支持态度甚至比还有几个月就要卸任的奥巴马政府还要强烈。同时,面对该案发起国菲律宾的新任总统杜特尔特对"裁决结果"的冷静谨慎的态度,安倍及其政府显得格外的焦急,派外相岸田文雄亲临菲律宾挑拨其就仲裁裁决向中国挑战并表示能为其撑腰,承诺向菲律宾提供更多的巡逻艇,为菲律宾强化海上安保提供支持。可见日本已改变以往在一旁煽风点火的风格,变为主动挑事制造地区紧张和对抗。

(三) 将两海联动策略向聚焦南海方向进行微调

日本的南海政策中的重要一环,就是两海联动策略。自 2012 年安倍上台后,日本就开始将南海与东海进行捆绑联动,将日本和南海其他争端国捆绑起来,在国际舆论上塑造出一个共同受中国威胁和扩张侵害的群体。这样做一方

---

① *Defense of Japan 2016*, http://www. mod. go. jp/e/publ/w _ paper/2016. html, pp. 146 - 147。

② *Japan-United States-Australia Trilateral Strategic Dialogue Joint Statement*, July 25, 2016, http://www. mofa. go. jp/a_o/ocn/page3e_000514. html。

面可以博取南海周边国家的同情,有利于日本加强与东南亚国家关系来共同牵制中国,另一方面,借力南海问题来放大和抹黑中国在东海的正当主权行为,在东海问题上塑造有利于日本的舆论空间。

在2016年,日本的两海联动策略出现了新的微调。那就是,在保持两海联动策略的同时,集中火力猛攻南海问题,在南海问题上充当发难中国的急先锋,并大幅度加强对南海周边国家的防务援助,其目的有二。一方面是加大力度用南海问题牵扯和消耗中国精力,试图迫使中国在东海问题上的精力被转移到南海上去,从而有利于日本对付东海问题。另一方面,更重要的是,这种微调体现出日本主动进行自我角色定位的调整,把之前塑造的受中国"威胁"的弱者形象转变为地区安全秩序主导者的强者形象。也就是说,日本不再满足于在南海问题上间接介入和在一旁协从的角色,而是试图主导南海问题的走向。这种转变的一个有力例证就是安倍这一时期的外交非常明确地针对南海问题展开。2017年的1月份,安倍连续出访菲律宾、澳大利亚、印尼和越南,与菲律宾总统杜特尔特讨论南海问题和如何强化两国的安全保障合作,与澳大利亚总理布莱•特恩布尔达成共识,就"中国大陆推进军事据点化的南海问题"进一步加强合作。[1]安倍此行围绕着南海周边国家结盟,会谈重点全部集中在南海安保和防务合作上,其争夺塑造南海局势的主动权的野心十分明显。

安倍政府的这种转变既是客观形势的需求,更是主动调整的结果。一方面,随着美国要求亚太同盟体系中的其他国家承担更多责任和分工的呼声越来越高,视美日同盟为此亚太同盟体系核心的安倍自然需要也乐于承担起亚太同盟的防务分工的职责。另一方面,安倍外交的根本目标是实现日本国家安保战略转型,成为主导地区秩序的政治军事大国,因此安倍在南海的战略定位不仅限于泛泛而谈的利益关切国,而且充分利用一切机会,逐步朝着成为南海地区乃至整个亚太秩序主导者的终极目标推进。

---

① 《境外媒体看南海博弈新动态:中越走近　日澳印尼靠拢》,中国网,2017年1月17日, http://www.china.com.cn/news/world/2017 - 01/17/content_40116239.htm。

（四）以南海为支点打造日本海外军事活动的首个训练场和军事前哨

2016 年的日本南海政策中尤其值得注意和警惕的变化，就是日本加大和南海周边国家的直接军事联系，把南海地区作为落实新"安保法"、实现海外军事存在的支点，开启了日本海外军事活动的新起点。这是安倍数年来苦心经营的战略转型的系统工程从量变到质变的一个飞跃。

2016 年日本在南海的防务军事活动连续创造了多个首次。整个 4 月，日本在南海的军事活动动作幅度之大，频率之高，前所未有。4 月 3 日，日本海上自卫队潜艇"亲潮"号与两艘护卫舰"有明"号和"濑户雾"号停靠菲律宾吕宋岛苏比克湾。这是日本海上自卫队潜艇 15 年来首次停靠菲律宾港口。一周后的 4 月12 日，"有明"号和"濑户雾"号护卫舰横穿南海，到达濒临南海的越南金兰湾，停靠期间与越南海军举行联合操舰训练，这是日本护卫舰首次停靠金兰湾。苏比克湾和金兰湾都是菲律宾和越南最重要的战略港口，也是南海最重要的战略要冲。

在此期间，日本海上自卫队又派出"伊势"号大型直升机驱逐舰，首次纵穿南海到达印尼，参与 4 月 12 日到 16 日由印尼海军举办的"科莫多"多边海军演习。随后，"伊势"号赶赴菲律宾苏比克湾，参与正在进行中的菲美联合军演。"伊势"号驱逐舰常被外界称作"准航母"，属于战斗舰艇，而且此次"伊势"号在南海来来回回，肆无忌惮，与之前在南海参加联合演习仅负责运送部队的"大隅"号运输舰相比，军事挑衅的意味明显加强。到了 5 月，日本在非洲打击海盗任务结束后返回的海上自卫队反潜巡逻机，在马来西亚又做了短暂停留。总之，在短短一个月内，日本向所有与中国有争端的南海周边国家派出战斗力量，绕着南海将中国围了一圈，并且频繁进出南海战略要冲。

以上这一切，都发生在 2015 年安倍强力通过的新安保法正式生效（2016 年3 月）后不久，反映了日本急不可耐地在实践操作层面为新安保法试水的用心。在新安保法正式生效之后的大半年里，日本将南海变成了其扩大海外军事活动的训练场和试验场。首先，在南海航行范围和军演的次数明显增加，其目的有二：一是进行海上自卫队的远海练兵，二是不断试探和扩大中国、地区其他国家以及国际社会对其海外军事存在的容忍底线。除了前文提到的战斗舰艇在南海横行纵贯，日本海上自卫队还通过积极参加南海地区的联合军演来提高军事存在度，除了传统的日美同盟框架下的演习，其他很多军演都是日本单方面促成的。比如，日越两国的联合操舰演习和印尼主办的"科莫多"多边海军演习，都是在传统日美同盟框架之外的新的联合演习。日本2015年开始参加的美国和印度之间的"马拉巴"（Malabar）演习，在2016年也放在了位于菲律宾西北方向的南海地区。即便是美国主导的同盟框架下的演习，日本也努力刷新存在度。如2016年4月份在菲律宾苏比克湾举行的美菲联合军演，日本先是以观察员身份参加，后来又将参加完"科莫多"海军演习的"伊势"号派回到苏比克湾继续参加军演。

其次，整个2016年，日本与南海周边国家建立直接防务合作的决心和力度前所未有，特别是在日本新防相稻田朋美上任后。在防务援助方面，日本向菲律宾租借5架二手TC-90教练机，承诺帮助越南发射地球观测卫星，用以监测南海局势。日本防卫大臣稻田朋美上任后，在出席11月的东盟系列会议时对记者称，要在全世界范围内贯彻"法治"，因此要提高东盟国家的整体实力。而在稻田朋美发表此言论的同一天，安倍在东京会见到访的马来西亚总理纳吉布时表示，将向马方无偿提供2艘退役的90米长大型巡逻船。同时，提供7亿日元（约合4410万元人民币）的无偿资金援助，用来提升马来西亚的海上安全能力。日本主动出击向南海周边国家输送海上安保的能力建设，送钱送装备。成功实现送钱送装备后，必然有后续的技术培训，设备维护，联合执法和巡逻，情报与设施的共享。可以预见，日本下一步就可以堂而皇之地参与甚至引导南海周边国家防务和安保活动，从而加大其海外军事活动的范围和深度，实现主导南海地区秩序的走向的野心。

再次，日本与美国和澳大利亚这些传统亚太盟友在南海问题上的防务合作力度也明显提高。继2013年日本与澳大利亚签署《物资劳务融通协定》

（Acquisition and Cross-Servicing Agreement，简称 ACSA），安倍在 2017 年 1 月 14 日与澳大利亚总理布莱·特恩布尔签署了更加细化的用于加强两国后勤支援的《物资劳务相互提供协定》，为两国的海上安保合作铺路。① 日本时任防相稻田朋美在 2016 年 9 月访美期间，在美国著名智库战略与国际研究中心发表演讲，称将与美国在南海展开联合巡航的训练，与之前安倍内阁对与美国在南海联合巡航之事谨慎寡言的态度相比有明显的转变。②

最后，日本和北约国家，特别是英国和法国，就海上安保问题频频展开接触，谋求联合北约在南海进行防务合作，其目的是预备今后能为日本在南海的军事活动打出"国际社会"的幌子。值得注意的是，日本的外交努力已初获成果。2016 年 1 月，日本和英国举行外交防务"2＋2"磋商，日外相大谈南海问题并敦促英国在亚太安全领域发挥更积极作用，双方同意尽快达成《物资劳务相互援助协定》（ACSA）。之后，英国皇家空军在其亚太访问之旅期间，与日本进行了首次联合演习。2017 年 1 月 26 日，两国在英国外交部正式签署《物资劳务相互援助协定》，英国成为欧洲第一个与日本签署 ACSA 的国家。③ 法国也是如此，日本通过连续三年的"2＋2"磋商，成功拉拢法国签署了防务装备技术转移协议，并达成正式启动两国《物资劳务相互援助协定》谈判的共识。④ 英国和法国是北约中的重要国家，日本采取各个击破的方式，从英法开始，一步步将北约拉入南海地区共同对抗中国，并降低西方国家对其海外军事扩张的戒备和疑虑。

---

① 见日本外务省网站，http://www.mofa.go.jp/a_o/ocn/au/page3e_000640.html.

② "Japan to Boost South China Sea Role with Training Patrols with U. S.：Minister," *Reuters*，September 16，2016，http://www.reuters.com/article/us-southchinasea-japan-patrols-idUSKCN11L2FE.

③ "UK and Japan Strengthen Defence Ties," *Press Release*，January 26，2017，Government of UK，https://www.gov.uk/government/news/uk-and-japan-strengthen-defence-ties.

④ "Japan, France Agree to Start Talks on Defense Supplies-sharing Pact," *The Mainichi*，January 7，2017，http://mainichi.jp/english/articles/20170107/p2g/00m/0dm/009000c.

二、日本南海政策的调整方式、动机和对南海局势的影响

纵观 2015—2016 年度,日本的南海政策的连续性和变化性交织在一起,整体而言,朝着将南海划入日本防务势力范围、争夺南海地区秩序主导权的方向迅速迈进。实际上,日本针对南海一年来展开的一系列政策推进,俨然初具南海主人的姿态,甚至在很多方面不再是追随美国,亦步亦趋,而是表现出了比美国还要主动和超前的架势。

首先,2016 年日本在南海的军事介入创造了多个首次,把南海变成新安保法的海外训练主场的意图很明确。其次,日本与南海周边国家的外交已由以往的经贸和防务并进、以经贸援助为防务关系热身的方式过渡到直奔防务合作和能力建设的主题的方式,以南海问题为抓手主动塑造地区局势的走向。再次,在许多涉及南海的议题上,日本不再采用选边站的方式,依托南海周边国家间接发声,而是第一时间主动表态,甚至持有的是与南海周边国家不一样的立场。这种转变在对待"菲律宾南海仲裁案"时表现得尤为明显。最后,日本在美国主导的亚太同盟体系中也明显增强了主动性,一方面不断强化日美同盟在亚太同盟体系中的核心地位,另一方面积极开拓新的防务关系,强化自己与其他盟友的轴辐联结(hub-spoke)。

这一系列的调整,是自第二次出任日本首相开始,安倍的安保布局由量变发展到质变的必然结果。从 2012 年开始,安倍内阁紧紧围绕着日本的国家战略大转型,在安保体制改革、强化和推进日美同盟,以及"南进"(即重视和加强与东南亚和南亚地区的联结)三方面同时展开。转型的最终方向是使日本摆脱战后和平宪法体制的束缚,成为政治军事大国,获得主导亚太事务的霸主地位并在国际舞台上扮演大国角色。[①]

---

① 安倍政府的整体战略布局和其南海政策的关系,参见拙作《日本南海政策最新动态评析》,载《南海局势深度分析报告:2014》,南京大学中国南海研究协同创新中心,2015 年 1 月,南京。

在安保体制改革方面,安倍内阁修改政府开发援助计划(ODA)大纲,实施新的"防务装备和技术转移三原则",颁布《国家安全保障战略》《防卫计划大纲》和《中期防卫力整备计划》,连续增加军费开支,强力推动国会通过包括解禁集体自卫权在内的新安保系列法案;

在强化日美同盟方面,日本与美国修订了《日美防卫合作指针》,推进日美双边同盟以及小多边同盟合作进一步机制化、无缝化、常态化和紧密化,配合美军的前沿部署调整,承担起更多亚太同盟体系的防务分工;

在"南进"方面,日本重新重视与东南亚国家的关系,抛出"民主菱形""海洋法治三原则"等概念,加大经援力度,提供防务装备等方式来拉拢东南亚和南亚的国家。安倍第二次上台后在不到一年的时间里,完成了对东盟全部十个成员国的访问,成为日本首位访问过东盟全部成员国的在任首相,其中对部分国家进行多次访问,理念外交、经贸外交和防务外交多管齐下拉拢东盟国家。在南亚,日本用相似的方式拉拢印度洋沿岸的印度、斯里兰卡等国,向印度进行军售和联合开发防务技术,向斯里兰卡提供巡逻艇和举行联合海军演习。可以说,这三个方向的改革经历了几年来的积累和发酵,2016 年在实际操作层面产生了明显的效果,也给了安倍在南海摆出主人姿态、将南海作为远海练兵场的底气。

2016 年日本的南海政策对南海局势的影响是十分明显的,其消极影响主要体现在两个方面。

第一个方面是,日本在南海问题上的强势和主动搅局的政策姿态,明显增加了南海局势的复杂性,风险管控的难度也相应加大。由于日本打着自己的小算盘,借着南海政策的调整提升自身在美国的亚太同盟体系中的地位,在很多方面出现不再对美国亦步亦趋的趋势,今后南海的风险管控的难度甚至有可能超出中美两国的能力范围。

第二个方面是,南海问题正在被日本包装为影响国际海洋战略通道的问题,这意味着,南海问题的国际化程度进一步加深。日本处心积虑,步步为营,先是在 2015 年借着访问印度之机,日本外相岸田文雄提出"印太"概念,宣称日本和印度为印太地区的海洋大国,因此未来两国须在维持开放和稳定的海洋方面加强合作。岸田所提的"印太地区",包括印度洋—南海—太平洋的海上运输线,这一概念巧妙地把南海纳入其中。然后在 2016 年至 2017 年初,频频接触英国和法国,再次把南海和"印太"进行地理概念上的捆绑。[1] 同时,针对英法是曾经的殖民宗主国的历史,将南海局势与亚洲和中东、非洲之间的海洋交通问题捆绑起来,以与英法等国共同维护自由开放的海洋交通为借口打造在南海围堵中国的海洋联防圈。[2] 这也是从 2016 年下半年开始稻田朋美与美国、法国等国频频探讨联合巡航、联合演习的主要动机。

三、日本的南海政策的趋势展望

展望未来,日本的南海政策将朝着既定方向继续快速推进。首先,安倍在任这几年,其领导力和民意支持没有受到根本动摇,即使是在强行推动新安保法案通过的那段时间。同时,日本政坛近年来日趋保守,并明显表现出强人政治的趋势。从小泉政权开始到现在,凡是执行强人政治的首相都获得了很高的民意支持来贯彻其强硬政治主张,如小泉纯一郎和第二次上台的安倍晋三。而走温和路线带来的则是政权的频繁更迭,正如 2007 年到 2012 年之间所呈现的日本政坛乱象。因此,安倍的强人风格将延续下去。再加上新防相稻田朋美的鹰派倾向,未来日本炒作和利用南海问题的力度会继续加大,在南海问题上向中国发难的姿态将更加直接和强硬。

其次,安倍政权领导下的日本将中国视为其国家战略大转型的障碍和首要威胁,因此,日本的南海政策作为国家战略转型的长期性、系统性工程的一个有机组成部分,将继续发挥遏制和围堵中国、提升地区秩序的话语权和扩大海外军

---

[1] "Third Japan-France Foreign and Defense Ministers' Meeting," Ministry of Foreign Affairs of Japan, January 6, 2017, http://www.mofa.go.jp/erp/we/fr/page1e_000122.html.

[2] 〈第 3 回日仏外務・防衛閣僚会合(2＋2)共同発表〉,日本外务省,2016 年 1 月 6 日,http://www.mofa.go.jp/mofaj/files/000216551.pdf。

事存在的抓手作用。未来安倍政府将继续沿着拓展和深化与南海周边国家和南海关切国的外交和直接防务合作以联合对抗中国的方向发展；将积极"变现"对南海周边国家的经济防务援助，兑换成其在南海地区增加军事活动的"筹码"；将继续处心积虑地推销所谓联结南海、太平洋、印度洋、欧洲、中东、非洲的自由开放的国际海上通道，扩大沿线国家"朋友圈"，转移国际社会对其海外军事扩张的注意力和防范意识，打造围堵中国的海洋联防圈。

最后，日本借南海问题提升自身在美国的亚太同盟体系中的地位的用心将更加明显。未来日本在南海问题上争取与美国平起平坐，甚至取代美国主导南海局势的可能性增加。安倍视日美同盟为其战略转型的跳板，上台后主动巩固和强化日美同盟，有力推动了奥巴马政府的"亚太再平衡"战略。然而，安倍绝不仅仅满足于做美国的马前卒，在美国身后亦步亦趋。安倍解禁集体自卫权，由美国单方面保护日本变成日本与美国相互协防，就是要使日本在日美同盟中获得与美国平起平坐的地位。安倍最终的目标，是至少拿到在亚太地区的主导权或联合主导权，这个趋势在 2016 年日本的南海政策中已初见端倪。这也解释了为何在奥巴马政府任期的最后几个月对南海问题有所收敛和谨慎之时，稻田朋美却扬言要与美国联合巡航。在特朗普政府的亚太政策倾向尚不明朗的背景下，安倍政府是否会先行一步，担起搅局南海的急先锋的角色，甚至引导特朗普政府的亚太政策的制定和亚太安全秩序的调整，是值得密切观察的问题。

四、几点思考

2016—2017 年世界格局的关键词是"变"，英国脱欧，杜特尔特上台，特朗普赢得大选，中东乱局前途未卜，等等。根据前文的分析可以判断，日本的南海政策的"变"是有章可循的，但处理难度很高，需要冷静和智慧相结合、身段灵活和战略定力相结合。国际格局之"变"错综复杂，一时难以清晰把握。国际格局之变对南海局势有不可忽略的影响，因此处理起来同样需要灵活的战术和高度的战略定力。

在南海问题上,面对日本主动挑事制造紧张气氛,中国应保持冷静,清醒认识到日本虽然有做南海的主人之心,但作为域外大国,它在南海问题上有天然的局限性。日本目前在南海搅局所凭借的理由不外乎日本在南海拥有重要利益,以及对自由航行安全和地区和平稳定的关切。若想在南海问题上采取直接行动,难度很大。这也是印度、澳大利亚甚至美国在插手南海事务时所面临的局限。因此,对南海问题的影响力,在很大程度上取决于南海周边国家、东盟以及域外其他大国的态度和立场。

综合过去几年的情况来看,南海地区国家各有各的算盘,对日本在南海地区介入的接受度也有所区别。虽然日本提供很多优惠条件以期加强与东南亚国家的经贸合作,但东南亚国家并没有因此完全倒向日本,而是从自身利益角度出发做出合理选择。有些国家,如柬埔寨,对日本的施压明确表示了反感,甚至因为日本的施压反而支持中国;有些国家,如越南、马来西亚,属于两面下注型,不会听任日本的摆布;即使是印尼,在与日本进行防务接触时也非常在意中国的反应。

因此,未来中国在具体政策行动上,需要继续坚定地推进双轨思路的具体落实,保持"南海行为准则"(COC)磋商的积极进程,在南海地区就渔业养护、环境保护、防灾减灾、打击非法犯罪活动等议题与相关国家展开合作,用切实行动向南海周边国家和东盟展现中国维护南海和平与稳定的诚意。中国还应充分利用每一次突发的南海防务事件,将其转化为巩固和扩大中国在南海的维权存在以及主动制定预防冲突和危机管理机制的机会,将话语权和地区规则的主导权牢牢掌握在手中,将南海问题的解决牢牢控制在中国与东盟之间的互动渠道中。

在舆论引导上,过去几年日美等国利用国际舆论煽动和渲染南海问题,抹黑中国的形象,将中国的建设性的政策努力淹没在日美的批评声中,混淆视听。因此,今后中国应更加主动发声,加大引导国际舆论的力度,积极宣传中国与其他南海声索国和东盟组织之间为管控和解决争端所进行的各类建设性努力,树立中国积极解决南海问题的健康形象。同时,积极向地区和国际社会阐释日本的安保转型、迅速增加的海外军事活动与日本的侵略历史之间的联系,提高国际社会对日本的警惕和防范意识,打赢未来的国际舆论战。

应对日本在南海的挑战,中国除了见招拆招外,还应充分发挥"围魏救赵"战术,跳出南海制定更加主动的反制策略。

第一,在经济上中国应继续保持和日本密切的经贸往来,开拓和深化两国经贸合作的层次和领域,加快中日韩自贸区谈判和区域全面经济伙伴关系(简称RCEP)的推进,赢得日本国内反对党派、和平反战力量和工商业界的好感,向他们澄清中国在南海问题上的合理合法的立场诉求和为维护南海和平所付出的努力,表达对日本的新安保法案和日本南海政策给南海地区和平稳定带来负面影响的担忧,从而争取日本国内和平力量对安倍政权施加压力,增加安倍推行其政策方针的阻力。

第二,正如日本利用南海消耗中国精力一样,中国应采取东海反制的策略,以东海局势作为筹码,使得日本在插手南海事务时有所忌惮。中国有步骤有计划有分寸的维权活动使得日本在东海面临很大压力,中国在东海问题上一旦有所动作,将大大牵扯日本的精力。因此,中国应一方面继续在东海问题上保持压力,同时,当日本在南海问题上采取挑衅举动时,中国采取灵活的出招予以回应,如中俄联合军演、解放军在日本海和西太平洋的远海训练、东海油气开发等,使日本明确认识到中国在南海问题上所能接受的日本介入的底线。

第三,中国应加快"一带一路"倡议的具体研究和实施,支持东盟国家加速东亚经济一体化和东亚共同体建设的努力,趁着特朗普政府终止 TPP 之机,加速推进 RCEP 谈判,扩大东亚地区国家之间的利益公分母。

第四,当前日本在国际场合对南海问题发难的一个切入口是中国在南海的岛礁建设活动。不可否认,中国的岛建活动引起了周边国家的担忧和国际社会的关切,给日美等国提供了插手南海的良机。因此,中国应继续耐心向周边国家澄清岛礁建设的和平目的,积极展开岛礁的非军事用途设施的建设和利用,特别是海洋监测、搜救、渔业、海洋科研设施的开发和建设。中国应考虑将周边国家甚至是域外国家纳入岛礁设施的建设、维护和利用过程中,共同合作为国际社会提供公共产品,向国际社会展示中国在海洋和平利用方面的决心。

第五,南海问题乃至世界格局面临的一大变数,是美国总统特朗普。根据特朗普竞选以来的言论来看,他对亚太地区的中国、日本和俄罗斯的态度和以往总统似乎有不小的区别。特朗普的美国优先,让盟友承担更多责任,终止跨太平洋伙伴关系协定(简称 TPP)等一系列政策倾向,给南海问题和整个亚太局势带来了新的变数,可以说,南海前景具有前所未有的不确定性。这种不确定性既是危险也是机会。从危险的角度来看,美国的调整将有可能给安倍提供难得的空窗期,用来迅速扩大日本自身在南海的影响力。同时,安倍也会利用特朗普对南海问题的缺乏经验,有意识地影响特朗普政府的南海政策和亚太政策。实际上,从2016 年美国大选后安倍就开始打特朗普的算盘,2016 年 11 月和 2017 年 2 月两次拜会特朗普,送上千亿元大礼"朝贡",就是为了争取特朗普对日倾斜。可以预见,未来日本因素在南海问题上将更加活跃,未来南海风险管控的难度因此明显增加。从机会的角度来看,特朗普在南海问题上的立场尚未最终成型,这给中国在南海问题上引导特朗普政府提供了机会。未来中国需要保持高度的战略定力,对内努力发展自身实力,对外审时度势,加强对特朗普政府的研究,加强中美之间在国际治理方面的合作,将南海问题纳入中美在广泛领域建立合作与竞争并存的规范机制的进程。这样,中美之间就能在南海问题形成真正规范化的管控机制,南海中的美国因素处理好了,其他域外因素包括日本因素就能处理好,南海就能真正成为和平稳定之海。

日本的海洋观念与中日海上战略碰撞

侯昂妤*

[内容提要]　日本以海洋为生命线,充分发挥其海洋国家的资质,开始了其近代化历程。日本的海洋观念有其鲜明的特点:强烈的海洋国家意识助推"中国威胁论";信奉海权论,日本新"南进"与中国"东出"成十字交锋;保持明显的海洋心理优势和先发制人的战略传统;具有较强的海洋地缘思维,长于倚强逞强的结盟。这些特点以陆海二元对立为逻辑起点,曾经挑起了侵略中国的战争,当下又引发中日海上战略碰撞。中日海上战略碰撞是力量的较量,更是智慧的角逐,还是民族性格和道德张力的比拼。

[关键词]　日本　海洋观念　战略碰撞

日本是一个只要有动机就会充分发挥其海洋国家资质的民族。日本的近代化离不开"海",它学习马汉的海权思想,拓万里波涛而一振跃起,走出了一条独特的海洋之路。这条路是强化自我海洋国家意识、推崇"南进"、保持海洋心理优势和先发制人的战略传统、深化倚强逞强的海洋地缘结盟的路,它以陆海二元对立为逻辑起点,曾经挑起了侵略中国的战争,当下又引发中日海上战略碰撞。

---

*　侯昂妤,发表本文时为军事科学院国家边海防研究中心副研究员。

一、日本的海洋国家意识助推"中国威胁论"

日本是一个由北海道、本州、四国、九州等大小 4 000 余个岛屿组成的弧形岛国。作为典型的岛屿国家，日本始终游离于东亚大陆体系之外。"日本是在近代化过程中迈出巨大步伐的唯一非欧洲国家"，①"所谓海洋国家意识，一般是指受海权论影响，认为日本作为一个岛国应该发展海洋和贸易事业，发挥海洋国家的优势，特别是应该建立海军实力成为海洋强国。其中，最惹人注目的观点是主张海洋国家之间应该结成同盟，日本应该与英、美等海上强国结盟维护自己的安全"。② 日本的现代海洋国家意识，是学习西方的结果，集海上贸易、海外扩张于一体。

日本海洋国家意识在 1853 年美国佩里黑船事件的冲击下渐渐萌生，清晰的表达则始于明治维新时期，"脱亚入欧"和"拓万里波涛，布国威于四海"是突破锁国、走向海洋的宣言。逐渐坚定于甲午战争，其海洋观念进一步转化为行动，甲午战争取得鸭绿江战役的胜利是争夺制海权的体现。甲午战争后，日本初具海洋帝国的雏形。台湾变成日本的殖民地，标志着日本在太平洋扩张的开始，日本其后又向夏威夷开展移民。日俄战争的胜利是日本海洋观念成熟的体现，当日本集结了舰队并在对马海峡获得全歼俄国波罗的海舰队的胜利后，马汉称赞日本证明了他集中使用舰队原则的正确性③。在第一次世界大战时期，日本的海洋观念不断深化，宣称"欲谋世界性发展必须求诸海洋"，将海洋与日本的世界性扩张紧密地结合在一起。第二次世界大战时期，日本的海洋观念不断高涨，海洋国家意识和海洋行动都走到了巅峰。日本将每年 7 月 20 日定为"海洋纪念日"，

---

① ［美］埃德温·赖肖尔著，卞崇道译：《近代日本新观》，北京：生活·读书·新知三联书店，1992 年版，第 2 页。

② 廉德瑰：《日本的海洋国家意识》，北京：时事出版社 2012 年版，第 9 页。

③ Quoted in Evans and Peattie, 84; Yamanashi ihoroku, 23; Sakurai, 236 - 237, 388.

"以向国民普及宣传海洋思想",将海洋力量延展到东南亚,直到和美国发生对抗。二战结束后,日本在亚洲大陆的失败,更坚定了它的海洋国家信念,并增加了新的内涵。

日本的海洋国家意识能够上下一心地成为国家意志,是思想家极力鼓吹、宣传和浸透的结果。日本的海洋国家论者中,福泽谕吉、吉田茂和高坂正尧最为著名。高坂正尧是吉田茂与大平正芳的顾问,他首次引入了"海洋国家"这个术语,后来又引入了"商业国家"概念来形容日本最理想的定位。高坂正尧对日本的国家定位就是海洋国家,他将日本比作13世纪的威尼斯以及17世纪的荷兰,认为日本的未来在海洋,对日本来说,最重要的是与美国保持亲密关系。20世纪50年代高坂正尧的《海洋国家日本的构想》无论在政治界还是学术界都备受推崇,影响深远。前原诚司就是他的学生,追随并传播其海洋国家思想。20世纪90年代以来,"海洋日本论"日益发展成为一种政治化思潮。"从19世纪80年代福泽谕吉的自由国际主义者到一个世纪以后小泽一郎的观点之间可以连成一条直线。"①从福泽谕吉的"脱亚入欧"到高坂正尧的海洋国家,再到麻生太郎的"自由与繁荣之弧"之间,也是可以连成一条直线的。

日本的领土面积虽然只排在世界第61位,但它的周边海域,即包括领海和专属经济区在内由它支配的海域面积却达到447万平方千米,是其领土面积的12倍,位居世界第6位。所以,日本在海洋国家中也算得上是个不小的国家。与大陆国家以农业为主不同,日本很大一部分生活资料必须从海洋获得。对海洋的依赖感和对自然灾害的危机感、对大陆国家的恐慌感交织在一起,成为日本的历史惯性和精神情结。19世纪末,日本把朝鲜视为自己的"利益线",20世纪30年代,日本把中国的东北当作它的"生命线",似乎不占有中国东北,日本就会灭亡。第二次世界大战中,它把整个"大东亚"视作"共存共荣"的基地,似乎为了它的"存"和"荣",周边陆地国家都要放弃土地、独立和自尊。日本的民族心理有

① [美]理查德·J.塞缪尔斯著,刘铁娃译:《日本大战略与东亚的未来》,上海:上海人民出版社2010年版,第147页。

一个非常特别之处就是有强烈的受迫害感,也就是总是"误认为自己受到攻击非难"。① 尤其是邻近陆上大国——中国成为它虎视眈眈的首要目标,中国强大的时候,是日本满怀敬畏的学习对象;中国虚弱的时候,是日本进攻占有的侵略目标;在中国将强未强的时候,是日本百般恐惧和极力阻挠的标靶。

100 多年前,"中国威胁论"就弥漫、笼罩日本,清政府在 19 世纪中期学习西方船坚炮利的洋务运动令日本恐慌不已。19 世纪 80 年代后半期日本国民处于"一听到清国新造了一艘军舰,便像得了头痛病一样担心"的状态。② 就连向来嘲笑中国是"愚昧保守"之"老大帝国"的福泽谕吉也在 1882 年的《兵论》中谈道:"支那近代非常致力于制造新式兵器","陆海军不仅可与日本匹敌,而且海军是日本的近一倍","骤然之间于东洋出现一大强国"。③ 日本思想界、言论界的棋手德富苏峰也屡次倡导"中国威胁论",认为中国是阻碍日本膨胀的大敌。1891 年他宣扬中国将成为一个值得恐惧的国家,将来在印度洋、太平洋、南洋的贸易竞争当中必将成为日本的劲敌。④ 日本思想家竹越与三郎明确告示日本国人:"在所有方面,妨碍我国家扩张的前途者是清国。苟欲建设大日本,我外交上的深忧大患不是欧美,而是在清国。"⑤日本舆论界宣扬"中国威胁论"其实并不是真正意义上的遇到威胁,而是在西方"黄祸论"的背景下,在其自身向朝鲜及世界扩张的过程中感到中国是其庞大的障碍,企图通过宣扬"中国威胁论",来强化日本国民的危机感与敌忾心,鼓动日本政府扩军备战,进而煽动日本举国发动战争。⑥

中日两国一衣带水,在互相影响、互相较量的历史中,日本一直对近在咫尺的庞然大国心存戒备。当下日本担心中国的"富国强兵"如果跟日本明治维新一

---

① [日]土居健郎著,阎小妹译:《日本人的心理结构》,北京:商务印书馆 2002 年版,第 196 页。
② [日]德富苏峰:《支那改革并非难事》,《国民之友》第 4 号,1887 年 5 月。
③ 庆应义塾编:《福泽谕吉全集》第 5 卷,东京:岩波书店 1959 年版,第 307 页。
④ [日]德富苏峰:《对外政策的方针》,载《国民之友》第 126 号,1891 年 8 月 3 日。
⑤ [日]竹越与三郎:《支那论》,《清议报》,1900 年 3 月 1 日。
⑥ 福泽谕吉之所以在名为《兵论》的文章中宣扬中国之"进步",就是旨在呼吁日本政府强化军备扩张(庆应义塾编:《福泽谕吉全集》第 5 卷,第 315 页。)

样成功的话,中国也会走上霸权和侵略的道路。日本认为中国在近代饱受列强欺凌,因此中国人有着强烈的民族自尊心。日本防卫研究所的报告称:"面对鸦片战争以来150多年中从未出现的'强力的中国',日本将如何应对是一个新问题。"①面对逐渐强大的中国,日本开始恐慌、焦虑,这种恐慌和焦虑自然而然使得它配合、助推"中国威胁论",有时甚至主导"中国威胁论"。日本的"中国威胁论"是地缘、历史、心理、战略传统等因素交织汇集的产物。当下的"中国威胁论"在心理上是对邻近大国崛起的恐慌,从策略上看是使"将强未强"的中国在国际舆论上处于被动和劣势的方法,为崛起中的中国制造不利的国际环境障碍。

日本的海洋国家论者,即海洋派认为,日本无论从地理位置还是历史过程中看都是一个海洋国家,而中国则是大陆性国家。世界上不会存在"海陆兼备"的国家,国家要么是海洋性,要么是大陆性的。作为大陆性国家的中国无法在海洋领域战胜日本。日本的海洋派对于中国从一开始就是否定排斥的,陆海二元对立是日本与中国海上对抗的逻辑起点。福泽谕吉最早提出疏远中国,远离"恶邻"。② 他们对中国的态度是批判、是蔑视,至少也是敬而远之。随着中国海洋意识的逐渐觉醒和经济实力的增强,日本的失落感和受迫害感越来越强烈,认为大陆国家中国发展海权就是对日本利益的损害,中国是一个会掀起波澜的国家。③ 渡边利夫说:"东亚共同体的主导显然是中国,背景是中国的地区霸权主义,目标首先是统一台湾。统一台湾之后走出海洋是中国多年的梦想。中国如果不能确保海洋通道和石油能源进口的安全,其发展就不能得到保障。中国这样的缺乏资源的超级大国,其发展本身就是霸权行动。"④日本的领导者认为中国是既有用又可怕的对手。自1996年起,日本开始把中国作为防范对象,这一年的《防卫白皮书》正式提出中国是"警戒对象国"。有关"中国威胁"的公众讨论

① 研究报告《21世纪日本外交基本战略》(2002),日本首相官邸网站:http://www.kantei.go.jp/jp/kakugikettei/2002/1128tf.html,登录时间:2002年11月19日。
② [日]福泽谕吉:《文明论概略》,北京:商务印书馆2007年版,第43页。
③ 这是高坂正尧的观点,但他并不认为中国一定会侵略别的国家,而是说中国的权力增大就会给周边国家带来风浪。
④ [日]渡边利夫:《新脱亚论》,东京:文春新书出版社2008年版,第283—285页。

在 21 世纪初相当激烈。2001 年至 2003 年,日本杂志中有超过 500 篇相关文章主要集中于三个一贯的主题:与中国的经济关系是危险的,中国不是一个合作性的邻国,中国的军事野心很危险。① 2004 年 12 月 10 日,日本内阁通过并发表新《防卫计划大纲》和 2005 至 2009 财政年度《中期防卫力量整备计划》。新大纲突出强调中国"威胁"。2011 年日本《防卫白皮书》提出中国"海上威胁",2013 年的《防卫白皮书》矛头直指中国,中国部分占了三分之一篇幅,用图表分析了近几年中国在日本近海的活动和特征,"中国海监船进入钓鱼岛 12 海里区域 41 次",而"日本航空自卫队战斗紧急升空应对中国飞机的次数为 306 次"。可以预见,未来日本对中国走向海洋将持天然排斥立场,其敌视的强度和反对的烈度不可低估。

二、信奉海权论,日本新"南进"与中国"东出"成十字交锋

日本向海外延伸的历史次数不在少数。如白村江之战、丰臣秀吉出兵朝鲜、明治维新以及太平洋战争等。马汉的海权论在日本传播之前,林子平②、胜海舟③等认为"海国之武备在海边,海边之兵法在水战,而水战之要在大炮,此乃海国之当然兵制也"。这些思想和行动充分显示出了日本伺机而动的海洋外向型、扩张性特点,这一点与马汉海权思想的吻合度非常高。因此,日本不仅毫无心理障碍地接受、信奉、传播海权论,还不断延伸和拓展海权论。

1896 年,日本东邦协会将马汉《海权对历史的影响:1660—1783》全文译为日文。该会副会长副岛种臣在日文版序中称:日本是海洋国家,如能熟读马汉的著作,掌握马汉笔下的"制海权",日本不仅可以支配太平洋的通商,巩固海防,还可以攻击敌人。副岛把该书献给了明治天皇及皇太子。根据天皇手谕,全日本

① [美]理查德·J.塞缪尔斯著,刘铁娃译:《日本大战略与东亚的未来》,第 186 页。
② 林子平(1738—1793),林子平一生著述颇多,其中《三国通览图说》与《海国兵谈》最为著名。
③ 胜海舟(1823—1899),日本开明政治家,江户幕府海军负责人。

中学以上学校都开始研习马汉的著作。马汉说日本是他最忠实的追随者。在马汉的回忆录中,他讲述了"与一批日本官员和翻译的愉快通信"。没有人比日本人"对这一课题给予更密切、更兴趣十足的关注",这一点在"其制备和他们在日俄战争中的成就"上表露无遗。马汉认为同类作品中再也没有比他的著作更多地被翻译成日文。1902 年,山本权兵卫将军为他在日本海军学院提供了一个待遇丰厚的讲习职位。马汉的著作和思想迅速在日本掀起"海权风","海洋主义""大海军主义"纷纷问世。"在马汉的思想遗产中,铭刻于日本最深的大概就是他对战列舰和舰队决战的执着。海军历史学家罗纳德·斯佩克特说:'日本海军在战略上是它美国对手的忠实影子。日本海军深深吸了一口马汉用帝国主义和咸咸的海水共同炮制的劲道十足的、也许还带点霉味的烟雾。'"①被誉为"日本现代海军战略之父"的秋山真之,他的职业海军生涯是从追随马汉开始的。马汉给予了他直接指导,而秋山被马汉的著作深深折服,到了倒背如流的程度。1898年 4 月,美西战争爆发,秋山被允许加入美国舰队,从坦帕湾起锚前往古巴。在圣地亚哥,他目睹威廉·T. 桑普森率领的美国舰队把帕斯夸尔·塞韦拉率领的西班牙舰队封锁在港口内并加以摧毁。在日俄战争时期,秋山真之吸收了圣地亚哥的经验,制订了把俄国太平洋舰队堵在旅顺口并将其击沉的作战计划。佐藤铁太郎 1900 年去美国学习,从此倾倒于马汉的海军至上主义,成为"海主陆从"战略的倡导者和宣传家。1901 年佐藤铁太郎写成了一本战略宣言《帝国国防论》,在书中他强调日本必须利用有限的资源成为海上强国,认为日本必须"利用其地理位置来扩大海权",为了支持自己的论点,佐藤广泛引用了马汉关于制海权的重要性、集中兵力、舰队决战和先发制人的论述。他认为现在是时候去尝试向世界扩张了,日本的全球扩张需要依靠海上扩张。一个中级军官中原义正(Nakahara Yoshimasa)大佐把马汉的理论推向极致,他因狂热地追求向南方扩张而被戏称为"南洋之王"。1939 年 9 月,他强烈呼吁,日本最重要的事情是借

---

① ［日］麻田贞雄著,朱任东译:《从马汉到珍珠港:日本海军与美国》,北京:新华出版社 2015年版,第 1 页。

欧战之机迅速扩大海上力量。他坚持日本"应以闪电般的速度推进到南洋","今天是作为海洋国家的日本把它的旗帜尽力插到孟加拉湾的时刻"。马汉关于进攻的重要性、大型战舰和舰队决战思想在日本得到了广泛的传播和接受,日本也全盘接受了马汉将海权看成是实现国家利益的主要手段的思想。

从 19 世纪中期开始,日本的"南进"逐渐压倒"北进",是海权至上的体现,是海洋观念的行动展开。"日本开国进取的方针,不只是北进的、南进的策略,也是一个很重要的趋势。在幕末时代,压迫日本的外国势力有两个,一个是从北方来的俄国,一个是从南方来的英美诸国。从大陆来的俄国引起日本的北进,而从海上来的英美诸国,便引起日本的南进。其实这两个名词还是不很妥当,我们还是说它是'大陆进取政策'和'海洋进取政策'要明显些。代表大陆进取的是陆军军人,当然代表海洋进取的是海军军人。"①很显然,日本当"陆主海从"压倒"海主陆从"的时候就会走上"北进",当"海主陆从"压倒"陆主海从"的时候就会选择"南进"。

中日甲午战争、日俄战争中,日本为避免在南方与英国、美国、法国和荷兰发生冲突,所以选择的是"北进"的战略。在 1934 年放弃华盛顿海军条约、1936 年撤出伦敦海军裁军条约之后,日本大力进行海军军备扩张,加之日中战争不断扩大,日本开始感到需要南方的石油等重要战略资源。日本开始同时推进"北进"和"南进"政策。1936 年 8 月,日本广田内阁的五相会议(首相、陆相、海相、外相、藏相)正式把"向南方海洋发展"确定为"基本国策"。1939 年 2 月,侵占中国海南岛,3 月吞并中国南沙群岛。"在经历与苏军的'张鼓峰事件'和'诺门坎事件'后,日本完全放弃了'北进战略'。"②1940 年 4 月,日本有田外相发表声明,宣称日本与东亚诸国和南洋地区"相依相援""共存共荣"。1940 年春夏之交,日本明确了"北守南进",企图通过"南进",切断滇越、滇缅等外国援华的交通线战略。日本作为马汉忠实的学生,在打败了中国、俄国之后,开始以自己的老师——美

---

① 戴季陶:《日本论》,上海:上海古籍出版社 2013 年版,第 65 页。
② 〔日〕增田弘等:《日本外交史手册》,有信堂高文社 2002 年 4 月第 6 版,第 100 页。

国为对手了。1942年7月马汉的《海军战略：与陆战原则的对比》被再版了。在再版的序言里，军令部报道课的富永隈少佐说："如果没有马汉，大东亚战争就根本不会发生，至少不会有珍珠港的作战。"日本袭击珍珠港成功后，"南进"一度势如破竹。战后，日本提出了西南方向1 000英里海上生命线的概念，并不断向南延伸，直至把马六甲海峡都纳入其中。

19世纪60至90年代，中国曾经有过第一次海上崛起的近代化尝试，但是被甲午战争打断，20世纪30年代再次进行尝试，但是被日本的全面侵略打断。这一次中国走向海洋，日本的南进和中国的东出出现了重叠，构成了十字交锋。对日本来讲，南进是国策、是生命线；对中国来说，东出直接关乎国家崛起。这对两个国家都至关重要，且相互间具有实质性的矛盾。日本的海洋观念形成以后与中国的海上战略碰撞成为常态，只要这种在马汉海权指导下的以扩张和进攻为中心的海洋观念不改变，日本与中国的海上战略碰撞就不会停止。

三、保持明显的海洋心理优势和先发制人的战略传统

日本自认为得海之利、得天之佑。1274年、1281年忽必烈两次征日本都失败，蒙古人战无不胜的神话在海战中破灭。突如其来的台风，导致元朝的舰队损失，使得东征告吹。日本人认为是神武天皇的灵魂掀起"神风"击退了元军。因此，"神风"成了日本心理优越感的来源，海洋是日本与强敌对抗的胜利砝码。德川后期以荷田春满、贺茂真渊、本居宣长、平田笃胤等为代表的思想家，创造了一套独特的神学体系，认为日本是天照大神（太阳神）缔造的神国，人种是天神所造的神孙。日本是"普照四海万国之天照大神出生之本国，故为万国原本大宗之御国，万事优于异国"[①]。得海之利、得天之佑的心理是日本战斗精神的来源，日本神风特别攻击队，就是这种心理的体现。在1944年马里亚纳海战中，进攻开始

---

① ［日］石川淳编：《本居宣长全集》第8卷，东京：筑摩书房1972年版，第311页。

时,机动部队指挥官小泽治三郎海军中将发出信号:"机动部队现在开始进攻,要寻找敌人加以歼灭。我确信天会助我。各位要努力奋斗!"①

海风护佑的心理、自我神化的优越以及受迫害感的危机等交织在一起,催生了日本先发制人的战略传统。日本将"不入虎穴,焉得虎子"的主动出击奉为圭臬。幕末的吉田松阴继承和发展了德川中后期出现的"海外雄飞论",极力鼓吹对外扩张。他在《幽囚录》中写道,日本的大害来自华盛顿和俄国,且世界上许多国家正在包围日本。为摆脱这种困境,日本应该主动出击攻略他国,即"日不升则昃,月不盈则缺,国不隆则衰……北取满洲之地,南收台湾、吕宋诸岛,渐示进取之势"。② 福泽谕吉的"脱亚论"与其说是学习西方的宣言,不如说是进攻中国、与中国开战的宣言。日俄战争后,日本一系列的新条令强调"忠君爱国"为基础的"进攻精神"。进攻性是日本海洋观念的主要特点。秋山真之明确地指出:战争的主要目标是进攻,战斗力的主要元素是攻击力,战列舰是控制海战的作战单位。日本1910年的《海战要务令》,先后经过5次修改,到20世纪30年代中期为止,一直是日本海军的行动指南。《海战要务令》宣称:"决战是战争的精髓,战争必须是进攻性的。一场战役的目标是快速消灭敌人……其要点是先发制人和集中兵力。"1923年修改的《帝国国防方针》,强调了"帝国军队作战应根据国防方针,协同陆海军,争取先制之利,以采取攻势为宗旨","一旦有缓急当采取攻势作战,在我领土之外击破敌人"。1932年,正值"九一八"事变最紧张的时刻,马汉的《海军战略:与陆战原则的对比》(1911年)日译本出版了。该书译者、军令部的尾崎主税在序言中写道:"此书的出版是非常及时和重要的。"1936年6月,日本再次修改《国防方针》和《用兵纲领》,强调"在一旦有事之际,可先机制敌,迅速达成战争目的",进一步确认"攻势原则",力求"初战必胜"。19世纪初日本的政治和军队领导人,从马汉的《海权对历史的影响》中看到的是一种特定的有关美国的学说(通过海外扩张达到强国目的的国策),也是一种普适的海军

---

① ［日］外山三郎著,龚建国、方希如译,殷宪群、许运堂校:《日本海军史》,北京:解放军出版社1988年版,第174页。

② ［日］吉田松阴:《幽囚录》,东京:中央公论社1989年版,第227页。

理论(为争夺海权而进攻、进攻再进攻的战略方针)。

近代以来,日本与中国争海历占上风,历史的记忆使它具有明显的海上心理优势。并且先发制人是它的一贯战略,在甲午战争、日俄战争、侵华战争、太平洋战争中,都是主动出击。1999 年日本的《防卫白皮书》就明确提出了"先发制人"。从 20 世纪 90 年代中期到 2001 年美国发生"9·11"恐怖袭击事件期间,日本不断调整其军事战略,注重强调"海上击破"的前方早期遏制战略。"专守防卫"的军事战略似乎变为以"主动先制"为手段的"本土防卫与有选择地参与"军事战略,主要表现在防卫对象多元化、防卫范围扩大化、防卫力量外向化、防卫方针攻势化、日美军事同盟主动化等方面。① 海洋心理优势和先发制人的战略传统开始了新时代的新演绎。

四、具有较强的海洋地缘思维,长于倚强逞强的结盟

日本的生存哲学是以强者为师,与强者为伍,"攀附强援"是日本国家发展的最根本的路径。日本的历史中呈现浓烈的机会主义和追求强权、依附强权的色彩。日本近代启蒙思想家中江兆民曾经说过:日本没有哲学,没有哲学的人民,不论做什么事情,都没有深沉和远大的抱负,而不免流于浅薄;没有独创的哲学就降低一个国家的品格和地位。也许正是由于这样的民族特性,充满功利的结盟几乎贯穿了整个日本近现代历史。"成也萧何,败也萧何",日本可以说成也结盟,败也结盟。

作为世界上少见的善于结盟的国家,日本的结盟有自己的独特之处。首先是长于倚强逞强的结盟,在近代国家崛起的过程当中,与强者结盟而凌弱、获利是其最重要的手段,结盟可以说贯穿其近现代历史,成为它的战略文化基因一直延续至今。福泽谕吉大声疾呼:"为成今日之谋,我国不可待邻国开化而与其共

---

① 盛欣、何映光、王志坚、郭成建:《富士军刀》,北京:解放军出版社,2002 年版,第 109 页。

兴亚细亚,莫如脱离其行伍,与西洋文明国共进退。"①先是脱亚入欧,后与英国结盟针对俄国,陆续有日英美法四国条约、日德意同盟和日美同盟,二战后又追随美国,先后与全球最强大的海上霸主英国、美国,陆上最强大国家德国结盟。1978年,自民党在阐述日本的"综合安全保障"时,曾总结结盟的秘诀在于不加入"弱者的同盟",而加入"强者的同盟",与强者为伍。日本几乎每一次结盟都无一例外地选择了它所认为的世界第一强国。"与强者为伍,通过与强者结盟,侵略和凌辱邻邦,是战前日本外交的最突出特征之一。二十世纪一百年,日本结盟的历史就长达七十年。"②"在本世纪的近一百年里,日本只有不到二十年时间是处于同盟无关的状态。日本的外交实践似乎不断经历着这样的逻辑循环:挑衅—孤立—结盟—战争。"③

其次是日本的每一次结盟都是典型的"远交近攻"。日本的战国时代就奉行"远交近攻"战略。16世纪中期织田信长采取"远交近攻",与近江的浅井长政、甲斐的武田信玄、越后的上杉谦信结盟,攻击美浓的斋藤龙兴,并乘乱控制美浓国。"远交近攻"的结盟似乎成为日本政治、军事文化的一部分,一直在延续、演绎。1902年与英国结盟,意在准备日本对俄国的战争,将俄国挤出朝鲜半岛,1904—1905年对俄国的战争得以如愿。日本驻英公使林董讲得非常明确:"没有日英同盟,就没有日俄战争。"④与遵循"光荣孤立主义"的最强大的海上霸主国家结为盟友,打败最强大的陆地邻国,近代日本的"远交近攻"首战告捷。1921年日、美、英、法签订了《关于太平洋区域岛屿属地和领地的条约》(简称《四国条约》),条约规定,互相尊重它们在太平洋区域内岛屿属地和岛屿领地的权利。日本第一次处于与欧美列强平等的地位,它在太平洋地区的权益得到其他国家的正式承认,"远交近攻"在这里表现得淋漓尽致。1940年日本与德国、意大利签订的三国同盟的主要内容就是:日本承认并尊重德、意在欧洲建立新秩序的领导

---

① 庆应义塾编:《福泽谕吉全集》第10卷,第240页。
② 李广民:《与强者为伍:日本结盟外交比较研究》,北京:人民出版社2006年版,前言。
③ 李广民:《与强者为伍:日本结盟外交比较研究》,第241页。
④ 转引自米庆余:《日本近代外交史》,天津:南开大学出版社1988年版,第186页。

权,德、意承认并尊重日本在"大东亚"建立新秩序的领导权。为夺取东亚利益而交远方盟友是"远交近攻"的更深的演进。

再者,日本在近代的每一次结盟,无论初衷是否是针对中国,但是中国都是最大的受害者。"作为我们重要的邻国,日本的每一次结盟,尽管最初都不直接针对中国,但每次深受其害的都是中国……"[1]如日本与英国结盟后的日俄战争(1904—1905),以中国东北为主战场,中国尽管处于中立,却在战争中遭受生灵涂炭,战争结束后1905年的日俄《朴次茅斯和约》将旅顺、大连地区和中东铁路长春以南支线的租借权转让给日本。第二次世界大战期间日本与德国、意大利结成三国同盟,日本直接针对中国,从1931年到1945年长达14年的时间里,日本的侵略战争席卷了大半个中国,施行了人类历史罕见的暴行,对中国的物质财富进行了疯狂的掠夺与破坏,对中国文化遗产进行了罕见的摧残与毁灭,中国伤亡同胞多达数千万,遭受直接财产损失高达1 000亿美元,间接损失达5 000亿美元,中国的现代化进程被打断,社会停滞甚至倒退。

最后,在结盟的分分合合和成败得失中,日本的海洋地缘思维、与海洋国家结盟的观念越来越清晰和明确。将日本初期的海洋观念与现在的海洋观念进行对比,可以发现,不变的是进攻和结盟,而变化的是结盟对象由陆地国家变为海洋国家。二战后日本进行战败反思,认为与大陆国家德国结盟是导致失败的根本原因。高坂正尧指出,日本作为海洋国家,在战前却与美国争夺太平洋的霸权,这是不明智的。他认为太平洋战争的意义并不只是在于美国的民主主义战胜了日本的军国主义,也不只是在于美国惩罚了日本对亚洲的侵略,还在于美国海军打垮了日本海军。日本作为海洋国家,却不与同样的海洋国家合作,而是走向对抗,结果惨败,这是海洋国家的宿命。日本的海洋派明确提出,日本面临大陆国家的挑战,日本应该与海洋国家结成联盟,日本应该在欧亚大陆的边缘地带建立一个战略包围圈。[2] 高坂正尧的结论是:日本的边疆在浩瀚的海洋,日本的

---

[1] 李广民:《与强者为伍:日本结盟外交比较研究》,前言。

[2] 廉德瑰:《日本的海洋国家意识》,北京:时事出版社2012年版,第24页。

未来在海洋。前原诚司也说过:"我的老师生前告诉我,无论有多大的困难,都要处理好日美关系。"安倍内阁的外交政策顾问冈崎研究所的冈崎久彦就主张日本如果与海洋国家英、美结盟,国家战略就不会误入歧途。日本最安全、最繁荣、最自由的时期是与英国结盟的 20 年间和战后与美国结盟的 50 年间。渡边利夫强调:为了对抗中国的大国化,日本应该保持在东亚的自由行动权,而确保自己生存的重要的两国关系是日美同盟。[①] 松下政经塾学生黄川田仁志的《海洋国家·日本を考える》一文里,结合日本海洋化现状,提出日本面对日新月异的海洋形势,要在今后的 20 年中着重发展:加强日美同盟,同时修改宪法第九条,实现海军自卫队的积极应对。

战前日本大陆派在亚洲大陆军事冒险的失败使得日本的海洋派更加坚定了其海洋国家意识和与海洋国家为伍的信念。当下,日本充分利用美国的战略东移加速南进,积极进入南海和马六甲海峡,试图推动越南、菲律宾和印度等更多国家卷入与中国的海洋纠纷,意在构建"海洋国家网络"和"自由与繁荣之弧",建立日、美、韩、澳、印为核心的"周边海洋国家联合"(Rimland-Maritime Coalition),打造环太平洋共同体。日本紧紧地拥抱美国,让太平洋变得更加狭窄。这就导致中日的海权之争具有宏大的国际背景。

结　论

近代以来,中日海权观念发展呈现以下几个特点规律:

第一,随着全球化时代的到来,无论是海洋国家还是陆海兼备国家,都必然最终选择走向海洋,因为在全球化时代,海洋作为全球性的通道和全球联系的介质具有先天性的巨大优势。海洋的通达性远远大于欧亚大陆本身的通达性,最主要的是中间没有民族、宗教、种族形成的人为阻隔。今天中日在走向现代化的

---

① 〔日〕渡边利夫:《新脱亚论》,东京:文春新书出版社 2008 年版,第 283—285 页。

过程当中,都选择了海洋立国,这也是历史的必然。

第二,中国是一个陆海兼备的国家,日本是一个岛国,两国基本地理条件差别决定了两国海权思想走向的不同。陆海兼备的中国始终要兼顾陆地和海洋两个方向的安全,因此,在海权问题上长期处于一种犹豫、动摇的状态,究竟是向陆还是向海,以及在海上走多远,都具有一定的不确定性。相反,日本作为海岛国家,其战略指向就单一得多,顾忌也少得多,它在海权方面的坚决性和进取性也就执着和强烈得多。

第三,对于中国和日本来讲,海权理论都不是本国的原创理论,而是来自西方、需要进行移植的文化和观念。但是中日两国对西方的海权理论的反应速度以及接受海权的深度,表现出了明显的差异。在敏捷和迟缓,主动和被动之间,既体现了两国移植西方海权的能力不同,也呈现了两国原初海洋文化底色的差异。

第四,中日两国的海权思想不是两条平行线,而是在交叉碰撞中相互影响的曲线。日本的海权思想在对中国的战争取得胜利之后,受到了进一步的刺激,得到了巩固和强化,在打败中国之后,海军至上理论势如破竹,打败了俄国后继而挑战美国,直到折戟沉沙。相反,中国的海权思想发展一方面是受日本海权和海军发展的刺激,另一方面受到日本侵略战争的极大打压和挫折。中国的海权思想本来还有一定的正常成长空间,但是由于甲午战败,海军没有了,海洋也被日本控制,中国海权思想发展的基础条件和根基不存在了。"望洋兴叹"的海权思想如同没有根基的浮萍,长不成参天大树。两国的海权思想是一个相互碰撞的结果,是一个相互影响的过程。特别是当今天中日两国都选择走向海洋,而两国的海上走向东进与南下交叉的情况下,产生一定的矛盾、冲突就有很大的可能性。中日两国在争夺西北太平洋方面,可谓政治上相左(大陆国家与海洋国家),空间上相斥(东出与南进),态势上相对(防御与进攻),手段上相克(遏阻与反遏阻)。中日海上战略碰撞具有危险性,"出于地缘战略的考虑,在狭窄的西太平洋海岸线很难同时容纳两个世界级大国,在第一岛链内也很难保持两支远洋海军".① 能否避免这种碰撞,关键在于增强中日两国之间的战略互信和战略管控,相互之间努力培植善意和信任,减少敌意和猜忌。中日在海上的战略碰撞是力量的较量,更是智慧的角逐,又是民族性格、道德张力和世界视野的比拼。

---

① 章明、陈向君:《太平洋的碰撞:浅论新世纪中日两国海上力量的发展及可能出现的冲突》,载《舰载武器》,2005 年 11 月,第 19 页。

深度介入南海争端:日本准备走多远?

朱清秀[*]

[内容提要] 冷战后日本对南海问题的安全关注经历了一个明显的变化过程。随着中日关系的恶化,日本的安全战略出现了有意制衡中国的实质性转变。日本开始寻求积极介入南海事务,并将此作为安倍内阁推行"积极和平主义"政策的一部分。日本介入南海争端的意图主要包括:一是通过"两海联动"策略牵制中国;二是迫使中国陷入南海争端沼泽之中;三是借此压制中国在亚太海域影响力的扩大。然而,日本介入南海争端加剧了南海局势的动荡,促使南海问题向更加复杂化、国际化和军事化的趋势发展,也给中国和有关国家和平解决南海争端带来了更大的阻力。为此,中国应积极作为,一方面加强与南海周边各国及东盟之间的交流与合作,另一方面压缩日本在南海地区的活动空间,为南海争端的和平解决创造条件。

[关键词] 南海争端 战略通道 海洋战略 军事合作

2015年5月和6月,日本海上自卫队与菲律宾海军在南海地区连续举行了两场联合军事演习,其中6月份的军事演习更是靠近中国的南沙群岛。虽然此次演习是在反海盗名义下进行,日本海上自卫队参谋长武居智久强调并不针对

---

* 朱清秀,发表本文时为南京大学中国南海研究协同创新中心助理研究员,南京大学历史学院博士后。

特定的国家和地区,①但在如此短的时间内日本自卫队与菲律宾海军在南海地区频繁进行军事互动,给原本已经剑拔弩张的南海局势再添紧张气氛,其用意不言而喻。与此同时,在5月28日日本众议院的和平安全法制特别委员会上,日本首相安倍晋三回答质询时"并不否认南海在自卫队为美军提供后方支援的'重要影响事态'的区域内"②。由此可知,日本一方面积极推动在南海地区和与中国存在主权争议的菲律宾进行军事交流与合作,为今后介入南海争端进行"热身活动",另一方面也为自卫队能够顺利走出国门而努力解除制度上的枷锁。

日本作为亚太地区重要国家,全面积极介入南海争端不仅给中国的国家安全带来挑战,同时也使得东亚地区的大国关系更加复杂,中日在南海有可能形成直接军事对抗的局面越来越明显。对于日本不断卷入南海事务的意图和目的,国内学术界进行了大量深入系统的研究。许多学者认为日本这样做,一是为了维护其海上战略通道的安全,二是为了与中国争夺地区主导权,三是为了在东海问题上牵制中国并形成两海联动局面,四是为了全面配合美国"亚太再平衡"战略和遏制中国海洋强国的发展。③ 然而,日本南海政策变化的根本目的,是为了和中国争夺在东南亚的外交、经济和政治影响力,这已经成为日本安倍内阁上台以来不加掩饰地推行"制衡中国"战略的一部分。④ 随着中国南海岛礁吹填工程的进行,日本的南海政策甚至出现了"军事介入"的新动向,日本有可能和美国一起在南海进行联合空中巡逻。

面对这样的局面,南海争端中的"日本因素"究竟将发展到什么程度? 日本介入南海争端对于南海形势又会产生何种影响? 中国又该将如何应对? 对这些

---

① "南シナ海で来週 日本・フィリピン共同訓練",NHK网站,2015年6月28日,http://www3.nhk.or.jp/news/html/20150616/k10010116621000.html,登录时间:2015年6月28日。

② 「首相、南シナ海での後方支援否定せず 衆院特別委」,日本经济新闻,http://www.nikkei.com/article/DGXLASFS28H63_Y5A520C1MM8000/,登录时间:2015年6月28日。

③ 相关文献可参考:王传剑:《日本的南中国海政策:内涵和外延》,载《外交评论》,2011年第3期;张瑶华:《日本在中国南海问题上扮演的角色》,载《国际问题研究》,2011年第3期;李玲群:《日本的南海政策及其发展演变》,载《和平与发展》,2015年第1期;杨继龙:《论南海争端中的日本因素》,载《太平洋学报》,2013年12月第21卷第12期;等等。

④ 朱锋:《国际战略格局的演变与中日关系》,载《日本学刊》,2014年第4期,第1-10页。

问题，本文将进行深入分析和探讨，以求清晰和准确地揭示日本南海政策的基本内容和未来走向。

一、日本与南海争端：从"战略旁观"走向"战略介入"

在第二次世界大战中，日本出于"南进"战略的需要曾经侵占过南海地区西沙及南沙群岛①的许多岛屿，并在岛上修建了军事和生活设施。第二次世界大战结束后，日本在 1951 年 9 月签订了《旧金山对日和约》，标志着日本正式从国际法层面放弃了对南沙群岛的主权，同时也标志着新中国开始承继对南沙群岛的管辖②。冷战期间，南海地区成了美苏争夺东南亚及东亚地区主导权的主战场，双方的军事力量在南海两端相互对峙。此时，日本在"吉田主义路线"指导下，开始走上一条"轻军备、重经济"的发展道路，因而对南海地区并未流露出任何明显的政策诉求。这一方面是由于日美同盟的存在，日本担心的南海地区海上交通线安全问题可以得到保障，另一方面是由于日本对于南海周边各国的关注主要集中在经贸领域，军事安全问题尚未引起日本注意。即便是铃木善幸内阁 1981 年接受了美国的要求，同意由日本自卫队负责日本周边 1000 海里以内的海上交通线的防卫③，自卫队的活动范围也并未到达南海地区。因此，这一时期的南海争端尚未进入日本政府的外交政策议题选项中。

随着苏联的解体和冷战的结束，"俄罗斯远东地区的军队数量和规模不断缩

---

① 1933 年 7 月日本外务省制作了《关于南海诸岛的文件》，8 月在西贡的日本领事馆向日本外务省呈送了《作为水上飞机基地的新南群岛》的文件。1939 年 2 月日本侵占海南岛，3 月侵占西沙群岛，9 月决定侵占新南群岛。对于日本的侵占行为法国提出抗议，但日本并不接受，不过 1942 年 12 月的大暴雨将新南群岛全岛上的设施全部毁坏。详细内容参考浦野起央：『南シナ海の安全保障と戦略環境(一)』，「政経研究」，第四十九巻第一号(2011 年 6 月)，51-54 頁。

② 浦野起央：『南シナ海の安全保障と戦略環境(一)』，「政経研究」，第四十九巻第一号(2011 年 6 月)，56 頁。

③ 日本自卫队防卫的 1000 海里以内的海上交通线主要有两条，一条是从日本本土到关岛附近的东南航线，另一条为从日本本土到菲律宾附近巴士海峡的西南航线。

减,军事训练及演习活动的频度也日益降低"①。这使得冷战期间长期承受来自苏联强大军事压力的日本可以将其战略重心由北海道及日本海周边向西南方向转移。同时,随着日本"普通国家"化战略导向的发展,日本政府及民众希望日本在今后的国际事务中可以发挥更加积极主动的作用,承担作为经济大国理应承担的国际责任。于是,日本开始将目光聚焦到关系日本"海上生命线"安危的南海地区。

(一)日本以中间人或调停者的姿态尝试介入南海争端

日本利用其域外大国和非当事国的身份积极扮演斡旋者的角色。1995 年中菲"美济礁事件"爆发后,"日本和菲律宾在一次副部长级会议上讨论了美济礁事件,菲律宾要求东京'敦促'北京采取克制行动,结果 3 月 2 日在北京举行的一次双边副部长级会议上,日本一位副外长就要求中国采取和平方式解决问题"。② 同年 5 月,村山富市首相访问中国,再次向李鹏总理提及南海问题,表达日本对"美济礁事件"和对中菲关系紧张态势升级的关注。③

(二)以非传统安全为切入点介入南海争端

南海地区特别是马六甲海峡长期存在的海盗问题对来往的航运船只造成极大威胁。由于日本从中东进口的石油等战略物资必须要经过该地区,因此,日本以打击海盗的名义将军事力量投送到南海地区不仅可以增强日本在该地区的影响力,提升介入南海争端的能力,同时也有利于日本塑造积极承担国际责任和履

---

① 『平成 7 年版防衛白書』,http://www.clearing.mod.go.jp/hakusho_data/1995/ara13.htm,登录时间:2015 年 6 月 28 日。

② 李金明:《美济礁事件的前前后后》,载《南洋问题研究》,2000 年第 1 期,第 70－71 页。

③ 参考 Lai To Lee, *China and the South China Sea Dialogues*, Greenwood Publishing Group, 1999, p. 144,转引自李聆群:《日本的南海政策及其发展演变》,载《和平与发展》,2015 年第 1 期。

行负责任大国义务的国际形象。1999 年 10 月在南海海域发生的日本商船遭海盗劫持事件,让日本找到了在南海地区增强军事存在的突破口。日本利用该事件大打悲情牌,海上保安厅长官相继访问南海周边各国,商讨与东南亚各国开展反海盗演习,并要求派遣大型舰艇巡视南海。2001 年 10 月,在东盟"10+3"会议上,时任日本首相小泉纯一郎首次提议东南亚及亚洲各国通过签署《亚洲地区反海盗及武装劫船合作协定》,积极推进在南海地区打击海盗与武装劫船的合作进程。经过三年多的谈判,日本、中国、印度及东盟十国 2004 年 11 月在东京达成了共识,缔结了该协定。依据协定,各国在新加坡设立一个信息交流中心,负责报告海盗活动及调查海盗事件。为了有效推动该中心的工作,日本宣布提供 4 000 万日元的运营经费。不仅如此,日本还通过向南海周边国家提供装备、技术及资金方面的支持,试图获得在南海地区打击海盗和反劫船活动的主导权。

除了积极参与和主导南海地区反海盗行动外,日本还通过派遣自卫队队员、军舰及飞机参与在南海周边的灾害救助活动。2004 年 12 月发生的印度洋海啸给印尼带来巨大的灾害,日本派出近千人的自卫队员进入灾区,并调动多艘军舰在灾区附近巡逻。2013 年菲律宾遭受第 30 号台风"海燕"的袭击,日本高调派出有史以来最大规模的国际救援队伍,"阿基诺其实希望日本提供更多的物资和资金援助,让东南亚邻国提供人力支持,但日本坚持'加钱又加人',而且把增加人手当成救援的前提"[1]。最终日本派出多达 1180 名自卫队员、3 艘大型战舰和 16 架飞机前往菲律宾救灾。[2]

---

① 《日本高调派出自卫队援菲,分析称政治动机明显》,http://news.sina.com.cn/w/2013-11-15/061228715748.shtml,登录时间:2015 年 6 月 28 日。

② 《日本派自卫队援助菲律宾规模史上最大》,http://www.517japan.com/viewnews-70514.html,登录时间:2015 年 6 月 28 日。

(三) 加强与南海周边各国间的军事合作

为了加强与中国在南海存在主权争议的菲律宾、越南等国的军事实力,日本对战后施行多年的"武器出口三原则"①进行修改,允许在一定条件下②出口武器装备和技术。日本希望通过向这些国家出口、赠予武器装备及技术来增强其军事实力,进而推动南海地区形成对抗中国的军事联盟。

2006 年 6 月,小泉内阁决定放宽《武器出口三原则》,并利用政府开发援助的资金向印尼提供了 3 艘武装巡逻艇。2012 年日本决定向菲律宾提供 12 艘全新的巡逻艇,以提升菲律宾的海上安全能力,借此强化其处理与中国南海纠纷上的外交能力。虽然日本由于越南企业贪污政府援助资金而暂停向越南提供海上巡逻艇,但是在南海局势日益紧张、中越在南海方面对抗日趋激烈的情况下,日本很有可能重启向越南提供巡逻艇的计划。

除了向南海周边各国提供武器装备而外,日本还派遣自卫队教官培训菲律宾、越南等国的军事将领,并积极开展军事演习和训练。从 2012 年起,日本连续三年向越南海军派遣海上自卫队教官,面向潜艇及医疗人员讲授和培训潜水医学方面的知识和技能。③ 2015 年 6 月,日本海上自卫队派出 P - 3C 巡逻机和菲律宾军队在南沙群岛附近海域举行联合演习。之所以选在南沙群岛附近进行演习,《日本经济新闻》坦率承认"其主要目的是为了牵制在南海进行陆域吹填作业

---

① 　日本在 1967 年针对武器出口问题制定的三项基本原则,其内容包括"不向共产主义阵营出售武器","不向联合国禁止的国家出口武器","不向发生国际争端的当事国或者可能要发生国际争端的当事国出售武器"。

② 　依据"新三原则"的规定,日本将在下列情况下允许出口武器和装备:第一,有助于促进和平贡献与国际合作;第二,有助于加强日本的安全保障;基于第二点,日本还可以同以美国为首的在安保领域合作的国家共同开发和生产武器装备,加强与同盟国等方面的安保与防卫合作,确保自卫队和日本人在海外活动的安全。

③ 　『平成 26 年版防衛白書』, http://www.clearing.mod.go.jp/hakusho_data/2014/html/n3313000.html♯zuhyo03030106,登录时间:2015 年 6 月 28 日。

的中国"①。

(四) 拉拢域外大国介入南海争端

日本在不断加强日美同盟关系并借助日美同盟"合理"干扰中国在南海维权活动的同时,还积极拉拢同样关注南海局势的域外大国,特别是在日本对华政策上具有重要战略意义的印度和自己的准同盟国澳大利亚。为了推动日印在海洋安全事务方面的合作,拉拢印度介入南海争端,日本和印度在军事安全领域展开了多层次、高频度的交流与合作。依据《2014年度日本防卫白皮书》,日印之间的军事交流分为三个层次:一是政府及军队首脑的高层会谈;二是防卫当局间的定期磋商;三是一线部队间的联合演习。在近些年间,双方政府首脑及军队高官几乎保持每年会谈一次的频率。② 日本公开声称,日印要以全球伙伴关系为基础,以海洋安全合作为切入点全面强化两国间的合作。③ 有观点认为,日印加强合作的目的是在推行所谓的"锁龙"战略,也就是让中国巨龙在未来可能的冲突中陷入"日本叼头,印度啄尾"的战略困境之中④

澳大利亚与日本不仅拥有共同的价值观,在亚太地区海洋秩序建设方面也拥有共同的战略关注和利益。日本和澳大利亚的防卫交流从2007年《关于安全合作的日澳共同宣言》发表以来取得了长足的进展。双方2012年签署了《日澳情报保护协定》共同强化两国在情报信息领域的合作,2014年澳大利亚总理访问日本,就日澳在防卫装备、技术领域的合作展开谈判,不仅如此,日本和澳大利

---

① "海自、フィリピン海軍と南沙周辺で初訓練 中国を牽制",日本経済新聞,http://www.nikkei. com/article/DGXLASFS23H3S_T20C15A6PP8000/,登录时间:2015年6月28日。

② 『平成26年版防衛白書』,http://www. clearing. mod. go. jp/hakusho_data/2014/html/ns050000. html,登录时间:2015年6月28日。

③ 『国家安全保障戦略について』,平成25年12月17日,http://www. cn. emb-japan. go. jp/fpolicy_j/nss_j. pdf,第21页。

④ 张瑶华:《日本在中国南海问题上扮演的角色》,载《国际问题研究》,2011年第3期,第56-57页。

亚的防长和外长每年都会定期举行"2＋2"会议。除此而外,日本为了进一步推动日澳在海洋安全方面的合作,决定向澳大利亚出口潜艇技术。鉴于澳大利亚的潜艇将会定期在南海及印度洋地区巡航,日本支持澳大利亚增强军备,并鼓励其介入具有战略意义的南海地区,其用意不言自明。

(五) 开始准备军事介入南海争端

日本对于南海争端,从冷战时期没有明显的政策诉求,到 20 世纪 90 年代以斡旋者身份出现,再到 2000 年以后重点关注,直到 2010 年中日东海撞船事件的发生导致中日关系全面恶化之后,才开始尝试全面介入南海争端。这与日本《防卫白皮书》对南海争端的关注相一致,通过日本《防卫白皮书》检索系统①的搜索,在关键词一栏输入"南沙群岛问题",就能在 6 份《防卫白皮书》②中找到该内容,其中最早的年份为 1992 年版的《防卫白皮书》,其主要内容仅仅是对南沙群岛的地理位置、战略地位及中国、越南、菲律宾等国围绕该岛屿存在的矛盾展开描述③。然而输入"南シナ海"(南海)则可以在历年的防卫白皮书中找到 160 条相关信息,其中 2010 年及以后有关南海的数据多达 89 条,特别是 2014 年的《防卫白皮书》有 30 条信息涉及南海,2013 年的《防卫白皮书》也有 20 条④。因此,从日本《防卫白皮书》提及南海的数量来看,2010 年无疑是一个关键点,而这一年刚好也是中日由于东海撞船事件而导致两国关系恶化的开始;更重要的是,这一年还是中国 GDP 总量首次超过日本 GDP 总量的一年,两国的实力对比开始发生有利于中国方面的转变。

2015 年 1 月,时任美国第七舰队司令罗伯特·托马斯在接受路透社采访时

---

① 防衛白書の検索:http://www.clearing.mod.go.jp/hakusho_web/index.html。
② 分别为 1992 年、1993 年、1994 年、1995 年、1999 年及 2001 年的防卫白皮书有关于南沙群岛问题的内容。
③ 主要内容可参考:http://www.clearing.mod.go.jp/hakusho_data/1992/w1992_01.html。
④ 2012 年有 17 条、2011 年有 16 条、2010 年有 6 条的信息涉及南海。

表示:"为制衡中国在南海地区越来越强的海上力量,美国欢迎日本将空中巡逻的区域扩大至南海地区上空。"①虽然日本防卫相中谷元在众议院和平安全法制特别委员会的质询中表示,"日本对于南海地区一直都很关注,不过自卫队在该地区并没有进行定期巡逻,现在也没有这样的方案"。② 否认了美国第七舰队司令的上述说法,但现在没有这种情况并不意味着将来也没有这种情况,况且从日本和菲律宾之间的军事交流程度来看,日本正在为巡逻南海进行前期准备。2015 年 6 月,日菲两国签署的《日菲共同宣言》和《为了强化战略伙伴关系的行动计划》都明确将双方在南海的安全合作列为重要内容。前者③对中国在南海地区的陆域吹填行为进行了谴责,并且申明日本支持菲律宾提交的南海仲裁方案;后者④更是明确表示日本将继续对菲律宾海岸警卫部队提供支持,包括人才培养、提供巡逻艇及技术支援,同时,加强双方防卫机构间的交流,促进信息情报的共享,扩大日菲间的军事演习。此外,菲律宾总统在日本记者俱乐部回答提问时称:"将来日本自卫队飞机来南海巡逻,可以使用菲律宾的军事基地进行加油、后勤补给等,对此双方已经开始为缔结'来访部队协定'的磋商工作。"⑤如果日菲之间磋商一切顺利,并且也得到菲律宾议会的批准,那么不远的将来日本的巡逻机将会定期出现在南海上空,这标志着日本将开始准备军事介入南海争端⑥。

---

① 相关报道内容参考:《美国第七舰队司令高调表示欢迎日本巡逻南海》,http://news.eastday. com/eastday/13news/auto/news/china/u7ai3414116_K4. html,登录时间:2015 年 6 月 28 日。

② 「安倍首相、南シナ海関与強める 沿岸国と連携、中国牽制」,http://www. sankei. com/politics/news/150606/plt1506060011-n1. html,登录时间:2015 年 6 月 28 日。

③ 内容参考:『日フィリピン共同宣言』,http://www. mofa. go. jp/mofaj/files/000083584. pdf。

④ 内容参考:『戦略的パートナーシップのための行動計画』,http://www. mofa. go. jp/mofaj/files/000083586. pdf。

⑤ "比大統領、自衛隊の基地利用に期待感 中国を牽制か",http://www. asahi. com/articles/ASH655D7YH65UHBI01J. html,登录时间:2015 年 6 月 28 日。

⑥ 时殷弘指出:日本解禁集体自卫权且撤销过去施行几十年的武器禁运,这有可能促使日本军事上介入南海争端。参考:《时殷弘:日或军事介入南海中方应提早准备》,http://phtv. ifeng. com/program/zhtfl/detail_2014_05/01/36117307_0. shtml,登录时间:2015 年 6 月 28 日。

二、日本持续介入南海争端的战略意图

2010 年之后随着中日在东海问题上的矛盾日益激化，日本在南海争端中的表现已不满足于仅仅只是向南海主权声索国予以援助和支持，而是尝试直接走向"前台"，通过与美国进行联合巡航、和菲律宾进行双边军事演习等方式，寻求军事介入南海争端。这既符合日美同盟升级后日本急于扩大美日同盟协同、共同应对所谓区域安全危机的现实需要，同时，也是日本加强在区域安全事务上"制衡中国"战略行动的新趋势。究其原因，有三个方面的日本战略意图值得深思：

（一）推行"两海联动"策略，进一步对中国施压

2010 年中日东海撞船事件的发生导致中日关系迅速恶化，而 2012 年日本"国有化钓鱼岛"事件的发生则将中日关系带入濒临崩溃的边缘。因此，中日东海问题的激化是日本决定全面介入南海争端的直接原因。一方面，中国为了捍卫国家主权加大了对钓鱼岛及其附近水域的监控和管制力度；另一方面，面对中国定期化、长期化的海空一体巡逻，日本海上保安厅应接不暇。在此背景下，通过介入南海争端将东海问题与南海问题捆绑，实现两海联动，进而在东海问题上分散中国的战略注意力并形成两头牵制中国的海上格局就成了日本政府积极介入南海争端的最直接动机和目的。事实上，早在 1992 年中国颁布《中华人民共和国领海及毗连区法》之后，日本就已经意识到中日东海钓鱼岛问题和南海争端的关联性，并且从 1992 年版的《防卫白皮书》开始关注南海争端的进展情况。①

---

① 1992 年版《日本防卫白皮书》特意在"东南亚地区的军事形势"下增加"南沙群岛问题"一项，并且指出中国制定的《领海及毗连区法》遭到了其他声索国的反对和指责，加深了各国间的对立。参考：http://www.clearing.mod.go.jp/hakusho_data/1992/w1992_01.html。

除此而外,日本还想通过介入南海争端,了解、熟悉和适应中国在解决南海争端问题上采取的策略,进而在东海钓鱼岛争端问题上提前制定好应对预案。比如,日本通过与菲律宾进行信息情报的共享获取中国应对菲律宾渔船及海上警察力量的战略战术信息,通过中菲双方舰艇在海上的博弈来试探中国在维护海洋权益方面的底线,等等。2010 年 9 月中日东海撞船事件发生之后,日本对于中国海洋维权行动的政治与安全戒备显著上升,开始寻求介入南海争端,以此来获取在东海钓鱼岛问题谈判中更多的筹码,进而分散日本在东海问题中承受的来自中国的战略压力,同时借此牵制中国。

(二) 通过执行"积极的和平主义"、扩大日本在地区安全与经济事务中参与的范围,和中国争夺在东南亚的影响力,并以此遏制中国在地区事务上地位和作用上升的势头

日本作为岛国,岛内资源贫乏,国家和社会生存与发展所需的资源几乎都来自海外进口,因此战后日本海洋战略的核心是防止来自海洋的进攻,并且确保日本周边海上交通线的安全。然而,由于奉行"轻装备、重经济"的吉田路线,所以日本在战后相当长一段时间里在海上交通线方面都完全仰仗美国的海上力量加以保护。进入 20 世纪 70 年代之后,随着美国对苏联压倒性的军事和经济优势逐步消失,美国迫切需要日本站出来武装保卫自己。1981 年 5 月,日本首相铃木善幸访美,在与里根总统会谈之后发表共同声明声称:"为了确保日本的防卫及远东地区的和平,应适当分配日美两国承担的任务",日本同意"在基于宪法及防卫政策的前提下,适当加强防卫以保卫周边的海域和空域,以此减轻美军的财政负担"。① 之后,日本自卫队开始承担起日本海域周边 1 000 海里海上交通线的安保工作,并延续至今。

---

① 参考:『鈴木総理大臣とレーガン=アメリカ合衆国大統領との共同声明』,http://www.mofa. go. jp/mofaj/gaiko/bluebook/1982/s57-shiryou-403. htm.

进入 21 世纪后,随着中国海洋实力的提升和美国实力相对的衰落,日本对其在南海的海上交通线可能会被截断的担心不断增强,守卫 1 000 海里海上交通线这个日本海洋战略的核心任务开始面临诸多挑战,迫使日本推动海洋战略转型。日本学者秋山昌广认为"日本的海洋战略应该从守卫 1 000 海里海上交通线中摆脱出来,印度洋及阿拉伯海也应该成为日本海上自卫队进入的地区,特别是对于日本而言北印度洋及东亚的海上交通线显得更为重要,日本现在已经以反恐或者反海盗的缘由进入了上述地区,因此保护该地区海上交通线的任务不能再依赖其他国家"。① 于是,全面介入南海争端就成为推动日本海洋战略转型的重要力量,日本希望介入南海争端来打通印度洋航线和南海航线,防止关乎日本国家发展命运的海上交通线掌控在中国手里。

(三) 利用南海争端困住中国并借此消耗中国的实力

日本全面介入南海争端除了利用"两海联动"策略全面牵制中国外,还想利用该争端吸引中国的战略注意力,让中国陷入南海争端泥潭之中而不能自拔,从而达到类似于阿富汗战争拖垮苏联、越南战争拖累美国的效果。日本军事评论家文谷数重认为:"中国在南海地区的强硬政策对日本并非是坏事,因为南海像黑洞一样会把中国的力量全部吸过来……中国在南海越强硬,反而会越陷越深,因为中国在南海的强硬会招致周边各国的反对,如今菲律宾和越南对中国已经越来越强硬,而印尼和马来西亚还在静观其变。当然,在南海的权益争夺中中国肯定会获胜,但是中国自身的实力也会受到损失,估计无力继续维持好不容易获得的海洋权益……同时日本应该派海上自卫队的军舰频繁进入南海地区,特别是巡逻机和潜艇,因为中国的空中警戒及反潜能力比较弱,这样可以给南海的中国军队带来强烈的不安全感……无论如何都要保持南海地区的动荡不宁状态才

---

① 秋山昌廣:『海洋の安全保障と日本』,第 12 - 13 頁,参阅 http://www.nids.go.jp/publication/kaigi/studyreport/pdf/2013/ch7_akiyama.pdf。

是日本最大的利益。"①

为了让南海地区动荡不宁，维护日本在该地区的海洋权益，有日本学者提出了如下建议："第一，日本应该强化与东南亚各国的联合军事演习和训练；第二，提升东南亚各国的国防实力，特别是与国防相关的技术、人才及基础设施等软实力；第三，推动日本向东南亚各国出口军事武器装备。"②

为了增强越南及菲律宾的军事实力，日本不仅向其出口巡逻艇，同时还派军舰和巡逻机与菲律宾一起开展联合演习。中国从与南海周边各国和平友好相处的大局出发，一直采取温和而理性的政策，而以菲律宾为首的国家则在获得日本及域外大国的援助之后不断在南海挑起纠纷，可谓树欲静而风不止。如今，日本不断强化与菲律宾的军事交流，日菲双方已经为日本飞机和军舰利用菲律宾的军事基地展开磋商，如果菲律宾允许日本自卫队使用其军事基地的话，南海地区的局势势必会更加紧张起来。

日本公开介入南海争端，推动海洋战略转型并非完全为了配合美国"重返亚太"的战略，也并非美国"亚太再平衡"战略下的产物。日本公开介入南海争端一方面体现了日本对于中国快速崛起进而主导东亚事务的战略焦虑，另一方面也是日本国内政治与国际局势互动的结果。泡沫经济崩溃之后，日本陷入了"失去的十年"，如今又面临着失去二十年甚至是三十年的风险，与此同时，进入 21 世纪以来，特别是 2006 年以后，日本国内政党林立，政局不稳，首相走马灯似地换来换去，无疑影响了日本与世界的交流。然而，作为邻居的中国经济快速发展，综合国力不断提升，而一直对中国的发展保持高度警惕和防范的日本难以正视中国的崛起。在此背景下，打着安倍经济学旗号的安倍晋三赢得了日本选民的支持再次当选日本首相。当选首相后的安倍大有"临危受命"的意味，带着对中

---

① 文谷数重：「波乱起きれば却って中国の弱点! 南シナ海ははたして日本の生命線か?」，『軍事研究』，2015 年 3 月号。

② 神保　謙：「東南アジアにおける海洋安全保障のためのキャパシティ・ビルディング」，『海洋安全の諸課題と日本の対応』，日本国際問題研究所、平成 24 年 3 月，第 75－76 頁。

国崛起的焦虑和再次"融入世界"的期待开始推行"俯瞰地球仪外交"。① 正是在上述因素的作用下,安倍不仅急迫公开介入南海争端,而且还想要以日本的地区安全责任与应该承担的同盟责任,助推《安保法案》在日本国会通过,并进一步谋求在卸任之前修改宪法,为日本成为"普通国家"全面扫清障碍。

从上述分析出发,全面介入南海纷争,对安倍内阁来说,既有国内政治利益的需求,又能继续树立"制衡中国"的战略姿态。安倍内阁会继续加大在南海以及东南亚地区与中国在经济、外交、政治和军事领域中的竞争力度。日本对于南海问题不会停止对中国的批评,更不会停止准备和美国联手干预南海事务的军事步伐。但是,日本短期内实现和美国在南海联合巡航的可能性不大:一是日本现在的巡逻机如果没有菲律宾基地作为保障,无法实现直接从冲绳基地直飞南海的巡航任务②;二是安倍内阁在国会通过《安保法案》之前,也难以找到合理的国内依据来执行有军事冲突风险的南海空中巡航任务③。尽管如此,日本深度介入南海问题的战略趋势不会改变。

三、日本全面介入南海争端可能产生的影响

当前南海地区呈现出"四国五方军事占领,六国七方主张主权,域外大国纷

---

① "俯瞰地球仪外交"是指形容日本首相安倍晋三以首脑外交的形式在短时间内大量访问世界各主要国家和地区以推行其"标榜"的"积极的和平主义"理念及民主、人权等价值观。安倍通过外交活动宣传日本,以提升日本的国际地位和影响力。关于中日学者的评价请参考:安倍"俯瞰地球仪外交"无法取信国际社会:http://www.dfdaily.com/html/51/2014/7/28/1170551.shtml,『「活発化する『地球儀を俯瞰する外交』」』:http://www.jfir.or.jp/j/article/hirabayashi/140215.html。

② 依据 2014 年版的《日本防卫白皮书》,海上自卫队的反潜巡逻机主要以 P-3C 为主,航行距离 4 000 千米,研制的 P-1 反潜机虽然航行距离达到了 8 000 千米,但依然无法单独完成巡逻南海的任务。参考:http://www.clearing.mod.go.jp/hakusho_data/2014/html/ns014000.html,http://www.mod.go.jp/msdf/formal/gallery/aircraft/shokai/details/p-1.html。登录时间:2015 年6 月 28 日。

③ 关于日本自卫队在何种情况可执行何种任务的规定可参考:「自衛隊の主な行動」,http://www.clearing.mod.go.jp/hakusho_data/2014/html/ns021000.html。

纷介入"的复杂局面。日本作为域外大国强势介入南海事务，不仅会助长部分南海声索国的嚣张气焰，增加其对形势误判的概率，进而加剧南海局势的动荡；同时也有可能冲击南海及东南亚地区原有的大国均势格局。"从这个意义上讲，日本积极介入南中国海的行动可能带来的最大影响在于，它会逐步激发某些潜在对立因素的不断增长，并在特定的时间点上对该地区现存的战略结构产生某种意想不到的冲击，进而对整个亚太地区的战略均势乃至全球的安全稳定构成挑战。"①

（一）日本的强势介入还将助推南海争端向国际化和复杂化的趋向发展

日本深知依靠其自卫队的力量难以将中国的海上力量阻挡在第一岛链以内，更不可能阻止中国西进印度洋的战略。因此，日本在地区层面上一方面扩大海上自卫队的规模，强化海上力量，同时密切配合美国在亚太地区的军事部署；另一方面日本积极发展与印度、澳大利亚的海上安全合作关系，在确保印度洋战略通道畅通，遏制中国西进印度洋战略的同时，积极拉拢印度、澳大利亚介入南海争端，使得原本仅仅只是领土纠纷的南海争端日益演变成国际瞩目的全球热点问题。在全球层面上，安倍也不轻易放过任何抹黑和攻击中国的机会。在2015 年举行的 G7 峰会上，安倍强烈主张对中国加强海洋活动的行为进行谴责，并指出："中国的海洋行为造成东海与南海形势日益紧张，日本不允许采取单方面改变现状的行为。"②

（二）日本的强势介入将会对中国的能源安全乃至国家安全构成威胁

随着中国经济飞速发展，对能源的需求与消耗与日俱增，"从今年下半年开

---

① 王传剑：《日本的南中国海政策：内涵和外延》，载《外交评论》，2011 年第 3 期。
② "南シナ海埋め立てに「強い反対」G7、問題を共有"，http://www.asahi.com/articles/ASH6830WYH68UTFK002.html，登录时间：2015 年 6 月 28 日。

始,中国的原油进口量将会超越美国,2015 年很可能会成为中国作为全球最大石油进口国的元年"。① 虽然中国原油进口的来源会更加多元化,但截至目前,向中国出口原油的主要国家依次是沙特阿拉伯、安哥拉、俄罗斯、阿曼、伊拉克和伊朗等 6 个国家,占进口总量的 68％②。 由于中国原油主要来源于中东和非洲,并且 74.6％的原油进口需要通过马六甲海峡③,导致南海海上运输线的重要性日益凸显。日本军事评论家文谷数重认为"即使南海地区的海上航线无法通行,日本也可以采取迂回绕道的方式进口来自中东非洲的能源,这对日本不构成致命威胁,然而这却有可能威胁到中国的能源安全,因为运到广东、香港等港口的能源只能走南海航线,一旦南海航线受到破坏则会极大地影响华南地区的经济发展,这对于发展以出口导向型经济为主的华南地区而言这种威胁是致命的,同时华南经济圈作为中国三大经济圈之一,一旦发展受到影响,有可能会导致中国经济整体的混乱,进而影响到中国的国家安全"。④ 因此,南海形势任何不测的变化都有可能影响到南海航线的安全,进而威胁到中国的能源安全,而安倍内阁试图军事介入南海争端,则会将此种威胁进一步放大。在可再生能源尚无法替代化石燃料的情况下,日本强势介入南海争端,必将对中国的经济发展和国家安全形成挑战。

(三) 日本的强势介入将动摇东盟在东南亚事务上的主导地位

冷战结束以来,东南亚地区为了避免再次成为大国争霸的"竞技场",一直推行"以东盟为核心,让中、美、日、印、俄等域外大国相互制约和相互牵制"的大国

---

① 《中国原油进口图谱:俄取代沙特成中国最大进口国》,http://www.cet.com.cn/nypd/sy/1580869.shtml,登录时间:2015 年 7 月 10 日。

② 同上。

③ 《中国石油供应要塞马六甲海峡的困局》,http://www.china-nengyuan.com/news/78227.html,登录时间:2015 年 7 月 10 日。

④ 文谷数重:「波乱起きれば却って中国の弱点! 南シナ海ははたして日本の生命線か?」,『軍事研究』,2015 年 3 月号。

平衡战略①。然而，大国平衡战略能够成功实施的首要条件为大国之间存在某种程度的相互制衡，一旦此种制衡均势被打破，有可能导致大国在南海地区的强烈对抗。此外，南海周边各国对于南海的主权主张并不一致，相互之间还存在着领土纠纷和争议，一旦日本强势介入，必定会对南海周边的声索国造成各不相同的冲击，"导致东盟国家在面临中美之间选边之后，还要在中日之间选边的战略压力"②。因此，日本的强势介入不仅会打破大国在东南亚地区的均势格局，也有可能会挑战东盟在东南亚事务中的核心主导地位，导致东盟在东南亚棋盘上就此失去大国均势操盘手的角色。

结　论

冷战时期日本在南海地区保持与美国的协调，在南海争端上并没流露出特别明显的态度立场，然而冷战结束以后，来自北方的战略压力有所缓解，日本逐渐将战略重点向西南方向转移。特别是 1992 年中国颁布《中华人民共和国领海及毗连区法》之后，日本在提出抗议的同时，开始介入南海争端，牵制中国。2010年中日东海撞船事件的发生更是促使日本加快介入南海争端的步伐，而安倍晋三再次上台之后，更是公开推动日本强势介入南海争端，并将南海视为在海洋上围堵中国和与中国争夺东亚地区主导权的"练兵场"。

日本积极介入南海争端，预示着日本的安全战略出现了牵制和制衡中国的实质性转变。日本介入南海争端意图通过"两海联动"策略来牵制和施压中国，迫使中国陷入南海争端的沼泽之中，以此限制中国在地区事务上地位和作用的上升，制衡中国在亚太海域影响力的扩大。然而，日本介入南海争端加剧了南海

---

① 关于东盟的大国平衡战略可参考张锡镇：《东盟实施大国平衡战略的新进展》，载《东南亚研究》，2008 年第 3 期；张锡镇：《东盟的大国均势战略》，载《国际政治研究》，1999 年第 2 期。

② 张云：《日本安保政策修改与南中国海问题》，《联合早报》，http://www.zaobao.com/forum/views/world/story20150527 - 484749/page/0/1，登录时间：2015 年 6 月 28 日。

局势的动荡,促使南海争端向复杂化、国际化和军事化的趋势发展,也给中国和东盟和平解决南海争端带来了更大的阻力。特别是日本军事介入南海争端,不但会刺激南海区域内对立因素的不断增长,而且会给整个东南亚地区的战略均势乃至亚太地区的安全稳定带来挑战。

中国一直施行"与邻为善、以邻为伴""安邻、富邻、睦邻"的周边外交政策,为的是创造一个和平与稳定的周边安全环境。但是,日本公开全面介入南海争端不仅促使南海争端的解决更加困难,同时也恶化了中国的周边外交环境。面对来者不善的日本,中国要沉着冷静,积极应对,既要重视实力的较量,更要重视智力的博弈,确保中国始终能够处于战略主动地位。

日本近年介入南海事务的主要做法及意图分析

杨泽军[*]

　　[内容提要]　近年来,日本对中国南海事务的干预力度不断增大,愈来愈明目张胆,系除美国之外介入程度最深、最积极的域外国家。其紧追美重返亚太战略步伐,密切配合美南海政策作为,主动充当东盟国家特别是相关声索国的坚强后盾,给予政治、经济、外交、军事等各种援助,竭力煽动他们集体与中国抗衡;借南海问题恶意渲染"中国威胁论",抹黑中国国际形象,打着国际法的幌子强力制约中国,力挺菲律宾提出"南海国际仲裁案",多方拉拢域外国家深度介入,推动南海问题的多边化、国际化;不惜悖逆民意,强势通过新安保法,解禁集体自卫权,频频派出海上自卫队舰艇赴南海刷存在感,访问港口,举行联合演习,配合、支持美在南海的军事行动,为日本直接军事介入南海清障铺路做准备,力争形成东、南海"联动机制",最大限度争取在东海包括钓鱼岛海洋权益斗争中的主动地位,减缓中国崛起步伐,迟滞中国发展强大进程,努力夺回日本在中日战略博弈中的优势地位,取代中国成为亚洲第一强国,重振昔日军国主义"雄风",实现政治、军事大国的狂妄野心。

　　[关键词]　日本　中国　介入　南海问题　动向　意图　分析

　　南海之于日本并不陌生,甲午战争后,日本不断蚕食、侵占中国沿海岛屿,先后于1938年11月和1939年3月相继侵占了中国西沙群岛和南沙群岛的部分

---

　　*　杨泽军,江苏省社科院国际关系研究所研究员,南京大学台研所兼职教授。

岛屿,以此作为推进其"南进战略"的重要基地。① 1946 年日本战败,中国根据《开罗宣言》和《波茨坦公告》,依法收复了被日本非法侵占的南沙和西沙群岛,当时的中国政府派专员接管了西沙和南沙群岛,恢复行使主权。照理日本应很清楚这段历史,清楚南沙群岛的归属,过往对之属于中国领土也无异议。然而进入 20 世纪 80 年代,考虑到南海对于日本的巨大战略利益,日本开始重新审视南海问题,尤其是近几年来,其对南海问题的重视程度已超乎寻常,对南海事务的介入力度不断增大,积极扮演搅浑水和趁火打劫的角色,配合美重返亚太战略、遏制中国崛起,以满足自身不断膨胀的成为政治军事强国的狂妄野心。

一、积极充当相关声索国的坚强后盾,蛊惑、煽动其集体抗衡中国

近年来,日本对菲、越等南海主要声索国的支持明显加强,在经济、军事上给予巨大援助,积极充当他们的坚强后盾,蛊惑、煽动其集体抗衡中国。

(一) 加大对东南亚国家的经援力度

日本自实施政府开发援助②项目起,东南亚国家就是该项目的重要援助对象之一。美国战略调整以来,日更是借此项目加大对东南亚国家,特别是菲、越、印尼等南海声索国的援助力度。在 2013 年 12 月的日本-东盟峰会上,日首相安倍晋三大开"钱袋子",承诺今后 5 年内向东盟提供总额达 2 万亿日元的政府开

---

① 李成日:《日本是南海仲裁案的"幕后推手"》,中国网,http://www.china.org.cn/chinese/2016 - 05/12/content_38438396.htm,登录时间:2016 年 7 月 18 日。

② 又称政府发展援助,英文 Official Development Assistance,缩写为 ODA,是日本政府对某些发展中国家的发展援助。

发援助;①成立由相关部门和医疗机构负责人等组成的工作组,扩大对东盟的医疗援助,全面出口"日本式医疗"服务;向菲律宾提供约 690 亿日元的贷款用于台风灾区的重建和强化海上警备能力,并向菲灾区提供 65 亿日元的无偿援助;向印尼提供总计 620 亿日元的贷款用于加强灾害防御体制。2015 年 7 月安倍在"日本与湄公河流域国家峰会"上宣布,今后三年将向缅甸、老挝、柬埔寨、泰国和越南等湄公河流域国家提供 7 500 亿日元(约合人民币 379 亿元)的政府开发援助,②并在 11 月 APEC 峰会期间许诺,要将相关审批基础设施贷款的时间减半并承担更多金融风险,企图以更优惠的条件拉拢与这些东南亚国家的关系。

(二) 有意引导企业转向东南亚投资

自中日关系恶化起,日政府就开始有意引导、鼓励日企将资金、厂区由中国向东南亚等其他发展中国家转移,安倍晋三等高官多次亲率由经济、企业界人士参与的代表团出访东南亚各国,直接推动日企与当地政府部门、企业间的合作。日政府还专门拨款设立国有公司,用于支援企业向东南亚等国家出口基础设备以及投标亚洲大型基础设施工程,鼓励日企积极参与东南亚国家的基础设施建设,深化日本与东南亚国家的经贸联系,官民一体推动日对东南亚国家的投资及贸易活动。政府的引导与鼓励,使得日企对东南亚投资兴趣大增,投资额大涨。日本贸易振兴机构公布的数据显示,2015 年日本对东盟十国的投资额连续第 3 年超过中国内地和香港,显示日资正战略性地转移投资至东南亚。"许多大型日本公司已经是东南亚的最大投资者之一。"东盟秘书处数据反映,2012—2014 年,日本是东南亚外国直接投资流入的首要贡献国;日本海外贸易组织数据表明,2015 年,日本流入东南亚的外国直接投资额高达 199 亿美元,占日对外直接

---

① 《安倍宣布将在 5 年内向东盟提供 2 万亿日元 ODA》,2013 年 12 月 14 日,环球网,http://world. huanqiu. com/regions/2013 - 12/4662441. html,登录时间:2016 年 7 月 18 日。
② 《日本宣布向湄公河流域国家提供 7 500 亿日元援助》,环球网:http://world. huanqiu. com/article/2015 - 07/6849057. html,登录时间:2016 年 7 月 18 日。

投资的 15％。日本央行数据更显示,截至 2015 年底,日本对东盟国家的投资额较 5 年前的数据增长了近 3 倍之多,约 20.1 兆日元(约合 1 809 亿美元)。①

(三) 直接给予菲越等声索国军事援助

近年来,日积极向越、菲等国直接提供军事援助,与越、菲等国就多项装备技术出口事宜达成共识,2014 年 8 月与越南达成协议,决定向越赠送 6 艘二手海上巡逻船和海上安保装备,总价值约 5 亿日元(约 486 万美元),②并已陆续交付,日希望这些装备供越改造后执行南海巡逻任务,助越"提高海上执法能力";两国一致认为,双方的海上合作"对维护南海和东海等海上航线的和平稳定不可或缺"。日决定向菲律宾提供 1.6 亿美元高额低息贷款,助菲向日采购 10 艘全新多用途巡逻艇(艇长达 40 米,航程 1 500 海里),提升菲海上巡逻、监视能力,其中 2 艘船有望在今年内交付,服役后可能被部署到南海。③ 利用政府开发援助全面升级菲律宾海岸警卫队的通信系统,提高菲海上通讯指挥能力;向菲出租 5 架二手 TC-90 教练机,助菲训练飞行员及维修员,这是日解除武器出口限制后首次将自卫队飞机租借他国;日本还计划向菲律宾赠送 3 架装备侦测雷达的比奇 TC-90"空中之王"双发螺旋飞机,以帮助菲方增强南海巡逻能力。向马来西亚提供资金,以用于在弹丸礁上扩建海军基地和新建飞机跑道等。积极与印尼磋商签署"防务合作协议",取消对印尼出口武器装备的限制。日还借助民间援助方式给予军事支持,2015 年 3 月 10 日出台的新版"政府开发援助"大纲,明确规定日方的资金可用于外国军队救灾和强化边境安全等的行动,包括以救灾为目的的军港、机场等的建设,以及购买以救灾为理由的侦察机、运输机、海上救

---

① 《日本企业对东南亚投资正在加速》,环球网,http://finance.huanqiu.com/roll/2016-06/9007976.html? wk6,登录时间:2016 年 7 月 18 日。

② 《日本确认赠越 6 艘二手船改为巡逻舰对抗中国》,载《环球时报》,2014 年 8 月 2 日。

③ 《日菲签首个军备合作协议 特意强调不针对中国》,载《环球时报》,2016 年 2 月 29 日。

难飞机和各种海警船等,①明显的是借助民用基金变相给予军援。

(四) 加强与相关声索国的军事合作

日本在加强对相关声索国的经济、军事援助的同时,还注意加强与之展开军事合作,提高海上维权执法能力。早在 2011、2012 年,日本就和菲、越等国家积极展开军事合作,2011 年 10 月,时任越南国防部长冯光青访日,双方签署了"防卫交流与合作备忘录";次年 7 月菲律宾国防部长加斯明访日,双方签署了防卫合作备忘录,重点旨在加强双方海上安全保障方面的合作。近年来,双方的军事合作明显加强,2015 年 1 月 29 日,时任日防卫相中谷元与到访的时任菲国防部长加斯明举行会谈,就进一步加强在海上安全领域的合作达成一致,签署了关于防卫合作与交流备忘录,确认力争通过和平方式而不是借助施压来解决海洋纠纷的方针,以应对中国在东海和南海"日趋频繁"的活动,双方同意将根据禁止海上危险行为的《海上意外相遇规则》(CUES)在年内实施联合训练;同年 3 月 23 日,安倍在官邸与到访的印尼总统佐科举行会谈,就举行外交与防务首脑磋商、加强海洋安保领域与合作应对恐怖主义等议题达成共识。年内,日还积极着手与菲、越等国分别签署情报保护协定,②日防卫相中谷元为此拟定访问菲越两国,就协定进行协商谈判,力争在年内签署。协定签署后,三国将共享南海地区的军事情报,有效防止情报向争端当事国等泄露;情报保护协定的签署还将有利于促进各方在武器装备方面的合作,三国将在防卫装备品的性能和他国军队的行动等方面实现情报共享。在 2016 年 6 月香格里拉对话会上,日防卫大臣中谷元承诺,会提供相应的培训、技术和装备,帮助发展监视能力,进行联合演习,合

---

① 《日本出台新政府开发援助大纲　允许支援他国军队》,环球网,http://world. huanqiu. com/exclusive/2015 - 02/5650356. html,登录时间:2016 年 7 月 22 日。

② 《日本拟与菲越两国签订情报共享协定》,环球网,http://world. huanqiu. com/article/2016 - 01/8392113. html,登录时间:2016 年 7 月 22 日。

作研发新型装备,以加强菲、越两国的海上维权执法能力。①

日本积极展开对东南亚特别是南海声索国的经济、军事援助,充当其坚强后盾,意在一石数鸟:一是借此拉拢相关国家,增进相互关系,削弱中国对这些国家的政治、经济影响力,积极充当区域领头羊角色,争当地区大国;二是通过经济、军援等方面的合作,提升这些国家的经济、军事实力,减少他们对中国的经济依赖,消除其后顾之忧,从而使其敢于大胆、放手在南海问题上集体与中国相抗衡;三是争取在东海、钓鱼岛争端中获取广泛支持,日本在南海问题上力挺相关声索国,后者必将投桃报李,在钓鱼岛问题上挺日,从而有利于形成在东海、钓鱼岛方向对中国的优势局面。

二、全面推动南海问题的国际化,给中国解决南海争端添堵增困

日本并非南海问题的当事国,也不是南海周边国家,与南海问题毫无关系,无权干预。可其对南海问题却表现出格外的关注,借此恶炒"中国威胁论",假借国际海洋法强力制约中国,力挺菲律宾提起南海国际仲裁,不失时机拉拢域外国家介入南海事务。

(一)借南海问题在国际上恶意渲染"中国威胁论"

过去,日本在南海问题上更多的是以斡旋者的身份出现,对南海问题的干预,多少还有些顾忌。近年来,其逐步从幕后走上前台,言辞越来越露骨,行为越来越具挑衅性,其置南沙诸岛为中国领土的事实而不顾,对中国在南海的政策、主张、行为,指手画脚,大肆攻击,借机炒作中国军费开支过多、上涨太快,污蔑中

———
① 《日本的南海企图》,载《中国青年报》,2016年7月07日。

国企图以"实力改变现状",指责中国违背国际法原则并危及南海的航行自由,是造成地区局势紧张的"元凶",借南海问题在国际社会重新炒热"中国威胁论",抹黑中国国际形象。

事实上,早在1992年2月,中国颁布《中华人民共和国领海及毗连区法》,就首次以法律形式确定了对钓鱼岛及其附属岛屿、西沙群岛和南沙群岛等岛屿的主权地位。日本随即向中国提出抗议,还以此为契机大肆散布所谓"中国威胁论"。2015年8月7日落幕的第48届东盟外长会议,时任日外务省副大臣指责中国"通过填海造陆"改变了南海现状,使局势升级。① 日本官方智库——防卫研究所出台的《中国安全战略报告2014》,声称"中国海警与海军联合在南海主权问题上与菲律宾、越南产生摩擦,加剧了周边国家对安全的担忧"。日本防卫省公布的2015年度《防卫白皮书》,首次提及中国在南海填海造陆工程,语气强硬,诬称中国与既有的国际法秩序不兼容,"独断、霸道"主张自身国家权利,"显示出毫不妥协地实现单方面主张的姿态"。此举被外界解读为日本的外交政策进行了"非常大胆、非常重大的调整"——正在以前所未有的深度介入南海问题。英国沃里克大学国际政治学与日本问题研究教授克里斯托弗·休斯分析认为,与以往对中国相关活动表示"关切"这种审慎的表达方式相比,白皮书"在措辞上完全提升了一级"。② 而公布的2016年版《防卫白皮书》更是在涉华问题上"开小灶",将南海问题作为重要内容,借此突出渲染"中国威胁论",时任防长中谷元在报告的寄语中指责中国在南海大规模、快速地填海造岛,并将之运用于军事目的,企图单方面改变现状,加剧紧张局势,开篇就为整个白皮书渲染"中国威胁论"定下主基调。报告中几度提到南海问题,污蔑中国在南海采取"高压政策",谋求南海军事据点化,中国与东南亚国家在东亚"最不安定"地区——南海的博弈中处于"一家独大"的地位,"侵犯了日本及盟友在本地区的利益",使日本感受

① 《日本南海政策生变 欲东海南海对华双线作战》,2015 - 08 - 2009:08:46 环球网:http://mil. huanqiu. com/observation/2015 - 08/7316237_2. html,登录时间:2016年7月22日。

② 《日本南海政策生变 欲东海南海对华双线作战》,2015 - 08 - 2009:08:46 环球网:http://mil. huanqiu. com/observation/2015 - 08/7316237_2. html,登录时间:2016年7月26日。

到了"强烈的危机感",无理要求中国接受所谓南海仲裁结果。①

日媒体、网站更是积极配合政府,连篇累牍地刊文大肆批评指责中国在南海的行动,蓄意夸大、歪曲、反复报道中国与菲、越的一些海上摩擦,用词都是"强行""无视海洋权益"等表述,②恶意将中国丑化成"南海搅局者",以博取日本国民和国际社会对某些南海声索国的同情,激化他们对中国的不满情绪。

(二) 打着国际法的幌子强力制约中国

在大肆渲染、炒作南海问题的同时,日本假借国际法的名头对中国进行强力制约,在各种场合反复强调南海争端应基于包括《联合国海洋法公约》在内的国际法加以解决,确保南海的航行自由和飞越自由。近年来,日本首相在与菲律宾、越南、印度尼西亚、新加坡等东南亚国家领导人晤谈到南海问题时,反复声称"反对使用武力改变南海的现状,应在包括《联合国海洋法公约》在内的国际法基础上和平解决南海争端"。日本还把这种通过国际法介入南海问题的路径扩展到多边论坛上,包括在日本-东盟峰会、东盟地区论坛、东亚峰会等多边论坛上,不但经常要求讨论南海问题,且一再强调各声索国应遵守普遍公认的国际法原则,基于包括《联合国海洋法公约》在内的国际法加以解决,确保南海的航行自由和飞越自由以及和平解决争端原则等。

与此同时,日本借所谓的"法律秩序"大做文章,标榜日本对国际海洋法法庭(ITLOS)极为重视,表示国际海洋法法庭为推动海洋争端的和平解决、维持并发展海洋领域的法律秩序发挥着重要作用;日本作为海洋国家,推进国际社会的"法律管治"对日本自身来说是"重要的",对国际社会也将是"有意义的"。③ 为此,日本积极主张借助国际海洋法,以"法律管治"名义解决南海问题,主张相关

---

① 《日媒曝本国最新防卫白皮书:鼓吹强化东海军事存在》,参考消息,2016 年 7 月 30 日。
② 《日本搅局南海处心积虑包围中国成右翼信条》,中国网,http://world. huanqiu. com/exclusive/2015 - 11/8009692.html,登录时间:2016 年 7 月 26 日。
③ 《日本欲长期把持国际海洋法法庭向中国领土发难》,《中国青年报》,2013 年 06 月 13 日。

国家应根据"法律支配"原则而行动,也符合维持和发展现行国际秩序。特别是日资深外交官柳井俊二,[①]在 2005 年成为国际海洋法法庭法官,后出任法庭庭长,日本政府更是大加利用,服务于其政治目的。2014 年国际海洋法法庭庭长选举,日多方活动,积极谋求各国支持柳井俊二续任庭长,欲长期把持国际海洋法法庭。日本诸多媒体也积极鼓吹、支持政府以推行"法律管治"名义介入南海问题,联合有关各方牵制对抗中国。日本学者先入为主、为日所需,突出国际海洋法,把南海问题视为一个"海洋法"问题,有意忽视南海问题中"领土问题"争端这一重要侧面,如此从一开始就把岛屿归属等领土争端排挤出了视野[②],营造不利于中国维护南海海洋权益的国际法律氛围。日学者呼吁政府应坚决支持南海仲裁结果,即使"两败俱伤"也在所不惜。

(三)力挺菲律宾所谓南海国际仲裁

早在 1995 年中国与菲律宾爆发美济礁事件后,日本就采取了政治介入的立场,不仅立即表现出对菲的同情,在与中国领导人会晤时,也多次表达对南海问题的关切之意,态度明显偏袒其他声索国。近年来,日积极鼓动、支持菲律宾就南海问题提起国际仲裁。2013 年初,菲提起南海仲裁案后,日迅速发声支持,让菲方"欣喜不已"。次年 3 月,日外务省发表了"围绕南海的问题"为题谈话,进一步表达支持菲律宾提起仲裁的立场,赞扬菲利用《联合国海洋法公约》,立足于国际法而和平解决纠纷的努力,将有助于维护基于法律的国际秩序。[③]

① 柳井俊二,原日本资深外交官员,曾任日本外务省次官和驻美大使,2005 年成为国际海洋法法庭法官,2011 年至 2014 年担任国际海洋法法庭庭长,是首位出任该庭长的日本人。柳井是日本右翼鹰派人物的代表,卸任庭长后,即被安倍晋三任命为日本新《安保法》的首席顾问,是日本最新一轮军事、政治扩张政策的主要幕后推手。

② 李成日:《日本是南海仲裁案的"幕后推手"》,中国网:http://www.china.org.cn/chinese/2016-05/12/content_38438396.htm,登录时间:2016 年 7 月 26 日。

③ 李成日:《日本是南海仲裁案的"幕后推手"》,中国网:http://www.china.org.cn/chinese/2016-05/12/content_38438396.htm,登录时间:2016 年 7 月 26 日。

• 635 •

日不仅给予"道义"上的声援,还给予实际协助,2013 年 1 月菲律宾单方面向联合国海洋法庭提起南海问题的"国际仲裁",在日本的暗助下,时任国际海洋法法庭庭长的柳井俊二对此事极为上心、积极,3 月柳井即采取实质动作,不顾中方拒绝、反对立场,强行为中方指定仲裁法官,5 月又组成了由专业人士组成的"五人仲裁小组",①并于 2016 年 7 月 12 日做出了一面倒的有利于菲律宾的仲裁:裁定中国对"九段线"内海洋区域的资源主张历史性权利没有法律依据;南沙群岛的所有高潮时高于水面的岛礁(包括太平岛、中业岛、西月岛、南威岛、北子岛、南子岛)均为无法产生专属经济区或者大陆架的"岩礁";裁定中国在南沙群岛的正常建设"违反了有关环境与生态保护义务"。② 日本不仅支持菲律宾的所谓国际诉讼,助之获得有利仲裁,还力挺所谓仲裁结果。仲裁庭做出裁决后,日本反应最为活跃、积极,比当事国菲律宾还要激动,迅速表态欢迎仲裁结果,声称"有了阻止中国威胁性行动的法律依据",强调裁决是最终裁决,具法律约束力,在多种场合呼吁中菲各造必须遵守。日还计划与美等七国集团成员国合作,强烈要求中国遵守国际法,接受仲裁结果。菲新总统上台后,有意改善与中国关系,日本心急如焚,竭力设法阻止,担心与美处心积虑推动的南海仲裁案"名存实亡"。日本外务大臣岸田文雄于 8 月 10 日急急赴菲访问,会见菲总统、外长,就南海仲裁案向菲政府施压,要其坚定立场,防止生变。

(四) 不失时机竭力拉拢域外国家介入南海纷争

近年来,日本对南海问题极为关注,利用国际会议、双边会晤、国际论坛等各种场合、各种机会见缝插针,就南海问题煽风点火,大肆炒作,呼吁按照国际法,

---

① 五人小组成员分别为:加纳的托马斯·A.门萨,临时仲裁庭主席,国际海洋法法庭前法官;法国的让-皮埃尔·科特,国际海洋法法庭法官;波兰的斯坦尼斯瓦夫·帕夫拉克,国际海洋法法庭法官;荷兰的阿尔弗雷德·H. A. 松斯,乌得勒支大学教授;德国的吕迪格·沃尔夫鲁姆,国际海洋法法庭法官。

② 《南海仲裁案全文》,台湾《"中时"电子报》,http://www.chinatimes.com/cn/realtimenews/20160712006009 - 260401,登录时间:2016 年 7 月 26 日。

和平解决南海问题,希望各方把南海问题作为共同的课题继续开展合作,敦促各方制定防范争端升级的"国际规范"。

时任日首相安倍晋三、外务大臣岸田文雄、防务大臣中谷元、内阁官房长官菅义伟几乎是无时无刻不在提及南海问题,无论是和其他国家政要会晤,还是参加东盟地区性会议包括东盟地区论坛、东亚峰会(EAS)、东盟海事论坛扩大会议(EAMF)、东盟防长扩大会议(ADMM+),抑或是出席国际性会议如亚太经合组织、七国集团(G7)、二十国集团(G20)峰会等,只要有日本官员参加,都会不厌其烦挑起南海议题,并拉拢域外国家积极介入。2015 年 11 月上旬安倍与到访的荷兰首相会谈时,大谈公海航行自由在内的"法治",双方"确认对在东海和南海改变现状加剧紧张的单方面行为有着共同关切"。① 2016 年 1 月 8 日,日与英国举行"2+2"会谈,拉英为之南海政策背书,促英与之一起表示反对中方通过大规模填海造地行为和尝试单方面改变现状;2 月 13 日,时任日外相岸田文雄在渥太华与加外交部长迪翁举行会谈,与加在南海问题上达成共识,即强烈反对通过威胁、强制措施和行使武力等手段单方面改变现状;2 月 16 日,日防卫相中谷元与澳大利亚外长毕晓普举行会谈,中谷元表示日、美、澳在南海的存在感"十分重要",毕晓普回应表示"将敦促所有当事方和平解决问题";2015 年 12 月安倍晋三与印度、澳大利亚两国首脑举行会谈,欲加大推动日、美、澳、印四国之间的安全保障合作,以便实现其针对中国的所谓"安全保障钻石构想"。② 日本 2016年版《防卫白皮书》不仅敦促日本政府进一步加大对南海事务的介入力度和对东南亚国家的经济、军事援助力度,同时要求自卫队今后应通过多国联合军演在南海构建日、美、澳和日、美、印双重三国安全保障机制。

在日本的鼓噪下,2015 年 4 月 15 日,在德国吕贝克举行的七国集团(G7)外长会议,重要议题之一便是南海问题,专门通过了一份涉及南海和东海局势的

---

① 《日本搅局南海处心积虑"包围"中国成右翼信条》,载《环球时报》,2015 年 11 月 19 日。
② 《日媒:安倍欲用钻石构想封锁中国对南海表示关切》,新浪网,http://mil.news.sina.com.cn/china/2015-12-22/doc-ifxmszek7574534.shtml,登录时间:2016 年 7 月 26 日。

《关于海洋安全的声明》,这在七国集团近 40 年的历史上尚属首次。① 两个月后召开的七国集团首脑会议上南海议题同样被提上议程,会议发表的《联合宣言》也涉及南海问题,表示强烈反对中国在南海的岛礁建设。相关事例不胜枚举。日本甚至想将南海问题提到联合国安理会讨论,2016 年 7 月日本担任安理会轮值主席国,担任轮值主席的日常驻联合国代表别所浩郎上任伊始就召开记者会,对南海问题表达"强烈关切",宣称若有国家提出请求,会把南海问题列为安理会讨论议题。

日本方面不遗余力污蔑、攻击中国的南海政策,炒作"中国威胁论",借国际法制约中国,支持菲律宾提起"南海国际仲裁",全力拉拢国际社会介入南海问题,目的就是力促南海问题的多边化、国际化,借国际法名义否定中国为维护南海权益所采取的正当行为,营造中国不遵守国际法的负面形象,使中国的南海政策、主张成为众矢之的,在法律上、国际舆论上给中国施加巨大压力,试图把南海问题变成牵制中国的一个重要"筹码",给中国解决南海问题添堵增困,借南海问题实现对中国的孤立、包围战略,牵制、干扰、迟滞中国发展壮大的进程,阻挠中华民族伟大复兴崛起的中国梦美梦成真;同时,为美日等外部势力染指、介入、主导南海问题创造条件、打开方便之门,使之对南海问题的干涉正当化、合法化,确保其在南海横行霸道,进而成为南海事务的主导力量,使南海成为美日势力范围。

三、紧跟美重返亚太战略脚步,直接军事介入南海事务企图明显

日紧跟美重返亚太战略脚步,积极充当美战略重要棋子,在南海问题上积极配合美国的政策与行动,强化在南海的军事存在,直接军事介入南海事务的企图明显。

---

① 《强推七国集团声明　日本暗藏心机》,新华网,http://news. xinhuanet. com/world/2015 - 04/17/c_127698643. htm,登录时间:2016 年 7 月 26 日。

（一）积极配合美对南海的军事介入行动

美加快"重返亚太"战略脚步以来，日本一改过去在南海问题上所持"中立"立场，加大力道介入，借南海问题加大"重返亚太"战略脚步，甚至是直接进行军事干预：派军舰、战机至中国岛礁 12 海里内游弋，进行所谓"自由航行"，秀肌肉，对中国进行军事威慑，打压中国以谋求中国在南海问题上做出让步。日本紧跟其后，积极充当美"重返亚太"战略的打手：针对美加大介入南海事务力度，日一如既往全力配合，摇旗呐喊、充当帮手，支持美在南海采取的一切措施，包括军事巡航南海的做法，甚至积极参与其中。早在 2005 年 10 月，在日美防务"2＋2"谈判中，在美国的要求下，日本自卫队即宣称其防卫范围扩展到马六甲海峡，①已涵盖了南海；2010 年 7 月，美前国务卿希拉里在东盟地区论坛上发表演说，声称美国在维护南海航行自由方面拥有"国家利益"；与会的日外相冈田克随即表态支持，配合呼应声称南海争端的和平解决也事关日本的国家利益。2015 年 1 月 29 日美第七舰队司令罗伯特·托马斯表示希望日海军将巡逻区域扩展至南海；日防卫相中谷元随即予以响应，在 2 月 3 日的记者会上表示将探讨相关事宜，声称"南海局势对日本影响正在扩大"，自卫队的警戒监视范围不受地理范围限制，暗示日军将在"必要时"直接插手南海问题的意向。② 2015 年 4 月，日美两国举行外交与国防部长会议，达成了新版《日美防卫合作指针》，双方决定把日本自卫队与美军的合作扩大至全球范围，双方将共同应对岛屿防卫，并将岛屿防卫范围从东海延伸至南海地区。近年来，美大动作在南海进行所谓"自由航行"，日公开声援，并敦促美进一步加大力度。

---

① 张学昆、欧炫汐：《日本介入南海问题的动因及路径分析》，载《太平洋学报》，2016 年第 4 期。

② 《日回应美国巡逻南海建议狂想如何对付中国海军》，载《环球时报》，2015 年 2 月 4 日。

（二）修改法规为军事介入南海扫清障碍

自 2014 年 7 月起,安倍政府极力推动解禁集体自卫权和修改和平宪法,在政治和军事上不断右倾,试图从根本上改变日本战后的国家定位和安全政策框架,以方便日本能够更直接、更深入地介入南海问题,包括在军事上重返南海。2015 年 7 月、9 月,安倍政权凭借在国会的优势,先后在众、参两院强行通过解禁集体自卫权的新安保法,并于今年 3 月 26 日正式生效,实现了在军事领域的多项突破,如放宽动武权限,规定在所谓"存亡危机事态",自卫队可行使集体自卫权;自卫队行动范围由日本周边延展至全球,遂行任务区域由后方扩大至战斗前沿,乃至可能爆发战争的一线战场;允许向外军提供弹药补给、为他国待飞战机加油;将支援对象由美军扩大至包括美军在内的他国军队,以及向日提出支援请求的国际组织等,[①]从而使日本插手地区事务(包括南海)的手段将不限于经济与外交手段,也能在军事和安全领域直接发挥影响,为日本进军南海清除了法律障碍,打开了方便之门。2015 年 9 月日新安保法在参议员通过后,日本即试图将南海作为海外派兵"试验地",前自卫队舰队司令香田洋二声称,"从确保海上交通线安全的角度,(南海)也会直接影响到我国,日美应制定共同应对方针"。自卫队干部出身的自民党参议员佐藤正久更公然鼓吹,要利用解禁后的集体自卫权构建"南海防御同盟"对付中国。[②] 这些都赤裸裸地暴露出日本制定新安保法,加强军事介入南海力度的企图。

---

① 《一图解读:日本新安保法案一旦通过,将意味着什么?》,央视网,http://news. cntv. cn/ 2015/09/15/ARTI1442319771974808. shtml,登录时间:2016 年 7 月 26 日。

② 《论南海仲裁案及南海问题:日本想扮演什么角色》,搜狐网,http://mil. sohu. com/ 20160705/n457821709. shtml,登录时间:2016 年 7 月 26 日。

（三）动作频频强化在南海的军事存在

20 世纪 90 年代,日本在南海问题上更多是以斡旋者的身份出现。自 2000 年起,随着形势的发展变化,其关注程度不断增加,已远远不满足于斡旋者的角色,尤其是近年来,随着新安保法出台,日本不断强化在南海的军事存在,其军事力量已经堂而皇之登堂入室,活跃于南海,访问港口,与相关国家举行联合演习,直接军事介入南海事务。仅今年以来,日海上自卫队多艘舰只前往南海活动,其中:扫雷母舰"浦贺号"、扫雷艇"高岛号"于 3 月 2 日访问菲律宾马尼拉港,随后驶抵越南金兰湾基地活动;该两艘舰艇于 5 月底又二度访问金兰湾。"伊势号"直升机驱逐舰 3 月底自本土南下驶入南海活动,4 月中旬抵印尼参加印尼海军举办的"科摩多- 2016"联合演习,后抵马尼拉港访问;"濑户雾号""有明号"驱逐舰及"亲潮号"潜艇 4 月初进泊菲苏比克港访问,"濑户雾号""有明号"驱逐舰 4 月中旬转往越金兰湾基地访问,其间分别与菲、越军进行了海上联合训练。金兰湾是越南最重要的军事基地,越方过往严格限制外国船只进入该基地。日海上自卫队军舰却在短时间内几度访问该港,显示日本对越南的拉拢已经见效,越南投桃报李,给予日本超乎寻常的礼遇,短时间内让日舰多次访问金兰湾港。这也显示出日本军事力量在南海的活动已经常态化。

结　论

日本紧紧追随美国,甚至不惜背离广大日本人民的意愿,强势通过新安保法,为日本军事介入南海扫清法律障碍,洞开方便之门,强化在南海的军事存在,其如意算盘有三:一是将南海作为实施新安保法、解禁集体自卫权后日军首个海外练兵场,一试身手,提高海外作战能力,借此为日本进一步穷兵黩武、扩军备战松绑,为成为军事大国助力;同时又有力配合美对于南海的战略企图,满足美对日的军事需求,维护美日在南海的巨大战略利益;二是通过与美一起展现在南海强大军事存在,直接为菲、越等声索国撑腰壮胆,支持他们大胆与中国进行军事对抗,加剧南海紧张局势,使南海成为消耗中国主要精力和大量战略资源的无底洞,无暇他顾,既减轻日本在东海、钓鱼岛方向的压力,取得斗争主动权,又有利于减缓中国崛起的步伐,迟滞中国发展强大的进程,努力夺回日本在中日战略博弈中的优势地位;①三是为必要时与美一起直接军事介入做准备,借南海争端,挑起中美大规模海战甚至全面开战,协助美国彻底搞垮中国,消除中国这一最大竞争对手,由日本取而代之,成为亚洲第一强国;可能的话,最好是中美两败俱伤,日本更上层楼直接取代美国,重振昔日军国主义威风,实现政治、军事大国的狂妄野心,成为世界霸主。

---

① 孙建中:《从主要域外大国的南海战略意图看中菲仲裁案》,载《亚太安全与海洋研究》,2016年第3期。

印度东向政策视阈中的亚太多边机制

孙现朴[*]

[内容提要] 印度提出东向政策后,极为重视亚太多边机制的重要性,积极发展与亚太多边机制的合作。印度参与亚太多边机制进程中,表现出以东盟为中心构筑亚太多边架构、渐进参与亚太多边机制、关注重点从经济领域向安全领域转变的特点。印度参与亚太多边机制对自身和地区都造成了战略影响,它促使印度与东亚联系重新密切,增强了印度的国家实力,提升了印度在亚太权力格局中的地位,复杂化了中国周边形势。

[关键词] 印度 东向政策 亚太多边机制 影响

冷战后初期印度面临的国际环境、国内情势持续恶化,其外交处于转型的"十字路口"。为了给经济发展寻找突破口、拓展外交伙伴,印度决定实施东向政策,与经济繁荣的东亚地区加强联系。从东向政策的发展来看,主要经历了两个阶段。[①] 在第一阶段,东向政策的实施范围是东南亚地区。进入 21 世纪,随着印度崛起步伐加快,东向政策进入第二阶段,实施范围扩展至整个亚太区域。2002 年印度时任总理瓦杰帕伊表示:"从地理和政治现实角度来看,印度属于亚

---

* 孙现朴,发表本文时为中央党校国际战略研究院助理研究员。本文系国家社科基金青年项目(15CGJ016)"中国的印度洋海上战略通道研究"和 21 世纪海上丝绸之路协同创新中心 2015 年重大研究课题《21 世纪海上丝绸之路与南亚区域合作研究》(2015HS06)的阶段性成果。
① 有印度国内学者认为,印度东向政策经历了三个阶段,莫迪政府上台后提出"东向行动"可看作东向政策的 3.0 版。参见:Sampa Kundu, "India's ASEAN Approach: Acting East", *The Diplomat*, April 8, 2016. http://thediplomat.com/2016/04/indias-asean-approach-acting-east/。

太地区。"①2014 年 5 月,莫迪当选为印度总理后,更是对东向外交给予高度重视,提出印度不仅要"向东看"还要"积极向东采取行动"。②

在印度东向政策实践过程中,参与亚太地区多边机制是极为重要的环节。在东向政策实施后,印度与东盟、东亚峰会等亚太地区多边机制建立了一定的联系,并且逐步由亚太地区多边机制中的边缘角色上升为重要角色,在地区集体协商解决问题上的话语权得到提升。

一、印度与亚太多边机制

提出东向政策后,印度以积极接触为基础,广泛开展多边合作。印度东向政策在亚太多边机制中的扩展以东盟为中心,但并不仅限于东盟,它与其南亚、东亚邻国还建立了东亚峰会、孟印缅斯泰经济合作组织、恒河-湄公河合作机制等。

(一) 印度与东盟

在东向政策实施初期,为了给国内经济发展助力,印度极其重视与周边地区的经济联系。环顾印度周边,只有东南亚最符合印度发展经济的需求,因此印度把与东南亚的关系作为东向政策的重点。在与东盟国家发展关系方面,印度与东南亚国家联盟确立友好关系具有纲领性作用。

印度与东南亚国家建立密切关系,首先要遵从东盟国家业已建立的规范。20 世纪 80 年代,东盟国家中的马来西亚和印度尼西亚极为担忧印度不断增长

---

① 参见瓦杰帕伊的讲演稿: Atal Bihari Vajpayee, "India's Perspective on ASEAN and the Asia Pacific Region," April 9, 2002. http://www.aseansec.org; Atal Bihari Vajpayee, "India's Perspectives on ASEAN and the Asia-Pacific Region," Singapore: Institute of South Asian Studies, 2002. p. 9。

② Satu Limaye, "India-East Asia Relations: Acting East under Prime Minister Modi?," East-West Center, January 2015.

的海上力量。① 印度需要首先消除东盟的戒备心理,向东盟证明它是一个负责任的国家,而不是在东南亚填补力量真空。② 因而,印度东向政策实施后,采取一系列友好举措,消除东盟国家疑虑。其后,印度与东盟国家关系逐步走上正轨,双边交往逐步增多。

印度与东盟的多边合作经历了一个发展的过程。1992 年印度成为东盟的"部分对话伙伴"(sectoral dialogue partner),双方决定加强在贸易、投资、旅游领域的合作。"部分对话伙伴"地位开启了印度与东盟关系的新纪元,部分对话伙伴关系确定的合作领域是印度最需要的内容,印度可以通过与东盟国家展开贸易、吸引投资等方式发展国内经济。对于东盟国家而言,给予印度贸易、投资等领域的部分对话以伙伴地位,能使东盟国家加快发展与印度的经济联系,占领印度市场。

1993 年第一届印度-东盟部分对话伙伴年会在印度举行,成立了"印度-东盟"部分合作委员会协调双方在贸易、投资、旅游等方面的事宜。③ 1995 年 11月,在东盟与印度第五次会议上,印度取得了全面对话伙伴关系地位。双方合作与对话领域包括贸易、投资、人力资源发展、科技、旅游、基础设施建设等方面。④全面对话伙伴关系加强了印度与东盟成员国的关系,也拓宽了印度与东盟其他全面对话伙伴国的交流渠道。此外,印度取得全面对话伙伴关系地位后,还加入东盟地区论坛(ASEAN Regional Forum, ARF)。东盟-印度对话机制主要包括:(1) 东盟部长会议,东盟＋10(东盟与 10 个对话伙伴会议),东盟＋1(东盟与10 个对话伙伴的单独会议);(2) 东盟-印度高官会议;(3) 东盟-印度联合合作

---

① Prakash Nanda, *Rediscovering Asia: Evolution of India's Look-East Policy*, New Delhi: Lancer Publishers& Distributors, 2003, p. 462.

② G. V. C. Naidu, "Whither the look east policy: India and Southeast Asia," *Strategic Analysis*, Vol. 28, No. 2, 2004, p. 336.

③ 黄正多、李燕:《多边主义视角下的印度"东向政策"》,载《南亚研究》2010 年第 4 期,第 92页。

④ S. D. Muni, "India's 'Look East' Policy: The Strategic Dimension," *ISAS Working Paper*, Singapore: Institute of South Asian Studies, No. 121-1, February 2011, p. 15.

委员会;(4) 东盟-印度联合工作组。① 1996 年,印度外长首次参加了东盟地区论坛会议和东盟外长扩大会议,印度与东盟间的对话逐渐机制化。②

2002 年印度与东盟举行首届印度-东盟峰会,它成为继中国、日本、韩国之后第四个与东盟国家建立"10+1"峰会的国家。东盟与中日韩举办的"10+3"合作机制是东亚地区合作的重要多边机制,印度曾试图加入其中,但是最终由于多方羁绊,没能成为成员国。③ 2003 年在第二届东盟-印度峰会上,印度加入了《东南亚友好合作条约》,表明东盟承认印度在维护东南亚地区和平、稳定中的积极贡献,双方的和平意愿得到进一步确认。2010 年 1 月,印度与东盟自贸区协定开始实施,双方还就服务贸易展开谈判。④ 2015 年 11 月,印度总理莫迪在吉隆坡参加第 13 届印度-东盟峰会,双方表示将在 2016—2020 年共建和平、进步和共享繁荣的伙伴关系。在海上安全领域,莫迪表示在国际法原则范围内,印度与东盟共同致力于航行与飞越自由。⑤ 印度通过冷战后在东南亚地区的实践证明,它尊重东盟地区业已形成的地区规范,其外交实践赢得了东盟国家的信赖,从而为进一步参与东亚地区事务提供了可能。

(二) 印度与东亚峰会

2005 年东亚峰会首次召开,峰会以东盟为中心。印度成为东亚峰会正式成员国,表明东向政策的实施取得了重要成果,它已经成为亚太秩序中得到承认的重要成员。印度积极参与东亚峰会的动因主要有:(1) 东亚峰会的理念、宗旨与

---

① Prakash Nanda, *Rediscovering Asia: Evolution of India's Look-East Policy*, New Delhi: Lancer Publishers& Distributors, 2003, pp. 462 - 463.

② 黄正多、李燕:《多边主义视角下的印度"东向政策"》,载《南亚研究》2010 年第 4 期,第 92 页。

③ S. D. Muni, "India's 'Look East' Policy: The Strategic Dimension, " *ISAS Working Paper*, Singapore: Institute of South Asian Studies, No. 121 - 1, February 2011, pp. 15 - 16.

④ 黄正多、李燕:《多边主义视角下的印度"东向政策"》,载《南亚研究》2010 年第 4 期,第 89 页。

⑤ Satu Limaye, "India-East Asia Relations: A Full Year of 'Acting East'," *Comparative Connections*, Vol. 17, No. 3, January. 2016, p. 158.

印度提倡的亚洲经济共同体有许多相同之处；(2) 巩固与东盟关系的需要；(3) 深化与亚太国家战略合作的需要；(4) 平衡地区内各种力量的需要。① 尽管从地缘政治上而言，印度并不是太平洋国家，但是如果东亚只是一个概念，而不是一个地理名词，印度可以在显现的亚太安全结构和经济共同体中找到属于自身的位置。印度在亚太的经济利益不断增多，它需要该地区和平、稳定以确保不产生贸易纠纷而影响其利益，同时印度需要在战略、经济上与西太平洋地区接触，就如西太平洋国家介入南亚和印度洋事务一样。②

从实施东向政策伊始，印度就积极参与东南亚、亚太多边合作机制。在渐进参与亚太多边机制的过程中，从 1992 年的东盟部分对话国地位，到 1995 年的东盟全面对话国地位，至 2002 年建立第四个"10＋1"合作机制，印度直到亚太多边机制形成之后，才提出申请并发展为对话国。但是在东亚峰会创建过程中，印度是作为创始国加入的，这表明印度已经成为亚太地区一股不可忽视的战略力量，域内国家对印度的影响力愈加重视，其在亚太地区的地位得到一定程度承认。虽然印度在亚太地区的地位得到一定承认，但是目前其地位还没得到亚太国家的一致承认。印度已成为亚太地区不可低估的战略力量，但并不是不可或缺的因素。印度的亚太地位是否得到承认，从其加入东亚峰会，亚太国家在给予其地位的争论中可以管窥。

印度参与东亚峰会表明，东向政策的实施范围已远远超出东南亚的地理范围，正在向整个亚太地区扩展，关注领域也不再仅仅是经济，安全、战略等也成为重要关注点。从目前印度参与东亚安全事务的程度来看，其与美、日等国在亚太的安全合作处于较低水平。这一方面是由于战略自主是印度外交的传统，另一方面是由于印度担心全面参与制衡中国的战略安排，从长远看可能会恶化中印关系。

---

① 师学伟：《21 世纪初印度与亚太多边机制关系分析》，载《国际展望》，2012 年第 4 期，第 100－101 页。

② Rajiv Sikri, "India's 'Look East' Policy," *Asia-Pacific Review*, Vol. 16, No. 1, 2009, p. 142.

(三) 印度与亚太经合组织

1989 年亚太经济合作组织成立,经过多年发展,该组织已经是亚太地区重要的多边经济合作组织。自亚太经合组织成立,印度便非常关注该组织发展,并努力成为成员国。早在 1991 年,印度就开始准备申请成为其成员国。1997 年,印度正式提出加入亚太经合组织的申请,但是遭到拒绝。[①] 虽然印度没有成功成为亚太经济合作组织成员国,但是它一直在不断努力。

印度认为它加入亚太经合组织可以提高组织效率和自身重要性,同时,成为该组织成员国,印度自身也将受益颇多。由于亚太经合组织的定位是太平洋周边国家组织[②],印度以往申请加入亚太经合组织都以地理原因被拒绝。而且美国对印度态度冷淡,美国认为亚太经合组织是一个庞大的集团,目的是促进贸易自由化,致力于将亚太打造为自由贸易区域。[③] 尽管印度已经进行市场化改革,但是其贸易体制仍然比其他亚太经合组织成员更为严苛,因而,美国认为印度加入地区机制将产生消极作用,可能为实现机制目标增添障碍。[④]

尽管印度申请成为亚太经合组织成员的努力没有得到其他国家认可,但是随着印度经济发展,印度国内和亚太地区国家对印度是否能成为该组织成员国的看法在发生变化。随着经济的崛起,印度越来越认为其已经具备成为亚太经合组织成员资格。目前,印度已经成为二十国集团、东盟地区论坛、东亚峰会等组织的成员国,是东盟对话伙伴,因此有能力在地区贸易合作、投资领域发挥更

---

① David Scott, "Strategic Imperatives of India as an Emerging Player in Pacific Asia," *International Studies*, Vol. 44, No. 2, 2007, p. 135.

② 师学伟:《21 世纪初印度亚太战略研究》,中央党校博士学位论文,2013 年,第 140 页。

③ Teresita C. Schaffer, *India and the United States in the 21ˢᵗ Century: Reinventing Partnership*, Washington D. C: The CSIS Press, 2009, p. 150.

④ Teresita C. Schaffer, *India and the United States in the 21ˢᵗ Century: Reinventing Partnership*, Washington D. C: The CSIS Press, 2009, p. 150.

关键性的角色。[1] 印度有成为产品地区销售网络终端(network hub)的潜力,成为亚太经合组织成员可以助推印度贸易自由化进程,可以提升它的地区贸易、投资合作的能力建设。[2]

近年来,部分亚太经合组织成员越来越重视印度在区域经济合作中的重要性,提议印度加入亚太经合组织。从战略和经济层面考量,美国、日本已经开始积极支持印度加入亚太经合组织。[3] 随着印度经济发展、亚太经济整合等因素发酵,印度有更多理由加入亚太经合组织,主要原因是:(1)亚太经合组织所覆盖的地区有美、中、日三大经济体,将印度排除在外缺乏足够理由,且印度已经是二十国集团、东亚峰会成员国;(2)印度已经与多数亚太国家和多边组织签署贸易协议,亚太国家的外部压力促使印度加速国内贸易自由化改革,印度现在已经事实上属于亚洲经济体一部分;(3)亚太经合组织纳新禁令的终止为印度加入扫清了制度障碍;(4)亚太经合组织提出的新目标符合印度的战略利益,对印度有极大的吸引力。[4]

(四) 印度与上海合作组织

上海合作组织成立之初,印度就表现出浓厚兴趣,并组织相关部门对加入上合组织的利弊及可能性进行前期研判。在 2005 年的上合组织阿斯塔纳峰会上,印度成为观察员国。2011 年 6 月,在阿斯塔纳峰会召开之前,印度正式提出加入上合组织。2015 年 7 月在俄罗斯乌法召开的上合组织成员国元首理事会上,

---

[1] Pravakar Sahoo, "India and APEC: time to move from observer to member," *East Asia Forum*, September 17, 2012. http://www.eastasiaforum.org/2012/09/17/india-and-apec-time-to-move-from-observer-to-member/.

[2] Pravakar Sahoo, "India and APEC: time to move from observer to member," *East Asia Forum*, September 17, 2012. http://www.eastasiaforum.org/2012/09/17/india-and-apec-time-to-move-from-observer-to-member/.

[3] David Scott, "Strategic Imperatives of India as an Emerging Player in Pacific Asia," *International Studies*, Vol. 44, No. 2, 2007, p. 135.

[4] 师学伟:《21 世纪初印度亚太战略研究》,中央党校博士学位论文 2013 年,第 140 - 141 页。

各方决定启动接纳印度加入上合组织的程序。2017 年 6 月,印度与巴基斯坦正式加入上合组织。

印度一直对上合组织"青睐有加",这与其外交战略需求密切相关。第一,在世界处于大变局的背景下,不稳定因素不断增多,尤其是进入新世纪之后,恐怖主义、跨国犯罪等问题越来越国际化,单凭一己之力已难以全面解决。中南亚地区热点问题层出不穷,安全问题极其复杂。尤其是美国宣布撤军计划后,中南亚地区反恐形势可能进一步恶化。印度是世界上遭受恐怖主义危害最严重的国家之一,它希望与中、俄等国共进协力应对极端势力的挑战。第二,中亚地区战略地位重要,蕴含丰富的油气资源,能够为印度经济崛起提供助力。随着印度经济崛起势头越发迅猛,其对能源资源的需求量成倍增长。长久以来中东是印度能源进口的主要区域,新时期为了使能源进口更加多元化,中亚成为印度能源进口的主攻方向。[1] 第三,中亚是印度周边延展外交的一部分,但印度与中亚国家没有共同边界,造成双方高层交往并不频繁。如果印度加入上合组织,其领导人与中亚、俄罗斯、中国等国领导人会晤将更加机制化。[2] 第四,印度成为上合组织成员能够进一步维护和拓展它在中国以及中亚国家的经济利益,为实现印度经济持续发展提供更大市场。[3] 中亚地区幅员辽阔、经济潜力巨大,印度与中亚国家在采矿、医药等多个领域已开展合作,但与中国、俄罗斯等周边大国相比,印度与中亚国家贸易还有极大上升空间。

(五) 印度与孟印缅斯泰经济合作机制

印度东北部地区经济发展缓慢、社会动荡,发展东北部经济历来是印度面临

---

① Ivan Campbell,"India's role and interests in Central Asia," *Saferworld Briefing*, 2013 October, p.3.

② Ashok Sajjanhar,"India and the Shanghai Cooperation Organization: What India's membership means for the organization as well as New Delhi," *The Diplomat*, June 19, 2016.

③ 李进峰:《上海合作组织扩员:挑战与机遇》,载《俄罗斯中亚东欧研究》,2015 年第 4 期,第 41 页。

的棘手难题。随着东向政策提出,印度开始考虑通过域外力量带动其东北部地区的经济发展,邻近的东南亚是最佳选择。在此背景下,印度希望通过环孟加拉湾经济合作,推动东北部地区的经济发展,加速印度经济与东南亚国家经济的融合。

1997 年,印度与其南亚、东南亚邻国建立了孟印缅斯泰经济合作机制(BIMSTEC)。泰国最早提出次区域合作计划,目的是有利于它在贸易等领域的扩展,同时这也是泰国对印度东向政策的回应。[①] 泰国提议建立该合作机制,目的是为了避免与新加坡、马来西亚以及中国在这些国家竞争,同时也是泰国执行"向西"政策的自然反应。[②] 印度加入孟印缅斯泰经济合作机制被认为是在南亚孤立巴基斯坦的行为,随着 2004 年不丹、尼泊尔加入该机制,孤立巴基斯坦的说法更加明显。[③] 印度国内认为,巴基斯坦阻挠南亚区域经济一体化,致使其与中亚和西亚的经济联系有限。[④] 印度只有从其他方向寻求突破口,加入地区经济一体化进程,才能够建立起自己经济发展的依托带。

孟印缅斯泰经济合作机制包括部分东南亚、南亚国家等多国经济的不断融合,提升了东南亚和南亚国家间的经济整合能力。随着该机制不断成熟,它形成了更加紧密的经济区域集团,并成为南亚和东南亚的桥梁,印度也通过孟印缅斯泰经济合作机制间接强化了与东盟的关系。[⑤] 此外,印度积极推动孟印缅斯泰经济合作机制意在建立与南盟相并行的区域经济合作,借此来推动以其主导的区域经济一体化,这在孤立巴基斯坦的同时,增强了印度的区域经济地位以及与东盟国家的联系。

① 孙现朴:《印度崛起视角下的"东向政策":意图与实践——兼论印度"东向政策"中的中国因素》,载《南亚研究》,2012 年第 2 期,第 78 页。

② S. D. Muni, "India's 'Look East' Policy: The Strategic Dimension," *ISAS Working Paper*, Singapore: Institute of South Asian Studies, No. 121-1, February 2011, p.16.

③ S. D. Muni, "India's 'Look East' Policy: The Strategic Dimension," *ISAS Working Paper*, Singapore: Institute of South Asian Studies, No. 121-1, February 2011, p.16-17.

④ [印]桑贾亚·巴鲁著,黄少卿译:《印度崛起的战略影响》,北京:中信出版社 2008 年版,第 168 页。

⑤ [印]桑贾亚·巴鲁著,黄少卿译:《印度崛起的战略影响》,第 168 页。

（六）印度与恒河-湄公河合作机制

印度实施东向政策后，不仅重视与海上东南亚国家发展经贸往来，还积极加强与陆上东南亚国家的合作。印度与陆上东南亚国家地缘相邻，在安全问题上密切相连。从文化角度看，陆上东南亚国家深受印度佛教文化影响，印度与它们可以联合发展旅游、教育和文化交流项目，大湄公河区域民众与印度民众有诸多社会和文化联系。[①]

2000 年印度与缅甸、泰国、老挝、柬埔寨、越南合作建立了恒河-湄公河合作项目（Mekong-Ganga Cooperation，MGC）。恒河-湄公河合作项目是印度与部分东南亚国家建立的次区域合作机制，目的是增强它们在教育、文化、旅游、交通等领域的合作；印度希冀通过该合作项目增进与中南半岛国家在地理和文化上的距离。[②] 2012 年印度与湄公河五个国家——柬埔寨、老挝、缅甸、越南、泰国——举行第六次恒河-湄公河合作项目部长级对话，目的是提升各国在经济、文化、旅游领域的合作。[③] 恒河-湄公河合作项目成立时间很早，但一直没有呈现出良好发展势头。恒河-湄公河合作项目发展不畅的原因主要有二：首先，印度和泰国是主要推动国，但随着泰国关注点的转变，它对该合作机制的重视不断下降；其次，恒河-湄公河合作机制与中国与湄公河国家成立的大湄公河次区域机制有竞争关系，而与大湄公河次区域合作机制相比，恒河-湄公河合作机制没有足够竞争力。[④] 尽管该合作机制没有取得明显的效果，印度还是通过该合作

---

① Prakash Nanda, *Rediscovering Asia: Evolution of India's Look-East Policy*, New Delhi: Lancer Publishers & Distributors, 2003, p. 485.

② Rajiv Sikri, "India's 'Look East' Policy," *Asia-Pacific Review*, Vol. 16, No. 1, 2009, p. 137.

③ PTI, "India to host sixth Mekong-Ganga Cooperation meeting," *The Hindu*, September 3, 2012. http://www. thehindu. com/todays-paper/tp-in-school/india-to-host-sixth-mekongganga-cooperation-meeting/article3852491. ece.

④ Rajiv Sikri, "India's 'Look East' Policy," *Asia-Pacific Review*, Vol. 16, No. 1, 2009, p. 138.

机制加深了与湄公河流域国家的民众交流，提升了双方民间的互信水平。

二、印度参与亚太多边机制的特点

印度东向政策在亚太多边机制中的扩展是一个不断演进的过程。在印度参与亚太多边机制的进程中，它以东盟为中心构筑亚太多边机制框架，经历了由边缘角色向重要角色转变的过程。同时随着印度国家实力上升，印度参与亚太多边合作的关注领域也逐渐从经济向安全转变。

（一）以东盟为中心构筑亚太多边机制框架

在印度东向政策发展过程中，东盟发挥了关键性作用，印度参与的其他亚太区域多边机制都与东盟存在一定联系。冷战后印度实施东向政策，着重将其关注置于东南亚地区。东南亚保持和平与稳定符合印度利益，印度希望该地区保持持续稳定，不受到其他外部力量干预。东盟合作是东南亚国家经济繁荣、和平、稳定的突出体现，发展与东盟国家的关系首先需要得到作为整体的东盟的支持。在印度提出东向政策初期，东盟还没有覆盖整个东南亚地区。由于印度实施东向政策的主要目的是发展国内经济，因此印度首先选取了在东南亚地区相对富裕的东盟国家作为重点争取对象。其后印度东向政策在实际执行过程中，明显表现出以东盟为重点的特征，目的主要有三点：（1）与东盟的联系机制化；（2）提升与东盟国家多边关系；（3）扩大自身在东南亚的影响力。[①]

印度以东盟为中心发展与亚太地区多边机制的联系，充分意识到东盟作为亚太多边合作中的中心位置。随着美苏两极格局终结，冷战后东南亚地区面临新整合，在重新整合过程中，东盟与中日韩三国的关系不断增进。中日韩都尊重

---

① 马孆：《当代印度外交》，上海：上海人民出版社 2007 年版，第 188 页。

东盟地区形成的规范,并与之进行协调、合作。东亚逐渐走上了由东盟带动的地区合作道路,形成了"小马拉大车"①的地区整合态势。由此扩散,在亚太地区多边合作中,东盟作为领导者的角色逐渐得到确立。印度需要借助东盟在亚太地区多边机制中的中心位置,继而建立与其他多边机制的联系,实现融入亚太合作的战略目标。

东盟在亚太区域合作中发挥的中心地位,可以从其与中日韩建立的"10+1"机制以及在东亚峰会建立过程中发挥的中心作用中得到体现。作为多边机制的东盟与周边地区的其他多边机制保持了密切联系,印度可以借重东盟的优势,增进与其他多边机制的合作。东盟希望印度在地区事务中发挥平衡作用,而印度通过东盟这个中介加强了与地区内其他力量的联系。

(二) 印度参与亚太多边机制的渐进性

印度参与亚太多边机制的过程经历了从边缘角色到重要角色的转变,其参与亚太多边机制的深度在不断提升。东向政策实施之初,印度在东盟看来仅是个政治上边缘、经济上微不足道、军事上有威胁的国家,但随着发展印度逐渐成为与东盟定期举办峰会的对话国。② 1992 年东盟给予印度部分对话伙伴国关系,表明当时东盟对印度在亚太地区作用的轻视,但是随着印度参与亚太多边机制的能力越来越强,亚太多边机制已经无法再忽视印度的存在。

印度参与亚太多边机制首先以东盟为中心,其与东盟关系的发展经历了由浅及深的过程。1992 年在东盟第四次首脑会议上印度取得部分对话伙伴国地位;1995 年印度参与东盟机制取得突破进展,获得全面合作伙伴关系,受邀参加东盟地区论坛,成为东盟地区论坛的全面对话国;2002 年,印度与东盟确立了双

---

① 翟崑:《小马拉大车? ——对东盟在东亚合作中地位作用的再认识》,载《外交评论》,2009年第 2 期。

② 黄正多、李燕:《多边主义视角下的印度"东向政策"》,载《南亚研究》,2010 年第 4 期,第 92 页。

方年度峰会机制,形成了继中日韩之后的第四个"10＋1"机制。① 印度在参与东盟多边机制的过程中,与东盟国家还分别建立了多个多边合作机制,这标志着印度参与亚太地区的深度得到增强。2000 年恒河-湄公河合作项目的启动,表明印度在参与亚太多边机制的过程中已经深入次区域层面,而且该合作项目聚焦旅游、文化等,从另一个层面表明印度参与亚太多边机制的关注点已经涉足经济领域外的其他事务。印度在次区域合作方面开始发挥主导作用,1997 年印度参与建立的孟印缅斯泰经济合作机制以及在其中发挥的作用,使人们开始相信印度已经有能力促进地区多边经济合作。

随着印度综合实力不断增强,它已不再满足于仅与东盟发展多边合作,其多边外交涵盖区域不断扩大。2005 年,印度作为创始会员国参与东亚峰会,表明印度参与亚太多边机制范围的扩大。东亚峰会涵盖了亚太地区最重要的国家,是亚太国家商讨地区事务的重要平台,印度加入其中既说明其地位得到承认,也证明印度参与亚太多边合作的深度得到加强。此外,印度申请成为亚太经合组织的努力一直没有停止,并且越来越得到亚太国家的认可。

(三) 关注重心从经济领域向安全领域的转变

印度东向政策初期的主要关注领域是经济,印度加入东盟以及随后倡议成立孟印缅斯泰经济合作机制,都是为了提升国内经济发展。随着国家力量不断壮大,印度参与亚太多边机制的关注点也发生转变。

印度参与亚太多边机制关注点的变化,与其自身力量上升和亚太安全形势变化有直接联系。东亚峰会是解析印度参与亚太多边机制关注点转变的关键点。在东亚区域整合过程中,人们一开始存在乐观情绪,认为在"10＋3"的基础上,东亚合作前景光明。但部分国家担心中国影响力迅猛提升会影响亚太实力

---

① 黄正多、李燕:《多边主义视角下的印度"东向政策"》,载《南亚研究》,2010 年第 4 期,第 92-93 页。

均衡,提出东亚峰会需要印度、澳大利亚等国加入其中。东亚峰会最终演变为以协商东亚政治、经济和战略问题安全为主的地区多边机制,部分东南亚国家希望印度在其中发挥制衡中国的作用。与此同时,随着印度力量崛起,它也不再满足仅通过经济联系增强与亚太国家的联系。自独立以来印度对大国地位的追求从来没有停止,通过加入东亚峰会,它可以最大限度地对亚太事务施加战略影响力。除了参与东亚峰会,印度在亚太地区还参与了多个"小多边"机制,如美日印合作等。印度参与的"小多边"机制多是协商安全问题,增强与亚太国家的安全联系。

在东向政策的实施过程中,印度起初由于自身实力弱小且面临发展国内经济的任务,它参与亚太多边合作的主要目的是服务于国内经济发展。尽管当时东南亚国家希望印度发挥制衡作用,但是因实力所限以及主观上不希望成为平衡力量,在东向政策实施初期,印度对安全领域的关注并不明显。进入 21 世纪,随着自身力量增强,印度在亚太地区追求大国影响的愿望更加强烈,美国、东南亚国家也更加重视实力上升的印度,它们在制衡快速崛起的中国方面有共同利益。

2016 年 4 月,美印双方原则上同意达成具有里程碑意义的后勤协议备忘录,允许双方相互使用对方基地。2016 年 6 月,印度总理莫迪访问美国,莫迪表示印美提升伙伴关系有助于保持从亚洲到非洲、从太平洋到印度洋的和平与繁荣。在双方签署的联合声明中,美国确认印度是其"主要防务合作伙伴",美国将以"对待最亲密盟国和伙伴的标准"持续向印度分享军事技术。[①] 随着中国崛起,作为美国亚太网状安全战略的组成部分,印度的重要性不断增强。印度莫迪政府同样希望借美国实施"亚太再平衡"战略之机,积极加强与美国及其传统盟友的安全关系,拓展延伸在亚太地区的战略影响范围。此外,在南海争端持续发酵的背景下,印度还不断加强与越南、菲律宾、印尼等南海问题相关声索国之间的安全联系,印度主观上希望在东亚重要事务中发挥关键作用。[②] 从印度的角

---

① The White House, "The United States and India: Enduring Global Partners in the 21st Century," June 07, 2016.

② Sampa Kundu, "India's ASEAN Approach: Acting East," *The Diplomat*, April 8, 2016. http://thediplomat.com/2016/04/indias-asean-approach-acting-east/.

度而言,加强在亚太的安全存在,能够对中国在印度洋增加地区影响力形成战略对冲,这从根本上有助于其国家安全。

三、印度参与亚太多边机制的战略影响

随着印度国家实力不断增强,其在亚太多边机制中的重要性日益突出,亚太国家已无法忽视印度的声音。从目前来看,通过投身亚太多边机制,印度与东亚重新"发现"了对方,印度自身实力得以增强,其在亚洲权力结构中的地位得到明显提升。

(一)恢复了印度与东亚之间的密切联系

英殖民主义者统治南亚次大陆时期,印度与东南亚地区的联系十分紧密,缅甸还曾是英印政府统辖的区域。1947 年英国人从南亚撤离后,印度获得独立地位。当时印度十分担心帝国主义国家继续在其周边国家维持殖民统治,因而独立后的印度积极加强与东南亚国家民族独立力量的联系,强烈支持东南亚地区的非殖民化运动。[①] 20 世纪 50 年代,冷战开始蔓延至亚洲。在此过程中,印度希望南亚和东南亚国家不卷入超级大国竞争之中。在提出不结盟政策后,印度一度与缅甸、印尼关系密切,两国出于意识形态考虑,也乐意支持不结盟理念。

随着冷战升级,冷战国际格局主导了印度与东南亚国家关系,印度与东南亚地区的联系逐渐变弱。1962 年中印边界冲突爆发后,印度致力于做亚洲大国的目标遭受挫折。这场战争还造成印度在大亚洲地区"销声匿迹",其外交关注范围缩小至南亚区域。印巴敌对消耗了印度的大部分精力,印度领导人再也没有以往的外交抱负。印度依然奉行不结盟政策,但在实际外交政策方面,它与苏联

---

① Sumit Ganguly et al. eds. , "*India's Foreign policy Retrospect and Prospect* ," New Delhi: Oxford University Press, 2010, pp. 108 – 109.

关系日益密切,双方政治、军事高层交往频繁。与此同时,为了防止"共产主义蔓延",1967 年部分东南亚国家成立东盟,东盟成立后积极发展与美国的关系。自此印度与东盟分属于两个不同阵营,双方之间接触非常有限。

苏联解体后,印度在国际上失去了最重要的盟友,促使印度不得不推行全方位务实外交。冷战终结后,以美国为首的西方国家与印度的关系得到缓和,使印度与东盟之间的战略对抗得以淡化。为了发展国内经济,印度适时推出东向政策,与东盟恢复传统关系。作为东盟、东亚峰会等亚洲重要多边机制的成员国,这本身就表明地区国家不仅在地理上,而且在心理上重新"接纳"印度,印度与东亚国家重新"发现"对方。

(二) 印度国家实力得到明显提升

冷战时期,印度尼赫鲁总理以苏联经济模式为模本制定了混合经济所有制模式,但这种模式没有给印度经济带来飞速增长。冷战期间,印度经济增长率远低于相邻的东亚地区,其经济发展一度被讥笑为"大象速度"。东向政策实施后,印度被东盟接纳为部分对话伙伴国,其后成为东盟全面对话伙伴国。[①] 印度与东盟关系发展为印度经济崛起提供了外部支持,通过与东盟国家建立友好关系,印度为其经济发展带来了丰厚的资本、技术、资源,其国内经济建设取得了巨大成就,很大程度上改变了印度经济社会。[②]

随着印度经济市场化步伐加快,它与亚太多边机构的联系也日益密切,这反过来又刺激了印度经济发展。据相关数据统计,印度国内生产总值在 20 世纪 90 年代大部分年份都维持在 6% 左右,2003 年至 2009 年甚至高达 9%,近年来印度经济增长稳定在 6.5% 左右。[③] 印度经济快速发展使数以百万计的人口脱

---

① 孙现朴:《印度崛起视角下的"东向政策":意图与实践——兼论印度"东向政策"中的中国因素》,载《南亚研究》,2012 年第 2 期,第 78 页。

② 葛红亮:《莫迪政府"东向行动政策"析论》,载《南亚研究》,2015 年第 1 期,第 64 页。

③ Raja Menon, "The India Myth," *The National Interest*, Nov/Dec 2014, p. 46.

离贫困线,塔塔、信诚、威普罗等印度公司成为全球知名公司,同时印度还成为外国资本投资的热门目的地。随着印度经济崛起,其大国地位也得到亚太众多国际组织和大国的认可,与亚太大国关系逐步改善和加强。2005 年 4 月,应新加坡、印尼、泰国的强烈要求,东盟国家外长们同意支持印度加入东亚峰会,这是印度追寻大国外交历程中的跨越式发展。

(三) 提升了印度在亚洲权力结构中的地位

亚太在国际政治中占有重要地位,是印度实施大国抱负的理想平台。在尼赫鲁时期,印度就曾与东亚地区发生紧密联系,当时印度主要通过"道德外交"加强与亚太国家的联系,希冀利用亚洲国家反殖民主义的诉求,体现它在亚洲的领导地位。尽管尼赫鲁的外交战略加深了与亚太国家的联系,但是其"道德外交"并没有使印度对亚太产生实质性的影响力。其后,英迪拉·甘地政府和拉吉夫·甘地政府更重视巩固印度在南亚的主导地位,印度外交更加内向化,与亚太联系更加微弱。总而言之,冷战时期印度与亚洲的联系仅限于道德层面,印度外交内向化致使它长期游离于亚洲其他国家经济成功的红利之外。

冷战后印度的国家实力提升以及战略转向,使其具备了作为一个地区权力中心的潜力,东南亚国家亦希望印度作为制衡者进入亚太地区,东向政策使其与亚太国家关系更加实质化。冷战后印度放弃传统上希望领导亚洲的思维,开始更加强调实用主义合作代替"道义领导"追求,并意识到自身实力的限制,更加积极响应东盟倡导的地区安全合作,为双方进行合作提供了新基础。[①] 尽管印度在亚太地区强权中属于中等强国,但是随着东向政策的推进,它作为亚太地区重要参与力量的能力已经不再被亚太国家轻视。印度作为亚太安全结构中的重要基点,已经为美、日、东盟等地区强权所承认。

---

① C. Raja Mohan, "India's Geopolitics and Southeast Asian Security," *Southeast Asian Affairs*, 2008, p. 57.

(四)使中国周边形势复杂化

通过积极参与亚太多边机制,印度的战略影响力在东南亚、东北亚、南太平洋得到稳步提升。亚太地区是新时期中国周边外交的重点经略方向,印度与中国周边国家加强安全合作对我国造成明显影响。亚太国家间关系复杂,印度将势力拓展至亚太表明它已拥有对中国进行软式制衡的能力和手段。从动因角度分析,对冲中国在印度洋不断上升的影响力也是驱动印度莫迪政府加速推进"东向行动政策"的重要因素。[①]

从印度的战略意图以及地区形势发展来看,印度在亚太地区扩展影响力复杂化了中国周边形势。首先,由于中印存在领土争端、双方曾爆发边界战争,印度对中国的战略疑虑极深。尽管近年来中印高层互访频繁,达成多项合作协议,但这些合作并没有消释中印之间战略意图的不信任。[②] 部分印度学者还明确指出中国实力的不断增长是印度东向政策深化的重要外因。其次,中国与部分东亚国家存在一些矛盾。印度加强发展与亚太国家的安全联系,迎合了它们希望印度作为制衡者的愿望,它们希望印度加入平衡中国崛起影响的阵营[③],使中国与它们解决地区争端时有更多顾忌。最后,印度"东向"亚太与美国的"亚太再平衡"战略存在战略契合点。美国全球战略的重要目标是防止欧亚大陆出现挑战国,在中国快速崛起背景下,美国推出"再平衡"战略,旨在防止中国将其挤出亚洲。美国积极加强亚太军事部署的同时,希望拉拢印度等地区强权共同牵制中国崛起。毋庸置疑,目前印度的主要任务是发展经济,它也不希望与中国进行直接对抗,但印度可能会利用多边机制等方式软制衡中国崛起。

---

① Scott Cheney-Peters, "India's Maritime Acts in the East," The Center for Strategic and International Studies, June 18, 2015. http://amti.csis.org/indias-maritime-acts-in-the-east/.

② Harsh V Pant, "Rising China in India's vicinity: a rivalry takes shape in Asia," *Cambridge Review of International Affairs*, 2013, p. 2.

③ Sampa Kundu, "India's ASEAN Approach: Acting East," *The Diplomat*, April 08, 2016. http://thediplomat.com/2016/04/indias-asean-approach-acting-east/.

在理想与现实之间

——从澳大利亚外交战略看澳大利亚南海政策

鲁 鹏[*]

[内容提要]　本文简要评析澳大利亚外交战略,重点放在两方面内容上。其一是澳大利亚中等强国战略。这主要源于澳大利亚政治家对于本国在国际政治中独特地位与重要作用的长期追求,带有强烈的理想化预期。其二是澳大利亚的国家安全战略,反映出澳大利亚政治家对于本国现实利益的考虑。按照地域的重要性,澳大利亚将国家安全利益划分为不同等级,体现出其在地缘政治方面的清醒认识。如何将国家身份的理想与国家安全的现实考虑有机结合起来,这是澳大利亚外交战略长期面临的难题。澳大利亚外交战略中理想追求与现实考虑的这一对矛盾在南海问题上也凸显出来,并且成为理解澳大利亚南海政策转变的关键。

[关键词]　中等强国战略　国家安全战略　南海问题

随着美国"重返亚太"战略的提出,[①]澳大利亚在亚太国际关系尤其是地区安全秩序中的地位和作用日益凸显。一方面澳大利亚作为美国在亚太地区的一

＊　鲁鹏,发表本文时为中国南海研究协同创新中心研究员。

① 张惠玉:《美国"重返亚太"战略的发展及其影响》,载《太平洋学报》,2012年第2期,第31－45页。

个重要军事盟友,与日本共同构成美国亚太战略的南北锚;①另一方面,澳大利亚与亚太各国的关系随着冷战结束也变得日益密切,这突出体现在澳大利亚与中国以及与东南亚国家的经贸合作上。② 此外,随着中国与南太平洋地区国家尤其是南太平洋岛国的接触日益加深,澳大利亚作为南太平洋地区传统意义上的强国,对中国可能实施的南太平洋战略的成败起到举足轻重的作用。③ 而澳大利亚与东南亚国家的密切关系,更成为中国解决南海问题时必须考虑的一个重要因素。

有鉴于澳大利亚在亚太地区事务中以及中国对外战略中日益增长的重要性,中国国际关系学术界近来对澳大利亚对外战略的研究也日益增多。相关研究主要集中在三个层面:第一是澳大利亚中等强国身份的自我界定,从中折射出澳大利亚对于自己在国际体系中独特位置和特殊功能的理解;④第二是澳大利亚国家安全战略,通过对澳大利亚《国防白皮书》以及相关官方文件的解读引申出其对于现实国家安全利益的理解;⑤第三是澳大利亚的具体对外关系,主要是澳大利亚与美国、与中国、与日本以及与东盟的双边关系,这是澳大利亚在前两方面因素影响下具体外交实践的体现。⑥ 以上研究,在"国家身份战略—安全利益战略—具体对外关系"这一框架下揭示出澳大利亚外交在不同层次上的主要内容和特征。

---

① 张秋生、周慧:《试评澳大利亚霍华德政府的均衡外交政策》,载《当代亚太》,2007 年第 4 期,第 13 页。

② 鲁鹏、宋秀琚:《澳大利亚与南太平洋地区主义》,载《太平洋学报》,2014 年第 1 期,第 61 - 68 页。

③ Xu Xiujun, "China and the Pacific Island Countries," *Contemporary International Relations*, July 2010.

④ 唐小松、宾科:《陆克文"中等强国外交"评析》,载《现代国际关系》,2008 年第 10 期,第 14 - 19 页。于镭、萨姆苏尔康:《"中等强国"在全球体系中生存战略的理论分析——兼论中澳战略伙伴关系》,载《太平洋学报》,2014 年第 1 期,第 49 - 59 页。

⑤ 胡欣:《澳大利亚的战略利益观与"中国威胁论"——解读澳大利亚 2009 年度国防白皮书》,载《外交评论》,2009 年第 5 期,第 124 - 133 页。崔越:《从国防白皮书看澳大利亚的国家安全战略》,载《江南社会学院学报》,2014 年第 1 期,第 6 - 12 页。

⑥ 汪诗明:《澳日关系:由"建设性伙伴关系"到准同盟——兼评澳日防务与安全声明的签署》,载《现代国际关系》,2008 年第 8 期,第 27 - 31 页。

以上研究存在三方面问题。第一,简单分析单一文本或者特定执政者短期外交战略,缺乏对于澳大利亚外交历史延续性的认识。第二,脱离甚至虚构文本讨论澳大利亚国家安全战略,这其中最明显的一个例子就是对于澳大利亚 2009 年国防白皮书的解读,这直接导致对于澳大利亚对外战略的评估与事实严重脱节。① 第三,仅仅强调国家间经济合作对于各国带来的绝对收益,并以此论证中澳在南海问题上利益的相互包容性。这样的做法是不可取的,因为国家之间完全可能由于对外战略的对立或者国家安全利益的相互威胁而从满足于经济合作的绝对收益转向更加关注相对优势。

针对以上问题,本文首先简要回顾澳大利亚中等强国战略的历史演进过程。中等强国的身份虽然是建立在对国际形势整体判断的基础之上,但本质上还是政治家对于国家身份的自我设定,因此带有较强的理想化色彩。接下来通过比较近年来发布的澳大利亚官方文件来解读澳大利亚国家安全战略,尤其是对于国家安全利益的理解,重点讨论澳大利亚国家安全利益的层次、澳大利亚对于安全环境的整体评估,以及澳大利亚对于中国崛起在国家安全层面的理解。这折射出澳大利亚对于国家利益现实考虑的一面。最后结合澳大利亚外交战略中的理想追求与现实考虑两方面的相互作用来简要分析澳大利亚近年来在南海问题上的举措。

一、中等强国身份导向的澳大利亚对外战略

国家基于对自己在国际社会中角色的认识来制定对外战略。在实践中,有的国家因为对于同一身份的长期追求而形成了具有高度延续性的对外战略。比如从二战结束后美国将自己的身份界定为霸权国,以霸权护持作为其对外战略

---

① Robert Jervis, "Realism, Neorealism and Cooperation: Understanding the Debate," *International Security*, No. 1, 1999.

的核心问题,因此其对外战略无一不从维持自己在全球乃至各地区的霸权出发,即使后冷战时期美国强调通过为国际社会提供公共产品而换取自己的国际合法性,霸权国身份仍然是其对外战略的基本目标。[①]

而有的国家则因其自我身份界定在二战后发生了比较大的改变,而导致其对外战略发生变化。比如英国在二战后曾经希望继续保持自己世界大国的身份,甚至为此不惜挑起美国与苏联之间的敌对。但到了 20 世纪 50 年代末 60 年代初期,英国不再追求全球大国的身份,进而将自己视作欧洲地区大国,并且采用了更为符合实际的外交战略,试图通过构建国际社会来平衡自身实力的不足,从而发挥自己在欧洲政治中的影响力。[②] 再比如中国从 1949 年以来对于自己的定位经历了从世界革命中心到国际社会中崛起大国的转变,其对外战略也相应地从领导世界革命转向争取和平崛起。[③]

当然一个国家并不完全依据自己在国际关系中的身份界定来制定对外政策。一国内部的政治因素,其他国家尤其是其他大国的对外战略,以及本国在国际社会中的合法性,也是国家制定对外战略时重要的考虑因素。[④] 但是一个国家在国际社会中的身份界定是其制定对外战略的基本出发点,也是理解和分析特定国家对外行为逻辑的基本参照系。

澳大利亚的中等强国战略同样建立在对于本国在国际体系中的独特身份——"中等强国"的认识基础之上。澳大利亚对自己中等强国身份的定位始于澳大利亚政治家对于二战后重建国际秩序的思考,而促成这种思考的根本动因则是对战后大国主宰国际关系的深切担忧——澳大利亚政治家因此力争在二战

---

① 秦亚青:《权势霸权、制度霸权与美国的地位》,载《现代国际关系》,2004 年第 3 期,第 6 - 8 页。门洪华:《西方三大霸权的战略比较——兼论美国制度霸权的基本特征》,载《当代世界与社会主义》,2006 年第 4 期,第 60 - 66 页。

② 丁虹、李林:《战后英国外交政策指导思想的演变》,载《现代国际关系》,1985 年第 1 期,第 23 页。王振华:《战后英国外交政策的演变》,载《西欧研究》,1986 年第 2 期,第 24 - 33 页。

③ 杨奎松:《新中国的革命外交思想与实践》,载《历史月刊》,2010 年第 2 期,第 62 - 74 页。

① Christian Reus-smit, *The Moral Purpose of the State*: *Culture*, *Social Identity*, *and Institutional Rationality in International Relations*, Princeton University Press, 1999.

后国际关系中有本国的一席之地而避免让大国完全主导自己的命运。1945年4月，时任科廷政府外交部长的伊瓦特（Evatt）为了提高澳大利亚在国际事务中的发言权，开始使用"中等强国"这一概念来形容包括澳大利亚在内的对于地区安全有着重大影响力的国家。[1] 伊瓦特主要从澳大利亚对于亚太地区安全的重要性以及澳大利亚在亚太地区国际关系体系结构中的实力地位来界定澳大利亚的中等强国身份。在他看来，每个地区都有特定的中等强国，这些国家既区别于美国和苏联这样的全球性大国，也区别于那些在地区安全事务中无足轻重的小国，中等强国"因为自己的资源和地理位置从而证明自己在维持世界不同地区安全方面的重要性"[2]。

冷战时期美苏两大阵营的尖锐对立，加上核武器的巨大杀伤力，直接威胁到了世界和平。澳大利亚尽管远离冷战的中心地带，但仍然感觉到巨大的安全压力。为此，澳大利亚一方面出于安全考虑与美国结盟，依靠美国的安全庇护来解决自己的安全问题，另一方面，澳大利亚在冷战时期拓展了中等强国身份的含义，开始强调自己在国际政治中的沟通与桥梁作用，这使得中等强国具有了特定的功能特征——可以缓和敌对阵营之间的对立以及限制核武器的发展。1964年时任澳大利亚外长巴威客（Garfield Barwick）指出"澳大利亚在多个方面而不仅仅一个方面是一个中等强国"，这里的"多个方面"除了伊瓦特基于实力和地缘政治重要性的传统理解之外，还包括澳大利亚介于穷国和发达国家之间的中间位置以及所拥有的欧洲历史文化背景与亚洲地理位置。[3] 两年后，巴威克的继任者哈斯拉克（Paul Hasluck）也明确指出"澳大利亚处于非亚洲和亚洲的中间

① Carl Ungerer, "The 'Middle Power' Concept in Australian Foreign Policy," *Australian Journal of International Affairs*, No. 4, 2007, p. 541.

② Herbert Evatt, *Australia in World Affairs*, Sydney, 1946.

③ *Commonwealth Parliamentary Debates*, House of Representatives, March 11, 1964, p. 486.

桥梁位置……澳大利亚所有的外交政策都是为了不遗余力地扮演好这一角色"。① 在冷战时期澳大利亚中等强国的桥梁作用在军备控制领域表现得非常明显,一个突出的例子就是澳大利亚外长海登(Bill Hayden)在 1984 年 11 月发起裁军倡议,邀请美苏两国商谈核军备控制问题。②

随着苏联的解体和冷战的结束,冷战时期形成的以社会主义和资本主义两大阵营对立为主要特征的两极格局也荡然无存。国际体系的巨大变迁对于中等强国影响深远:第一,极大改善了中等强国的安全环境,这对于冷战期间加入美国阵营的国家尤其如此;第二,使得中等强国在国际舞台上拥有了更多的空间,而这一舞台展现出的多样性也使得中等强国可以借助多边机制来更好地发挥自己的作用。随着国际体系结构的深刻变动,澳大利亚政治家对于本国中等强国身份的认识也发生了变化。这主要体现在对中等强国的角色和功能界定上的改变:安全环境的极大改善,加上外交空间的极大拓展,导致中等强国从以往局限于大国集团之间或者发达国家与发展中国家之间的桥梁,变成了国际社会中具有独立行为的意愿和能力的重要行为体,其关注的问题也从传统安全问题扩展到非传统安全问题。按照 20 世纪 90 年代初期时任澳大利亚外交部长的埃文斯(Gareth Evans)的理解,"在大多数时候中等强国的实力都不足以按照自己的意愿行事,然而中等强国能够说服与它们具有类似想法的国家赞同自己的意见,并因此采取一致的行动"。③ 在对于中等强国身份的这种明显带有多边主义和国际主义倾向的理解基础上,澳大利亚的对外战略开始逐渐与美国拉开距离,并且开始作为国际社会的独立行为体与其他中等强国一起针对一系列议题展开合

---

① David Goldsworthy, *Facing North: A Century of Australian Engagement with Asia*, Volume 1, Melbourne 2001, p. 281. 转引自 Carl Ungerer, "The 'Middle Power' Concept in Australian Foreign Policy," *Australian Journal of International Affairs*, No. 4, 2007, pp. 544 - 545.

② Paul Malone, "Hayden's arms talk plan poll coup," *The Canberra Times*, November 22ⁿᵈ, 1984.

③ Gareth Evans and Bruce Grant, *Australia's Foreign Relations in the World of the 1990s*, Melbourne, 1995, p. 344.

作,这为澳大利亚在冷战结束的前十年里赢得了良好的声誉。①

从 20 世纪末到 21 世纪初期,澳大利亚对于中等强国身份的定位在霍华德(John Howard)执政时期被抛弃。澳大利亚 2003 年 2 月的外交贸易政策白皮书明确将自己定位为"位于亚太的西方国家",强调西方价值观是澳大利亚的立国之本,是澳大利亚的"国家精神",同时"也是我们处理各种国际商务的指导方针"。② 基于对澳大利亚西方国家身份的这一基本判断,霍华德政府的外交在战略层面开始完全唯美国马首是瞻。在此期间,澳大利亚一方面以美国为样板提升军事实力,增强与美国的军事合作,全面提升美澳军事同盟关系,澳洲军队开始改为美军建制并且接受美式训练,频繁与美军进行军事演习;另一方面,澳大利亚在国际上频频发声支持美国的军事战略和行动,比如 2006 年 3 月澳大利亚积极参与针对中国的美澳日三边安全对话以及 2007 年初公开支持美国增兵伊拉克。③

导致霍华德政府摒弃澳大利亚中等强国身份的因素有很多,其中最主要的原因还是霍华德从大国政治的角度考虑澳大利亚的国家利益,从而一方面对美国能给澳大利亚带来的国家利益期待过高而过分依赖美澳双边关系,而另一方面又对多边国际机制能给澳大利亚带来的利益心存疑虑而抵触任何多边外交。④ 外交方面这种直接将美澳双边关系与澳大利亚国家利益挂钩的做法也是霍华德政府被广为诟病的重要原因,因为澳大利亚对外战略因此完全失去了本来具有的灵活性和主动性。⑤

---

① Carl Ungerer, "The 'Middle Power' Concept in Australian Foreign Policy," *Australian Journal of International Affairs*, No. 4, 2007, p. 548.

② *Australia's Foreign and Trade Policy White Paper* 2003, Canberra: DFAT, Australia, 2003, pp. vii - viii.

③ 丁念亮、王明:《霍华德时期澳大利亚在中美之间的平衡》,载《太平洋学报》,2010 年第 2 期,第 50 页。

④ 侯敏跃:《后冷战时期澳大利亚对华政策和态度中的美国因素》,载《历史教学问题》,2011 年第 6 期,第 70 页。

⑤ Kevin Rudd, "Leading, Not Following: The Renewal of Australian Middle Power Diplomacy," address to the Sydney Institute, September 16, 2006.

陆克文(Kevin Rudd)认识到仅仅依靠超级大国或者西方国家集团并不能解决澳大利亚在后冷战时期遇到的问题,因此在执政初期迅速改变了其前任霍华德背弃澳大利亚中等强国身份的做法,转而强调更积极地发挥澳大利亚在国际社会中的中等强国作用,这在很大程度上促成了澳大利亚对外战略向中等强国身份的回归。① 促使陆克文政府重新回到中等强国身份认同的主要原因包括以下三点。

第一,陆克文认识到国家间日益密切的经济活动导致了相互依赖程度的加深,从而使得以权力政治为工具作为解决国际问题的传统现实主义模式逐渐被国际社会所摒弃,而"相互依赖并不是一种理想主义的表达……相互依赖是21世纪新的现实主义"。② 有鉴于此,传统安全问题和新兴的非传统安全问题都不能再简单依靠传统现实主义的权力政治逻辑来解决,即都不可能依靠霸权国或者由少数几个西方国家组成的西方集团来解决,而必须依靠国际社会的共识和共同努力。

第二,美澳双边关系固然对于澳大利亚国家安全和国际地位至关重要,但在后冷战时期新的国际关系形势下对于澳大利亚现实国家利益的帮助却很有限。霍华德时期澳大利亚将美国视作自己实现国家利益的最重要助力。然而一方面,美国国力衰落而中国崛起成为美国霸权强有力的挑战者,地区乃至世界秩序在这一过程中被重建。而澳大利亚在国际关系新秩序中的地位和作用绝不可能仅仅依靠与美国的紧密双边关系就能实现。另一方面,美国在国际社会中的行为是以美国的霸权为首要考虑因素的,美国极端利己主义的做法非但没有给澳大利亚实现自己的国家利益带来帮助,甚至引发了自20世纪30年代世界经济大萧条以来最大的世界经济危机而使得澳大利亚的经济倍受打击。此外,美国在国际社会中的合法性被其一系列践踏国际法的对外军事行为极大削弱,这也

① Kevin Rudd, "Leading, Not Following: The Renewal of Australian Middle Power Diplomacy," address to the Sydney Institute, September 16, 2006.

② Kevin Rudd, *Address to the United Nations General Assembly*, September 25th, 2008.

增加了澳大利亚在国际社会继续遵循简单跟随美国这一战略的难度。①

第三,澳大利亚国际关系研究的传统影响到澳大利亚政治家对于对外战略的制定。澳大利亚国际关系学从建立伊始就深受英国国际关系学的影响,这一点在英国学派发展壮大以后尤其如此。英国学派最重要的理论家布尔(Hedley Bull)来自澳大利亚,而布尔的代表作《无政府社会》是在他任教于澳大利亚国立大学期间(1967—1977)完成的。考虑到《无政府社会》作为英国学派理论奠基之作的地位,加上在澳大利亚国际关系学界至今仍然存在的对于布尔的高度认同,英国学派对于澳大利亚国际关系学的影响不言而喻。因此,英国学派(或者英国学派学者自称的传统现实主义)对于权力、安全和国际社会的关注也深刻影响到澳大利亚国际关系学者,而后者则通过为澳大利亚外交提供各种智力支持将自己对以上三方面的关注融入国家的对外战略中。

总的来说,虽然澳大利亚政府在不同时期对于中等强国的定义有着不同的理解,但中等强国的定位是霍华德之外历届澳大利亚政府制定对外战略时的重要参照。值得注意的是,澳大利亚对于自身中等强国身份的理解既有历史延续性,也在不同历史时期有不同的特征。中等强国身份在战后初期被澳大利亚政治家使用时是与地缘政治和地区安全密切挂钩的——澳大利亚作为南太平洋地区的大国在地区安全与稳定方面负有特殊的责任。这一时期澳大利亚中等强国身份所包含的区域地理特性以及对国际安全的专注使得澳大利亚与其他中等强国比如加拿大有所区别,后者更多强调自己在国际社会中的各种功能。然而,随着冷战期间两大阵营尖锐对立,澳大利亚在面临日益严峻的安全困境时选择了依附美国以寻求安全庇护,澳大利亚中等强国身份中的地区大国含义因此被淡化。与此同时,以核武器为代表的各种大规模杀伤性武器的出现使得全人类的生存受到威胁,而除了美苏两个超级大国之外其他国家都无法来管控这一威胁,针对这一问题,澳大利亚作为沟通对立两大集团的桥梁以及作为发起与组织关

---

① Mark Beeson: "Can Australia save the world? The limits and possibilities of middle power diplomacy," *Australian Journal of International Affairs*, No. 5, 2011, p. 565.

于特定国际议题的多边谈判的功能逐渐凸显出来,因此澳大利亚中等强国身份也开始具备跨越地缘政治限制的功能性特征。而随着冷战结束和单极格局的出现,澳大利亚中等强国身份延续并且发展了以往的功能性和地缘政治双重特征。澳大利亚一方面强调作为美国盟国的重要性,[1]另一方面发展对华关系,提出做中国的诤友,并且希望成为霸权国与新兴大国之间的桥梁。[2] 此外,澳大利亚发起并且参与到各种地区或国际多边活动中,努力在国际社会共同关注的涉及全人类利益的问题比如温室气体排放方面发挥自己的引领者作用。[3] 与此同时,澳大利亚还强调自己作为亚太地区甚至印太地区中等强国对于地区安全的贡献,包括对于地区一体化的各种倡导和促进作用。

对中等强国身份的双重理解导致了澳大利亚对外战略出现两个侧重点,即一方面坚持美澳同盟双边关系的特殊重要性,另一方面极力推动地区多边合作;一方面强调澳大利亚的国家利益,另一方面宣扬区域甚至全人类的共同利益。这种做法被认为是"澳大利亚中等强国外交的固有结构性矛盾"[4],导致了澳大利亚对外战略在实施过程中困难重重,比如使得陆克文政府外交"徒具高尚情操,却缺乏实施途径"[5]。

---

① Kevin Rudd, "The Australia-US Alliance and Emerging Challenges in the Asia-Pacific Region," speech at the Brookings Institution, Washington, D. C., March 31st, 2008.

② Michelle Grattan, Brendan Nicholson, "The Prime Minister finds His Voice," *The Age*, April 12th, 2010.

③ 李伟、何建坤:《澳大利亚气候变化政策的解读与评价》,载《当代亚太》,2008 年第 1 期,第 114 页。

④ 唐小松、宾科:《陆克文"中等强国外交"评析》,载《现代国际关系》,2008 年第 10 期,第 18 页。

⑤ Mark Beeson: "Can Australia save the world? The limits and possibilities of middle power diplomacy," *Australian Journal of International Affairs*, No. 5, 2011, p. 566.

二、以本土安全为核心的澳大利亚国家安全战略

对澳大利亚中等强国战略的简单回顾,使得我们对于澳大利亚对外战略中理想化的因素有了大致了解。本文接下来讨论澳大利亚对外战略中对于国家利益现实考量的一面。鉴于一国的现实国家利益具有多样性,本文不可能涉及所有相关方面,因此仅仅选取其中最基本的安全利益来反映出澳大利亚外交战略中务实的一面。

对于澳大利亚国家安全战略的分析和评价在很大程度上基于对澳大利亚官方文件尤其是《国防白皮书》的解读。中国学者对于同一文本的解读是不一致的。以《2009年度国防白皮书》为例,有学者认为白皮书只是"隐含将中国视为潜在威胁"[1],而另外一些学者则认为白皮书是在"严重地警告"中国不认真解释军事现代化会出现的严重后果[2],还有学者强调白皮书"指名道姓地称中国是澳大利亚国家安全最大的威胁"[3],或者指出白皮书声称"中国军事现代化引起邻国担忧"[4]。对于同一文本的多种解读不仅仅源于视角的差异,在很多时候更是脱离文本随意发挥的结果。比如有学者引用《2009年度国防白皮书》,指出澳大利亚认为亚太地区"不排除在大国间发生高强度战争的可能性"[5],然而这一引用并不存在于《国防白皮书》原文中,甚至与白皮书原文所表达的意思大相径庭。

---

① 胡欣:《澳大利亚的战略利益观与"中国威胁论"—解读澳大利亚2009年度国防白皮书》,载《外交评论》,2009年第5期,第133页。

② 崔越:《从国防白皮书看澳大利亚的国家安全战略》,载《江南社会学院学报》,2014年第1期,第11页。

③ 于镭、萨姆苏尔康:《"中等强国"在全球体系中生存战略的理论分析》,载《太平洋学报》,2014年第1期,第52页。

④ 侯敏跃:《后冷战时期澳大利亚对华政策和态度中的美国因素》,载《历史教学问题》,2011年第6期,第72页。

⑤ 李洪斌:《澳大利亚对华政策调整——对比分析2009及2013澳大利亚国防白皮书》,载《鸡西大学学报》,2013年第12期,第41页。

要准确把握澳大利亚安全战略,就必须从《国防白皮书》文本出发,通过比较不同时期白皮书的异同来理解澳大利亚国家安全战略的演进过程。由于篇幅限制,本文将讨论的重点放在 21 世纪初期澳大利亚发布的《国防白皮书》,通过对 2000 年、2009 年和 2013 年发布的《国防白皮书》以及 2014 年发布的《2015 年国防白皮书(讨论稿)》的比较与分析来理解澳大利亚政府对于以下三方面问题的理解:第一,澳大利亚国家安全利益;第二,21 世纪澳大利亚国家安全的整体环境;第三,中国崛起对澳大利亚安全的可能影响与影响途径。此外,陆克文政府 2008 年发布的《国家安全声明》以及吉拉德政府 2013 年 1 月 23 日发布的澳大利亚《国家安全战略》也是分析澳大利亚安全战略的重要来源。

澳大利亚国家安全战略的目的是维护其多层次的国家安全利益。从 2000 年至今,澳大利亚《国防白皮书》都以地理位置为依据划分国家安全利益,而各版本的白皮书都将澳大利亚本土安全作为国家安全的核心利益。2000 年的《国防白皮书》将国家安全利益分为五个层次,由内向外依次为保卫澳大利亚本土和直接通道,构筑澳大利亚直接毗邻国的安全,加强东南亚地区的稳定与合作,维持亚太地区的战略稳定,以及为维护国际社会安全做贡献。[1] 2009 年发布的《国防白皮书》则将国家安全利益划分为了四个层次,依次是澳大利亚本土安全,直接毗邻国安全、稳定与团结,亚太地区的战略稳定,以及建立在规则基础上稳定的全球安全秩序。[2] 而 2013 年发表的《国防白皮书》虽然也将澳大利亚国家安全利益分为四个层次,但是其内容出现了变化,依次分为澳大利亚本土安全,南太平洋与东帝汶的安全,印太地区的稳定尤其是东南亚及其海洋环境,建立在规则基础上的稳定的全球秩序。[3]

对于国家安全整体环境的评估是澳大利亚制定国家安全战略的基本出发

[1] Department of Defence, Australian Government: *Defence 2000—Our Future Defence Force*, p. x.

[2] Department of Defence, Australian Government: *Defending Australia in the Asia Pacific Century: Force 2030*, pp. 41-44.

[3] Department of Defence, Australian Government: *Defence Paper 2013*, pp. 24-27.

点。从 2000 年至今,澳大利亚《国防白皮书》对于国家整体安全环境的评估越来越持谨慎态度。霍华德政府在 2000 年发布的《国防白皮书》对于国家安全环境持乐观的立场,并且将澳大利亚良好的国际安全环境归结为五个要素:"尽管面临复杂的地区环境,澳大利亚是一个安全的国家,这得益于我们的地理位置,与邻国的良好关系,地区内国家间冲突的低概率,我们强大的武装力量,以及与美国的亲密盟友关系。不可能出现对于澳大利亚的直接军事进攻。"①然而,这一判断在 2009 年《国防白皮书》发布时出现了变化:一方面白皮书仍然认为"澳大利亚是世界上最安全的国家之一",另一方面却花很多篇幅强调指出本地区内国家间冲突的概率发生了变化,虽然亚太地区形势恶化的可能性很小,但是并没有小到可以被忽略不计的地步,因此澳大利亚不能忽略这一变化所带来的切实风险,这种变化有可能增加澳大利亚受到直接武力攻击的可能性,也有可能使得澳大利亚战略利益严重受损。②

值得注意的是,《2013 年国防白皮书》包括同年发布的《国家安全战略》虽然没有如以往那样判断澳大利亚国家安全环境的整体状况,但这两份公开文件罗列出了从地区到全球、从政治到经济到科技环境的一系列重大变化,这预示着"澳大利亚国家利益面对的逐渐累积的风险比冷战结束后任何时期都要高"。③

及至 2014 年发布的《2015 年国防白皮书(讨论稿)》,澳大利亚对于国家安全环境的整体判断变得更加谨慎。一方面指出在现有形势下不太可能爆发大规模战争,另一方面强调近年来多种迹象表明国家间战争仍然有可能出现——"当一国认为符合自己国家利益时就能够而且愿意诉诸武力来解决问题"。而在延续了《2013 年国防白皮书》罗列各种从单个国家到地区的诸多风险的做法以后,这一讨论稿强调指出澳大利亚国家安全环境变得复杂,而未来难以预料,因此

① Department of Defence, Australian Government: *Defence 2000—Our Future Defence Force*, p. ix.

② Department of Defence, Australian Government: *Defending Australia in the Asia Pacific Century: Force 2030*, pp. 25 - 27.

③ Rory Medcalf and James Brown, *Defence challenges 2035: Securing Australia's lifelines*, Lowy Institute for International Policy, November 2014, p. 3.

"国防政策需要考虑'最坏的情景'以便应对出人意料的危机"。①

中国的崛起是改变澳大利亚安全环境的一个重要因素。总的来说,澳大利亚《国防白皮书》是以大国对地区国际关系的整体影响为分析框架来理解中国的崛起,因此在讨论与中国关系时提出的核心问题是中国对于亚太地区乃至印太地区权力结构变迁影响。从 2000 年至今澳大利亚官方公布的白皮书对于这一问题的解答是不同的。《2000 年国防白皮书》认为大国关系(中、日、印度、俄罗斯以及美国)是亚太地区安全的关键因素,"这些国家之间的关系设定了整个地区的基调"。中美日三国关系则将决定东亚战略安全结构。美国是亚太地区安全的中心,扮演着在今后数十年维持地区安全的关键角色,而中国则是本地区安全影响力增长最快的国家,是日益重要的战略对话国。就中美关系而言,中美两国都认识到处理好双边关系的重要性,但是中美关系存在一些重要问题特别是涉及台湾的问题,因此,中美关系可能在未来成为地区紧张局势的重要诱因。②

《2009 年国防白皮书》继续强调亚太地区大国关系的重要性,但是将大国关系的焦点放在中美关系上——"中美关系将是本地区乃至全球层面的关键国家间关系。如何处理北京与华盛顿之间的关系将是关系到亚太地区战略稳定的重中之重"。中国的崛起将会改变亚太地区的权力结构,"因为其他大国的崛起以及美国优势地位不断地遇到挑战,权力关系不可避免地会发生改变"。③ 虽然《2009 年国防白皮书》表达出对于中国军力增长的担忧,但一方面,中国军力增长是客观存在的过程,相关国家对于这一过程有所担忧也完全可以理解,这和中国"威胁"论是有本质区别的;另一方面,白皮书对于这一问题的表述是委婉的,在强调中国将会发展成为全球性重要军事力量的同时,指出"如果中国不加以仔细说明或者不与他国沟通以建立对其军事计划的信任,那么其邻国就可能对其

---

① Department of Defence, Australian Government: *Defence Issues Paper : A discussion paper to inform the 2015 Defence White Paper*, pp. 9 - 10.

② Department of Defence, Australian Government: *Defence 2000—Our Future Defence Force*, pp. 19 - 37.

③ Department of Defence, Australian Government: *Defending Australia in the Asia Pacific Century : Force 2030*, pp. 33 - 34.

军队现代化的速度、规模和结构产生担忧"。①

《2013 年国防白皮书》以及《2015 年国防白皮书(讨论稿)》延续了关于中美关系对于地区安全与稳定重要性的看法,并且明确表示不会在中美之间做出战略选择。但是,这两份白皮书都以中美关系的现实状态为基础来解释澳大利亚政府的这一立场,这使得这两份白皮书所制定的对美对华战略的稳定性成为了问题:一旦中美关系出现问题或者甚至严重对立,澳大利亚《2013 年白皮书》所表示的鼓励中国和平崛起的姿态以及《2014 年白皮书讨论稿》所宣称的同时深化与中国以及与美国双边关系的方针是否还能延续,就很值得怀疑。

三、澳大利亚的南海政策

对于国家身份理想化的追求与关于国家安全的现实维护这两方面的因素在澳大利亚对外战略中同时存在,相互影响甚至相互促进。接下来本文立足于澳大利亚对外战略的理想追求与现实考虑,简要解读澳大利亚的南海政策。

近年来澳大利亚在南海问题上的立场日趋强硬,这与工党执政期间的南海政策形成了对比。在陆克文和吉拉德执政时期,澳大利亚政府的南海政策总体而言比较克制,其基本立场主要包括三方面:相关各方遵守国际法,维持现状,实现南海行为准则。② 总的说来,在这个时期澳大利亚政治家倾向于将南海问题视作中国和东南亚国家间的纠纷,而澳大利亚是并无直接关系的第三方。因此澳大利亚国内政治家在讨论南海问题时极少涉及具体行动,大多数情况下只是口头提倡澳大利亚所理解的南海行为准则。

---

① Department of Defence, Australian Government: *Defending Australia in the Asia Pacific Century: Force 2030*, p. 34.

② Greg Raymond, "Australia needs a diplomatic sea change in the South China Sea," East Asia Forum, June 24, 2015. http://www. eastasiaforum. org/2015/06/24/australia-needs-a-diplomatic-sea-change-in-the-south-china-sea/,登录时间:2015 年 6 月 30 日。

　　随着中美关于南海问题的争论日益激烈,美国借助南海问题制衡中国的战略也进一步明确,具体来说,就是"从原来的'选择性干预'转而采取'战略性干预'",即"综合利用美国的外交、军事和运用国际法的优势,推动南海局势朝着对美国有利的方向发展"。① 在此情况下,澳大利亚的南海政策也发生了变化。这其中最引人注目的就是澳大利亚政府不再将自己视作南海争端的局外人,而是通过频频强硬表态,逐渐将南海问题与澳大利亚的核心安全与战略利益挂钩。比如澳大利亚国防部高官、澳大利亚《2015年国防白皮书》起草委员会主任彼得·詹宁斯(Peter Jennings)在2015年5月提出澳大利亚应该做好准备向南中国海派出军舰和战机以阻止中国控制海上交通要道。② 而时任澳大利亚国防部长凯文·安德鲁(Kevin Andrews)在2015年6月1日于新加坡出席香格里拉对话会时公开声称,即使中国确定了防空识别区,澳大利亚的军用飞机也将继续在南中国海争议地区飞行,因为这一地区是"我们长期以来作为运输线或者通道的国际水域"。③ 以上表态将澳大利亚视作南海争端的直接相关方,并且明确提出澳大利亚直接干预南海问题的途径和方式。

　　当然,并非所有澳大利亚政治家都支持本国在南海问题上日益强硬的立场。比如澳大利亚工党副党魁、澳大利亚影子内阁外交部长塔尼亚·普利博斯克(Tanya Pliberske)针对时任国防部长安德鲁的强硬表态,就公开敦促政府在南海问题上采取"小心翼翼的途径"(softly-softly approach)对待中国的海洋领土诉求,因为对于澳大利亚来说"非常重要的一点就是确保我们使用的语言有助于冷却而不是引发事态",而澳大利亚的贡献在于"能够缓解紧张局势以及促进有

---

　　① 朱锋:《岛礁建设会改变南海局势现状吗?》,载《国际问题研究》,2015年第3期,第13页。

　　② John Garnaut and David Wroe, "Australia urged to send military to counter China's control over sea lanes", *The Sydney Morning Herald*, May 15, 2015. http://www.smh.com.au/federal-politics/political-news/australia-urged-to-send-military-to-counter-chinas-control-over-sea-lanes-20150515-gh2uks.html,登录时间:2015年6月29日。

　　③ David Wroe, "South China Sea: Australia will ignore Chinese air defence zone, says Kevin Andrews," *The Sydney Morning Herald*, June 1ˢᵗ, 2015. http://www.smh.com.au/federal-politics/political-news/south-china-sea-australia-will-ignore-chinese-air-defence-zone-says-kevin-andrews-20150601-ghe7ol.html,登录时间:2015年6月29日。

关海洋领土争议各方的相互理解"。① 但是对于澳大利亚现政府而言,在南海问题上的强硬立场明显成为主流基调。

值得注意的是,澳大利亚学术界近年来在南海问题上也频频发声,一方面对中国进行谴责,另一方面为东南亚小国在南海问题上的做法提供学术支持。这其中最典型的例子就是澳大利亚防务学院的南海问题专家赛耶(Carlyle Thayer)。他既是在南海问题上对中国最激烈的批评者,也是对东南亚国家尤其是对越南最有力的支持者,成为澳大利亚学者中为了政治立场而不惜抛弃学术操守的代表人物。赛耶在 2015 年 5 月举办的针对国防部高官的研讨会上将国际法、航行自由、国际空域飞行自由以及和平解决争端界定为澳大利亚至关重要的利益,通过无限夸大澳大利亚国家利益的方式,他将中国的崛起尤其是中国军事力量的壮大界定为对澳大利亚国家利益的首要威胁。② 其后,赛耶又将中国在南沙岛礁吹填的行为判定为"在人工岛屿上为其渔船、石油和天然气勘探以及海上执法船建立前进基地",他警告说,"一旦这些设施包括远程雷达建设完成,那么中国空军与海军的出现就不过是时间问题"。③ 更有甚者,赛耶将中国视作南海地区最大的侵略者。奥斯丁(Greg Austin)的研究指出越南是南海地区最大的侵略者——越南在 1996 年就已经占据了 24 处南海岛礁,这个数据到 2015 年上升至 48 处,而中国迄今为止也只有 8 处岛礁。④ 针对这一结论,赛耶

① "South China Sea tensions demand 'calming' response, says Labor," *The Guardian*, June 1ˢᵗ, 2015. http://www. theguardian. com/world/2015/jun/01/south-china-sea-tensions-demand-calming-response-says-labor,登录时间:2015 年 6 月 29 日。

② Carlyle Thayer,"What is the Future of Australia's Maritime Security and SLOC Through Our Region?," Presentation to Institute for Regional Security, Future Strategic Leaders' Congress, Maritime Flashpoints: Australia's Critical Vulnerabilities, sponsored by Department of Defence and Noetic Group, Australian National University Campus, Kioloa, New South Wales, May 24, 2015.

③ Carlyle Thayer, "No, China is not reclaiming land in the South China Sea, rather, China is slowly excising the maritime heart out of Southeast Asia," *The Diplomat*, Jun 7, 2015. http://thediplomat. com/2015/06/no-china-is-not-reclaiming-land-in-the-south-china-sea/,登录时间:2015 年 6 月 30 日。

④ Greg Austin, "Who is the biggest aggressor in the South China Sea, in the past 20 years, Vietnam has doubled its holdings in the South China Sea," *The Diplomat*, http://thediplomat. com/2015/06/who-is-the-biggest-aggressor-in-the-south-china-sea/,登录时间:2015 年 6 月 30 日。

反驳认为 1974 年进行的西沙海战以及 1988 年的赤瓜礁海战都是中国单方面挑起的对越南的侵略行为,再结合中国近期在南海设立防空识别区以及在岛礁大规模吹填的做法,因此中国才是南海地区最大的侵略者。[①]

澳大利亚官方南海政策的演变,基本上与美国南海政策的演变同步:在美国的南海政策未定之时,澳大利亚也采取了相对超然的姿态,而当美国决定积极战略介入南海问题之后,澳大利亚也开始试图直接介入南海问题。但如果就此认为澳大利亚的南海政策就是美国南海政策在其西方盟国的翻版,甚至将澳大利亚南海政策简单归结为其追随美国这一传统习惯使然,就会严重忽视澳大利亚政治家在处理对外关系时对于本国现实安全利益以及中等强国身份的长期关注,从而导致我们既无法理解澳大利亚南海政策近年来发生重大变化的根本原因,也难以通过南海问题正确处理中澳关系为中国追求外交空间最大化。

要准确理解澳大利亚南海政策,就需要将其置于澳大利亚对外战略中,探寻其作为具体外交政策形成和转变的结构性原因。从澳大利亚的对外战略来看,一个基本判断就是澳大利亚与中国并不存在战略矛盾。这一判断主要基于两方面的考虑:

第一,澳大利亚中等强国战略与中国的大国崛起战略之间不存在国家身份的竞争。从身份的自我界定来说,中澳之间既不会形成类似于中美之间霸权国与崛起中大国的对立[②],也不会出现类似于中日之间以地区大国为身份所带来的竞争[③],中等强国和地区性大国在身份上的差别导致澳大利亚与中国具有不同的战略需求。而无论是中等强国身份还是崛起的大国身份都需要一个和平以

---

① Carlyle Thayer, "Who is the biggest aggressor in the South China Sea(A Rejoinder)," China's track record in the South China Sea is markedly different from those of the other claimants," *The Diplomat*, June 21, 2015. http://thediplomat.com/2015/06/who-is-the-biggest-aggressor-in-the-south-china-sea-a-rejoinder/,登录时间:2015 年 6 月 30 日。

② 朱锋:《奥巴马政府"转身亚洲"战略与中美关系》,载《现代国际关系》,2012 年第 4 期,第 1‑7页。

③ 楚树龙:《日本国家战略及中国对日战略》,载《现代国际关系》,2014 年第 1 期,第 11‑13页。

及多元化的国际关系体系才能实现。在一个由霸权国主宰的单极化世界里,中等国家不可能独立地发挥自身作用,而崛起中的大国也不可避免地会受到来自霸权国的各种压力。有鉴于此,以中等强国身份为导向的对外战略和以大国身份为导向的和平崛起战略在很大程度上是可以共存甚至是可以相互促进的。

第二,中国并没有也不会威胁澳大利亚国家安全利益。虽然近年来无论是澳大利亚官方还是学术界在谈及中国时都会涉及中国对于澳大利亚的安全威胁,实际上从澳大利亚对本国安全利益的划分来看,中国对于澳大利亚国家安全利益的影响有限,而且并不涉及其核心利益。中国并没有威胁到澳大利亚国家安全的核心利益——澳大利亚本土安全。中国对澳大利亚国家安全利益的第二个层次也就是澳大利亚直接毗邻国的安全也不构成威胁——中国在发展与南太平洋地区国家关系时对于澳大利亚在该地区领导地位的尊重就充分体现出这一点。[①]

南海问题有可能对澳大利亚国家安全的第三个层次也就是亚太或者印太地区的战略稳定造成某种程度的影响。然而,地区稳定并不是澳大利亚根本安全利益所在,况且中国在其和平崛起对外战略的制约下在南海问题上最有可能采取的措施是通过协商、海上危机管控等方式来争取和平解决或者至少是暂时搁置争端,因此澳大利亚国家安全利益的第三个层次也不会受到太大影响。至于说中国崛起改变了世界秩序,从而对澳大利亚国家安全的第四个层次的利益也就是稳定的国际秩序造成可能的影响,澳大利亚作为现有国际秩序的受益者产生某种担忧是可以理解的。但是,现有国际秩序的不合理性是除了霸权国之外大多数国家的共识,更重要的是,将国际秩序视作本国利益通常是霸权国或者世界强国的行为逻辑,这在实践中完全超出了澳大利亚以中等强国身份所应该关注的范围。

综上所述,中国与澳大利亚没有国家身份的结构性对立或竞争,而且中国对

---

① 徐秀军:《中国发展南太平洋地区关系的外交战略》,载《太平洋学报》,2014年第11期,第24页。

于澳大利亚的国家安全利益也不造成实质性威胁,加上中国与澳大利亚日益密切的经济合作所形成的经济上的相互依存,因此中国和澳大利亚之间在变动中的亚太格局中仍然会有比较好的战略合作空间。那么如何解释澳大利亚南海政策近年来从相对克制走向强硬的现象? 本文指出,澳大利亚南海政策的这一转变的根本原因在于澳大利亚的现实国家利益特别是国家安全利益通过与美国的战略合作得到了充分保障,澳大利亚政治家因此试图借助南海问题来进一步实现中等强国身份的理想。

从澳大利亚外交史来看,当安全利益面临迫切而又巨大的威胁时,通过中等强国身份来缓解安全困境就成为一种选择。一个典型案例就是当冷战时期美苏核竞赛严重威胁到自己的国家安全利益时,澳大利亚借助自身中等强国的身份推动美苏开展核军备控制的谈判,从而缓解了自己的安全状况。在此时,与美国拉开距离对于澳大利亚政治家而言并不是不可能的选择。而澳大利亚在南海问题上的政策则从另外一个方面彰显其外交战略中理想与现实考虑的相互作用。具体来说也就是当国家安全利益得到充分保障时,借助积极干预南海问题来提高自己在地区事务中的话语权和影响力,从而进一步构建自己中等强国的身份。

结　论

综上所述,澳大利亚政治家从国家现实利益出发,以中等强国身份为导向,制定了本国的外交战略。如果说中等强国战略是澳大利亚政治家对于国家身份的长期设想,带有强烈的理想化倾向,那么国家安全战略则体现出政治家对国际政治现实以及地区地缘政治的清醒认识,带有明显的现实考虑。

一国外交战略中理想化倾向与现实利益考虑并存的现象并不罕见。最为人所熟知的例子就是美国例外论——对民主的理想追求和对霸权护持的现实考虑成为美国外交中相互矛盾的两方面。① 而近来的研究表明例外论并不是美国外交所独有的特点,从历史上来看大革命后的法国以及十月革命后的苏联也都是如此,②甚至对于中国而言,例外论也是对外关系中的常见现象。③ 因此内在逻辑上的自洽性作为衡量一国对外战略的标准并不恰当,更合适的做法是研究具有内在逻辑矛盾的战略在一国对外关系实践中的实际作用。

一个不可否认的事实是,以中等强国身份为预期的国家对于国际政治的实际影响力是有限的。这主要是因为中等强国缺乏足够的能力和意愿整体构建与长期维护国际秩序。这一点对于冷战期间的加拿大如此,对于冷战后的澳大利亚同样如此。因此,由赛耶所界定并得到澳大利亚国防部长安德鲁认可的、以国际秩序为导向的澳大利亚国家利益,既不符合澳大利亚对外战略中长期以来的中等强国身份的界定,也因为澳大利亚有限的国家实力而难以实现。实际上,针对澳大利亚中等强国身份与国际政治现实脱节的问题,澳大利亚学者深刻地指出一方面澳大利亚认定自己能够在世界经济、全球安全以及国际制度建设方面发挥作用,而另一方面澳大利亚又不得不承认以上三点目前仍然是由大国而不是国际社会中的共识来决定的。④

澳大利亚对外战略中对于美澳双边关系的强调在一定程度上是其在历史上处理安全问题时长期实践所形成的外交传统,这种传统具有惯性,一方面在没有受到强烈外部因素刺激的时候仍然会继续下去,另一方面在受到不同外部因素刺激时会产生强化或者弱化的结果。但显而易见的是,这种传统本身并不是澳大利亚对外战略的目的,而是澳大利亚国家安全利益的保障,从而也成为实现其

① 周琪:《"美国例外论"与美国外交政策传统》,载《中国社会科学》,2000 年第 6 期,第 83 - 94 页。

② K. J. Holsti, "Exceptionalism in American foreign policy: Is it exceptional?" *European Journal of International Relations*, No. 3, 2010.

③ Zhang Feng, "The Rise of Chinese Exceptionalism in International Relations," *European Journal of International Relations*, No. 2, 2013.

④ Mathew Sussex, "The importance of being earnest? Avoiding the pitfalls of 'creative middle power diplomacy'," *Australian Journal of International Affairs*, No. 5, 2011, p. 547.

中等强国身份的基础。一旦这个基础被打破,那么澳大利亚的南海政策发生转变也在情理之中。

作为一个在地理上被边缘化的西方发达国家,澳大利亚对于在地区乃至世界事务中被边缘化的危险始终抱着足够的警惕性,这既是其在二战初期提出中等强国身份时的基本考虑,也是进入 21 世纪后中等强国身份继续存在的基础。因此,澳大利亚的南海政策更多的应该从其中等强国对外战略的理想出发来理解,并且也应该立足于这一理解而做出正确应对。

台湾地区的南海政策、立场及其
在南海问题上的新动向

宋继伟*

[**内容提要**] 2015—2016 年是南海备受关注的两年。一方面,通过岛礁建设,中国在南海的实际存在明显得到加强。另一方面,菲越等国虽然和中国持续有争端,但没有直接对抗冲突,更多的关注点是由美国领头,日本等域外国家参与进来。长期以来,两岸在南海问题上秉持几乎完全相同的立场和主张,彼此对各自在南海的政策和作为保持配合与默契。然而,鉴于两岸关系开始进入敏感而特殊的时期,台岛内政治生态的演变,特别是随着民进党的可能执政,台湾南海政策可能出现背离两岸业已形成的配合默契与合作共识。总体来看,考虑到岛内政治生态、2016 年地区领导人大选、"一带一路"可能带来的战略机遇,台湾不愿因为放弃"十一段线"主张而触怒大陆,引发两岸空前矛盾,另一方面又必须配合参加美国联合东盟向大陆施压的南海策略。台湾的南海政策左右为难。

[**关键词**] 台湾 南海问题 政策 立场 新动向

---

* 宋继伟,发表本文时为南京大学中国南海研究协同创新中心研究员。

一、台湾在南海问题上积极作为与被动妥协并存

(一) 马英九当局的积极作为

马当局秉持"尊严、自主、务实、灵活"原则推动"活路外交"政策。[①] "活路外交"使台湾与大陆的两岸关系与对外关系形成"良性循环",除推动两岸和解有效巩固台海和平外,马英九继 2012 年提出"东海和平倡议"后,2015 年 5 月提出"南海和平倡议",具体落实和平解决争端及资源共享的倡议精神,传达台湾作为"三海和平缔造者"的形象。针对南海主权议题及菲律宾单方面提南海仲裁案,台湾"外交部"持续密切注意相关情势,除邀集学者专家成立南海议题小组因应外,先后于 2015 年 4 月 29 日、7 月 7 日及 10 月 31 日公布三项立场声明,并由"驻外馆处"积极向驻地各界说明台湾当局立场。

面对越南、菲律宾在南海的接连挑衅,台当局加紧强化太平岛防务,客观上为我方分担了压力。太平岛也好,南沙诸岛也好,这都是两岸共同留下的祖产,没有任何理由丢失一寸土地,两岸在保护南海群岛上都有共同目标和愿望,过去做到的继续做,没有做到的,两岸应进一步去做。此外台湾在 2015 年 12 月 6 日公布了第一张详细的南海地图,不仅标示出其一直宣示的"十一段线"也全部绘制完成,南海总计超过 220 个岛礁的基础图。图上标示出南海每一座岛礁、暗沙的精确经纬坐标,同时根据颜色区别水深,台湾当局继续占据太平岛和坚持拥有南海主权的决心不言而喻。

在大陆方面巩固南海岛礁,掩护钻井平台作业之际,台湾当局很默契地在其占据的太平岛开工建设。用于建设太平岛新码头的首批物资,在"海巡署"巡防

[①] 2015 年 12 月 30 日,台湾"外交部"官网发布"新闻参考数据第 079 号",总结推动"活路外交"政策的成果回顾。

舰的护送下已抵达该岛。这一工程比原计划提早了两三年。外界分析认为,这是马英九当局应对南海局势的重要一步。太平岛新码头建成后,可供排水量2000吨以下的舰艇靠泊。台湾官员指出,太平岛新建码头工程进度超前,有望提前到2015年底完工,在2016年验收启用。

台湾在南沙群岛太平岛扩建的码头工程完成,2015年12月12日举行完工仪式,马英九登陆太平岛宣示主权的行程早在2015年5月就开始筹划,但直到11月7日"习马会"后,台湾"国安局"才决定马英九将在收回太平岛纪念日的12月12日登上太平岛。后来台方因担忧马英九的登太平岛行程影响美国对台军售计划,此项行程被临时取消。台湾"交通部""科技部""经济部""卫福部"与"环保署"相关部门、"外交部"条法司官员与时任"国防部"副参谋总长柯文安等,亦有多名由马英九钦点、来自政治大学的学者,勘察太平岛的地理位置、岛上活动、水系。虽然马英九未能登岛,但两岸能够在维护南海主权上有些默契,已经是两岸在共同维护南海主权上携手的开始。

(二) 为争取国际空间,台湾在大国间寻求平衡

台湾占据的南沙太平岛和有关南海主权的争议,近来也成为中国大陆、台湾地区与美国三角互动与博弈的一大焦点。在美国的压力下,民进党上台后准备撤离太平岛并将声明放弃南海主权。台湾与东南亚及印度经贸投资等各项实质交流持续发展,包括与菲律宾于2015年11月间签署《台菲有关促进渔业事务执法合作协议》等。2015年,台湾成为"北太平洋渔业委员会"(NPFC)的会员,持续争取以观察员身份参与"国际刑警组织"(INTERPOL)及UNFCCC等国际组织。有台湾学者认为,南海是中国的"核心利益",中国大陆视太平岛为暂时被台军"托管"的"中国领土"。若台军撤离,中国大陆肯定会顺势派军占岛,届时中国大陆与美菲越甚至加上日澳印爆发冲突的烈度和规模肯定会超过"拉森"号和B-52轰炸机进入中国大陆所占岛礁范围事件,其后果谁也无法预料和控制。

目前台湾当局和民间对于南海主权的态度、立场不同,民进党"正在思考是

否要放弃台湾当局以现有的 U 形线为界线对南中国海主权的主张",而马当局则正采取实质行动固守太平岛。如果民进党 2016 年夺取政权,台湾的南海政策或会出现变数,南海主权争夺局面将会更为复杂。蔡英文当局可能重新启动"南进政策",去东南亚寻求投资空间,再考虑加入美国所主导的 TPP,可以开辟更大发展空间,减少对大陆的依赖。

台湾方面也肯定会利用一切办法在国际间争取自己的地位,运用特殊的海洋地缘战略,经济、政治的共同利益,大国之间的矛盾等,使台湾的问题不仅局限为"中国"内部问题,而是找各种机会利用攸关亚太各个国家的安全与影响经济发展为由,将台海问题国际化,以增加大陆对台工作的干扰因素,也为两岸之间各种问题的解决增加难度。

马当局认为,"国家主权"和利益绝对不能退让,台湾在南海享有"主权"、治权,从国际法来说是有效的证明,台湾对南海问题的口头抗争并不缺乏,中、美两国是极力避免在南海发生冲突,美日也提升防御能力,避免中国在南海的"扩张",但因大陆正在发展"一带一路",所以中国主动挑起冲突的机会也不多。国民党的南海政策主张,始终是和平优先,资源共享,一切都为了和平,杂音虽然多,但炮声不会出现,但如果放弃"南海主权"和治权表征,那就没立场在国际讲话,资源共享就没有台湾的份。

台湾会在两岸与美、日间寻求取得战略平衡。台湾属于美国"第一岛链"系,故台湾会在此波美国的"亚太再平衡"中谋求获得自己最大的利益。而美国的亚太地区新战略,恰好为台湾提供了可以利用的空间。在这样的战略环境下,台湾必然以其"民主政治"为借口,虽不直接采取挑衅"习马会"为台湾划下的红线的手段,但可以充分利用美国依台湾关系法遵守协防台湾安全的承诺,争取美国对台湾安全上的支持,并最大限度地利用美国、日本来抵消大陆的陆上威胁。

回顾 2015 年,大陆与台湾的两岸事务主管部门交流制度化、常态化向前推进,国台办主任张志军与台湾方面大陆委员会主委夏立言先后在金门和广州会面,双方就彼此关心的重要问题达成了多项共识。在"习马会"上,两岸双方同意设立两岸热线,并且先在双方两岸事务主管部门负责人之间建立起来。2015 年底,国台办与陆委会之间热线正式启用。张志军与夏立言首次通过两岸热线进行通话。双方肯定过去一年在坚持"九二共识"的政治基础上,两部门保持沟通,良性互动,推动两岸关系和平发展取得积极成果,特别是近段时间认真落实两岸领导人会面达成的重要共识,成果持续显现。两岸目前有四大最重要的交流对话平台:两岸海协海基两会协商、两岸经贸文化论坛(俗称"国共论坛")、海峡论坛、紫金山峰会。两岸两会协商自 2008 年以来,在"九二共识"基础上恢复,共举行了 11 次会谈,签署了 23 项协议,并达成多项共同意见和共识。

(三)美国觊觎台湾在南海发挥制衡中国的作用

2015 年 5 月,围绕南海永暑礁陆域吹填争议,中美紧张情势迅速升高。紧跟在 5 月 26 日中国公布军事战略白皮书,强调全力发展海军之后,5 月 29 日美国主导的新加坡香格里拉军事对话随即开幕,美国企图扩大东盟危机意识,进而号召东盟对抗中国。就在南海各国紧锣密鼓加强安全之际,尽管台湾位居东海与南海的交汇点上,加上实际控制南海最大天然岛屿太平岛,在南海地区具有极重要的战略地位,但因为并不具备主权国家身份,长期无法参与南海安全对话。随着美国强力介入南海争端,甚至还想把日本也拉进南海抗中联盟,美国已经开始盘算台湾在南海争议中可能发挥的作用。

2015 年 5 月 18 日,美国国际战略研究中心(CSIS)资深亚洲顾问葛来仪(Bonnie Glaser)更进一步在国会听证会表示,从现在起到 2016 年 1 月台湾地区领导人大选,是台湾澄清"十一段线"的机会之窗。她说,美国应持续鼓励台湾澄清"十一段线"意涵,阐明当年画设的原始原因,借此逼使北京厘清"九段线"意涵。

美国觊觎台湾在南海发挥制衡中国的作用,主要有三:

一是国民政府是"九段线"前身"十一段线"的创始者,如果以继承国民政府"法统"自许的台湾愿意主动放弃 1947 年"十一段线",将对中国大陆 1953 年才成立的"九段线"产生釜底抽薪的弱化作用;

二是 1947—1949 年中国陷入内战,当时有关南海"十一段线"海权佐证资料,很多都已随着国民政府迁台转到台湾。对美国来说,"九段线"只是没有明确经纬度的历史虚线,与沿海各国 200 海里主张出现大片重叠争议,如果拥有原始资料的台湾愿意承认"十一段线"量测佐证不足,缺乏原始证物的中国大陆就更难证明"九段线"论点;

三是台湾至今仍然实际控制南海唯一拥有淡水的太平岛,在扩建机场跑道和码头之后,具有极为关键的战略价值。尤其是永暑礁距离海南岛最南端榆林港达 560 海里,但距离太平岛只有大约 60 海里,太平岛当然是美国监看永暑礁未来发展的最佳据点。

尽管美国要求台湾放弃"十一段线",但台湾对此颇有保留。毕竟对台湾来说,一旦放弃"十一段线"主权,形同将"中华民国"领海限缩到台澎金马,不但可能引发领土范围的宪法争议,更可能引起大陆怀疑台湾将走向"两个中国",国民党的"一中各表"必将遭到空前挑战。此外,台湾民众也可能质疑:如果"十一段线"领海因为台湾鞭长莫及,就可以放弃主权,那么以此类推,台湾根本无从管辖的"中国大陆"领土,岂不是更该放弃主权?

由于放弃南海主权主张势必连动到"破坏现状"的两岸敏感神经,2014 年 9 月 1 日,马英九出席"中华民国南疆史料特展"时,重申仍将以"十一段线"作为主张南海领土的依据。即使是立场偏独的民进党主席蔡英文,在 2015 年 5 月 29 日赴美访问之前,也提早在 2015 年 5 月 26 日针对媒体"民进党一旦 2016 年执政,将放弃'十一段线'"的传闻,驳斥表示"民进党一向主张根据国际海洋法,以和平手段处理南海争议,绝不放弃太平岛主权,也坚持主张公海航行自由,不能接受任何挑衅行为"。事实上,即便是在民进党执政期间,陈水扁也曾在 2008 年 2 月亲自登陆太平岛,当时还引起与台湾友好的菲律宾强烈抗议。

不过,这一波美国对台湾的南海问题施压,显然来势汹汹。在葛来仪出席国会听证会表示"从现在起到 2016 年 1 月台湾'总统'大选,是台湾澄清'十一段线'的机会之窗"同时,美国智库"布鲁金斯学会"郭晨熹(Lynn Kuok)也发表专文呼吁北京应同意台北加入南海争议的协商,除了建议台湾要依据海洋法公约厘清南海主张之外，还建议台湾可在幕后推动参与"南海行为准则"的协商。

美国对台湾的南海施压，甚至还上纲上线到"弃台论"。2015 年 5 月 25 日，华盛顿大学教授葛拉瑟（Charles Glaser）在《国际安全》季刊发表专文，主张以"美国终止对台防卫"，换取"中国和平解决东海和南海争议，并接受美国在东亚的长期军事安全角色"。美国海军战争学院副教授金莱尔（Lyle Goldstein）发表新书《半路相逢：如何缓解美中升高的对抗》，也提出以"合作螺旋"模式解决两岸问题，建议美国从减少关岛驻军开始，接着裁撤美国在台协会武官办公室、停止售台新型武器、施压台湾谈判，最终彻底停止对台军售，换取大陆放弃对台动武，两岸进行最终地位谈判。

面对这一波空前强大的南海施压，马英九在 2015 年 5 月 26 日提出"南海和平倡议"，与 2012 年 9 月针对中日钓鱼岛冲突所提出的"东海和平倡议"，颇有异曲同工之处，重申"主权在我，搁置争议，和平互惠，共同开发"的基本原则，呼吁当事方尊重海洋法公约，通过对话协商，以和平方式解决争端。

问题是，台湾受限于主权承认困境，并未签署海洋法公约，中国大陆即使早在 1982 年签署《联合国海洋法公约》，但在签约当时，声明涉及主权和岛礁争议不属于海洋法权限，1992 年进一步颁布《中华人民共和国领海及毗连区法》，更重申所列各群岛及岛屿主权。就此而言，不管是针对中日钓鱼岛主权争议，还是针对中菲"南海仲裁案"、中越南海钻井平台、中美永暑礁等主权争议，东海或南海"和平倡议"显然都难有作用。

显而易见，台湾在各方力量影响下，对于南海主权论述已经陷入左右为难的困局：一方面不愿因为放弃"十一段线"触怒大陆，引发两岸空前矛盾，另一方面又必须配合参加美国联合东盟向大陆施压的"南海策略"，促成"南海行为准则"的及早实现。美国对台的南海压力必然越来越大，台湾最后将如何取舍，将备受美国和南海周边各国关注。

二、台湾南海政策 2015 年度动向

（一）因应菲律宾南海仲裁案，发布"南海问题立场声明"

2015 年 7 月 7 日，随着菲律宾"南海仲裁案"的推进，台湾"外交部"发布了"第 001 号"立场声明。并于 10 月 31 日，针 10 月 29 日对南海仲裁案管辖权之判决，发布了"第 240 号"立场声明，重申其对南海议题之立场。声明重申"中华民国"在南海诸岛及其周遭海域的主权性，并呼吁南海周边各国，需一同遵守《联合国宪章》以及《联合国海洋法公约》的精神，以和平方式解决争端。台湾"外交部"表示，南沙群岛、西沙群岛、中沙群岛与东沙群岛（统称南海诸岛）及其周边海域为"中华民国"固有领土及海域；台湾"外交部"指出，过去《旧金山和约》及《中日和约》中已有明确记载，日本将占领之南海岛礁均归还我方。台湾"外交部"10 月 31 日重申立场，根据《中日和约》证明"中华民国"在南海诸岛之主权性。在《中日和约》中，双方（"中华民国"与日本）承认：日本已在《金山和约》(《旧金山和约》)放弃对于台湾、澎湖群岛以及南沙群岛、西沙群岛之一切权利、权利名义与要求。然而日本在 1972 年与台湾"断交"后，片面终止该合约。在《"中华民国"政府重申对南海议题之立场》第三点中，台湾重新主张对于太平岛符合 UNCLOS 第 121 条关于岛屿之要件，任何国家若要加以否定该主张，皆无法减损太平岛的岛屿地位及依法所享有的海洋权利。

台湾"外交部"的立场声明，强调："无论就历史、地理及国际法而言，南沙群岛、西沙群岛、中沙群岛、东沙群岛及其周边海域属中华民国固有领土及海域，'中华民国'对该四群岛及其海域享有国际法上之权利，任何国家无论以任何理由或方式予以主张或占据，'中华民国'政府一概不予承认"；"南海诸岛系由我国最早发现、命名、使用并纳入领土版图。《旧金山和约》及同日签署之《中日和约》及其他相关国际法律文件，已确认原由日本占领的南海岛礁均应回归'中华民

国'，其后数十年间，'中华民国'拥有并有效管理南海诸岛的事实亦被外国政府及国际组织所承认"。并强调台湾积极推动南海和平用途，已获丰硕成果，为区域和平及稳定做出重要贡献。2010年，台湾"内政部"正式启用"东沙环礁国家公园"管理站，执行"东沙国际海洋研究站计划"，推动东沙成为国际海洋研究重镇。2011年，陆续划设东沙岛周边与南沙太平岛矿区，并初步完成地质探勘及海域科学调查工作；由台湾"国防部"与"海岸巡防署"分别办理"南沙研习营"与"东沙体验营"，以强化青年学子对南沙群岛重要性之认知。2013年11月起，由台湾"交通部""国防部"与"海巡署"共同执行南沙太平岛交通基础整建工程，"交通部"建置完成南沙太平岛之通信网路，便捷国际人道援助之联系与紧急通信服务。2014年12月，南沙太平岛第二期太阳能光电设备启用，与2011年建设完成之第一期太阳能光电系统并联运转后，每年可供应16%之用电并减少排碳量约128公吨，将太平岛打造为低碳岛。

10月31日的立场声明，台湾当局特别强调：台湾"政府"于本年5月26日公布以"主权在我，搁置争议，和平互惠，共同开发"为基本原则之"南海和平倡议"，且愿在平等互惠之协商基础上，与相关当事方共同促进南海区域之和平与稳定，并共同保护及开发南海资源。任何有关太平岛及其他南海岛礁与海域之安排或协议，倘未经台湾"政府"参与协商并同意，对台湾均不具任何效力，台湾亦均不予承认。

在民进党执政以后，美国很可能利用台湾，在南海问题上再出新招。临时拼凑的所谓国际法庭将台湾实际控制的太平岛称为"礁岩"，其背后可能有着不可告人的目的。

（二）继"东海和平倡议"后，发起"南海和平倡议"①

马英九执政以来，积极改善与中国大陆的关系，台湾海峡紧张局势已大幅降

---

① 2015年5月26日，台湾"外交部"发布"南海和平倡议"。

低,两岸关系持续和平发展;2012 年 8 月,针对东海海域纷争及钓鱼岛主权问题,马英九提出"东海和平倡议",促成台湾与日本在"主权无法分割,资源可以共享"的理念下,2013 年 4 月签署《台日渔业协议》,以解决渔权争议。

台湾当局对于南海争议一贯主张,愿秉持"主权在我、搁置争议、和平互惠、共同开发"的基本原则,与其他当事方共同开发南海资源,也愿积极参与相关对话及合作机制,以和平方式处理争端,共同维护区域和平及促进区域发展。2015年是第二次世界大战结束 70 周年,台湾认为,各方应将历史的惨痛教训,化为促进区域和平与繁荣的动力,并提出"南海和平倡议"。

"南海和平倡议"由 5 条组成:一、自我克制,维持南海区域和平稳定,避免采取任何升高紧张情势之单边措施;二、尊重包括联合国宪章及联合国海洋法公约在内之相关国际法原则与精神,透过对话协商,以和平方式解决争端,共同维护南海地区海、空域航行及飞越自由与安全;三、将区域内各当事方纳入任何有助南海和平与繁荣的体制与措施,如协商建立海洋合作机制或订定行为规范;四、搁置主权争议,建立南海区域资源开发合作机制,整体规划、分区开发南海资源;五、就南海环境保护、科学研究、打击海上犯罪、人道援助与灾害救援等非传统安全议题建立协调及合作机制。

台湾当局重申:无论就历史、地理还是就国际法而言,南沙群岛、西沙群岛、中沙群岛、东沙群岛及其周遭海域系属"中华民国"固有领土及海域,"中华民国"享有国际法上的权利,不容置疑。南海诸岛系由"中华民国"最早发现、命名、使用并纳入领土版图。第二次世界大战结束之后,"中华民国"自日本手中收复南海诸岛。1952 年 4 月 28 日生效的《旧金山和约》及同日签署的《中日和约》及其他相关国际法律文件,确认原由日本占领的南海岛礁均应回归"中华民国",其后数十年间,"中华民国"拥有并有效管理南海诸岛的事实,亦被外国政府及国际组织所承认。

5 月 26 日,美国国务院新闻处处长 Jeff Rathke 针对记者询及美方对"南海和平倡议"有何评论时表示:美方赞赏台湾呼吁各方应自我克制、避免采取任何升高紧张情势的单边措施。台湾当局对美方上述公开赞赏与肯定表示欢迎。并重申,其拥有南海诸岛及周遭水域的主权毋庸置疑,"中华民国政府"对于南海争议一贯主张,系愿秉持"主权在我,搁置争议,和平互惠,共同开发"的基本原则,与其他当事方共同开发南海资源,也愿积极参与相关对话及合作机制。呼吁相关各方依据"南海和平倡议"的精神与原则,共同维护区域的和平稳定,以理性友好的和平对话方式处理争端,期使南海与东海一样,均能成为"和平与合作之海"。

有台湾学者认为,"南海和平倡议"克制的是自我,失去的是主权,变得更加谨小慎微,没有作为。① 台湾若要保障太平岛的安全,目前仅打出"南海和平倡议"的做法显得有些消极,也不只是延长跑道或增派兵力可以济事。这一地区和台澎金马不同,一旦和他方发生冲突,美国未必会提供援助,至少在第一时间内是不可能有所反应的,所以台湾要有独力应战的准备,所以有在该区域长驻舰艇的必要,关于舰艇的部署、区域防空和海上补给的衍生需求必须一并解决,并且适时举行军事演习。

11 月 5 日,台湾方面与菲律宾签署《台菲有关促进渔业事务执法合作协议》。《台菲有关促进渔业事务执法合作协议》是南海主权争议各方中,所签署的第一份具体双边行为准则。在国际方面,美国在台协会(AIT)发言人游诗雅(Sonia Urbom)于 11 月 19 日表示,美国乐见此协议之签署,此协议以和平的手段解决海事问题,可作为区域表率;欧洲议会友台小组亦于 11 月 19 日发表新闻声明,对该协议表示高度欢迎,并称赞该协议以和平方式解决危机,反映"南海和平倡议"的精神。该协议也获得国际媒体的关注,包括美国彭博新闻社(Bloomberg)、日本《产经新闻》、德国通讯社、法国法新社、英国《每日邮报》、新加坡《海峡时报》及菲律宾各媒体等国际媒体皆刊出相关报道。在台湾岛内,"行政院"农业委员会渔业署发布新闻稿表示,本协议建置执法合作机制、紧急通报系统及迅速释放程序,对海上作业的渔民有利,且符合过去几次渔业会谈的共

---

① 2015 年 5 月 27 日,台湾"外交部"通过"公众外交协调会"发布"第 103 号"文:《中华民国政府对美国国务院公开赞赏马总统提出之"南海和平倡议"表示欢迎》。

识。"行政院"海岸巡防署署长王崇仪撰文指出,本协定所建置的"1小时前通报机制"为重要缓冲机制,可使"政府"机舰实时前往护渔,另亦强调"政府"将续秉持"护渔不护短"的原则,在台湾渔船作业南界限内加强护渔。此外,台湾地方渔会肯定本案,认为签署本协议使渔民出海作业安全更有保障,但仍盼政府续就邻接区执法议题与菲方谈判。对此,台湾"外交部"将与"渔业署"及"海巡署"共同合作,继续与菲方交涉协商,维护并争取台湾渔民的权益并保障其作业安全。

(三)台湾"行政院"发布"2016年度施政方针",强化南海防务战备

台湾"行政院"于2015年3月发布"2016年度施政方针"。与"2015年度施政方针"相比,在"十六、海洋事务"条目下,特别增加"严密掌握周边海域情势发展,精进南海防务战备整备,捍卫主权、渔权","推动两岸及国际海上搜救合作,强化区域救援机制";在"十五、两岸关系"条目下,特别增加"落实两岸协商公开透明;推展两岸在国际间交流合作,发挥两岸和平红利之外溢正面效应"。由此可见,两岸交流合作、共同维权仍有空间。

11月6日,台湾"内政部"绘制出第一张南海地图,"宣示主权"。台"内政部"官员称,国民政府于1947年公布南海诸岛位置图,当时划设的南海传统U形线,自越南以北向下延伸如舌状,延至兰屿附近海域。如今编绘完成的南海地区地图,承继传统U形线的范围及岛沙位置,经过2011年至2015年的岛礁调查,以高分辨率的卫星影像,更加准确地标示南海岛沙位置。报道称,在这张南海地图上,总计超过220个岛礁基础图全部建置完成,每一座岛礁、暗沙的经纬位置,均标示明确坐标,同时根据颜色区别水深。台湾实质占领的太平岛、中洲礁附近岛沙都标示出来,中沙群岛的黄岩岛、东沙群岛的东沙,与台湾关联及邻近地区的位置也全都予以记录。从南海小组的运作、太平岛机场兴建,到2006年起进行两阶段岛礁调查计划,终于绘制出南海地图,未来通过水上、水深、水底礁盘等的进一步调查,能证明南海为中华民族传统领域。台湾"内政部"称,岛礁是海陆兼备的重要海上疆土,具备海域划界的重要因素,岛礁坐标、经纬度清楚

了,水上水文、水底礁盘厘清了,往外划出"领海基线",控制经济海域,可成为台湾"蓝色领土"。此次台湾借由地图宣示"主权",恐将引起邻近地区紧张,但有利于两岸联手掌控南海。

(四) 台湾"立法院"发布第八届第八会期外交业务报告,强化南海议题推动"南海和平倡议"①

台湾"立法院"认为,南海情势近期发展,风起云涌。美国虽在主权议题上不采取立场,唯强调南海航行与飞越自由的保障,以及和平解决相关争议的重要性,并曾多次在此议题上公开表达关切。2015 年 5 月底美国国防部长卡特(Ashton Carter)在新加坡出席香格里拉对话时针对中国大陆提出严正关切,要求"立即及永久停止填海造陆",并表示"反对将任何争议岛礁进一步军事化";美国国务卿克里(John Kerry)于 8 月初出席东盟区域论坛及东盟峰会外长会议之相关场合时,亦多次陈述对中方在南海相关岛礁填海造陆之关切。

另外,"常设仲裁法院"就菲律宾片面提出的"南海仲裁案"于 2015 年 7 月 7 日至 13 日召开闭门听审会,主要就"常设仲裁法院"对该案是否具有"管辖权"(jurisdiction)及"可受理权"(admissibility)进行听审。由于本案仲裁结果与南海争议的发展有关,受到国际社会之关注。

台湾完成"南疆锁钥——太平岛"中、英文版影片,供外馆及国际人士点阅,以宣扬台湾对南海地区之领土主权及台湾当局提出的"南海和平倡议"。

台湾方面将持续捍卫对钓鱼岛及南海之主权与主权权利,并在"主权在我,搁置争议,和平互惠,共同开发"之原则下,以"东海和平倡议"与"南海和平倡议"为基础,积极推动以和平方式解决争端,争取相关各方支持上述两倡议,将台湾纳入制度性协商机制。台湾方面持续呼吁相关各方以"搁置争议、资源共享"之原则,共同维护区域和平,同时实践"以制度性方式建立有效对话",支持"以和平

---

① 2015 年 9 月 23 日,台湾"立法院"发布"立法院第八届第八会期外交业务报告"。

方式消弭纷争""以有效合作促进经济繁荣",持续扮演"和平缔造者"之角色,共同维护亚太区域之安全、和平与稳定。

(五) 积极呼应"一带一路"倡议

中国"一带一路",是利用经济手段,以贸易为重点,自欧亚大陆内部发起,以经济贸易为着力点,带动文化、政治及军事的向外延展,以摆脱某些利益大国的控制,重新构建国际秩序的宏大系统工程。而台湾整体的危机目前正在显现,展望台湾在"一带一路"可能扮演的角色,必须建立在"九二共识""一个中国"基础之上。此点我们今天必须充分有所认识,更要思考未来做出怎样的措施。

三、我应积极利用台湾地缘优势,推进两岸联合维权行动

(一) 建立"情报共享或策应协助机制",共同维护南海断续线

马英九意欲确立太平岛"主权"的动作可能对大陆主张"九段线"有效、大陆拥有整个南海形成支撑。马当局固守太平岛,固然重要,也应守住"九段线"主张。2014年9月前美国在台协会(AIT)台北处长司徒文曾声称台湾应主动放弃断续线论述,引起各方侧目,而得到民进党一些人附和。美国人要台湾放弃与大陆一样坚持断续线论述、改变南海立场,是有"险恶用心"的,马当局应防止被美国操控,应继续守住立场。

两岸在南海同时面对来自菲律宾、越南的挑衅,如能建立"情报共享或策应协助机制",将有利于优势互补,共同守护南海。太平岛上的新港口建成后,要是能为两岸共守南海岛礁发挥积极作用,势必对菲、越产生极大的震慑作用。另外,太平岛上的施工如果遭第三方势力干扰,而解放军又主动提供支援时,"海巡署"或台军届时如何处理和分清敌我,也是急需厘清的问题。

针对东海、南海争端，台海两岸加强协商共同维护祖产的呼声越来越强烈。台湾《旺报》发表社评《两岸应宣示维护南海固有疆域》，文中提到，"站在共同维护南海疆土安全的立场，两岸应该透过协商与对话，设法寻求合作捍卫疆土的可能"。随后又指出"当然，两岸现阶段的政治互信依然不足，双方此时建立军事协防机制的困难度较大，目前只能做到各尽本分，善尽固守中国海疆的职责"。

我尽管有限制台湾在国际影响的刻意考虑，但台湾当局若确实在扞卫"中华民国的疆域"方面有所作为，我在很多方面都是可以睁一只眼闭一只眼甚至会诚心鼓励的。譬如说目前的海疆危机，台湾若表现出积极和主动，我应支持。

两岸可联合建立"常态性南海联合救难救灾与人道支持的巡弋机制"，此机制以人道考虑出发，协助区域内的航行安全、海洋环保、科学研究、救难减灾以及打击犯罪，形成一个区域内常在的正面能量。此外，也应欢迎其他相关国家共同参与此以人道为出发点的巡逻机制，并进行交流合作及联合训练，创造南海成为真正的"和平、友谊与合作之海"。

2015 年 11 月举行的两岸两会协议执行成果总结会上，时任海峡两岸关系协会常务副会长郑立中表示，七年多来，两岸关系能够实现和平发展，两会协商能够取得这么多成果，关键在于双方确立和坚持了"九二共识"这一政治基础。两岸两会务实解决了两岸交流衍生的各种问题，造福了两岸民众。这一切都是建立在"九二共识"的政治基础上，倘若失去了两岸交流的重要基石，那么在这一政治基础上建立起来的两岸政治互信及相关的商谈机制可能就要坍塌。坚持"九二共识"的中国国民党，多年来已经与大陆保持互动。因此，国共之间的交流，今后会有需要继续保留，特别是国共高层的定期会面机制。两岸经贸文化论坛应该保留下去，使两岸关系保持一定温度。

（二）评估民进党执政，对我南海维权的不利影响

在今天西太平洋战略与安全局面下，民进党重新上台后的南海政策必定成为国际关注的焦点之一。美国的一系列言行可能让蔡英文会在坚持太平岛属于台湾的同时，发表声明放弃"九段线"（U形线）。而一旦台湾方面放弃九段线，就会使我陷入孤军无援之境，甚至丧失史实依据和法理依据，因为在一些论者看来，中华民国政府是在1947年颁布带有"九段线"的地图的，原图以及相关的档案乃至大量外交档案都存放在台湾，假如台湾民进党当局改变立场，且不为大陆提供档案资料支持，甚至在美国唆使下发出不利于大陆的声音，大陆将陷于被动。

第一，蔡英文不会冒天下之大不韪，公开出卖中华民族利益，而很可能与马英九当局的立场拉开一定距离，或许回到李登辉时期的政策立场——"在管理钓鱼岛和南中国海周边领土争议方面，台湾应避免把那些区域认定为'自古以来属于中国'或'构成（中国）历史水域'，以便与中国在那些争议上的立场保持一定距离"。也就是说，蔡英文的说法可以是模糊的，不明确宣示或否认南海水域属于中国，但含糊其词地表示属于"中华民国"或者台湾，同时表示和平解决有关争议，维护国际航行安全等等。如果是遇到这种情况，中国大陆可以不予评论，依旧实行现有方针政策，因为只要体现"一中原则"，就没有必要加以纠缠。

第二，即使蔡英文真的为了讨好美国，不惜冒着受大陆打击的风险以改变南海地位来换取美国的青睐，大陆也不会变得无可奈何或陷入困境。本来也只是大陆在维护中国在南海的主权和领土完整，台湾实际上只在乎太平岛的安危而已，并没把"九段线"以内的水域当成自己的祖产加以维护，对大陆的维权行动台湾连顺水推舟都称不上，充其量只是在旁边看热闹。所以，台湾当局的立场实质上无足轻重，它那些档案资料也不是至关重要的，不能因为台湾换了一个政党执政，中国主权和领土的法理依据就丧失了。事实是，自1949年10月1日中华人民共和国成立起，中国以前的一切都被新中国依法继承，而时至今日，中华人民共和国并不承认台湾等同于具有法理地位的"中华民国"，即使它保存有大批相关文件、档案、资料。联合国就是最好的例证，尽管1945年联合国成立时的相关档案文书、外交文件也都保存在台湾，当时中国是以中华民国身份成为联合国创始成员国并同时成为安理会常任理事国的，笔者相信这不能改变在联合国及其附属机构中北京代表中国的合法地位。

第三,假如蔡英文的智囊以为西太平洋局势可以利用,执意借南海问题挑事,以谋取政治利益,她必须承受两方面的重大危及与损失:首先,进一步降低"中华民国"国际地位,台湾无权再提南海问题,一旦太平岛发生被越南攻占的危险,大陆依法收复它之后,不会归还给台湾。台湾不承认"九段线",美国便无权根据《对台湾关系法》要求中国大陆把太平岛归还给台湾,而如果美国派兵从越南占领军手中夺回太平岛并"还给"台湾,则不仅省去了中国大陆的麻烦,也会让美国在南海陷入矛盾之中。其次,即使是国民党执政,因两岸缺乏军事互信机制,也排除了在南海进行军事合作的可能;美国的战略部署也不允许台湾采取任何可能携手大陆的军事举动。所以,假如越南夺占太平岛,美国的最好办法就是胁迫越南撤军,以防大陆派兵夺岛并改变南海格局。当然,越南会判断中国一定出兵夺回太平岛,而如果越方估量没有能力重新夺取该岛,则不会在全世界面前承受失败的耻辱;越南会判定美国支持越南的可能性低于支持台湾,只不过美国不会直接援引《与台湾关系法》(它承诺保护台湾不受武力攻击,指的是台湾岛及其离岛,而不是遥远的太平岛);越南会清楚,其武力夺取太平岛的行径必将遭到世界舆论的反对,不利于越在整个南海争议中的地位,无异于因小失大,得不偿失。

(三) 发挥"一带一路"优势,寻求两岸经贸合作的新突破点

根据"亚洲开发银行"之估计,亚洲发展中国家在 2010 至 2020 年间需要 8 万亿美元投入基础设施,且发展中国家之经济成长幅度通常较发达国家高,故若台湾能参与"亚投行",将可有机会参与相关投资及增强与其他投资伙伴与受投资国间之经贸合作关系,一方面为台湾大型基金寻找投资标的,一方面亦有助台湾企业取得承揽基础建设之资格;参与发展中国家基础设施投资亦有风险,由于发展中国家政府之执行力与贪污问题等风险因素均为其不易取得低成本长期资金之症结,台湾势须针对参与相关投资的风险条件与规模预先评估并订定规范。

民粹的社会氛围、"反中"的政治操弄、不负责任的媒体舆论,对台湾与大陆

的良性经济互动始终存在极大的掣肘。"反服贸"等运动的前车之鉴,让人对于台湾参与亚投行和"一带一路"建设的前景心存疑虑。与两岸服贸协议一样,参与亚投行及"一带一路"涉及大量产业、经济、金融政策等多方面的专业知识与综合考虑,但岛内许多政客、媒体和民众恰恰没有足够的理性与耐心从专业、客观的角度去思考问题,部分人甚至是"唯恐天下不乱"以从中牟利,因此民众极易在相关事务推进的过程中受到煽动和挑唆,对台湾参与"一带一路"建设,对两岸经济关系的深化发展,产生非理性的对立情绪和对抗行为。

蔡英文访美找背书为台湾经济找新出路的挑战。蔡英文"新经济模式"的主基调,是不重行马英九重视两岸贸易的旧轨,对外经贸不集中于中国大陆。由于泛绿阵营对两岸经贸多持抵制和消极态度,绿营向来把台湾经济困境归责于对大陆积极开放,造成产业西进,使台湾不断被边陲化,而且 ECFA、服贸和货贸只会使台湾的资本、人才和技术持续流向中国大陆。

截至本文写就时,根据形势判断,民进党可能会重新执政,"立法院"也可能由民进党人士占多数,加之台湾广大泛绿民众,台湾可能会变成"绿岛"。而目前国际形势及台湾特殊地缘位置,也可能有利于民进党的长期执政,故未来十年或更长的时间,台湾政权都可能被"台独"的民进党把持。执政的民进党必然会加强与美、日的合作,李理推断,台湾未来可能缺席"一带一路",甚至可能出现"破坏"性的作用。

以上几点不利因素主要集中在政治层面,而"一带一路"建设的重点则是经济合作。虽然政治因素会在很大程度上对经济合作产生作用,但如果能够运用政治智慧,将政治问题与经济问题在一定程度上区别对待,通过两岸经济领域务实合作,那么必将使"一带一路"建设与台湾的经济发展协调一致。

首先,加强多层次金融合作。一是在亚投行规则下的金融合作。亚投行作为区域性金融机构,主要业务是援助亚太地区国家的基础设施建设。台湾申请加入亚投行后,对亚投行规则的遵守在一定意义上就可以理解为台湾与大陆之间的金融合作。二是在自贸区内的金融合作。由于现阶段正处于自贸区建设初期,目前福建自贸区的金融市场开放程度远不及上海自贸区且未出台可操作的细节措施,因此大陆在促进自贸区内的金融合作方面还有大量工作可做。三是在更广泛范围内的金融合作。从长远来看,两岸加强金融合作,还需要通过扩大开放,增加两岸互设金融机构,完善人民币与新台币的兑换和流通机制,并解决大陆企业在台融资等一系列问题。

其次,对接福建自贸区和台湾自由经济示范区,加强贸易合作。福建自贸区和台湾自由经济示范区存在很多的相似点,可以实现全方位的对接。一是福建和台湾都拥有丰富的港口资源,但是港口规模、投入和产出方面还有提升空间。两岸可以加强港口间的学习交流,推进区域辐射,使福建成为台湾与大陆对接的物流中心。二是福建和台湾拥有共同的信仰——妈祖文化。这一共同的信仰有利于形成民间信仰文化集群,从而推动旅游产业发展,提升双方的旅游贸易水平。三是以福建自贸区和台湾自由经济示范区的服务贸易产业合作推动两岸产业升级,促进经贸深度融合,实现两岸服务贸易之间的优势互补,共同发展。

最后,以高新技术交流为着力点加强创新合作。科技、人才和信息化是现代城市的先导要素,同样也是“一带一路”建设中的关键要素。相较于较为成熟的经贸关系,两岸人员来往和科技合作还需加强。大陆科技产业的市场非常庞大,尤其是科技研发资源丰富。两岸可以通过加强高新技术交流,加强合作分工,建立机制平台,努力整合科技资源,实现创新合作。

多年来,两岸经贸合作已经获得了丰硕的成果,奠定了坚实的基础,这样的局面来之不易,值得两岸共同珍惜。双方理应携手维护和平发展的大局,更不应让两岸经济交流合作有所倒退。面对全球及区域经济发展的剧烈变化,打造升级版两岸经济合作模式已成必然之势,台湾参与“一带一路”及亚投行等建设,就是其中十分有力的一步。今后两岸经济合作应秉持“习马会”所开创出的两岸精神与智慧,以“人民有感”“互利双赢”为目标,致力经济结构调整、合作产业转型升级,以及合作领域与平台的升级,打造包括共襄“一带一路”盛举在内的升级版两岸经济合作模式。

只要两岸坚定和平发展、共享红利的理念,遵循正确的方向往前走,用心处理各项两岸事务,就没有不能化解的争议、不能克服的困难,更没有不能逾越的障碍。

(四) 两岸南海打双重组合拳,推进维权与维稳

不管是一中"各表""同表",还是"共表",有此一中前提,两岸间携手共进的任何可能都是有的。在一个中国前提下,两岸维持和平共同发展的任何可能性都是存在的,都是现实的、务实的。当习近平主席向马英九伸出手来,两岸领导人的手握在一起之时,我们更深切地体会到,两岸同属一个中国。未来台湾应该积极打破两岸对立思维,在东海、南海问题上与大陆形成默契与合力,逐渐由明争走向暗合,再由暗合走向明合,共同发展中华民族的海权。

第一,提升两岸政治互信水平,强化两岸同属中华民族的身份认同。邵宗海曾指出,在海洋争端中,"领土争议不是争执的唯一因素,国族意识更为关键",两岸在共同面对南海议题时,同样也必须重视背后的两岸政治互信和身份认同问题。目前在两岸关系和平发展的大背景下,台湾当局至少在经济方面需要依赖大陆,不敢过于拂逆民意和冲撞大陆。未来如果两岸经济继续融合,文化交流稳步推进,社会一体化进程不断加深,那么两岸"只经不政"的僵局就有可能被破解,两岸同属中华民族的身份认同也将在岛内赢得更多民众的支持。如此一来,两岸就会有更多的民意基础去推动两岸在海洋议题上的合作,两岸海洋合作就有可能逐渐由"无争议水域的经济合作"过渡到"争议地区的经济合作",并最后提升到两岸在海洋议题上的"政治合作"。与此同时,随着两岸政治互信不断提升,"两岸集体身份认同不断强化",两岸也有可能通过政治协商和政治对话来化解目前两岸的敌对状态,以讨论最为敏感的两岸海洋军事力量合作等议题。

第二,采用"二轨"模式,充分发挥学界智库等民间组织的独特作用。两岸海洋合作,可让民间先行试水,共同商谈出大致合作领域,再邀请两岸有关部门人士参加,结合实际情况,协商出具有可操作性的方案。在这一过程中,要特别注重两岸学界交流平台的建设工作。两岸都拥有一些直接涉及东海、南海领土主权的相关对外交涉档案,特别是台湾拥有二战后接管南海诸岛的历史证据,这些证据是支持中华民族拥有南海主权的重要依据,应当为两岸的共同目标服务。

因而,两岸应对涉及南海岛屿主权历史档案和证据有所交流,共建数据库,应该定期召开东海和南海问题研讨会,对外公布我们中华民族对这些岛礁拥有主权的历史证据和法理依据,争取创造出两岸共同的东海论述和南海论述,以便在日后的国际声索斗争中能够妥善应对。

第三,从非传统安全领域向传统安全领域拓展。两岸应该从经济性、学术性、功能性领域开始,不断强化双方在海洋议题中的合作。就具体的合作议题而言,在不涉及政治和主权的情况下,两岸可以先在功能性问题上合作,从海洋运输、经济文化领域、海洋环保、科学考察、油气资源开发、海上污染处理、海上搜救、渔业资源保护、航道安全维护、人道救援、护航护渔、能源开发、海上考古等非敏感领域做起,进行务实合作,并签订具体协议,或者签订类似 ECFA 的框架合作协定,然后再务实谨慎地向海上联合执法、联合军演等敏感议题迈进。

两岸共同维护海洋权益,不仅有助于维护中华民族的共同利益,确保中国大陆在应对东海或南海争端中处于一个更加有利的位置,它同样可以帮助台湾更好地维护自身的海洋合法权益。因而两岸合作对于中国大陆、对于台湾、对于中华民族都至关重要。

第六部分

中国与南海：战略、规划与举措

解读"十三五"规划中的海洋发展战略与南海问题

张振克*

[内容提要] 2015年10月29日十八届五中全会通过《中共中央关于制定国民经济和社会发展第十三个五年规划的建议》(简称"十三五"规划)。解读"十三五"规划中的海洋发展战略,并结合南海问题进行深入分析,对于指导近期南海研究工作具有重要现实意义。本文从涉及海洋发展战略的发展理念、发展原则入手,分析了开拓发展空间、推进"一带一路"建设中与海洋发展战略相关的问题,认为南海是国家海洋战略的重要区域,并根据南海相关动态,提出了若干对策建议。

[关键词] "十三五" 规划 海洋发展 南海问题 对策建议

我国有18 000千米的海岸线和面积超过300万平方千米的海洋空间,中国海洋战略与国家经济社会稳定、国家海洋安全和利益密切相关。21世纪以来,中国海洋发展战略受到极大重视。2002年十六大报告中提出了"实施海洋开发"的任务。2003年5月国务院印发的《全国海洋经济发展规划纲要》第一次明确提出了"逐步把中国建设成为海洋强国"的战略目标。国务院在2004年的《政府工作报告》中提出了"应重视海洋资源开发与保护"的政策。"十一五"规划纲要中提出了我国应"促进海洋经济发展"。"十二五"规划纲要指出,我国要坚持陆海统筹,制定和实施海洋发展战略,提高海洋开发、控制、综合管理能力。2014年的《政府工作报告》指出,海洋是我们宝贵的蓝色国土,要坚持陆海统筹,全面

---

* 张振克,发表本文时为南京大学南海研究协同创新中心研究员。

实施海洋战略,发展海洋经济,保护海洋环境,坚决维护国家海洋权益,大力建设海洋强国。2015年的《政府工作报告》指出:"我国是海洋大国,要编制实施海洋战略规划,发展海洋经济,保护海洋生态环境,提高海洋科技水平,强化海洋综合管理,加强海上力量建设,坚决维护国家海洋权益,妥善处理海上纠纷,积极拓展双边和多边海洋合作,向海洋强国的目标迈进。"从上可以看到,中国的海洋发展战略从关注海洋经济发展,到全方位关注海洋发展战略的演变轨迹。

"十三五"规划全方位谋划了未来五年中国的发展蓝图和重要行动方案。本文对"十三五"规划中的海洋发展战略做粗浅的解读,并结合南海问题进行分析,以期对近期的南海智库研究工作有所裨益。

一、涉及海洋发展战略的发展理念和原则

"十三五"规划中明确提出,为了实现"十三五"时期发展目标,破解发展难题,厚植发展优势,必须牢固树立创新、协调、绿色、开放、共享的发展理念。全新的发展理念,为中国的海洋发展战略指明了方向,改革开放和沿海经济开发30多年来,中国海洋经济和海洋事业发展迅速,依靠不断创新、对外开放发展,沿海地区已经建立了比较强大的海洋经济产业体系。然而我们在海洋经济发展中也存在很多的问题,如海陆统筹不力、经济发展与环境保护的矛盾没有处理好,海洋环境污染和海洋生态退化问题形势严峻,海洋经济持续发展面临巨大的挑战。因此,"十三五"规划中的"协调""绿色"发展理念,对中国现实的海洋经济社会长发展,具有重要的现实指导意义。只有在海洋经济社会发展中坚持协调和绿色发展,才能把"十三五"规划中坚持人民主体地位的原则落实好,增进人民福祉,让人民共享发展的环境和成果。在"十三五"规划应遵循的原则中,还提出了"坚持统筹国内国际两个大局"的原则。提出要全方位对外开放,"坚持打开国门搞建设,既立足国内,充分运用我国资源、市场、制度等优势,又重视国内国际经济联动效应,积极应对外部环境变化,更好利用两个市场、两种资源,推动互利共

赢、共同发展"。在对外开放经济条件下,海洋空间的安全问题对我国的资源、产品、市场以及长远的发展目标有极大的影响,一个和平、安全的海洋环境,有利于中国的发展,也有利于推动中国与相关国家的互利共赢、共同发展。

二、开拓发展空间与推进"一带一路"建设

中国近 30 年来的海洋经济发展,伴随着发展空间的不断开拓,1985 年中国第一次走出国门、开拓非洲远洋渔业资源;中国造船工业的发展,让海运物流联系五大洲的资源和市场;沿海临港工业和加工制造业的发展,让中国制造的产品远销海外。"十三五"规划中提出了"拓展发展新空间"的战略思想。"十三五"规划中还提出了"用发展新空间培育发展新动力,用发展新动力开拓发展新空间;拓展区域发展空间。以区域发展总体战略为基础,以'一带一路'建设、京津冀协同发展、长江经济带建设为引领"。发展新空间特别是开拓海外资源与市场,海洋是重要的通道,海洋产业和海洋技术的支撑不可缺少;"十三五"规划中的"一带一路"建设、京津冀协同发展和长江经济带建设,在空间上都和海洋联系在一起。作为一个全球第二大经济体,海外市场(资源和产品)的开拓和中国的海洋发展战略密切相关,也离不开海洋产业和海洋科学技术的支撑。

"十三五"规划中还有专门段落提出要"拓展蓝色经济空间"。坚持陆海统筹,壮大海洋经济,科学开发海洋资源,保护海洋生态环境,维护我国海洋权益,建设海洋强国。这些内容,整体规划了我国海洋发展战略的方向,进一步明确了我国海洋发展战略的关键要点。

在中国倡导和平、发展、合作、共赢为主题的新时代,面对复苏乏力的全球经济形势,纷繁复杂的国际战略环境,2013 年以来中国政府传承"丝绸之路"精神、倡导共建"丝绸之路经济带"和"21 世纪海上丝绸之路"(以下简称"一带一路"),这一战略决策得到国际社会的高度关注。2015 年 3 月国务院授权发改委、外交部、商务部三部委联合发布《推动共建丝绸之路经济带和 21 世纪海上丝绸之路

的愿景与行动》,进一步加快"一带一路"建设。在"十三五"规划中,"一带一路"建设的相关内容在"十三五"规划建议的第三部分"坚持创新发展,着力提高发展质量和效益"、第六部分"坚持开放发展,着力实现合作共赢"中两次出现。推进"一带一路"建设是拓展发展空间的重要内容;积极推进"一带一路"建设的相关内容有三个段落,提出了"秉持亲诚惠容,坚持共商共建共享原则",完善双边和多边合作机制,推进同有关国家和地区多领域互利共赢的务实合作;基础设施互联互通、国际大通道建设、加强能源资源合作、共建境外产业集聚区、建立当地产业体系等写进了规划内容中。"广泛开展教育、科技、文化、旅游、卫生、环保等领域合作,造福当地民众"第一次出现在国民经济和社会发展五年规划内容中。"一带一路"建设无疑是我国长期的发展战略,利于企业拓展发展空间,对海洋产业的持续发展有巨大的推动作用,"共同建设国际经济合作走廊"涉及南海周边国家,更需要和平稳定的发展环境。

三、南海涉及国家海洋发展战略与长远发展目标

南海,国际通称 South China Sea,围绕南海海洋权益的争端涉及国家的核心利益和国家安全,从历史上看,中国南海海洋权益与岛礁争端从来没有像今天这么激烈,中国也从来没有像今天这样关注中国南海海洋权益的维护。

中国南海丰富的渔业资源、珊瑚礁资源、油气资源本身就是巨大的自然财富;中国南海及周边独特的自然环境和地理位置,使得中国南海成为一个航运要冲和战略要地;中国南海岛礁是中国不可分割的领土的一部分,主权在我不可动摇。然而,历史与地理环境形成的南海海洋权益"六国七方"争议的格局将持续,域外美国、日本、印度等国家也纷纷介入南海争端。我们应该清醒看到:维护南海岛礁涉及的国家海洋权益重要,但营造南海稳定和平的环境对中国的持续发展和长远战略目标实现更加重要。

海洋发展战略应该服从国家的发展战略,"十三五"规划提出的"创新、协调、

绿色、开放、共享的发展理念"和推进"一带一路"建设等内容,表明中国将和平发展作为长期的国家战略。中国长期以来在南海问题上,采取了克制态度,从维护南海稳定、营造和平环境出发,积极磋商南海出现的争议,并建立了双边和多边沟通机制。

结　论

"十三五"规划提出"坚持陆海统筹,壮大海洋经济,科学开发海洋资源,保护海洋生态环境,维护我国海洋权益,建设海洋强国"。总体目标是建设海洋强国,发展路径为发展壮大海洋经济,统筹开发和保护海洋生态环境,这是发展海洋经济的基础;维护国家主权和领土完整及海洋权益,并保障海洋及其资源开发的安全环境(如东海问题、南海问题),是实现海洋强国的目标的重要内容。和平稳定的发展环境,走和平发展的道路,是中国的基本国策。基于此,本文提出如下对策建议:第一,南海的和平、稳定是推进"一带一路"的关键。中国必须重点处理好与东南亚国家之间的关系,稳控南海,避免武装冲突的发生,确保航行安全,使其不影响中国与东盟关系和和平发展大局。第二,对危害国家南海海洋权益、加剧争端升级的行为给予必要的行动反击。维护南海国家海洋权益是国家海洋战略的组成部分,在可控范围内,对危害国家南海海洋权益、加剧争端升级的行为给予严厉的惩罚和还击,应该落实到行动中,不仅仅是新闻记者会议和媒体上的口头严重抗议和警告。第三,尽早制定并部分公布中国的"南海行为准则"主张或者法规。包括打击海盗、海上救援、争议岛礁处置、油气资源开发与合作、珊瑚礁旅游资源合作开发、渔业政策与非法捕捞管理、航空和海上航行规定等内容,目的是宣告我南海和平发展的主张,也是宣示南海国家海洋权益和主权,提出不排除使用武力维护国家南海海洋权益的条件。第四,尽最大可能避免与美国在南海的武力对抗与冲突。一旦发生武力冲突,启动缓解冲突的应急预案,并就此达成共识和建立沟通渠道。

岛礁建设对南海领土争端的影响:国际法上的挑战

邹克渊*

[内容提要] 当前,领土和海洋划界争端日渐激烈,此前国际上很少详细讨论南海岛礁建设议题。尽管 1982 年《联合国海洋法公约》的部分条款提及"岛礁建设"中的"人工岛礁"议题,但在国际法上,"岛礁建设"议题仍然饱受争议,并且没有公认的术语界定。随着科学技术的发展,以及主权国家试图采取占据更多海洋领土的行为,岛礁建设议题变得更加突出起来。本文以南沙群岛为例,从国际法的角度探讨该议题,以期引领国内外学界对"岛礁建设"问题进行更多的讨论。

[关键词] 岛礁建设 人工岛礁 《联合国海洋法公约》 南海问题

有关岛礁建设的内容极少。似乎 1982 年《联合国海洋法公约》遗忘了这个议题。但 20 世纪 70 年代和 80 年代之间发表的部分文章和专著中还是提到了这个议题。① 在第三次联合国海洋法会议上,一些国家也提交了有关人工岛礁

---

* 邹克渊,英国中央兰开夏大学哈里斯国际法讲席终身教授,浙江大学国家千人教授。该文为国家社科基金重点项目"国际法上的历史性权利及对南海的法律意涵"(14A2D126)研究成果的一部分。

① 参见 Nikos Papadakis, *The International Legal Regime of Artificial Islands*, Leyden: A. W. Sijthoff, 1977; and Alfred H. A. Soons, *Artificial Islands and Installations in International Law*, Occasional Paper, No. 22, Law of the Sea Institute, July 1974.

的建议。① 进入21世纪后，随着人类文明的进步，科学技术快速发展，人口压力愈发凸显，导致"岛礁建设"议题越发重要。尤其在东亚地区，岛礁建设再次成为热点议题。岛礁建设关系国家主权、海洋管辖权、海洋边界的划定以及海洋资源的开发和利用。如果处理不当，将会成为新的国际争端和冲突的引爆点。例如，岛礁建设如何影响南沙群岛争端，以及影响程度，在现有国际法上很难找到清晰的答案。对南海上是否存在人工岛礁也许尚有疑惑。如果人工岛礁的确存在，那具体为何？本文试图从国际法角度讨论岛礁建设议题。尽管"人工岛礁"这个术语包含诸如石油钻井平台或渔业养殖平台等海上设施（例如，废弃石油平台有时可用作人工渔业岛礁），②但是本文主要局限于讨论岛礁建设本身这一问题。

一、岛礁的法律地位

根据《联合国海洋法公约》，"岛屿"指"四面环水并在高潮时高于水面的自然形成的陆地区域"。该定义包含以下几点要素：一是陆地区域；二是自然形成；三是四面环水；四是高潮时高于水面。但《公约》并未说明四面环水的陆地区域面积多大以及高潮时高于水面多少才能被视为岛屿。一旦定义为岛屿，该岛屿将拥有自身的领海、专属经济区和大陆架。在位于环礁上的岛屿或有岸礁环列的岛屿的情形下，测算领海宽度的基线是礁石的向海低潮线。③

一些国家从更广泛的角度定义"岛屿"。如日本将"冲之鸟礁"命名为"冲之

---

① 例如，比利时、马耳他和美国都各自提交了建议书，详见 A. M. J. Heijmans, "Artificial Islands and the Law of Nations," *Netherlands International Law Review*, Vol. 21, 1974, pp. 155 - 160；另见 Francesca Galea, *Artificial Islands in the Law of the Sea*, Doctorate dissertation, Faculty of Laws, University of Malta, May 2009, pp. 31 - 35, http://www. seasteading. org/files/research/law/ARTIFICIAL_ISLANDS_-_01. 09. 09_mod. doc. pdf.

② 参见 John M. Macdonald, "Artificial Reef Debate: Habitat Enhancement or Waste Disposal?", *Ocean Development and International Law*, Vol. 25, 1994, pp. 87 - 118.

③ 《联合国海洋法公约》第6条。

鸟岛"。中国使用术语"群岛"(即中文中的多个岛屿)命名所有相同的地貌,包括诸如部分岛礁一直沉于水下的中沙群岛。2010 年,中国《海洋岛屿命名条例》①中规定"岛屿"有两种含义:一是普遍含义;二是特殊含义。根据普遍含义,"岛屿"指的是列岛、群岛、岛屿、礁、浅滩、暗礁和暗滩。② 即使地貌相同,不同国家的命名仍各不相同。中国"黄岩岛",外方称"斯卡伯勒礁";日本"冲之鸟礁"(日方称为"中之鸟岛"),又称"道格拉斯礁"。

《公约》在第 121 条补充规定:"不能维持人类居住或其本身的经济生活的岩礁,不应有专属经济区或大陆架。"③由于岛屿和岩礁在海洋区域划分上区别明显,沿海国家试图扩大岩礁,使之具备岛屿条件。最新的案例是日本的冲之鸟礁(道格拉斯礁)。④ 根据国际海道测量局的规定,面积少于 0.001 平方英里(或 2 590 平方米)则称为岩礁。⑤ 但还有其他的定义方法。国际法上对"岛屿"定义仍有争议,下文会进一步说明。

另一个相关议题是岛礁建设。20 世纪 50 年代,联合国国际法委员会考虑是否将岛屿自然形成要求添加到其定义中。其中一名委员——赫歇尔·劳特派特——认为"若为拥有自身领海而建造岛礁,国家会在其领海范围内和以外的数英里范围内建造多个岛屿",并"以这种方式扩大领海范围"。⑥ 这个议题涉及了人工岛礁的国际法定位问题。

---

① 《条例》中文版载于《中国海洋法律评论》,2010 年,第 331 - 334 页。

② 2010 年《海洋岛屿命名条例》第 28 条,同上,第 334 页。

③ 《联合国海洋法公约》第 121(3)条。

④ Yann-huei Song, "Okinotorishima: A 'Rock' or an 'Island'? Recent Maritime Boundary Controversy between Japan and Taiwan/China," in Seoung-Yong Hong and Jon M. Van Dyke (eds.), Maritime Boundary Disputes, Settlement Processes, and the Law of the Sea, Leiden: Martinus Nijhoff, 2009, at 148; also see Yann-huei Song, "The Application of Article 121 of the Law of the Sea Convention to the Selected Geographical Features Situated in the Pacific Ocean", 9 Chinese Journal of International Law (2010), 663 - 698, in particular, 691 - 94.

⑤ 引自 Leticia Diaz, Barry Hart Dubner and Jason Parent, "When Is a 'Rock' an 'Island'? —Another Unilateral Declaration Defies 'Norms' of International Law", 15 Mich. St. JIL (2007), at 535。

⑥ 《1954 年国际法委员会第 260 次会议纪要》,《国际法委员会年鉴1》,1954 年,第 94 页。

二、国际法上的人工岛礁

人工岛礁是人为建造的，这点毋庸置疑。但纵观国际法，该术语及其法律地位都没有清晰的定义。有时被视为自然岛屿，有时则视为船只。例如，吉德尔认为，只要满足以下条件，人工岛礁可视为自然岛屿：一是四面环水；二是高潮时一直高于水面；三是岛上自然条件允许人类居住。此外，人工岛礁必须是从自然岛礁转变而来，如人类活动形成的冲积层。① 认为人工岛礁是船只的观点起源于1927 年联合国国际联盟理事会发表的一篇报告。该报告表示由人类创造的固定在海床上，但又不是海床的一部分，可以用作航空飞行基地的岛屿⋯⋯这种虚拟岛屿可以认为是在海上航行的船只。②

不能否认的是，人工岛礁具备船只的部分特征和自然岛屿的部分特征，但将其归为船只或自然岛礁都不合适。根据船只或自然岛礁的定义，我们可以很容易发现人工岛礁和它们之间存在着非常明显的区别。

《联合国海洋法公约》并没有给"船只"下定义。20 世纪 50 年代，日内瓦海洋法四公约谈判期间，国际法委员会特别报告起草人弗朗索瓦先生草拟过"船只"的定义，认为"船只"是"使用合适的设施和人员，能够跨越海洋但不能穿越天空的设备"。③ 然而，该定义在 1955 年被国际法委员会取消。根据这个惯例，《联合国海洋法公约》只对"军舰"下了定义。④ 但是，一些其他的国际协议仍然保留了"船只"的定义。例如，《1973 年国际防止船舶造成污染公约》定义"船只"为"在海洋环境中运行的任何类型的船舶，包括水翼船、气垫船、潜水船、浮动船

---

① Gidel, *Le Droit International Public de la Mer*, Vol. III, Paris, 1934, p. 684.

② Committee of Experts, 1927；引自 Moten, "Continental Shelf", 1952, p. 235。

③ 见 *Yearbook of International Law Commission*, 1955, Vol. 1, p. 10, http://untreaty.un. org/ilc/publications/yearbooks/Ybkvolumes(e)/ILC_1955_v1_e. pdf。

④ 见《联合国海洋法公约》第 29 条，http://www. un. org/Depts/los/convention_agreements/texts/unclos/closindx. htm。

艇和固定的或浮动的工作平台"。① 人工岛礁也可以归类为该定义中的"固定的或浮动的工作平台"。

与人工岛礁相关的另一个概念为"岛屿"。如前所述,《公约》将"岛屿"定义为"四面环水并在高潮时高于水面的自然形成的陆地区域",②但并未说明四面环水的陆地区域面积多大才能被视为岛屿。

在了解"船只"和"岛屿"的定义之后,我们来探讨一下人工岛礁建设的法律性质。尽管《公约》未给予明确的定义,但国际法学术界仍做了诸多尝试。《国际公法百科全书》将"人工岛礁"定义为"四面环水的并在高潮时高于水面的人工建造的暂时性或永久性的固定平台"。③ 松斯认为,人工岛礁是指由自然物质,如砂砾、沙子和石头创造的建筑;而人工设施则是指通过管、杆固定在海床上的具体装置。④ 这两个学术定义同时具有法律含义,但不能涵盖各种形式的人工岛礁和人工设施。根据帕帕达吉斯统计,人工岛礁形式多样,诸如:(1) 海上城市(固定的或浮动的);(2) 服务于经济建设的人工岛礁(如用于勘探和开采自然资源)、工业人造岛礁、渔业岛礁,以及开发非自然资源的设施(如海上搜救、考古、电力设施);(3) 用于交通运输的岛礁建设(如浮动船坞、仓库和机场);(4) 用于科学研究和天气预报的设施;(5) 休闲设施;(6) 军事设施。⑤ 如果仔细比较,我们就会发现它们的法律地位各不相同。这也许是《公约》没有定义"人工岛礁"的原因之一,显然是为了避免定义后会引起更加复杂的问题。尽管如此,《公约》中留下的缺陷依然让人工岛礁法律地位议题复杂化。

虽然《公约》并未对人工岛礁给出清晰定义,但其中部分条款可适用于人工岛礁建设。

---

① 1973 年国际公约第 2 条。http://sedac. ciesin. org/entri/texts/pollution. from. ships. 1973. html。

② 见《联合国海洋法公约》第 121 条。

③ Rudolf Bernhardt, *Encyclopedia of Public International Law*, Law of the Sea Volume, 1989, p. 38.

④ Soons, supra note 2, 1974, p. 3.

⑤ Papadakis, supra note 2, 1977, p. 11 - 49.

首先，《公约》准予国家，尤其是沿海国家有权进行人工岛礁建设并对此拥有**管辖权**。这很明显，因为沿海国家有权在其领海区域内建设岛礁和其他设施。在其专属经济区（EEZ）内，沿海国家有"专属权利建造并授权和管理建造、操作和使用：（a）人工岛礁；（b）为第56条所规定的目的和其他经济目的的设施和结构；（c）可能干扰沿海国在区内行使权利的设施和结构"。① 尽管沿海国对人工岛礁、设施和结构拥有专属管辖权，包括有关海关、财政、卫生、安全和移民的法律和规章方面的管辖权，这种人工岛礁、设施或结构的建造，必须通知相关各方，并对其存在必须维持永久性的警告方法。更重要的是，"沿海国可于必要时在这种人工岛礁、设施和结构的周围设置合理的安全区，并可在该地带中采取适当措施以确保航行以及人造岛礁、设施和结构的安全"。② 沿海国有权在人工岛礁周围建立安全区，安全区的宽度应由沿海国参照可适用的国际标准加以确定。③ 这些条款也适用于建在大陆架上的人工岛礁。④ 另外，沿海国和内陆国有权在公海上建造人工岛礁，这是公海自由之一（《公约》第87条）。

其次，《公约》定义在一定程度上确立了人工岛礁的法律地位。《公约》对岛屿的定义不包含人工岛礁。《公约》第60条表示"人工岛礁、设施和结构不具有岛屿地位。它们没有自己的领海，其存在也不影响领海、专属经济区或大陆架界限的划定"。⑤ 尽管人工岛礁没有自己的领海，但沿海国家可以在人工岛礁周围设立安全区。安全区不应超过这些人工岛礁、设施或结构周围五百公尺的距离，"从人工岛礁、设施或结构的外缘各点量起，但为一般接受的国际标准所许可或主管国际组织所建议者除外"。⑥

最后，人工岛礁上的建筑对海洋疆线的界定也有影响。关于领海界线的划定，"构成海港体系组成部分的最外部永久海港工程视为海岸的一部分"，但近岸

---

① 见《联合国海洋法公约》第29条。

② 见《联合国海洋法公约》第60条。

③ 同上。

④ 见《联合国海洋法公约》第80条。

⑤ 见《联合国海洋法公约》第60条。

⑥ 同上。

设施和人工岛礁不应视为"永久海港工程"。① 设立该条款的目的是限制人工岛礁在领海界定方面的作用。然而,另一方面,针对直线基线的使用,《公约》规定"除在低潮高地上筑有永久高于海平面的灯塔或类似设施,或以这种高地作为划定基线的起讫点已获得国际一般承认者外,直线基线的划定不应以低潮高地为起讫点"。② 该条款暗示了人工岛礁或设施可在领海界线划定时发挥部分作用。当然,除了在划定基线上发挥部分作用外,涉及专属经济区和大陆架界线的划定,根据《公约》规定,人工岛礁因为没有专属经济区和/或大陆架,因此不能用来界定专属经济区和大陆架的界线。在沿海国履行《公约》相关条款规定的权利方面,在南海的所有声索国中,1998年中国颁布的《中华人民共和国专属经济区和大陆架法》重申了中华人民共和国对专属经济区及大陆架的人工岛礁、设施和结构的建造、使用,行使主权权利和管辖权。③ 菲律宾法律中也有相似的规定,"对人造岛礁、近海终端、设施和结构行使专有权和管辖权"④。

相比之下,马来西亚的相关法律更为详实,用一部分专门做出说明,其中罗列了多项条款,其中包括:

"(1) 除非得到政府授权,任何人不得在马来西亚专属经济区或大陆架上建造、运作或使用任何人工岛礁、设施或结构。该条款任何人不得违背。

(2) 政府对专属经济区和大陆架上的人工岛礁、设施或结构拥有专属管辖权,包括有关海关、财政、卫生、安全和移民的法律和规章方面的管辖权。

(3) 政府必要时可在上述人工岛礁、设施或结构周围设立合理安全区,采取合理措施确保航行和人工岛礁、设施或结构安全。

(4) 安全区的宽度应由政府参照航海和可适用于人工岛礁、设施或结构的

---

① 《联合国海洋法公约》第11条。

② 《联合国海洋法公约》第7条。

③ 第3-4条,http://www.un.org/Depts/los/LEGISLATIONANDTREATIES/PDFFILES/chn_1998_eez_act.pdf。

④ Section 2 (B) of the Presidential Decree No. 1599 of 11 June 1978 establishing an Exclusive Economic Zone and for other purposes. http://www.un.org/Depts/los/LEGISLATIONANDTREATIES/PDFFILES/PHL_1978_Decree.pdf.

国际标准加以确定。安全区的范围应该妥善注意。

(5) 在人工岛礁、设施、结构和安全区附近航行时,所有船只需尊重安全区,按照政府根据公认的国际标注规定的方向航行。"①

从国内法规上可以看出,各国对人工岛礁、设施或结构的建造和管理拥有专属管辖权。1992 年《中华人民共和国领海及毗连区法》没有规定国家有权在领海内建造人工岛礁,也许有些国家认为在拥有完全主权的领海内建造人工岛礁是一项主权之下的权利(无害通过除外),无须加以特别规定。

三、南沙群岛上的岛礁建设

中国对南海的东沙群岛、西沙群岛、中沙群岛和南沙群岛拥有主权。中文"群岛"一词指包括南沙群岛在内的南海地区所有的自然地貌,这样的用词,特别在涉及中沙群岛时,有些笼统。南海存在许多群岛/小岛、环礁、群礁及浅滩,这里的自然地貌多达数百种。这一地理特征决定了在南海建设人工岛礁及其他设施具有重要的政治意义、经济意义和战略意义。这一地区的岛屿和珊瑚礁已被文莱、中国大陆、中国台湾、马来西亚、菲律宾和越南分别占领或宣示主权,这使得南沙群岛之争成为世界历史上最为复杂的领土争端之一。

南沙群岛及其周边目前有三种人工岛礁或设施:一是临时的水上人工设施,如石油平台,一旦完成使命,这些设施就会被拆除;二是建造在天然岛屿上的临时或永久性的人工设施,如飞机跑道;三是建在永久岩石和珊瑚礁上的人造岛礁。可以肯定地说,《公约》中的相关规定只适用于前两个类型,第三类就比较特殊,在《公约》乃至整个国际法的框架下都很难定义它的法律地位。这一问题将在下文中进行讨论。

---

① Part Ⅵ, Artificial Islands, Installations and Structures of the Exclusive Economic Zone Act, 1984, http://www. un. org/Depts/los/LEGISLATIONANDTREATIES/PDFFILES/MYS_1984_Act. pdf.

在国际上不乏利用自然岩礁建造人工岛礁的事例,如 20 世纪 70 年代初期,汤加王国利用水泥加高了两个无人居住的低潮高地,从而扩大了其王国的管辖海域。① 最近的例子是日本最南端的冲之鸟礁(亦即"道格拉斯礁")。这一孤立的岩礁位于东经 136°05′、北纬 20°25′,由于海水的侵蚀,露出水面的岩礁逐年缩小和降低。冲之鸟的两块岩礁——北露岩(日本称"西小岛")和东露岩(日本称"东小岛"),涨潮时露出水面的高度分别只有 16 厘米和 6 厘米。② 随着海水的自然运动,冲之鸟礁面临最终被侵蚀吞没的危险。鉴于此,日本自 1987 年以来投入大笔资金(约为 3 亿美元)用于岩礁的加固加高工程,以使该岩礁成为其宣称拥有周围海域管辖权的依据。③ 日本现在已经像圈地一样沿礁修建了一堵围墙,以免其因自然力量的侵蚀而趋于消失。可以预测,"日本很可能做出重大尝试,将冲之鸟建设成为大型人工岛礁"。④ 如果成功的话,日本可以获得岛礁周围大约 400 000 平方千米的专属经济区和约 740 000 平方千米的大陆架面积。⑤

对那些宣称拥有南沙群岛部分岩礁所有权的国家而言,现阶段对自然形成的岩礁进行加固加高,会使其在扩大领海面积、获取相关利益方面占得先机。理论上这种做法可能会引起争议,但鉴于国际法中并没有明令禁止这种人工建造行为,因此其与现有国际法(包括《联合国海洋法公约》)并不冲突。

另一方面,随着科学技术的发展,人工岛礁上的生活条件会变得越来越好,这将导致这些岛屿的合法性在未来会产生变化。我们知道,人工岛礁在以往也是合法岛屿,⑥"岛屿"的最早定义中就含有"人工岛礁"。我们可以在 1930 年国

---

① Papadakis, supra note 2, p. 93.

② Yann-huei Song, supra note 8, p. 148.

③ 见 Qin Jize, Li Xiaokun and Cheng Guangjin, "Japan atoll expansion 'hurts neighbors'," *China Daily*, 11 February 2010, http://www. chinadaily. com. cn/world/2010 - 02/11/content_9461259. htm。

④ Song, supra note 8, p. 150.

⑤ Qin et al, supra note 33.

⑥ 见 A. M. J. Heijmans, "Artificial Islands and the Law of Nations," *Netherlands International Law Review*, Vol. 21, 1974, p. 151。

际法编纂会议最终协议上看到岛屿的定义，即"永久性的、高于水平面的陆地"。^① 这其中并未论及岛屿是否为自然形成。然而，直到最近"自然形成"这一关键词被加入后，人工岛礁才被排除在这一定义之外。^② 如果将这些历史因素考虑进去的话，重新定义"岛屿"的可能性就有待商榷了，因为这会对人工岛礁的性质产生影响，对于那些人工建造部分与自然形成部分已融合一体了的岛屿尤其如此。

值得注意的是，早在 2001 年国际法院在审理卡塔尔和巴林之间领海划界案（卡塔尔诉巴林）时，前日本籍法官小田滋就表达过对将来人工岛礁发展情况的担忧。他说："随着现代科技的发展，人们有可能依托一些岩礁和低潮高地进行娱乐或是工业设施的建造。尽管 1982 年的《联合国海洋法公约》并未包含相关条款（如第 60 条和第 80 条），我想这些人工建造行为可能会被国际法所允许。果真如此的话，这些建筑的合法地位就有待在将来进行讨论了。"^③ 小田滋当时的担忧，如今已经确确实实变成了国际社会面临的问题。

然而，在有关国际规则尚未完善之前，我们必须将讨论范围限定在现有的国际法框架内。有以下几点值得我们做进一步的讨论。

(一) 合理原则的应用

美国国际法学者在 1961 年就曾指出："若是在人工建造的陆地基础上，宣称对特定海域或内部水域的所有权，那么评判这种所有权合理性的首要原则应当

---

① 见 Jon M. Van Dyke and Robert A. Brooks, "Uninhabited Islands: Their Impact on the Ownership of the Ocean's Resources," *Ocean Development and International Law*, Vol. 12, 1983, at 272. 我们知道，H. Lauterpacht 建议在"陆地"前面加上"自然形成"，但是这一建议被 1954 年的国际法委员会拒绝。

② 《联合国海洋法公约》中关于岛屿的定义复制了《日内瓦公约》(The 1958 Geneva Convention on the Territorial Sea and Contiguous Zone)中的第 10 条。

③ Separate Opinion of Judge Oda, in JUDGMENT OF 16 MARCH 2001, p. 125, http://www.icj-cij.org/docket/files/87/7031.pdf.

是建造用途,即这种人工建造是出于特定的用途考虑,还是仅仅为了扩大领海面积,而不牵涉建造者自身利益。"①他进一步解释说:"如果一个国家仅仅依靠在水中放上几块石头,保证这些石头达到一定的海拔高度并能够一直露出水面,就可以获批扩大自己的领海面积或是拥有新的内部水域,这种做法显然是不可取的。"②相关国家在南沙群岛建造人工岛礁都有着明确的目的,即维护和巩固各自在南海的领土和海洋权利。有些国家也宣称建造这些人工设施是出于发展经济(如扩大旅游业)或是科技(如建立气象观测站)的考虑。然而,这些所谓"考虑"背后的真实目的是否与合理原则相冲突?

(二) 人工岛礁的建造还要遵循"适当顾及"原则

当一国行使自己建造人工岛礁的权利时,不应无故损害其他国家及整个国际社会的权利和利益。这一原则在《联合国海洋法公约》中也有清晰的反映,"任何沿海国家以人工岛礁为中心建立起的安全区,须得保证该安全区同人工岛礁的性质及用途有着合理的联系,亦应发布该安全区外围的相关注意事项",更为重要的是,"人工岛礁、设施、建筑结构及周围的安全区,不能对公认的国际航运航线造成影响,否则禁止建造"。③ "适当顾及"原则也反映在《联合国海洋法公约》有关公海自由的条款之中(第87条)。

与之相关的问题是,对于那些在南海建造人工岛礁和设施的国家而言,有没有通知及协商的义务? 这一义务曾经在1997年的《国际水道非航行使用法公约》中有所体现。④ 该公约规定同国际水道相关的国家在采取任何可能影响国际水道环境的措施前,都必须履行通知的义务。如果被通知方对此持有异议,则

---

① Myres S. McDougal and William T. Burke, *The Public Order of the Oceans*, 1962, pp. 387 - 388.

② 同上,p. 388。

③ 《联合国海洋法公约》第60条。

④ http://untreaty. un. org/ilc/texts/instruments/english/conventions/8_3_1997. pdf.

必须通过协商和谈判来解决。① 也许这样的义务应该适用于南海建设人工岛礁的行为,因为其提倡在人工岛礁建设前(即使在领海范围内),应该同相关方进行磋商。② 各方可以根据 2002 年形成的关于南海的《各方行为宣言》(DOC)来达成通知及协商机制。据报道,东盟各国和中国最近已经同意重启关于有效推进《南海各方行为宣言》(DOC)的对话,以通过"南海行为准则"(COC)来加强各方的合作。③ 南海人工岛礁及设施建设应该遵循通知及协商义务的问题也应提到此类对话和协商的议程之中。

(三) 人工岛礁的问题与《公约》第 121(3)条存在紧密关联

《公约》第 121(3)条提到"不能维持人类居住或其本身的经济生活的岩礁,不应有专属经济区或大陆架"。④ 当下在南海及其他地方进行的人工岛礁建设刚好契合这一规定,因为进行岛礁建设的国家为了扩展其海上空间,尽一切努力将这些"岩石"变成"岛屿"以满足维持自身居住或经济生活的条件。由于《公约》第 121(3)条语言表达不明确,如何运用该条款引发众多讨论。如果有权威释义,则情况就会更好。这个权威释义对解决建造人工岛礁引发的现实问题很有帮助。众所周知,2009 年第 19 届《联合国海洋法公约》缔约国会议召开期间,中国尝试要求会议"考虑以礁石为基点增加大陆架的议题,因为根据《公约》第 121条,这种行为有法律效应"。⑤ 很遗憾的是,中国的尝试失败了。

---

① 见该公约第 27 条。

② Heijimans, supra note 36, at 160 ; Nikos Papadakis, 'Artificial Islands in International Law', *Maritime Policy and Management*, Vol. 3, 1975, p. 34.

③ "Press release on the 13th ASEAN-CHINA summit," Ha Noi, October 29, 2010, http:// asean2010. vn/asean_en/news/36/2DA9D9/Press-release-on-the-13th-ASEAN—CHINA-summit.

④ 《联合国海洋法公约》第 121 条第 3 款。

⑤ "Proposal for the inclusion of a supplementary item in the agenda of the nineteenth Meeting of States Parties: Note verbale dated 21 May 2009 from the Permanent Mission of China to the United Nations addressed to the Secretary-General, http://daccess-dds-ny. un. org/doc/UNDOC/ GEN/N09/346/61/PDF/N0934661. pdf? OpenElement.

那么谁有权利和能力给《公约》的第 121(3)条做个权威解释呢？显然,大陆架界限委员会只考虑和评估沿海国外大陆架的提案,因此并不是一个合适的机构。它清楚地表示自身并没有能力阐释《公约》条款的内涵。① 国际法院有能力,但似乎并不打算对该条款做出阐释。在黑海海域划界案(乌克兰诉罗马尼亚案)对蛇岛性质界定时,国际法院并没有把握时机做出阐释。② 国际海洋法法庭(ITLOS)也具有这种能力,但也避免涉及这一难题。

四、混合岛礁的法律困境

本文使用的术语"混合岛礁"或"混合海洋地物"(hybrid geographic features),是指无论是高潮还是低潮时,高于水面的具有人工结构和设施的海洋地物。该问题与人工岛礁的合法地位息息相关。《联合国海洋法公约》在某种程度上界定了人工岛礁的合法地位。尽管人工岛礁不拥有领海,沿海国家还是允许在人工岛礁周边建设安全区域。但是"从人工岛礁外缘的每一点测量,人工岛礁周围的安全区域距离不应超过 500 米,普遍认可的国际标准许可或者一些国际组织建议除外"。③

举例来说,在南海,从地理位置来说,在那些包括岛屿/小岛、环礁、礁石以及河堤在内的海域里,有成百上千的自然地物。根据中国方面的信息,南沙群岛包括 14 个群岛/岛屿、6 个河堤和暗礁、35 个水下河堤以及 21 个水下浅滩。④ 根据西方学者的信息,我们可以得知在南海大约有 170 种地貌特征,其中仅有 36

---

① 参见 UN Doc. CLCS/64，October 1，2009，http://daccess-dds-ny. un. org/doc/UNDOC/GEN/N09/536/21/PDF/N0953621. pdf? OpenElement.

② 详见"Maritime Delimitation in the Black Sea (Romania v. Ukraine)，" JUDGMENT OF 3 FEBRUARY 2009，particularly paragraphs 179 - 188，http://www. icj-cij. org/docket/files/132/14987. pdf.

③ 同上。

④ 曾昭璇主编:《南海诸岛》,广州:广东人民出版社 1986 年版,第 3 页。

个面积较小的岛屿在高潮期时在水面以上。① 从这两个数据，我们可以得出这样的结论：水下的自然地物比在水面以上的要多。中国南海的这一特殊地貌特征足以显示人工岛礁和人工结构装置在南沙群岛政治、经济和战略层面的重要性。

在天然岩石和礁石建造的永久人工岛礁在国际法中成了一个新问题。例如，马来西亚在其占领的弹丸礁上开展了大规模的改造活动，现在的弹丸礁已经拥有 1 个渔港、15 个房间的潜水胜地和 1 条 1.5 千米长的飞机跑道。中国自 1988 年以来，或是由于驻军的需要或是其他原因，在南沙群岛的若干个礁石上建造了一些人工结构。其中一些人工结构后来加以扩大，变得更加类似人工岛礁。比如在永暑礁上建造的人工结构。从这个意义来说，无可否认的是，由于人工设施，对于大多数岛屿来说，"如何区分天然地貌和人工地貌是相当困难的"。② 但可以肯定的是，《联合国海洋法公约》对天然岛屿和人工岛礁都适用，混合类型的合法地位在《联合国海洋法公约》下较为特殊，甚至在整个可适用的国际法之下都难以下定义。如果被界定为天然地貌，它又混杂着人工结构装置；如果被界定为人工岛礁，它又没有人为地固定在海床上，而是靠天然地基支撑着，诸如不论高潮或者低潮时在水面以上的礁石。在国际法中，显而易见没有能够规范这类天然和人工组合海洋地物的相关规定。与之相关的《大陆架公约》（1958 年）只包括在大陆架上建造人工岛礁的规定，正如公约中所指出的那样，沿海国家出于必要的勘查开发自然资源的目的，有权建造、维修或者使用大陆架结构和其他装置，但是此类人工结构和装置不具有岛屿的地位。③ 这就为有关国家扩展其海域空间提供了机会，因为具有这种意图的国家会倾其全力将这些"岩礁"变成"岛屿"，如此一来可以满足保障人类居住和这些国家自身的经济生

① Daniel J. Dzurek, "The Spratly Islands Dispute：Who's on First?" 2（1）IBRU (International Boundaries Research Unit)，Maritime Briefing，1996，at p. 1.

② Robert W. Smith, "Maritime Delimitation in the South China Sea：Potentiality and Challenges," 41 Ocean Development and IL，2010，p. 223.

③ 《1958 年大陆架公约》第 5 条。

活的条件。冲之鸟礁就是一个典型例子。问题在于,这种礁石上的人工结构是否会改变其合法地位。正如中国的观点所显示的那样,在礁石上建造人工设施"不会改变其合法地位"。① 然而,这仅仅是中国关于冲之鸟礁的法律立场,这与日本的实际初衷背道而驰。日本的所作所为和未来采取行动的目的是礁石满足《联合国海洋法公约》中第 121(3)条规定的条件,如此一来,日本不仅能够获得相应的领海,还能够获得来自该礁石的专属经济区和大陆架的所有权。因此,日本的最终目的是要改变礁石的合法地位。

由于中国和韩国的反对,大陆架界限委员会中止了日本对冲之鸟礁(九州南部-帕劳海岭地区)部分区域的外大陆架提交的申请的受理,②但是,这并没有限制日本单方面对由此礁石产生的专属经济区以及大陆架(尽管限于 200 海里)的权利主张。这里,日本想要将礁石转变为岛屿的企图可能会导致两个法律后果:其一,礁石将最终变成天然岛屿满足了在《联合国海洋法公约》中提出的条件;其二,尽管也许会违背日本的意愿,但会发生国际社会最终将会视天然礁石为人工岛礁的这一变化,而在现行的国际法下,人工岛礁仅可以拥有 500 米的安全区域。这样一来,日本对专属经济区和大陆架的主张将不会被国际社会承认,同时由于人工结构和装置的大规模建设,日本也会失去对该礁所主张的领海权利。著名的海洋法专家乔恩·范·戴克早已表达过这一观点,他认为日本现在进行的大量加固工作会使岩礁变为人工岛礁,而按照《联合国海洋法公约》中第 60 条的规定,这样的人工岛礁是不会拥有专属经济区和大陆架的。③ 但是,话又说回来,正如一些法律学者所称,如果一个带有灯塔的礁石享有对广阔海域

---

① Qin Jize, Li Xiaokun and Cheng Guangjin, supra note 33.

② 详见 UN Doc CLCS/74, April 30, 2012, http://daccess-dds-ny. un. org/doc/UNDOC/GEN/N12/326/32/PDF/N1232632. pdf? OpenElement. 另见, Michael Sheng-ti Gau, Recent Decisions by the Commission on the Limits of the Continental Shelf on Japan's Submission of Outer Continental Shelf, 11 Chinese JIL, 2012, pp. 487 - 504。

③ Jon M. Van Dyke, "Legal Status of Islands with Reference to Article 121(3) of the UN Convention on the Law of the Sea," December 9, 1999, http://seasteading. org/seastead. org/localres/misc-articles/DykeLegalStatusOfIslands. html.

（extensive maritime zone）的所有权，①具有大量人工结构的礁石被视为"人工岛礁"，这是否公平合理？

结 语

岛礁建设议题远超本文的讨论范围。不仅关于南海的领土和海洋争端，而且关于海洋安全和气候变化以及环境恶化造成的人类生存问题，都可归到此类问题中来。接下来，关于怎样让碳储存通过人造平台列入法律条款的讨论，一定要结合《公约》第 208 条和 209 条以及《伦敦倾废公约》。海平面上升可能导致各国加快建造人造岛礁和其他基础设施，以便防止岛屿被海水覆盖，特别是受全球变暖威胁的岛屿国家更会选择建造人工岛礁。

除了环境方面，人工岛礁还具有军事功能。人工岛礁和/或平台有可能成为海上恐怖主义或其他海上犯罪的活动平台抑或攻击目标。例如，《1988 年制止危及大陆架固定式平台安全的非法行为议定书》是为禁止危及大陆架固定式平台安全的非法行为而制定的。根据《议定书》，"固定式平台"是指"用于资源的勘探或开发或用于其他经济目的的永久依附于海床的人工岛礁、设施或结构"。②未来协商中需讨论有关岛礁建设的安全方面。

人造岛礁也和填海造地权利相关。一些国家如荷兰和新加坡已经大量填海

---

① 正如两位荷兰学者认为的，越来越多的学者署名支持他们的观点"岛上的灯塔和其他航海设施因为有助于海运业，给岛屿提供了'经济生活'"。见 Alfred H. A. Soons, "Entitlement to Maritime Areas of Rocks Which Cannot Sustain Human Habitation or Economic Life of Their Own," 31 Netherlands YIL（1990），167 - 68；cited in Robert Beckman and Clive Schofield, "Moving Beyond Disputes over Island Sovereignty: ICJ Decision Sets Stage for Maritime Boundary Delimitation in the Singapore Strait", 40 Ocean Development and IL（2009），at 10。

② 见《议定书》第 1 条，http://www.un.org/en/sc/ctc/docs/conventions/Conv9.pdf。

造地。[1] 比较填海造地和岛礁建设,我们就会发现一些有趣的现象,例如,有的人工造地拥有合法的海洋领土,尽管单方面行动可能引发国际争端或与其他邻国之间的争议,如柔佛海峡内及其周围开垦土地案(马来西亚诉新加坡)就是一例。[2]

最后,需要注意的是,随着人口不断增长,未来可能会兴建大规模的人造岛礁,甚至海上城市。早在 20 世纪 70 年代,英国一份提案就建议建造一座能让 3 万居民自给自足生活的海上城市。[3] 阿联酋在迪拜建造的人工岛礁部分印证了 70 年代的这份提案。[4] 还有人建议在海上建造飞机场。实际上,亚洲一些机场就是建在海上。[5] 随着技术的发展,机场完全可以建在海上。尽管现存的和提议的人造设施都与人工岛礁的法律地位有关,但问题是:既然能支持人口居住和经济发展,这样的人工岛礁是否和自然岛屿一样拥有海洋区域呢?

随着国际法的发展和有关国家实践,人工岛礁必然将拥有其他法律含义,这需要进一步讨论研究。因此,可以预测在不久的将来,国际社会将更加关注人工岛礁建设议题。本文仅从当前国际法的角度探讨人工岛礁建设的法律定位,之后的研究还将更多地关注该领域并从动态的国际法角度思考该议题。

---

① 通过填海,新加坡的国土面积由 1966 年的 581 平方千米增加至 2006 年的 695 平方千米,见 Kog Yue-Choong, "Environmental Management and Conflict in Southeast Asia: Land Reclamation and Its Political Impact," IDSS Working Paper No. 101, Singapore: Institute for Defence and Strategic Studies, Nanyang Technological University, January 2006, p. 7。

② 在该案中,马来西亚指责新加坡侵犯捕鱼权和危害海洋生态环境,详见 http://www.itlos.org/start2_en. html。

③ 见 Papadakis, supra note 2, 1975, at 33。

④ 这些项目称为"棕榈岛",该工程于 2001 年开始。

⑤ 其对法律产生的意义,见 Erik Jaap Molenaar, "Airports at Sea: International Legal Implications," *International Journal of Marine and Coastal Law*, Vol 14 (3), 1999, pp. 371 - 386。

人工岛屿国际法地位的历史嬗变

范　健　梁泽宇*

[内容提要]　作为利用海洋的有效手段,人工岛屿很早就受到国际社会的关注。由于人工岛屿兼具"人工性"和"岛屿"的双重特征,因此往往难以同岛屿、船舶和人工设施相区分。国际法对于人工岛屿法律地位规定的演变,反映了国家海洋主权或主权权利与海洋自由的二元对立,其本质是世界各国对于海洋权益的争夺。本文旨在从国际法制史的角度,透析人工岛屿法律地位的嬗变历程,突出人工岛屿在国际法上的本质特征,彰显国际法的基本发展思路。本文认为,人工岛屿法律制度的变迁映射了国际社会对于海洋归属认识的转变,其形成与发展是各国、各利益集团之间不断协商、博弈、求同存异的结果。国际法的与时俱进有赖于国际共同体各方秉持善意、公平、平等的原则,在国际法制的框架内,形成以共同同意为基础的国际法规则。

[关键词]　人工岛屿　法律地位　人工设施　海洋城市

在国际海洋法上,关于人工岛屿法律问题的争议主要涉及两个方面:其一,人工岛屿概念的界定;其二,人工岛屿的法律地位。那么什么是人工岛屿?这一定义对于国际海洋法律公约的适用具有重要意义。但是,由于客观标的物的复杂性和不同国家的利益考量,《联合国海洋法公约》也没有对人工岛屿的概念做

---

*　范健,南京大学法学院、南京大学中国南海协同创新中心教授,博士生导师;梁泽宇,南京大学法学院研究生。

出明确的定义或界定。学者们对此亦莫衷一是。荷兰国际法学家乌得勒支大学教授阿尔弗雷德·索恩斯(Alfred H. A. Soons)认为:人工岛屿属于人工设施,由诸如沙土、石块和沙砾等自然物质人工堆积而成。① 英国国际法学家布歇(Bouchez)、詹尼克(Jaenicke)和詹宁斯(Jennings)提出的人工岛屿定义为:"人工结构或一块陆地区域,四周环水并且与海床自然相连,在高潮时总是高于水面,且如若被移动则会失去其同一性。"② 英国国际法学家尼科斯·帕帕达克斯(Papadakis)认为,岛屿的"人工性"既包括岛屿形成材料的人工性,也包括形成过程的人工性,人工岛屿是由诸如沙、石块、黏土或碎石等自然物质人工堆积而成的,永久地在高潮时高于水面,③但他同时也不否认人工岛屿的某些部分可以由混凝土等人工材料组成。④ 美国学者沃克(Walker)则没有区分人工岛屿与其他离岸设备,他认为人工岛是构筑的岛屿(fabricated islands),由掘自海底的泥土和岩石建成,或如离岸石油平台那样由钢铁建成。它是非自然形成的物体,永久地附着于海床,完全被水环绕,且其表面在任何时候都高于水面。⑤ 虽然意见纷杂,但多数学者认同人工岛屿具有以下几个特征:(1) 形成中受到人工因素的影响;(2) 四周环水,且在高潮时高于水面;(3) 具有陆地的特征,即主要由沙石、泥土或珊瑚礁等自然物质形成,而非纯粹由钢铁、混凝土等人工物质等构成;(4) 永久性地固定于海床之上。

---

① A. H. A Soons, *Artificial Islands and Installations in International Law*, Law of the Sea Institute, University of Rhode Island, 1974, p. 2.

② L. Bouchez, G. Jaenicke, and R. Y. Jennings, International Law Aspects (Vol. 4) of Feasibility Study on the Development of Industrial Islands in the North Sea (March 1974), p. 2. Cited from P. Peters et al., Removal of Installations in the Exclusive Economic Zone, Report of the Committee of the I. L. A. Netherlands Branch, in International Law Association, Report of the Sixty-First Conference, held in Paris, 1984 (London, 1985), p. 235.

③ N. Papadakis, *The International Legal Regime of Artificial Islands*, Sijthoff Leyden 1977, pp. 93, 97.

④ N. Papadakis, *The International Legal Regime of Artificial Islands*, Sijthoff Leyden 1977, pp. 11 - 39.

⑤ Graig W. Walker: *Jurisdictional Problems Created by Artificial Islands*, 10 San Diego L. Rev 638, 638(1972—1973).

人工岛屿法律争议的另一个重大问题是人工岛屿的法律地位问题。人工岛屿的法律地位意指人工岛屿这一主体享受海洋权益与承担海洋义务的资格,在国际海洋法中具体指以下两个方面:(1) 人工岛屿所能产生的海洋区域;(2) 人工岛屿在海洋划界中的作用。[①] 处理关于人工岛屿的法律问题,其核心在于厘清人工岛屿的法律地位。虽然 1982 年《联合国海洋法公约》制定了关于人工岛屿法律地位的规则,但现在要求修改该规则的呼声越来越大。研究人工岛屿法律地位变迁的历史过程,进行法律史上的考察,了解影响和推动着这些立法和法理走向的外在的和实质的动因,对于加深对现行国际法的理解,更好把握国际社会相关立法的发展脉络和走向,推动当代海洋法研究,从而提出解决海洋冲突的思路和决策,等等,具有重要理论和实践意义。

一、1930 年海牙法典编纂会议与人工岛屿法律地位的提出

(一) 人工岛屿具备岛屿法律地位观点的提出

海牙法典编纂会议(亦称第一次国际法法典编纂会议:The Conference of Compiling International Law,1930) 自 1930 年 3 月 13 日至 4 月 12 日在海牙召开,共有 47 个国家参加,其中大多数为欧洲国家。会议设立三个委员会,分别就国籍、领水和国家责任三个问题进行讨论。其中第二委员会第二分委员会(sub-committee No. II of the second committee)负责岛屿方面的讨论。

在分委员会关于岛屿法律制度的讨论中,由于各国根本利益的不同,产生了很大分歧。英国对岛屿标准的要求最为严苛,主张岛屿地位的取得必须以足以占领和使用为要件。英国政府建议的岛屿概念为:"岛屿是一块四周环水的陆地

---

① See Office for Ocean Affairs and the Law of the Sea, *Regime of Islands : Legislative History of Part VIII (Article 121) of the United Nations Convention on the Law of the Sea*, United Nations, New York, 1988, p. 3.

区域,在通常情况下永久地高于高水位线。它不包括那些不能为有效占领或使用的陆地区域。"因此,"大英政府认为,不满足上述岛屿定义之礁石、浅滩无权主张领水。我国乐于国际社会在此问题上可以达成共识(若能达成共识),礁石、浅滩以及建于它们之上的人工岛屿,不得具有领水,应无疑问"①。

德国代表则主张另一个极端,赋予岛屿一个宽松的定义,建议人工岛屿(人工建筑)若满足以下条件即可产生领海:(1)它位于海底之上;(2)它有人类居住。②荷兰也持类似观点:"一个岛屿应当被理解为位于海底、在低潮时高于海面的、任何自然或人工的高地。"③

美国政府与英、德都不同,采取了比较温和的定义,他们认为岛屿是自然形成的高于海平面的陆地区域,既包括低潮高地也包括高潮高地。④

可以看出,各国的提案都是以本国利益的最大化为根本追求的。作为当时的海洋霸主,英国对于海洋现状有最大的利益,因而主张严格限缩岛屿的定义,限制其他国家海洋力量的扩张,减轻其维护海洋霸权的负担,保障其对海洋战略要地和海洋航道的控制。而德国和荷兰,特别是德国,作为海洋空间争夺的新加入者,主张扩张岛屿的定义,进而更大地争取其海上活动空间。经过激烈的争论和不断的妥协,最终第二委员会第二分委员会否决了英国的意见,采纳了下述定义:

(1)任何岛屿都拥有其自身的领海。岛屿是四周环水并永远地高于高水位线的陆地区域。

(2)仅当低潮时高于海面的高地,若处于在领海的海床之上,在确定领海基线之时,应当予以考虑。⑤

此外,第二委员会第二分委员会还对该定义增加了下述评注:术语"岛屿"的

---

① *Bases of Discussion*, Vol. II, p. 53.
② *Bases of Discussion*, Vol. II, p. 52.
③ Ibid, p. 53.
④ *Bases of Discussion*, Vol. II, p. 52 - 53.
⑤ *Acts of Hague Conference*, 1930, Vol. III, pp. 217,219.

定义没有排除人工岛屿，只要后者是领土的真实组成部分，而非仅仅是浮动工程、定泊浮标等。在本公约目的下，仅在低潮时高于海面的海底高地，不被视为岛屿。（上述乃是关于基线之提案。）①

特别要注意的是，虽然第二委员会没有对领海宽度问题和与领水邻接的"毗连区"问题达成协议，会议没有能够通过相关的领水公约，但是包含有岛屿定义的《领海法律地位的报告》被收录进本次会议的最终决议之中，因此该报告具有重要价值，被认为是权威的国际法渊源。②

（二）对 1930 年岛屿及人工岛屿定义的评价

第二委员会第二分委员会制定的岛屿定义过于宽松，从学术渊源上看，体现了罗素爵士教条主义的"海洋自由"观。作为 1930 年海牙法典编纂会议的法国代表，基德尔对于岛屿的定义并不满意，在会议上就表示拒绝接受。1934 年他在自己的专著《海洋国际公法》一书中详细阐述了自己的观点："岛屿为海床上的自然高地，四周环水，并在高潮时高于水面，同时其自然环境能够承载有组织的人类群落稳定居住（permettent la résidence stable de groups humains organisés）。"③虽然他也承认人工岛屿与自然岛屿有相似之处，比如人工岛屿同样满足高潮时高于水面、能够承载有组织的人类群落稳定居住这两个条件，而且人工岛屿也是由自然现象形成的，只不过是由人工引发或加速而已。但是即便如此，基德尔仍不认为人工岛屿就能够产生领海，他指出仅当人工岛屿完全地或

---

① *Acts of the Conference*, Vol. Ⅲ, p. 219.

② D. H. N. Johnson, *Artificial Islands*, 4 The International Law Quarterly, pp. 203, 212 - 213(1951).

③ Gidel, *Le Droit International Public de al Mer*, Vol. 3, Paris, 1934, p. 684. Johnson, *Artificial Islands*, The International Law Quarterly 1951, pp. 214, does not preclude the possibility of artificial islands having their own territorial sea. 还可参见 M. W. Mouton, *The Continental Shelf*, The Hague 1952, p. 228.

部分地处于领海之内时,人工岛屿才有权具有其自身的领海。①

除了受各国政府间角力和学术流派争鸣的影响之外,"航海者可见"理论对于第二分委员会的岛屿定义之形成产生了巨大的作用。"航海者可见"理论的基本内涵是:海洋地物能否产生领海,取决于该陆地区域是否能够在通常天气状况下为航海者可见。② 在此原则下,"多大面积的海洋地物可以被称为岛屿"这一问题,转化为"海洋地物是否足够为航海者可见"这一标准。第二分委员会岛屿定义的第二款规定,低潮高地不具有领海,但是可以作为确定领海基线的考虑因素,这意味着只要低潮高地处于大陆(或岛屿)的领海之内,就可以以该高地为基点,再向海洋方向扩展一个领海宽度。不同于第一款,这一款的规定得到了基德尔的支持,他认为,倘若低潮高地靠近大陆,航海者就可以根据其他陆标(landmarks)来确认自己的位置从而知晓自己是否处于领海之内;相反,如果低潮高地距离大陆过远,那么航海者在靠近时就无法看到其他永久性陆标,同时由于低潮高地自己不是永久性陆标(高潮时低于水面),那么航海者就无从判断自己是否处于领海之内,在这种情况下,低潮高地就不应该具有领海。③

依"航海者可见"原则审视,人工岛屿如若满足在通常天气状况下为航海者可见的标准,那么该人工岛屿可以产生领海,如此,在法律类型上人工岛屿被归入岛屿就顺理成章了。

第二委员会第二分委员会之所以将人工岛屿纳入岛屿概念之内,而基德尔也在一定程度上承认人工岛屿与自然岛屿的同质性,还出于现实上的考量。因为有时岛屿到底是自然的还是人工的很难做出绝对的区分。比如,如果一座自然岛屿因为自然原因正在不断消失,此际,通过建设土木工事使其保持高于海面,这种情况下岛屿性质如何判断? 第二分委员会认为岛屿的核心问题不在于此,因此也就在立法上回避了岛屿形成上的问题。

---

① Gidel, *Le Droit International Public de la Mer*, Vol. 3, Paris, 1934, p. 684.

② D. H. N. Johnson, "Artificial Islands," 4, *The International Law Quarterly*, 1951, p. 203, 205.

③ Gidel, *Le Droit International Public de la Mer*, Vol. 3, Paris, 1934, p. 700.

即便存在种种缺陷,第二委员会第二分委员会对岛屿之定义仍有重要意义,它指出了对于人工岛屿产生领海这一命题,没有本质上或先验上的否定(inherent or a priori objection)。同时,虽然该定义将人工岛屿纳入岛屿的范畴,但同时也将人工岛屿从船舶的概念中剥离开来。1930年海牙法典编纂会议作为第一次真正地系统性处理法典编纂问题的会议,虽然从法典化角度来看是失败的,但是在编纂的过程中,积累了大量有价值的材料和编纂法典的宝贵经验,对今后的国际条约的编纂工作产生了重要影响。

二、1958年第一次联合国海洋法会议与人工岛屿法律地位的转变

(一) 第一次联合国海洋法会议召开的背景

第二次世界大战之后,海洋法发展进入一个新阶段,海洋法法典化进程快速推进。为了保护美国的近海石油利益,1945年9月28日,美国总统杜鲁门发布著名的《杜鲁门公告》,主张"邻接美国海岸的公海底下的大陆架的底土和海床的自然资源受美国管辖和控制"[①],将大陆架的概念引入了国际海洋法之中。《杜鲁门公告》的措辞十分谨慎,只对大陆架的资源提出权利主张,并未对大陆架上覆水体和底土本身提出权利主张。这种做法的本意在于避免造成对公海航行自由和其他公海用途的干预,维护美国极为看重的航行自由权利。

然而,由于《杜鲁门公告》是以占有和邻接原则为理论基础的,这就为其他国家依据同样原则提出大陆架和渔业主张提供了先例,从而引发了单方面海洋权

---

① Harry S. Truman: "Executive Order 9633-Reserving and Placing Certain Resources of the Continental Shelf Under the Control and Jurisdiction of the Secretary of the Interior," September 28, 1945. Online by Gerhard Peters and John T. Woolley, *The American Presidency Project*. http://www.presidency.ucsb.edu/ws/? pid=60676.

利主张的浪潮。这些国家依照美国开创的先例,宣称、扩大大陆架、渔业甚至是领海方面的主权权利。如拉美国家争先恐后地宣布对本国海岸延伸至 200 海里的海域享有完全的主权和管辖权。这些单方面海洋权利主张不断冲击公海自由原则,威胁公海航行自由,严重侵蚀了以美国为首的海洋大国的利益,从而引发了剧烈的海洋政治震动。

在这种背景下,第一次联合国海洋法会议很快被提上联合国议事议程。

(二) 国际法委员会准备会议关于岛屿及人工岛屿定义观点的选择

1947 年第二届联合国大会决议设立国际法委员会(International Law Commission,亦简称为 I. L. C.)担负编纂和发展国际法的任务。国际法委员会承担了 1958 年第一次联合国海洋法会议的准备任务。

1930 年海牙法典编纂会议对本次编纂工作的影响是显而易见的。作为国际法委员会的特别报告人(Special Rapporteur),荷兰法学家弗朗索瓦教授在其 1952 年提交给 I. L. C. 的首份关于领海制度的报告中,就继承了海牙法典编纂会议上形成的岛屿定义。[①]

1954 年在国际法委员会的第六期准备会议上,与会学者对人工岛屿的法律地位进行了激烈的讨论。叙利亚学者法里斯·贝·埃尔库里(Faris Bey el-Khouri)建议维持原定义,因为"毫无疑问人工岛屿在各方面皆有重要作用,不应该阻挠政府对人工岛屿的建设"。[②] 英国国际法学家劳特派特则认为如果赋予人工岛屿以领海,会导致国家滥用人工岛屿以扩大其自身领海。[③] 因此他建议在岛屿的定义中加入"自然的"作为"陆地区域"的限制。还有观点认为,人

---

① *Yearbook of the International Law Commission 1952*, Vol. 2, p. 36.

② Report of the International Law Commission covering its second session, June 5 to July 29, 1950. General Assembly, Official Records: Fifth Session, Supplement No. 12 (A/1316), p. 94.

③ *Yearbook of the International Law Commission 1954*, Vol. 1, p. 92. Also see Lauterpacht, Sovereignty Over Submarine Areas, 27 BRIT. Y. B. INT'L L. 376, 411(1950).

工岛屿会占据公海的一部分,本身就会违反公海自由原则,国家无权在公海建设人工岛。① 另外一些观点认为人工岛问题应该单独讨论。② 经过争论,会议认为对于那些由沙石等物质人工堆积而成的人工岛屿,由于它们在外观上与自然岛屿很相像,且从根本上来说将会永久地存续,所以并没有完全否定它们产生领海的可能性。

会议同时也讨论了人工设施问题。早在 1950 年,国际法委员会在提交给联合国大会的报告中就曾经建议:"应当为建设于公海上、用于开发海底和底土的工程和设施设定特别安全区,但是它们不得被界定为领海。"③本次会议上,与会代表对该问题也达成了统一的意见,即人工设施不得拥有领海,只能产生一片有限的安全区。最终,在投票中,会议否决了英国代表劳特派特的提案。④ 于是在 1956 年所形成的准备会议《条款草案》中,岛屿定义还是采取了弗朗索瓦的意见,即:"岛屿是四周环水的陆地区域,在通常天气状况下永久地高于高水位线。"⑤

在对《条款草案》第 10 条的评述中,国际法委员会明确指出了两类洋中地物(maritime features)不应当具有岛屿地位:第一类是低潮高地,同时也包括建于其上的设施,即便这些设施在高潮时高于水面,其也不具有岛屿的地位;第二类是"建于海床的科技设施",由于此类设施极其脆弱,国际法委员会建议为之设置安全区。⑥ 这类"科技设施"也并没有明确指向人工岛屿,事实上,整个《条款草案》甚至都没有出现"人工岛屿"这一表述。⑦ 因此,这两类洋中地物都没有明确包括人工岛屿。

---

① *Yearbook of the International Law Commission 1954*, Vol. 1, p. 92.

② *Yearbook of the International Law Commission 1954*, Vol. 1, pp. 92 - 94.

③ Report of the International Law Commission covering its second session, June 5 to July 29, 1950. General Assembly, Official Records: Fifth Session, Supplement No. 12 (A/1316), p. 22.

④ Report of the International Law Commission covering its second session, June 5 to July 29, 1950. General Assembly, Official Records: Fifth Session, Supplement No. 12 (A/1316), p. 94.

⑤ *Yearbook of the International Law Commission* 1956, Vol. 2, p. 270.

⑥ International Law Commission 1956 General Assembly Report, pp. 270, 229 - 300.

⑦ Michael Gagain: *Climate Change, Sea Level Rise, and Artificial Islands: Saving the Maldives' Statehood and Maritime Claims Through the 'Constitution of the Oceans'*, 23 Colo. J. Int'l Envtl. L. & Pol'y 77, 104(2012).

（三）第一次联合国海洋法正式会议对人工岛屿法律地位的新界定

1.《领海与毗连区公约》修改了岛屿定义

1958 年在日内瓦正式举行的第一次联合国海洋法会议上，美国在针对《条款草案》第 10 条的提案中指出，"陆地区域"前应当加上"自然形成的"（naturally-formed）一词作为限定。在其提案中一并附上了修改原因："国际法委员会的岛屿定义涵盖了人工形成的陆地。这将放任（国家）使用不合理的手段实现对领海的扩张，这同时也侵犯了公海自由。"①

该提案最终在 1958 年日内瓦会议上通过，成为《领海与毗连区公约》之第 10 条第 1 段："岛屿是自然形成的陆地区域，四周环水，在高潮时高于水面。"②在这里，"自然"涵盖两个维度：（1）构成岛屿的物质是自然的；（2）岛屿的形成过程是自然的。③ "自然形成的"意味着岛屿是在没有人为干预的情况下自然形成的，通过在浅滩堆积沙石形成的人工岛屿不符合岛屿的标准。"陆地区域"则"排除了由混凝土建造的建筑物和其他人工设施"。④ 国际社会第一次以公约的形式明确表明：人工岛屿不属于国际海洋法上的"岛屿"，不享有"岛屿"所具有的权利，不能产生领海。基德尔在 1934 年提出的观点终为 1958 年日内瓦《领海与毗连区公约》所采纳。

2.《大陆架公约》对人工岛屿法律地位的规定

在第一次联合国海洋法会议上，人工岛屿、设施和构筑物的问题被归入大陆架的范畴。1958 年《大陆架公约》第五条之第 2 至第 6 款规定：本规定在剥夺人

---

① U. N. Doc A/Conf. 13/C. 1/L. 112.

② The Geneva Convention on the Territorial Sea and the Contiguous Zone，1958，Article 10.

③ N. Papadakis, *The International Legal Regime of Artificial Islands*，Sijthoff Leyden，1977，p. 93.

④ N. Papadakis, *The International Legal Regime of Artificial Islands*，Sijthoff Leyden，1977，p. 93.

工岛屿的岛屿地位的同时,赋予主权国在其周边设置安全区的权利。①

在 1958 年 4 月 1 日的会议上,荷兰大陆架问题专家莫顿(Mouton)提出,在人工岛屿周围应该设置 50 米的安全区。② 南斯拉夫则认为 50 米的范围对于保障人工岛屿、设施是不充分的,因此主张安全区的范围应该扩展至 500 米,并且设置高 1 000 米的空中安全区,南斯拉夫的意见得到了意大利、英国(英国主张550 米的安全地带)等国的支持,最终为会议所采纳。③

三、1982 年第三次联合国海洋法会议与人工岛屿法律地位的完善

(一) 第三次联合国海洋法会议召开的背景

尽管第一次联合国海洋法会议产生了包括《领海及毗连区公约》在内的四项公约,但是会议未能解决领海宽度问题。为解决该问题,两年后联合国召开了第

---

① "(2) 以不违反本条第一项及第六项之规定为限,沿海国有权在大陆架上建立、维持或使用为探测大陆架及开发其天然资源所必要之设置及其他装置,并有权在此项设置与装置之周围设定安全区以及在安全区内采取保护设置及装置之必要措施。(3) 本条第二项所称之安全区得以已建各项设置及其他装置周围 500 米之距离为范围、自设置与装置之外缘各点起算之。各国船舶必须尊重此种安全区。(4) 此种设置与装置虽受沿海国管辖,但不具有岛屿之地位。此种设置与装置本身并无领海,其存在不影响沿海国领海界限之划定。(5) 关于此项设置之建立必须妥为通告、并须常设警告其存在之装置。凡经废弃或不再使用之设置必须全部撤除。(6) 此项设置或位于其周围之安全区不得建于对国际航行所必经之公认海道可能妨害其使用之地点。"参见:The Geneva Convention on the Continental Shelf, 1958, Article 5.

② United Nations Conference on the Law of the Sea Official records Volume Ⅵ: Fourth Committee (Continental Shelf) Summary, A/CONF. 13/42, United Nations Publication, p 81. See also U. N. A/CONF. 13/C. 4/L. 22.

③ See United Nations Conference on the Law of the Sea Official records Volume Ⅵ: Fourth Committee (Continental Shelf) Summary, A/CONF. 13/42, United Nations Publication, pp. 81, 84-86, 91-92. See also U. N. A/CONF. 13/C. 4/L. 15, U. N. A/CONF. 13/C. 4/L. 55, U. N. A/CONF. 13/C. 4/L. 28.

二次海洋法会议,然而,由于美苏在领海宽度问题上的针锋相对,第二次会议最后无果而终。

进入20世纪60—70年代之后,美苏的冷战格局出现了新的发展态势,尽管"对抗"仍是两个超级大国关系的主题,但是两国还是在某些领域展开了合作,海洋法领域就是其中之一。美苏海洋合作的一大契机在于,由于海洋科学技术日新月异,各沿海国利用海洋能力不断加强,美苏之间的对抗导致国际海洋法立法的相对滞后,不少沿海国家利用该便利扩大近海管辖权。在这种情况下,沿海国加快圈占海洋资源的步伐,致使单方面扩大领海宽度、大陆架界限和资源区或渔区等"管辖权蔓延"(Creeping Jurisdiction)现象愈演愈烈。沿海国单方面扩大近海管辖权的行为损害了同为海洋大国的美国和苏联的利益,逐渐引起两国的关注和担忧。基于对海洋自由的共同利益,美国和苏联在1968年举行了两轮海洋法专家会谈,双方在海洋法制定方面也由"对抗"转向"合作"。

与此同时,第三世界的崛起也对第三次联合国海洋法会议的召开具有推动作用。1967年8月17日,马耳他驻联合国大使阿维德·帕多(Avid Pardo)在第22届联合国大会上提出"关于保留处于当前国家管辖界限之外的海域底下的海床和洋底专门用于和平用途且利用其资源为人类谋福利的宣言和条约"的提案。① 帕多在该提案中指出,由于发达国家海洋技术的迅猛发展,当前不受国家管辖的海底资源,可能会被技术发达国家开采和消耗殆尽。为了防止上述情况的出现,帕多建议宣布海底为"人类的共同遗产",并起草条约,条约中应规定各国不得占有海底,海底只用于和平目的,只能依据符合联合国宪章的原则与目的的方式加以勘探,只能基于人类利益进行开发,海底开发活动的净收益应用于促进穷国的发展等内容。

1967年12月,在马耳他提案的推动之下,第22届联合国大会通过了第2340号决议,成立了由35国组成的国家管辖范围以外海床洋底和平利用委员

---

① Concluding Remarks of the Secretary-General at the Informal Consultations on the Law of the Sea, available at http://www.un.org/Depts/los/convention_agreements/convention_overview_part_xi.htm.

会(Committee on the Peaceful Uses of the Sea-bed and the Ocean Floor Beyond the Limits of National Jurisdiction,以下简称海底委员会),旨在研究国家管辖范围以外的海床和洋底的和平利用问题。1970 年 12 月 17 日,联合国大会通过了第 2750C(ⅩⅩⅤ)号决议,制定由海底委员会承担第三次联合国海洋法会议的准备工作。

(二) 第三次联合国海洋法会议对人工岛屿法律地位的完善

1971 年海底委员会改组为 3 个分委员会,第二分委员会主要负责一般海洋法方面的工作。1972 年,人工岛屿和设施的主题被作为一个单独的项目(项目 18)列入海底委员会(之后在第三次联合国海洋法会议上被分配到第二委员会)通过的主题和议题清单上。第三次联合国海洋法会议最终签署了《联合国海洋法公约》(以下简称《公约》)。《公约》作为"海洋宪章"在规范人类开发、利用海洋方面发挥了基础性作用。《公约》借鉴了 1958 年《大陆架公约》对人工岛屿的处理方式,明确在岛屿的定义中排除人工岛屿,将人工岛屿纳入专属经济区和大陆架的范畴,相比于后者,前者对于人工岛屿法律地位的规定更加具有层次性、逻辑性和合理性,在具体规范上更加完备。

1. 排除人工岛屿在确定领海基线中的作用

尽管《联合国海洋法公约》并没有对沿海国在内水和领海建人工岛屿进行明文规定,但由于沿海国领海主权的本质是对陆地领土主权的延伸,[1]这就决定了沿海国可以在内水和领海内建设人工岛屿,并对之享有管辖权。

尽管根据 1958 年《领海和毗连区公约》,人工岛屿自身不能产生对周边海域的管辖权。然而根据该公约第 8 条之规定:"划定领海界限时,出海最远之永久海港工程属于整个海港系统之内者应视为构成海岸之一部分"[2],人工岛屿可以

---

① Article 2 of UNCLOS.

② The Geneva Convention on the Territorial Sea and the Contiguous Zone, 1958, Article 8.

作为海港工程因而对领海基线的确定产生影响,国家可以利用"蛙跳"(leap-frogging)的方法向海洋方向扩大自己的领海范围。①

《公约》第 11 条规定:"为了划定领海的目的,构成海港体系组成部分的最外部永久海港工程视为海岸的一部分。近岸设施和人工岛屿不得被视为永久海港工程。"②其第一句对应于《领海和毗连区公约》的第 8 条,第二句规定"永久海港工程"不包括近岸设施和人工岛屿,是第三次联合国海洋法会议上增加的,这显然是为了限制扩张领海范围而制定的。

2. 扩大人工岛屿制度的适用范围

首先,由于 1958 年并没有制定相应的专属经济区公约,因此在第一次联合国海洋法会议所形成的正式文件中,只规定了位于大陆架上人工岛屿的法律地位。考虑到专属经济区和大陆架在目的和位置上的相似性,1982 年《公约》在关于大陆架制度的第 80 条规定:"第六十条比照适用于大陆架上的人工岛屿、设施和构筑物。"因此,位于大陆架上的人工岛屿法律地位与位于专属经济区上的人工岛屿相同。

其次,《公约》取消了建设人工岛屿目的上的要求。《公约》第 60 条是关于专属经济区内人工岛屿、设施和结构的规定,其以 1958 年《大陆架公约》的第五条为蓝本发展而来。在海底委员会 1973 年会议上,比利时第一个讨论了"非以自然资源的勘探或开发为目的的"人工岛屿和"固定设施"的问题,明确地将"人工岛屿"与"设施"做了切割,该提案最终为《公约》所吸收,不再要求人工岛屿的建设须以自然资源的勘探或开发为目的。③

3. 完善人工岛屿的安全区制度

在 1974 年海洋法会议第二期会议上,6 个东欧社会主义国家(保加利亚、白

---

① Hiran W. Jayewardene, *The Regime of Islands in International Law*, Martinus Nijhoff Publishers, 1990, p. 9.

② Article 11 of UNCLOS.

③ Article 60(1) of UNCLOS.

俄罗斯、民主德国、波兰、乌克兰和苏联)建议安全地带的宽度应当符合"公认的国际标准"。

美国在此问题上与苏联达成一致意见,吸收了上述案文的要素,提出虽然安全区的宽度由沿海国决定,但必须遵守"现行的或政府间海事协商组织制定的关于安全地带的设立和宽度的适用的国际标准",而当不存在此类附加标准时,"为勘探和开发海床和底土的不可再生资源的设施周围的安全地带,可以从设施外缘各点量起,扩展到设施周围 500 米的范围。"①该提案重视政府间协商组织的重要作用,要求安全地带符合"国际标准",并且不得干扰"国际航行必经的公认海道的使用"。它同时以命令的语气表示,船舶"必须"尊重设立的安全地带。②该语气也体现在了最后的提案中。③

4. 厘清公海上人工岛屿的法律地位问题

1958 年的《公海公约》以列举加概括的方式规定了沿海国和非沿海国的公海自由。公海自由具体包括航行自由、捕鱼自由、铺设海底电缆和管道的自由以及飞越自由等四个方面,同时包括其他自由。④《公海公约》规定的模糊性产生了对建设公海上人工岛屿的不同解释。

英国王室法律顾问约翰·科伦布(C. John Colombos)采广义解释说,反对在公海上建设人工岛屿的行为。他认为:"没有被国际法禁止的行为,不代表其被允许。对海洋自由的干扰必须被明示,而不能被推测。"⑤这种观点认为通行自由是公海自由的基础,对公海的其他使用,尤其是干扰通行的,必须被限制或获取许可。这种观点的理论基础在于,公海是供所有国家共同使用的公共财产

---

① U. N. Doc. A/Conf. 138/C. 2/L. 47.

② 萨且雅·南丹、沙卜泰·罗森主编:《1982 年〈联合国海洋法公约〉评注(第二卷)》,中译本主编:吕正文、毛彬,北京:海洋出版社 2014 年版,第 529 页。

③ Article 60(6) of UNCLOS.

④ The Geneva Convention on the High Sea, 1958，Article 2.

⑤ Colombos, *In the Matter of the So-Called Anti-R. E. M. -Law in Rechtsgeleerde Advizen*,1964，p. 4.

(res communis)。任何国家不得占有其中的一部分,或排斥其他国家的使用。①

后来担任联合国国际法院法官的英国法学家汉弗莱·沃尔多克(Humphrey Waldock)则坚持"字面解释说",他认为,在公海自由的原则下,国家有权利对公海进行任何的和平使用,对于可能对公海使用造成的妨碍,仅需遵守合理原则。②"国家可以做任何它认为适合公海的事情,该权利从未被挑战过。除非某些使用不合理地侵犯了其他国家在公海上的权利。"③关于人工岛屿,他认为:"1958年的日内瓦公约和国家实践都支持了这样的观点,那就是在公海的海床上建立人工岛屿,其行为本身符合公海自由的原则。"④该理论的历史基础在于,公海是无主物(res nullius),只要其还没有被占领,国家就可以通过占领行为而获得主权。

《公约》打破了西方国家长期坚持的海底区域及其资源是"共有物"(res communes)或"无主物"(res nullius)的法律观念。⑤其第89条规定"任何国家都不能有效地将公海任何部分置于其主权之下"⑥,确定了国际海底区域及其资源是"全人类共同继承财产"的基本原则,任何国家都不得对公海的海底宣称领土主权。由于人工岛屿的建设必然会导致建设国实质上对一部分公海海底具有排他性的权利,因此《公约》对授权建设公海上的人工岛屿进行了例外性规定。⑦

《公约》第87条规定了公海自由,这其中就包括建造国际法所容许的人工岛

---

① See Dean, The Second Geneva Conference on the Law of the Sea: The Fight for Freedom of the Seas, 54 AM. J. INT'L L. pp. 751,756 - 57 (1960); See also Knuz, Continental Shelf and International Law: Confusion and Abuse, 50 A. m. J. INT'L L. pp. 828 - 829.

② Waldock, *The R. E. M. Broadcasting Station and the Equipments North Sea Act in Rechtsgeleerde Advizen*, 1964, p. 25.

③ Waldock, *The R. E. M. Broadcasting Station and the Equipments North Sea Act in Rechtsgeleerde Advizen*, 1964, p. 24.

④ Waldock, *The R. E. M. Broadcasting Station and the Equipments North Sea Act in Rechtsgeleerde Advizen*, 1964, p. 25.

⑤ 薛桂芳编著:《〈联合国海洋法公约〉与国家实践》,北京:海洋出版社2011年版,第188页。

⑥ Article 89 of UNCLOS.

⑦ Article 87(d) of UNCLOS.

屿和其他设施的自由,但受第六部分的限制。① 质言之,虽然公海上的人工岛屿的建设须经授权,但其法律地位应与大陆架上人工岛屿的法律地位一致。"这些人工岛屿和设施,尽管由经授权的国家建设和操作,并由之管辖,但依然不具有岛屿的地位,也没有自己的领海。"②

5.《公约》对人工岛屿制度的其他完善

《公约》第 60 条虽然与 1958 年《大陆架公约》第 5 条规定的一般问题相同,但前者在后者的基础上又进一步做了细化,形成具有可操作性的具体性规范。《公约》对人工岛屿制度的完善还包括以下几个方面:其一,人工岛屿不再受限于其面积或目的,一体都适用于《公约》的规定,在适用范围上《公约》相对于 1958年《大陆架公约》做了扩大。其二,《公约》第 60 条没有采用"设施和设备"这一表述,而代之以"人工岛屿、设施和构筑物",这样的规定突出了人工岛屿与一般岸外设施的区别。其三,在安全区的设置和"人工岛屿、设施和构筑物"的撤除方面,《公约》强调了国际标准和国际海事组织的作用,为沿海国的具体操作预留了弹性空间。

四、当代人工岛屿法律地位的新发展

进入 21 世纪以来,气温上升成为全球范围内最为热议的话题之一。2007年联合国政府间气候变化委员会(IPCC)发布的《第四次评估报告》指出,全球的气温和海水温度都呈上升趋势,冰川的融化速度在加速。③ 国际社会已经针对

---

① Article 87(d) of UNCLOS.

② Alfred H. A. Soons, *Artificial Islands and Installations in International Law*, Law of the Sea Institute, University of Rhode Island, 1974, Annex. Draft Article on Artificial Islands and Installations, p. 25.

③ Intergovernmental Panel on Climate Change [IPCC], Climate Change 2007: the Physical Science Basis, Contribution of Working Group I to the Fourth Assessment Report of the Intergovernmental Panel on Climate Change 5 (Susan Solomon et al. Eds. , 2007).

大气中的温室气体排放问题,专门制定了《联合国气候变化框架公约》和《京都议定书》,以求减缓气温的上升速度。

气候变暖对海洋现状也产生了深刻影响。冰川融化导致了海平面上升,这加剧了海水对海岸的侵蚀,特别是"位于热带或者高纬度地区的小岛,在面对气候变化、海面上升和极端事件时非常脆弱"[1],有些岛国正面临着灭顶之灾[2]。为了保障沿海人民的生命财产安全,维护国家的经济和安全利益,各沿海国采取了多种措施进行防护,产生、激化了许多法律问题。然而第三次联合国海洋法会议并没有预见到全球海平面上升的危机,因而《公约》中对该问题的规定几近空白。《公约》能否及时地根据全球环境的变化调整自己的相关规定,这对国际海洋法体系提出了严峻挑战。

(一) 填海造陆与混合型岛屿

为了应对海平面上升问题,沿海国家纷纷对本国的岛屿进行加固,用以维持岛上居民的正常生活,巩固岛屿地位,维护国家对领海、专属经济区和大陆架以及自然资源享有的相关权益。在此过程中,有的国家通过加固岛礁,填海造陆扩展岛礁面积,以求将岛礁升级为《公约》上的岛屿,进而获得面积广大的海洋区域。这种运用科技手段加固、扩张岛屿海岸线的行为,有学者称之为"人工固岛"。[3] 而经由填海造陆形成的岛屿,由于既有自然组成部分,又有人工组成部

---

① Nobou Mimura et al. , *Small Islands*, *in Contribution of Working Group II to the Fourth Assessment Report of the Intergovernmental Panel on Climate Change*, pp. 687, 689 (M. L. Parry et al. eds. , 2007) .

② 参见中国新闻网:《全球气候变暖,多个岛国面临被海水淹没危险》,http://www. chinanews. com/gj/2014/09 - 03/6556638. shtml;另参见新浪网:《图瓦卢即将成为首个沉入海底的国家》,http://travel. sina. com. cn/world/2011 - 10 - 20/1704163683. shtml.

③ 参见谈中正:《科技发展与法律因应:人工固岛的国际法分析》,载《武大国际法评论》,第 16 卷第 2 期。

分,故有学者称之为"混合型岛屿"(hybrid dry feature)。[①]

混合型岛屿非常接近于人工岛屿,在现行国际法上并没有明确的规定。对于通过人工固岛所形成的混合型岛屿能否具有领海这一问题,学界还没有统一的结论。英国中央兰开夏大学的邹克渊教授认为,"混合型岛屿"有可能成为岛屿,也有可能失去其岛屿地位而沦为人工岛屿。[②] 耶鲁大学的麦克杜格尔(M. S McDougal)教授和伯克教授(W. T. Burke)提出了"实际使用建设"理论来应对该问题。他们认为:"评价领海、内水划界主张合理性的主要标准,在于分析其目的,区分其目的是为了实际使用抑或只是为了延伸领海或内水所做的伪装。如果陆地的建设是为了满足某项沿海需求,那么该陆地可以作为划定领海或内水的依据。"[③]帕帕达克斯认为"合理目的与使用目的"(reasonable and useful purpose)是确定"陆地"或者海洋建设能否作为划界依据的决定性因素。[④]

在海洋划界的实践处理中,国际社会也没有达成统一的意见。以日本冲之鸟礁为例,从 20 世纪 80 年代起,日本不断投入巨额资金,维护与加固冲之鸟礁,并在冲之鸟礁附近培育珊瑚,希望通过人工方法加速冲之鸟礁面积的增加,使之从岩礁升级为岛屿。[⑤] 对此,中国一贯主张:"建造人工设施不能改变冲之鸟礁的法律地位。日本以该礁为基础,主张大面积管辖海域的做法不符合国际海洋法,也影响到国际社会的利益。"[⑥]

2008 年 11 月,日本认为建设后的冲之鸟礁已经满足"岛屿"之标准,遂向联合国大陆架界限委员会提交关于外大陆架划界案,主张面积约 25. 5 万平方千米

[①] Zou Keyuan, "How Coastal States Claim Maritime Geographic Features: Legal Clarity or Conundrum?," *11 Chinese Journal of International Law*. 2012, p. 749, 758.

[②] Zou Keyuan, "How Coastal States Claim Maritime Geographic Features: Legal Clarity or Conundrum?," *11 Chinese Journal of International Law*. 2012, p. 749, 760 - 761.

[③] M. S. McDougal and W. T. Burke, *The Public Order of the Oceans*, 1962, pp. 387 - 388.

[④] N. Papadakis, *The International Legal Regime of Artificial Islands*, Sijthoff Leyden, 1977, p. 94.

[⑤] 薛洪涛:《日本苦心经营冲之鸟礁 80 年》,法制网,http://www. legaldaily. com. cn/zmbm/content/2012 - 05/10/content_3561903. htm? node=7578,登录时间:2015 年 8 月 25 日。

[⑥] 《2010 年 1 月 7 日外交部发言人姜瑜举行例行记者会》,中华人民共和国外交部网站,http://www. fmprc. gov. cn/ce/cecz/chn/xwyd/fyrth/t650234. htm,登录时间:2015 年 8 月 25 日。

的外大陆架(即九州—帕劳洋脊南部,KPR 区块)。① 在大陆架界限委员会审议时,中国和韩国都提交了反对意见。中国政府指出:"《公约》缔约国在行使其确定大陆架外部界限的权利的同时,也负有确保尊重作为人类共同继承财产的国际海底区域(下称'区域')范围的义务,不应影响国际社会的整体利益。《公约》的所有缔约国都应全面遵守《公约》,确保《公约》的完整性,特别是不使'区域'范围受到任何不合法的侵蚀。"②

由于考虑到了中韩两国的来书,2012 年委员会在发布对日本划界案的建议时,对其中 6 个区域都做出了明确建议,唯独对直接涉及冲之鸟礁的区块不做出建议,并指出"委员会无法就建议中关于南九州帕劳洋脊区块的内容采取行动"。③ 中国对此表示欢迎。

(二) 海洋城市

与"人工固岛"的背景不同,海洋城市不仅可以作为抗击海水侵蚀的一个重要手段,而且对于海洋资源的进一步开发具有重要意义,因此很早就受到了国际法学者的关注。早在 20 世纪 70 年代,学者帕帕达克斯在其《人工岛屿的国际法地位》一书中指出,海洋城市与一般的人工岛屿不同,必须"同自然岛屿一样有自己的领海"④。他认为,首先,海洋城市具有领土的必要特征,即(1)海洋城市拥有自然岛屿成为"岛屿"的本质特征,即四周环水、永久地在高潮时高于水面;

---

① Japan's submission to the commission on the limits of the continental shelf pursuant to article 76, paragraph 8 of the united nations convention on the law of the sea, executive summary, p. 4, available at http://www. un. org/depts/los/clcs _ new/submissions _ files/jpn08/jpn _ execsummary. pdf.

② Note Verbale CML/2/2009 from China.

③ Progress of work in the commission on the limits if the continental shelf, statement by the chairperson(CLCS/74), 29th session, New York, available at http://www. un. org/depts/los/clcs_ new/commission_documents. htm.

④ N. Papadakis, *The International Legal Regime of Artificial Islands*, Sijthoff Leyden, 1977, p. 105.

(2) 永久存在；(3) 能够承载自给自足的人类社会。其次，海洋城市完全符合领海产生的前提要件，即：(1) 国家安全要求国家专属地拥有其海岸，并且有能力保护其航道；(2) 为了国家商业、财政、政治上的利益，国家必须能够监管驶入、离开或停泊在其领海内的所有船只；(3) 国家对于领海内海洋出产具有专属的探索和利用权利，这对于其沿海人民的生存和福利至关重要。据此，海洋城市完全有理由拥有领海。①

另一位国际法权威学者索恩斯在其 1974 年发表的文章中提出了不同意见。虽然他也认为海洋城市能否具有领海取决于领海的基本原理，但是他认为国家的经济利益已经由国家对自然资源的专属管辖权所承载，所以领海存在的基本原因(raison d'être)主要在于保护沿海国的安全，而人工岛屿不需要如此广阔的、具有主权的海域。②

由于技术和经济上的原因，在 20 世纪七八十年代，海洋城市只处于构思之中。《公约》并没有对海洋城市做出特别规定。然而，海平面上升加速了国家建设海洋城市型人工岛屿的需求。以印度洋上的岛国马尔代夫为例。由于整个国家领土都面临着被完全淹没的危险，马尔代夫政府在首都马累东北约 1.3 千米处修筑了一座人工岛屿——胡鲁马累(Hulhumalé)(意为"邻近马累之地")。等到马尔代夫被海水淹没时，这里将成为岛国的新首都。胡鲁马累原址是一块潟湖，经过十几年的填海造地，该人工岛屿的面积已经超过马累，并已经有居民居住。

由于在现行国际法上，人工岛屿不属于"岛屿"，不能产生领海、专属经济区和大陆架，因此对于沉没岛国的法律地位，国际社会普遍认为，一个岛国永久性的沉没意味着它不再是一个国家。联合国难民事务高级专员公署(UN High Commissioner for Refugees)指出："如果整个国家的领土都永久沉没了，那么不

---

① N. Papadakis, *The International Legal Regime of Artificial Islands*, Sijthoff Leyden, 1977, pp. 105 - 106.

② A. H. A Soons, *Artificial Islands and Installations in International Law*, Law of the Sea Institute, University of Rhode Island, 1974, p. 2.

可避免地,它就不会有永久的人口,也不会有一个能够控制它的政府。"①海洋法律秩序的建立需妥为顾及所有国家的主权,②为了维护国家主权的存续,马尔代夫正在联合其他岛国一起试图推动《公约》的变革。

总之,从人工岛屿法律地位的嬗变历程,我们可以清晰地分辨出两条脉络:其一是国家争取海洋权利最大化的努力;其二是国际社会对于国家滥用人工岛屿无限制扩张海洋权利的担忧。二者此消彼长、互相交织,共同推动了人工岛屿法律地位的不断发展。而在此之中,科技因素和环境因素作为变量也发挥了重要作用。科技飞速发展和环境的剧烈变化,催生了大量的"混合型岛屿",也使得海洋城市成为现实,这些新变化一方面对保障沿海国居民的生命、安全和经济利益有积极作用,另一方面也对国际法秩序特别是人工岛屿制度提出了新挑战。本文认为,纵观国际海洋法的制定过程,从其最初开始就不是静态的,而是不断适应国际环境的变化而变革的。国际共同体各方之间通过不断的协商、博弈和妥协,借由国家实践、双方或多方协议或第三方裁决等诸多方式,不断形成共同同意,构成了国际法规则的基础。③ 面对科技因素和环境因素的冲击,国际海洋法体系应当积极应对,在《公约》第十五部分的约束下,寻求法律上的因应。对于人工岛屿的法律地位进程,国际共同体应当秉持开放、积极的心态,在平等、合作、善意、协商的原则下,调和国家(特别是岛国和群岛国)的海洋权益于其他国家或国际社会的利益,在不违反《公约》基本精神和海底区域基本制度的前提下,运用法律手段、技术和方法,处理"混合型岛屿"、海洋城市等引致的海洋法问题。

---

① U. N., High Commissioner for Refugees "Climate Change and Statelessness: An Overview," pp. 1 - 2.

② Preamble of UNCLOS.

③ 参见[英]劳特派特修订,王铁崖、陈体强译:《奥本海国际法》(上卷 第一分册),北京:商务印书馆1971年版,第12 - 13页。

对南海岛礁建设问题的若干看法

李立新*

[内容提要] 在过去的两三年时间里,中国南海政策继续深度转型,阶段性地成功化危为机,在海岛建设史上以"中国速度"和"中国规模"创造了世界奇迹。过去我国与他国在南海地区的常驻力量不对称。当前中国南海岛礁建设的最大贡献,是有助于改变本地区力量对比失衡的现状,通过大力推行"积极和平主义",调节南海紧张态势,促使其他各方进一步尊重历史与现实、妥善处理相关重大问题,从而将本地区重新带回和平发展的轨道。

[关键词] 南海 岛礁建设 力量平衡 和平稳定

南海岛礁建设是当代中国推动和平开发南海的重要举措,为和平开发南海打下了良好的基础,不仅对增进我国国家利益具有极大的战略性作用,而且对保持南海地区和平稳定具有极大的好处。从长远和宏观格局来看,中国南海岛礁建设对周边地区的整体和平稳定绝不会带来消极影响。

以行为体的主观心态、实际作为和客观后果为标准,和平可以分为两种。一种是消极和平,不招谁也不惹谁,面对外来压力和挑衅,被动承受,默默忍受,无动于衷,逆来顺受,息事宁人,但最终可能养虎为患,自保不得,自取灭亡,悔恨终

* 李立新,原国家海洋局南海分局原局长,现任广东海洋发展研究会暨中国海洋发展研究会南海分会理事长、国家海洋局南海维权技术与应用重点实验室主任。
本文由国家海洋局南海调查技术中心、国家海洋局南海维权技术与应用重点实验室白续辉博士根据李立新理事长若干重要讲话整理而成。公开发表时有删节。

身。一种是积极和平,不惹事也不怕事,通过积极自强和战略布局来压制敌对势力,将威胁消灭于萌芽状态。在这个意义上,所谓维持和平、捍卫和平,就是指我们不主动攻击和欺侮他国,同时通过威慑迫使他国不敢攻击和欺侮我国,从根本上防止邪恶势力肆意破坏国际关系。习近平主席不仅在纪念中国人民抗日战争暨世界反法西斯战争胜利 70 周年讲话中 18 次提到"和平",而且还在会见时任联合国秘书长潘基文时承诺中国将协助联合国"增强和平行动能力",处理好"和平与发展两大领域"的关系。中国南海岛礁建设,有利于改变本地区力量对比失衡的现状,为南海局势的发展演变加上"压舱石",通过推行"积极和平主义",防止一些国家误判形势、擦枪走火,从而将本地区重新带回和平发展的轨道,尽可能地确保各方尊重历史与现实,妥善处理相关重大问题。

一、南海岛礁建设的重要背景

南海诸岛自古属于中国,本无争议。20 世纪 60 年代联合国勘探组织在当地发现油气资源后,越南、菲律宾、马来西亚等周边国家悍然强占中国岛礁、抢先掠夺南海资源,并不断加强海上武装建设和加快蚕食侵犯步伐。这导致中国随后在开发利用南海海洋资源时处处受挫,在海上形成了"小国欺负大国"的非常不平等、非常不合理的政治局面,并迫使中国多年来在南海地区忙于应付小国的骚扰和挑衅,在经略海洋方面难有建树。

客观地说,在过去 30 多年时间里,我国限于国家实力、国际环境、外交需要,提出"主权属我,搁置争议,共同开发",是正确的,也是不得已而为之的。现在,形势已经起了变化,我们不能再为了"外交方便"而随意退让。

当前,在南海岛礁建设问题上,周边国家和相关域外大国"贼喊捉贼"地指责中国。中国是大国,但最早在南海地区填海扩建岛礁的不是中国,而是越南、马来西亚、菲律宾等国。《南海各方行为宣言》只束缚了中国的手脚而未能约束住他国,中国的善意和真诚被他国利用和践踏。马来西亚、越南等国早已对其非法侵占的多个岛礁进行了人工扩建,通过发展旅游业等手段来巩固其实际控制和"法律依据"。在"搁置争议"阶段,中国对外海缺少及时高效的监测,甚至都不知道这些国家的非法建岛行动。进入 21 世纪,中国海监依照授权出海巡航后,才发现很多被占岛礁遭到了非法破坏和人工改造。这些国家以小欺大,肆无忌惮地蚕食属于中国的战略空间,挤得中国很难受。直到 2012 年,域内当事国接连蠢蠢欲动,域外国家蜂拥看热闹——越南通过《海洋法》,妄图以立法形式进一步侵占西沙、南沙,菲律宾强化对所谓"卡拉延群岛"的控制并出动军舰搜捕和迫害围困在黄岩岛环礁内的多艘中国渔船,日本掀起钓鱼岛"国有化"风暴,美国叫嚣强化"亚太再平衡"和维护"南海航行自由",这表明中国海洋权益到了最危险的时候。此前他国只是擅自"侵占",现在则是要正式"拿走"。这些国家群起围攻中国,一改过去偷偷摸摸侵害中国权益的做法,公然妄图将相关岛礁从中国手中永久性夺走,实现其侵占行为的合法化。中国政府如何向人民交代,已然成为无可回避的敏感政治问题和重大历史考验。中国被这些周边国家逼得无路可走,被迫采取措施。

二、南海岛礁建设的重大意义

2012 年之前,中国海洋维权执法基本上处在"忙于应付"的状态,以"说"(抗议)为主,以"动"(对抗)为辅,且主要是以"海洋资源保护与开发"为框架展开的,面对他国强占岛屿、枪杀渔民、掠夺资源的暴行,维权成效甚微,整体上处于极其被动的地位。2012 年起,中国被迫实施新的南海战略,由被动应付全面转向主动应对,前期表现为三沙市的设立和对黄岩岛、仁爱礁、南康暗沙等的实际控制,当前正由战术层面的主动性应对逐步上升至战略层面的系统性经营。通过我们的战略抉择与决策,主动出击、主动作为,用一年左右时间完成了七礁变岛的伟大工程,我国已经由控制南沙岛礁数量最少、拥有陆地面积不大的一方,在极短的时间内迅速转变为对南沙地区拥有较强潜在管控能力的一方,在南沙地区从被动性防御地位逐步转变为主导性管控地位。当前,在南海地区,对黄岩岛,我国已实现完全的实际控制;在东海地区,对钓鱼岛,我国已依托强大的海上优势实现了"想进就进、想出就出",在执法船舶规模和装备能力上已完全超过日本,未来需要在执法飞机建设领域加强建设、加快追赶。面对国际上的无端猜疑和恶意抨击,我们应当对南沙形势做出全新的正面评估,以正视听。

(一)加强南海岛礁建设是中国维护地区和平的必然选择

中国南海岛礁建设的最大贡献,是改变了南海的紧张局势。无可讳言,过去中国在南海地区手脚不够长,力量不够强,被迫忍受小国的海上欺压和蚕食。当时,中国在南沙地区实控的陆地面积很小,在整个南海地区的驻军不足,压不住南海的阵脚。周边国家则已经填岛扩建了很多设施,这对中国形成了战略压制,导致区域局势不稳定。1974年、1988年两次海战均不是中国试图使用武力改变南海现状,而是被逼无奈进行自卫反击。从域外因素来看,美国在这一地区是挑事的,在南海问题上,有人玩"红",强调中美合作与地区和平;有人玩"白",在幕后恶意操纵、煽风点火和兴风作浪;有人玩"黑",悍然威胁恐吓与穷兵黩武。美国巴不得问题越闹越大,让中越、中菲打起来,好让自己从中渔利。

现在力量对比正在发生显著变化,即便有事发生,在大的层面上也打不起来了。可以说,从宏观来看,中国和南海地区相关国家的关系,类似于"大人和小孩"的关系:过去大人睡着了,小孩老是瞎闹腾,一会儿揪揪大人的耳朵,一会儿捏捏大人的鼻子,一会儿又掐掐大人的手臂。现在大人醒了,不会欺负小孩,而小孩也不敢随意闹了。

南海填岛后,中国实控岛礁面积增加,驻军条件会得到空前的改善,同时也有利于适当增加驻防力量和拓展必要的武备能力,从而形成中国和平管控南海的有效能力。这必将会避免过去周边国家肆意枪杀中国渔民、驱赶中国船只等惨剧的重演,并减少和避免周边国家彼此之间在海洋问题上的不必要争斗。过去,海上有事,我国执法船舶往往要走两天三夜才能到达一线,届时侵权者早已逃离现场。在南沙地区建设岛礁基地，能够解决多住人的问题、解决一线的生活条件保障问题，有助于我国未来加强在南沙南部地区的管控和行动能力。越南等国在其非法所控岛屿上驻军、移民、建庙，但中国过去在南沙地区所拥有的陆域面积太小，在己方实控的一个岛礁上至多只能派驻十几名士兵。总的来说，南海岛礁的建设将使我们的威慑能力增加、管控能力增强，这些能力不仅可以覆盖海洋空间，而且还将覆盖海域上空，形成海空一体化管控体系，使过去不稳定的地区局势变为稳定的可管控局势。更明确地说，过去我国与他国在南海地区的常驻力量不对称，现在则形成了以我为主的潜在管控格局。可以预想，我国加强了管控能力，周边国家想"搞搞震"，也就变得不可能了。这样，力量就平衡了，和平就有望持久了，稳定就可以实现了，他国就不再敢拦截和袭击我国民用船只与人民了。与此同时，越马菲等国家之间也有海洋冲突、互不相让，中国再不行动，等这些国家在海上做大了，美国的航行自由也终将受到影响。因此，中国建设南海岛礁，喝止周边国家变本加厉、肆无忌惮地进行扩张，从长远来看也符合美国的利益。

在管控南海问题上，中国应当自觉、自信、自强，不用担心别人说三道四，力求以实力说话、以能力做事。实际上，美国也常在非本国领土区域实施管控。在南海问题上，必须由中国管好中国事务，任何域外大国不应参与、不得干预。

（二）加强南海岛礁建设是中国和平利用南海资源的重要条件

早在1992年中国就和美国克里斯通公司签订在南海中部开发油气资源的协议。当时，中国勘探开发船队出航时没有护航，不幸被越南海上武装力量驱逐、赶回，从那以后中国再也未能进入该海域。近年，中海油在南海九个区块进行招标，结果应标者寡，其根本原因是国际商业力量担心当地不安全。安全管控能力的薄弱与缺失，已经严重限制了中国和平开发利用南海的能力，不仅自食其力难以做到，而且连求人共建也不得。残酷的现实和惨痛的教训告诉我们，没有安全维护能力就没有南海的和平利用与繁荣未来。依托南海岛礁建设和部署海上安全保障力量,是中国和平利用南海资源不可缺失的前提。

同时,加强南海民用服务建设也有助于减少南海争端。过去,由于我国实控岛礁面积太小,无法建设雷达和导航设施,中国渔民在从事渔业生产的过程中难以避免地进入越南相关海域,从而引发海上冲突乃至流血事件。总的来说,中国的南海岛礁建设,加快了南海地区的安全稳定发展步伐。

(三)加强南海岛礁建设是中国和平建设南海的重要手段

国际上有舆论指出,越南虽然也进行了岛礁扩建,但其规模较小,远不如中国的工程体量,中国的人工扩建面积确实很大。然而,客观事实是越南非法侵占的岛礁面积较大,但中国不具备类似的条件,无法通过小型工程满足地区需要。与此同时,越南早已在其非法侵占的南海岛礁区域开展了政权建设,且主要是以军队为依托的政权建设。根据国际法,军方驻军体现不了长期的、正常的有效行政管辖和日常行政管理,中国三沙市完全是以民事功能、民用目标为原则建设的民事政府,未来还需要在南海地区开展更进一步的政权建设和民用建设,如设县、设镇、设村。然而,南海海域的天然环境不能满足这一要求,因此中国有权利也有必要在主权范围内开展相关建设。

需要指出,中国南海岛礁建设未对任何国家和地区造成威胁。南海岛礁建设符合中国国情:一是满足老百姓的爱国主义精神需求,极其符合与顺应民意;二是在亚洲、在国际上具有重大的积极意义。用今天的眼光来看,明朝郑和下西洋就是政府外交和公共外交的结合体,充满和平性。中国在南海地区从未影响他国的航行自由,对他国军用船只进行必要的跟随也是正常的做法,符合国际法和国际惯例的要求。面对他国船只和潜艇公然搜集涉及本国国家安全的本地区海洋气象水文地质信息和军事情报,任何国家都会做出必要、正当的反应。

综上所述,中国南海填岛不是"早有想法",而是被逼无奈,其根本目的是和平开发利用南海、保障各国航行安全。

三、南海岛礁建设的基本功能

南海岛礁的科学建设标志着中国始终奉行和积极推进和平开发战略。中国开展南海岛礁建设主要是为了南海地区的和平、和谐、稳定发展。中国应当在"以民用为主、军用为辅"的思路之下加快南海岛礁建设。当前,我们的优先政策是和平利用南海,解决各国商船安全通过南海的问题,包括提供搜救、导航、科考等服务,最大限度地保障各国在南海地区享有的航行自由。毕竟,没有安全,自由就无从谈起。

(一) 加强导航能力建设

南沙地区暗礁林立,过去即便凭借 GPS 也无法百分之百保证船只安全通过。如有更为精确和密集的导航网络,航道安全就能得到明显改善,许多风险就能规避,许多问题有望迎刃而解。

(二) 加强搜救能力建设

要打造有效完善的搜救中心和医疗中心,对沿岸船舶乘员和遭遇海难空难的人员予以及时的救助和支援,在第一时间向其提供医疗保障。在过去,一些危急病人甚至来不及被送到附近的越南和菲律宾医院,更不用说被及时送回其他国家救治。

(三) 加强自然灾害应对能力建设

要大力建设海洋防灾减灾中心。多年以来中国致力于监测预报海洋灾害,在南海地区部署了大量的浮标、潜标,但都遭到了周边相关势力的偷窃和破坏,连旨在确保周边多个国家人民生命财产安全的海啸浮标也遭到了菲律宾的破坏。南海岛礁建设完成后,可以在周边海域有效建立相关的防灾减灾、预报监测设施,向本地区提供更多更好的公益服务。

(四)加强海洋科研能力建设

南海海域物种多样,依托岛礁建设大量科研平台后,可以邀请世界各国和国际组织的海洋科学家来南海开展前沿研究。

在这些基础上,实现南海管控,一要有海军,二要有海警。在永暑礁等面积较大的岛礁上,可建立较大的基地。在军事上站住脚,对掌控南海局势将起到决定性作用。紧随其后,民用功能可加快进入南沙地区,如科研、减灾防灾、导航等公益性服务。总而言之,南海岛礁建设完成后,军事功能只是全部岛礁功能中的一部分,是确保其他公益功能得以实现的基础和支柱。作为政府的海洋管控力量,海警肯定也要进驻南沙岛礁及其周边海域。2013年中国四支海上执法队伍整合后,海警的整体执法效率和综合行动能力得到了空前提高。同时,我国的维权措施还包括采用航空航天措施对他国非法侵占的南海岛礁进行合法侦察、测量,划定领海基点。

结 论

过去,海洋、外交无小事,一般人不能碰,不能研究和发表意见,高等院校和科研院所对一线问题长期难以进行及时关注,甚至对某些一线问题一点都搞不清楚。一线部门埋头苦干,但缺少研究,没有系统化的政策体系。近年来,国内南海研究兴起,一改过去无人关注、无人敢说的冷清局面,百家争鸣。但实际上,中国国内对南海问题具有太多的说法并不好,应当对外统一意见,否则很容易被外人抓住把柄。为此,在南海岛礁建设问题上,必须加强相应的研究与沟通,形成更多共识,实现一致对外。

南海油气资源争议法律应对研究

——能源共同体开发机制的法律论证

刘思培*

[**内容提要**] 在南海问题的解决上,中国一直坚持的态度是力求在不激化矛盾的同时,有序地进行南海各方面的合作与开发,通过和平机制下的各方博弈实现南海的区域稳定。在此前提下,通过构建行之有效的油气资源共同开发与利用机制,实现在南海能源合作与共同开发上的先行一步,为南海争议所涉及的其他问题提供积极的模式借鉴,成为南海问题解决的重要切入点。中国应加强与南海周边国家在南海油气资源开发利用上的沟通与协调,努力缓和矛盾、加强合作,实现多方共赢。基于中国与东盟的能源合作已从现实和制度层面展开,也存在一定的法律基础,可考虑借鉴欧洲煤钢共同体的模式,构建南海能源共同体,形成南海油气资源合作组织,保障南海能源的公平分配,以此促成南海油气资源争端的有效解决。

[**关键词**] 南海油气资源 能源共同体 开发机制 法律应对

自 2010 年中国-东盟自由贸易区(CAFTA)正式建成以来,中国与东盟在物贸易、服务贸易与投资等经济领域开展了广泛的合作,2012 年中国与东盟之间的贸易额达到 4 000 亿美元。随着 CAFTA 的不断深入发展,中国与东盟国家也将进一步开展能源合作,正是这种既有的能源合作为南海能源共同体的构建

---

* 刘思培,南京大学博士,中国南海研究协同创新中心法律平台秘书。

提供了现实可能性。一方面,中国与东盟在能源方面存在着优势互补、相互依赖的客观现实;另一方面,中国与东盟在制度层面已逐步建立了能源对话与合作机制,是能源共同体模式推进的重要支撑。这些国际协议为构建南海能源共同体提供了法律基础。

一、南海油气资源概述与国际开发现状

南海石油地质条件优越,油气资源潜力巨大。其中北部大陆架区已经成为中国近海的主要油气产区之一,陆坡深水区的勘探也同期取得了重大突破。而南海所蕴藏的丰富油气资源,也使得南海周边的越南、菲律宾、文莱、印度尼西亚等国不断提出对南海的主权归属要求,并加大对南海油气资源的开发与利用,导致我国传统疆域内的油气资源正在不断受到南海周边国家的蚕食,因此应该在南海争议区域加快建立行之有效的油气资源开发利用机制,对南海油气资源在实现趋于稳定的同时,切实维护国家主权和领土完整。[1]

(一) 南海油气资源概述

南海位于中国大陆南方,因此又被称为南中国海。南海上岛屿众多,目前分为东沙群岛、西沙群岛、中沙群岛和南沙群岛,濒临南海的国家除中国外还有越南、菲律宾、文莱、印度尼西亚和马来西亚等国。南海海域辽阔,其面积约为350万平方千米,约等于渤海、黄海和东海总面积的3倍。在地质地貌上,南海具有显著的被动陆缘地质特征,而被动陆缘是形成国际大型油田的地质条件,被称为深水油气勘探"金三角"的巴西近海、美国墨西哥湾、西非近海等都是被动陆缘富

---

① 朱伟林、张功成、钟锴、刘宝明:《中国南海油气资源前景》,载《中国工程科学》,2010年第5期。

油气深水区,都已经被验证拥有丰富的油气资源。我国南海海域及周缘具有相似的被动陆缘地质,资源潜力巨大,而近年来不断有新的油气田在该区域被发现正是其事实证明。

正是由于南海油气资源丰富,自20世纪70年代以来,越南、菲律宾、印度尼西亚、马来西亚、文莱等南海周边国家,纷纷声称对南海全部或部分岛礁、海域拥有主权,并单边实施勘探、开发南海海域的油气资源。中国南海周边的越南、菲律宾、印度尼西亚、马来西亚、文莱等国一方面就南海提出主权要求,另一方面又通过各种方式对南沙海域油气资源进行开发利用。世界权威能源咨询机构 HIS公司的数据显示,南海上述周边四国已在中国南海断续线两侧开钻各类探井1 000多口,目前售出的合同区块共 143 个,区块总面积达 26 万平方千米,共发现约 240 个油气田,已探明石油可采量 14.7 亿吨,天然气 4.1 万亿立方米,其中,在中国传统南海断续线内的油气田至少有 53 个。[①]

(二) 我国南海油气资源开发现状

就我国而言,自 20 世纪 60 年代开始,南海油气资源的勘探与开发的计划即已提出,但是直到进入 21 世纪,南海油气资源的勘探与开发才呈现出全面发展的态势,但总体水平仍然较低。南海油气资源探明率仅为 2.7%,勘探生产集中于浅水海域,深水区勘探生产目前还处于起步阶段且仅限于南海北部。南海目前已探明的可采储量为 8 亿吨左右,仅占总储量的 2.7%,已勘探海域面积仅为6 万平方千米,仅占总面积的 6%。南海北部深水区目前的油气勘探活动主要集中在珠江口盆地南部深水区及琼东南盆地南部深水区,而南海南部的勘探则基本没有。我国南海的油气开发基本上集中于南海北部靠近大陆架的浅水区域,如北部湾盆地、珠江口盆地以及琼东南盆地,作业海域的水深大都在 300 米以内,北纬 17 度以南的海域基本上没有涉足。经过 20 多年的发展,南海北部边缘

---

① 萧建国:《国际海洋边界石油的共同开发》,北京:海洋出版社 2006 年版,第 167 页。

浅水盆地已发现多个大中型油田。[①] 但是我国在南海纵深区域,特别是南海断续线附近的油气资源开发利用上严重滞后于周边国家,在南海纵深地区一直未能进行有效的油气资源开采与利用,在南海油气资源开发国际合作的程度上也明显落后于其他国家。在处理与南海周边国家的油气资源开发争端问题上,中国政府一直沿用"主权属我,搁置争议,共同开发"的基本原则,但从南海油气资源开发与利用的现状来看,这一原则已经基本上被南海周边诸国所异化。因此,中国在进行以"海洋石油 981"钻井平台为重要支撑的自主油气勘探与开采的同时,也开始加大南海油气资源开发利用的国际合作力度。2012 年 6 月向外开放第一批石油合作开发的 9 个区块后,中国海洋石油总公司后续又对外公布了2012 年第二批在南海可供外国公司进行合作的 26 个石油区块,中国开采南海石油资源的脚步显著提速。但目前我国对外开放的区块基本上环绕在北部湾周围,距离南海断续线的边缘还很远。与之形成鲜明对比的是,南海每年高达6 000 万吨的油气产量中,南海五国在中国传统南海断续线内开发的油气资源就达到3 000 万吨。这也说明,中国对于南海油气资源的开发依然保持着比较谨慎的姿态。

二、南海油气资源开发的严峻形势探因

油气资源开发利用所带来的巨大经济利益,使得南海周边诸国在固守其已占岛屿和海域的同时,还不断地对南海主权提出"声索",造成南海主权争议日益复杂化,主要表现在:

一是周边国家不断扩充军备,加强合作,出现共同联合对抗中国的趋势。2004 年、2005 年越南在南沙建的"长沙岛"机场相继完工,越南又开始向南沙群

---

① 曹勇:《油服行业深度分析报告系列三:海洋油气迈入深水时代,海上油服自营强国》,广东:广发证券 2012 年,(7)。

岛增派海军陆战队。2009 年 7 月 2 日,马来西亚《吉隆坡安全评论》在一篇文章中提出"在南海问题上正形成一个针对中国的东南亚'南沙集团'",文章以 2009 年上半年一些南海周边国家向联合国提交外大陆架划界案引起的纠纷为背景,鼓吹多国形成一个"中国最怕的东南亚'南沙集团'",与中国争夺南海。①

二是周边国家继续在其占据的南沙岛礁上建造设施,加紧南海油气资源联合开采,特别是加强与西方大国企业的联营合作。如菲律宾在所占领岛礁建立灯塔,加强对美济礁附近海域的军事巡逻,摧毁中国在部分岛礁的主权碑。在 2009 年 8 月 15 日,菲律宾政府批准与一家英国公司合作勘探中国南沙礼乐滩附近的油气资源。

三是在《联合国海洋法公约》框架下使其非法占领行为合法化。例如菲律宾即不断以将南海争议问题提交国际法庭裁决进行要挟,并将中菲黄岩岛争端单方面提交国际法院仲裁,企图达到南海问题国际化、复杂化的政治目的。

四是与美国、日本等区域外大国联合,将南海问题国际化,增加南海争议解决的难度与复杂性。1995 年 9 月,菲律宾外长在与印度尼西亚外长举行会晤时,表示欢迎区外国家共同合作开发南沙群岛,以促进争端的解决。南海局势升级后,美国、日本、印度等一些大国或地区集团出于各自不同的战略目的,积极扩大在南海地区的影响力,染指南海地区事务,意图使南海问题国际化程度进一步加深。

这些情况说明,中国与南海周边各国的海域争端前景仍十分严峻,主要的难点和焦点问题有三个:一是领土主权问题涉及国家根本利益,各方不会做出实质性让步;二是争议海区油气资源的持续开发使得纠纷不断加剧;三是相关国家为提升制海权而进行的权力角逐,使矛盾不断加剧。

① 世界日报:《"南沙集团说"鼓动连横对抗中国》,中国新闻网,2009 年 7 月 6 日,http://www.chinanews.com/hb/news/2009/07 - 06/1762142.shtml。

三、南海油气资源开发严峻形势的应对措施

(一)南海能源共同体基本法律框架构想

1. 法律框架构想的基础

南海能源共同体也应以一部具有国际效力、充分反映南海各方意愿的国际条约为法律基础,笔者以为构建南海能源共同体可以中国与东盟签订的《南海各方行为宣言》为法律基础。《南海各方行为宣言》于 2002 年签署,其目的是缓和南海紧张局势,增进南海地区的和平、稳定、经济发展与繁荣,《宣言》共 10 条,内容涉及处理南海问题的基本准则、信任及合作机制的建立、对各国依国际法在南海地区航行和飞越自由的尊重、以和平方式解决领土和管辖权争议、为免局势复杂化而保持自我克制、鼓励他国对宣言所含原则的尊重及最终促成南海地区的和平与稳定等方面。

该宣言是历史上第一个关于南海问题的多边政治文件,在各国围绕南中国海问题之解决所进行的努力中具有里程碑式的意义,其主要表现在:首先,该宣言明确表达了南中国海有关各方以和平方式最终解决分歧的愿望。各方重申制定南海行为准则将进一步促进本地区和平与稳定,并同意在各方协商一致的基础上,朝最终达成该目标而努力。其次,《宣言》是中国与东盟建立信任措施的最新进展。《宣言》的签署标志着中国与东盟的政治互信发展到一个新阶段,亦为对南海有关岛礁和海域提出所谓"主权"要求的国家在今后进行相关谈判及解决围绕能源开发等存在的一系列问题提供了可以依循的框架。①

2. 超国家权力机构模式的设计

南海能源共同体最大的障碍是南海争端当事国能否像煤钢共同体成员国那

---

① 周江:《略论〈南海各方行为宣言〉的困境与应对》,载《南洋问题研究》,2007 年第 4 期。

样,将部分国家权力移交其内部的超国家权力机构。在欧洲煤钢共同体的机构设计中,赋予管理煤钢的高级机构很大的权力。欧洲煤钢共同体条约规定了共同体各机构的权力,条约明确规定,高级机构是一个超国家的机构,它由九名成员组成,每个成员国不得超过两名,它不受成员国政府约束。条约同时规定:高级机构委员应为联营的一般利益,完全独立地执行他们的职务,他们不请求亦不接受任何政府或任何组织的指示。他们避免做出与他们的职务所对应超国家性质相抵触的任何行为,各成员国担承尊重此项超国家性质并且决不要对高级机构委员在执行其任务时施加影响。高级机构有权决定联营的生产规模、资源分配、价格制定和税收的课征等,它还有权对联营生产征收最高不超过 1‰ 的税收,作为它自己的预算收入,用于社会福利、生产投资借贷等。①

南海目前在油气资源开采利用上的多方博弈局面,决定了在南海能源争议的解决中,必须有超国家形式的统一组织机构的构建与运行。南海能源共同体能否构建成功的关键同样在于南海争端当事国能够在开采海域能源方面做出主权让渡,将这一主权移交给南海能源共同体。在欧盟煤钢共同体的运行机制中,作为中立的组织机构,其在资源利用、能源开发等各领域活动的开展中,会居于中立的角度做出安排,由于其权力来源于组织的各成员方国家,因此各成员方国家都在组织体内部享有平等的地位和话语权,组织体在具体措施的制定和决议的执行上也会充分考虑组织成员体各方的利益诉求,通过内部的协商一致有效解决成员体各方的分歧与矛盾。

(二) 南海能源共同体纠纷解决机制的法律构想

南海能源共同体在其权利的集中行使中,既需要法律机制的系统规范,同时也应该成立相应的内部机构来决定能源海域的确定、开采能源的分配收益等关

---

① 郭辉:《浅析舒曼计划原因及其意义》,载《首都师范大学学报(社会科学版)》,2005 年第 S1 期。

键性事务,同时为了确保南海能源共同体的执行力与权威性,还应设立能源共同体的争端解决机构及其相应的争端解决机制。在借鉴国际法范围内有关争端解决程序和机制的基础上,结合南海油气资源开发争端的新形势、新特点,南海能源共同体纠纷解决机制应当包含以下内容,从而更好地发挥该机制在和平解决南海油气资源开发争端中的作用。

1. 法律规范的系统构建

南海能源共同体纠纷解决机制应当建立在以中国和越南、文莱、马来西亚等五国为当事方的、具有法律约束力的"南海行为准则"的框架下。"南海行为准则"与《南海各方行为宣言》是一脉相承的,因为《南海各方行为宣言》具有概念界定模糊、争端解决机制缺失等缺陷,所以各方都在呼吁制定"南海行为准则",并希望其在如下方面突出其功能:

(1) 开放式规定国家合作行为。维系的睦邻友好关系,增进各方互信、深化各方合作是"南海行为准则"的根本目的。因此,"南海行为准则"应当继续强调合作的必要性,以开放的方式规定成员国在南海的合作义务。"南海行为准则"可以这样规定:成员国之间的合作范围应当包括但不限于《联合国海洋法公约》和《南海各方行为宣言》规定的领域。[1]

(2) 以附件形式列举争端区域的国家行为。由于《南海各方行为宣言》对成员国自我克制义务的表述过于简单,可以考虑以附件的形式逐次列明成员国间已然达成共识的法律执行规则,逐步地完善南海法律执行框架。但由于不可能将争端区域内所有可以实施和禁止实施的国家行为列举穷尽,所以还应当考虑借鉴有关国际法院和仲裁庭的判决先例,建立一项普适性标准,用以判断具体的国家行为是否导致争议进一步复杂化。[2]

(3) 设立争端事实的调查机构并建立调查程序。鉴于很多南海争端都涉及

---

[1] 《战略地位重要、资源丰富的南海及南海问题》,求是理论网,2012 年 2 月 27 日,http://www.haijiangzx.com/html/2012-02-27/page_40698_p1.html.

[2] 杨鹏峰:《中国南海问题透视》,求是理论网,http://www.qstheory.cn/special/5625/.

事实问题,且为保证"南海行为准则"能发挥其应有之用,建立一个针对争端事实的调查机构尤为必要。该机构的性质应当是中立的,其目的并非解决成员国之间的争端,而是对争端事实进行客观中立的调查分析,再以此为基础帮助双方就事实问题消除误会,减少分歧,避免争端升级。[①]

在南海能源共同体法律规范的系统构建中,应坚持这一合作式的组织立法原则,通过区域协商的方式达成基本一致的法律主体、法律范畴和法律规则理念,实现成员各国在能源利用上的开放式合作。多边区域合作协议的性质与特点决定了其在法律规则的制定上偏向于普适性的原则规范模式,因此在具体法律使用上还需在遵守基本原则的基础之下,通过双边法律规范的适用来加以解决。

2. 争端解决机构的组织要素

(1)部长级会议。部长级会议是南海能源共同体的最高决策权力机构,由所有成员国部长、副部长级官员或其全权代表组成,一般两年举行一次会议,讨论和决定涉及南海能源的所有重要问题,并采取行动。(2)争端解决高级委员会。争端发生后,设立由所有争端当事国部长级代表,并邀请联合国秘书长共同组成争端解决高级委员会。当联合国秘书长为一争端当事方国民,则应由副秘书长或其他非任何争端当事方国民的次级别官员替任。(3)常设工作组。设立常设工作组,作为协调会议、组织会议及其他日常行政工作的机构,由法律文件所有当事方代表组成。

3. 争端解决机构的管辖范围

缔约方会议可以讨论、建议或决定法律文件所规定的任何事项。争端解决高级委员会有权就有关争端事实进行调查,判定有关当事方是否违反法律文件中的规定,并建议有关争端当事方通过斡旋、调停或调解等适当的方式解决争端。高级委员会有权参与斡旋,或者经争端当事方同意,主持调解或调停工作,

---

① 高阳:《〈南海行为准则〉法律框架研究》,载《贵州大学学报(社会科学版)》,2012年第5期。

并由高级委员会提出处理、解决争端或者防止争端恶化的报告和建议。争端解决高级委员会的报告和建议不得判定南海有关主权归属和海洋划界事项。

4. 争端解决机制的工作和决策程序

争端发生后,争端各方应当迅速就通过谈判或其他和平方式解决争端交换意见。任何争端当事方有权以书面形式向其他争端当事方提出磋商请求,被请求方应在收到该请求之日起在规定的期限内做出答复,并应在收到该请求之日起即启动磋商程序,以达成争端各方满意的解决办法。若被请求方未在上述期限内答复或进行磋商,请求方可以直接向缔约方会议或者常设工作组,请求设立争端解决高级委员会,该委员会自动成立。若磋商未能达成一致,则经任何争端当事方一方请求,争端解决高级委员会同样自动成立。缔约方会议或者常设工作组应负责委员会的组织、协调及处理其他行政事务。

同时,争端当事方可以随时协商以调解或调停的方式解决争端,经争端当事方同意,此类调解或调停也可以交由争端解决高级委员会主持进行。缔约方会议应通过全体成员协商一致的方式做出建议或决定。争端解决高级委员会应当基于一致做出裁决、报告或建议,不能取得一致时,应依照该委员会成员的多数意见做出裁决、报告或建议。

5. 争端解决机制适用的法律

争端解决高级委员会在就有关争端事实进行调查,在判定有关当事方是否违反法律文件规定时,除该文件本身外,应当适用 1982 年《联合国海洋法公约》、《东南亚友好合作条约》、和平共处五项原则及其他公认的国际法原则作为依据。

6. 争端解决机制的效力与执行

争议的最终解决需依靠裁决的执行,缔约方会议协商一致做出的建议或决定对所有当事方具有约束力。[①] 纠纷解决高级委员会做出的裁决、报告或建议

---

① 罗超:《南海争端解决机制法律框架初探》,载《太原理工大学学报(社会科学版)》,2011 年第 2 期。

对所有争端当事方具有约束力。有关各方应当依照上述裁决、报告、建议或决定善意执行。

结 论

在南海能源共同体的法律框架下来解决南海油气资源开发问题,避免了南海问题向国际化发展,对于中国而言,不仅能增加中国的能源供应量,也可减轻中国能源运输的安全风险。我们可以借鉴欧洲煤钢共同体的体制,构建南海能源共同体,解决南海油气资源开发问题,进而发展中国与东盟的关系,排除区域外大国影响,开展多元、多方外交,因势利导,以此促成南海资源争端问题的最终解决。

中国南海旅游战略开发环境探析

吴小伟[*]

[内容提要]　南海旅游资源品位高,独特性非常强,旅游市场前景也非常广阔。中国南海旅游开发战略是实现我国利用南海资源的重要方式,不仅满足人们对海洋的旅游需求,更具捍卫我国南海主权的重要使命,南海旅游战略开发意义重大。除了优越的南海旅游资源,相关旅游开发环境直接决定南海旅游战略的制定与实施。基于中国南海优越的旅游资源分析,从南海诸岛自身面积、淡水条件、气候环境、旅游交通可达性和南海国际争端等方面深入分析南海旅游战略开发环境,以期为中国南海开发利用战略提供有效参考。

[关键词]　旅游战略　开发环境　中国南海

南海是中国唯一的热带海区,旅游资源特色鲜明,品位高,旅游开发条件优越。南海旅游开发战略是中国对南海海洋资源科学利用的重要方式,更是中国对南海实施控制、管理,捍卫主权的重要举措,具有历史战略性意义。南海诸岛及其周边海域一直是中国的领土、领海,中国对其具有无可争辩的主权。但是自20世纪60年代以来,约有150万平方千米海域已遭他国侵占。南海争端不断升级,旅游开发已成为南海邻国继续侵犯我国主权的重要手段。越南旅游局制定的"2020年海洋与海岛旅游发展计划"中,将长沙(南沙)、黄沙(西沙)纳入重

　*　吴小伟,发表本文时为南京大学地理与海洋学院博士生,淮阴师范学院历史文化旅游学院讲师。

要投资建设的旅游胜地。马来西亚自20世纪90年代就完成在弹丸礁上建设飞机跑道和三星级度假中心的项目,将弹丸礁作为旅游胜地对外开放,且外国游客无须特别申请,即可前往该岛旅游观光。诸如此类的侵犯中国主权的行为不胜枚举。自十八大明确提出"发展海洋经济""建设海洋强国"以来,中国加强了对南海的控制、利用与管理。2012年成立三沙市,明确该市对南沙、西沙、中沙等群岛及海域的管理权限,旅游开发成为重点推进发展项目。

近年来,南海旅游研究逐渐升温,学者们对南海旅游资源的价值具有高度一致性的认知,对南海旅游资源、旅游客源市场、旅游开发思路、旅游项目产品设计等进行了一系列描述性探讨,而对影响南海旅游战略开发实施的环境却鲜有研究。近几年来有个别学者开始关注南海总体资源环境的研究,但缺乏针对旅游开发的环境研究。在此研究背景下,本文基于以往研究中对南海旅游资源价值的充分肯定,立足南海旅游战略开发,着重分析影响旅游战略实施可行性的外部环境因素,包括南海自身岛礁面积、淡水条件、气候环境、旅游交通环境以及南海国际争端等,拟为南海旅游开发价值评估、开发思路制定、开发重点及开发次序等提供理论支撑。

一、中国南海概况

(一) 中国南海概况

南海,地处亚洲和大洋洲的交接地带,北起21°06′N的北卫滩,与中国大陆和台湾岛相邻,南至3°58′N的曾母暗沙,与大巽他群岛相接,西自109°36′E的万安滩,与中南半岛相接,东到117°50′E的海马滩,通过台湾海峡、吕宋海峡与太平洋相接。东北部通过台湾海峡、吕宋海峡与太平洋相接,西南角通过马六甲海峡与印度洋相连,濒临台湾、福建、广东、广西、海南五省(自治区)及香港和澳门两个特别行政区,海域面积约356万平方千米,按国际法中国管辖范围约为

210 万平方千米。南海海域平均水深约 1 212 米,最深处达 5 567 米,是一个由周边向中心有较大坡降的菱形海盆。海底高台处形成 200 多个珊瑚礁和珊瑚岛。南海这些岛礁按位置可分为西沙群岛、中沙群岛、东沙群岛和南沙群岛,其中每一群岛又由岛、沙洲、暗礁、暗沙、暗滩、石(岩)及水道(门)等组成,目前包含已命名岛礁 287 座(见图 1)。

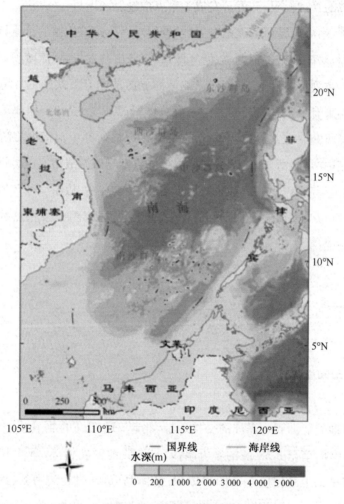

图 1　中国南海地理位置

（二）中国南海旅游资源优势

中国南海旅游资源品位高,独特性强,具有极大的旅游吸引力。作为我国唯一的热带海区,南海具有无可比拟的资源优势,其海水颜色多样,深蓝、淡青、淡绿、杏黄等,变幻莫测,海洋生物资源丰裕,珊瑚五彩斑斓,绚丽多彩,各种鱼类、贝类等随处可见,文昌鱼、中华白海豚等稀有动物观赏性与科考价值兼具。与此同时,南海诸岛栖息着众多鸟类,单西沙热带海洋动物保护区即有 40 多种、6 万多只,可满足人们观鸟、亲近鸟类等多种需求。部分岛屿绿树银滩,植被茂密,空气中负氧离子含量高,独特的热带风光与"3S"资源,使得南海成为不可替代的度假胜地。除此之外,南海诸岛远离大陆,具有极高的神秘性。因此,南海旅游资源吸引力极强,旅游开发潜力巨大,具备建设成为世界一流的海洋旅游胜地的优越条件。

（三）南海旅游发展概况

中国南海与越南、文莱、马来西亚、菲律宾、新加坡、印度尼西亚、老挝、泰国、柬埔寨等 9 国相邻,地处中国华南与西南旅游经济圈、港澳台地区旅游经济圈、东亚与东南亚旅游经济圈的接合部,该区域旅游资源具有历史感、神秘感,能够满足人们求知、求新、猎奇的三大旅游动机,旅游开发资源优势、客源优势极为明显,具备成为世界级海岛旅游目的地的潜力。

目前南海四大群岛中,西沙群岛已经开放旅游专线。2012 年 6 月 21 日,国务院批准设立三沙市,辖管西沙群岛、中沙群岛、南沙群岛的岛屿及其海域,对南海进行开发、控制和管理,旅游开发是其实施南海资源开发的重要内容之一。2013 年 4 月 28 日中国首次开通了通往西沙群岛的旅游航线,游客可登陆的岛屿有永兴岛、鸭公岛、全富岛、银屿岛等。永兴岛作为三沙市政府驻地,经过多年建设,建有邮电局、银行、商店、气象台、海洋站、水产站、仓库、发电站、医院、图书馆、宾馆、饭店等生产和生活设施,岛上还建有环岛公路、机场、码头、轮船通海南岛,开发旅游条件相对成熟,是南海旅游战略开发的首个游客接待基地。西沙群岛作为热带海洋生态旅游胜地,具有独特的地理区位、原生态热带海岛风光、丰富的热带海洋资源文物遗迹等吸引了众多游客。据统计,"椰香公主"号邮轮自开通旅游航线约一年时间,共开行40余航次,运送约6 000名游客。但鉴于接待空间的制约以及当地自然环境的保护,当前旅游接待设施和数量较为有限。南海其他岛屿旅游开发亟待在广度和深度两个维度上推进。

二、南海旅游条件分析

南海旅游战略开发环境直接影响旅游战略制定、实施与管理,本研究基于相关调研与大量文献梳理,经过研究组多次讨论,主要从南海诸岛面积、淡水条件、气候条件、旅游交通环境及南海国际争端等方面进行深入分析。

(一)南海诸岛面积与淡水资源分析

南海诸岛旅游开发直接受岛屿面积、淡水资源和气候条件等制约。海岛开发旅游必须具备开展旅游活动和旅游接待的适度场所,南海旅游开发的首要因素是诸岛本身的可用面积与淡水资源,本研究经过大量文献、书籍、图件、遥感影像等数据信息查阅基础上,将南海诸岛面积信息进行整理。南海岛礁众多,基于旅游开发基本需求条件,本文主要提取面积大于0.01平方千米的部分岛屿信息(如表1所示)。

西沙群岛由永乐群岛和宣德群岛组成,其中岛礁面积超过0.01平方千米的有24个,超过0.1平方千米的有12个,同时亦具备可饮用淡水资源的有4座,分别为金银岛、甘泉岛、珊瑚岛和永兴岛。虽然中建岛和盘石屿低潮时出露海水面积相对较大,分别为1.2平方千米和0.4平方千米,也有淡水资源,但台风大潮时常被淹没,所以未将其纳入南海旅游基地发展范围,但可作为旅游观赏资源。西沙群岛中出露面积最大的为永兴岛,达 2.1 平方千米,当前为三沙市政府驻地,旅游开发条件基本满足,是南海旅游开发的首座基地,目前已开通旅游专线。东沙群岛高潮时出露水面岛屿只有东沙岛,面积为 1.08 平方千米。中沙群岛高潮出露海水的唯一岛屿是黄岩岛。该岛四周为距水面 0.5 米到 3 米之间的环形礁盘,礁盘周缘长 55 平方千米,面积 150 平方千米,礁盘内部形成一个面积为 130 平方千米、水深为 10~20 米的潟湖。东沙岛和黄岩岛皆具备优良的旅游基地建设条件。

基于 Landsat 8 OLI 遥感影像提取的岛屿信息,南海诸岛中高潮时出露水面超过 0.01 平方千米的岛屿有 24 个,超过 0.1 平方千米有 11 个,其中持有可饮用淡水的只有太平岛和中业岛,它们面积分别为 0.57 平方千米和 0.51 平方千米,也是目前除永暑岛人工填岛之后南沙第二和第三大岛。永暑岛天然出露面积虽只有 0.02 平方千米,但因其整个礁盘面积大,干出礁坪面积达 26.58 平方千米,水下礁体面积达 45.09 平方千米,极具开发潜力,目前中国已在此填海建人工岛,是目前南沙群岛中第一大岛。这 3 座岛屿条件优越,可成为南沙群岛旅游战略开发的重要接待基地。

表 1   中国南海部分岛屿信息

中国南海	主要岛屿	面积(≥0.01平方千米)	面积(≥0.1平方千米)	淡水	实际控制	中国南海	主要岛屿	面积(≥0.01平方千米)	面积(≥0.1平方千米)	淡水	实际控制
西沙群岛	金银岛	0.36	✓	✓	中国大陆	南沙群岛	琼台礁	0.01			中国大陆
	筐仔沙洲	0.01					永暑岛	0.02 礁坪 26.58		✓	中国大陆
	甘泉岛	0.31	✓	✓			双黄沙洲	0.02			菲律宾
	珊瑚岛	0.30	✓	✓			费信岛	0.02			菲律宾
	全富岛	0.02					中洲礁	0.04			中国台湾
	鸭公岛	0.01					染青沙洲	0.04			越南
	银屿	0.01					中礁	0.05			越南
	银屿仔	0.02					赤瓜礁	0.06			中国大陆

(续表)

中国南海	主要岛屿	面积(≥0.01平方千米)	面积(≥0.1平方千米)	淡水	实际控制	中国南海	主要岛屿	面积(≥0.01平方千米)	面积(≥0.1平方千米)	淡水	实际控制
	成舍仔	0.03					西礁	0.07			越南
	晋卿岛	0.21	✓				敦谦沙洲	0.08			越南
	琛航岛	0.28	✓				景宏岛	0.08			越南
	广金岛	0.06					马欢岛	0.09			菲律宾
	中建岛	1.2	✓	✓			安波沙洲	0.09			越南
	东岛	1.7	✓				南钥岛	0.10	✓		菲律宾
	高尖石	0.04					杨信沙洲	0.11	✓		中国大陆
	赵述岛	0.22	✓				鸿庥岛	0.15	✓		越南
	北岛	0.40	✓				北子岛	0.19	✓		菲律宾
	中岛	0.13	✓				司令礁	0.20	✓		菲律宾
	南岛	0.17	✓				南威岛	0.22	✓		越南
	北沙洲	0.05					西月岛	0.23	✓		菲律宾
	南沙洲	0.06					南子岛	0.25	✓		越南
	东沙洲	0.04					弹丸礁	0.36	✓		马来西亚
	永兴岛	2.10	✓	✓			中业岛	0.51	✓	✓	越南
	石岛	0.08					太平岛	0.57	✓	✓	中国台湾
东沙群岛	东岛	1.08	✓		中国台湾	中沙群岛	黄岩岛 礁坪	150		✓	中国大陆
							潟湖	130			

(二)南海诸岛旅游开发气候条件分析

南海领域属热带海洋性气候,气候因子是南海旅游重要吸引要素,但是极端恶劣天气如热带风暴却严重影响了南海旅游的安全性。热带风暴指中心附近最大风力达到8~9级(17.2~24.4 m/s)的热带气旋,热带风暴频繁登陆南海岛礁,登陆时往往带来狂风、暴雨及风暴潮等灾害,严重危害着岛礁的各项建设和人们生命安全,直接影响旅游活动的安全性与可行性,因此选择热带风暴作为反映影响南海诸岛旅游开发气候条件的指标因子。基于孙超等人(2014)关于热带风暴对南海岛礁的时空影响规律研究,提取热带风暴对南海群岛的平均影响时间和影响频次信息(见表2),分析热带风暴对南海旅游开发的影响,为南海旅游战略实施中的热带风暴灾害防范提供科学依据。从表2中数据可知,热带风暴影响最频繁的区域在东沙群岛至中沙群岛一带海域,影响时间最长,超过4 000小时,主要集中于夏秋季节。当前旅游开发热点区域西沙群岛总的来说受热带风暴影响相对小一些,主要发生时间集中于7~11月,全年95%的热带风暴发生在这段时间内。南沙群岛受热带风暴影响程度最低,全面平均影响时间仅为665小时,约为西沙群岛受影响时间的1/6,且夏季基本不受影响,热带风暴主要发生于10~12月。

基于南海气候环境分析,西沙群岛和南沙群岛,总体受热带风暴影响相对较小,旅游活动适宜月份相对长一些。南沙群岛主要避开10~12月,西沙群岛主要避开7~11月。东沙群岛和中沙群岛受热带风暴相对严重,旅游活动在夏秋季节基本难以开展。南海旅游应尽量避开夏秋热带风暴频发时间段,尤其是7~11月。从时间上看,冬春季节开展旅游活动较为适宜,这与旅游者在此阶段对滨海热带旅游的需求较高相一致,同时南海旅游活动需要做好防灾工作,科学组织旅游活动。

表2　热带风暴对南海群岛的影响

南海诸岛	部分代表性岛礁	平均影响时间(h)	排序	平均影响频次(次)	排序	影响月份分布
西沙群岛	西渡滩、东岛、高尖石、北沙洲、东新沙洲、中沙洲、南岛、南沙洲、北岛、中岛、永兴岛	3 694	3	3.5	3	7~11月
南沙群岛	雄南礁、北外沙洲、北子暗沙、北子岛、贡士礁、南子岛、东北暗沙、永登暗沙、东南暗沙、奈罗礁、中业岛、渚碧礁、太平岛、南威岛	665	4	0.7	4	夏季基本不受影响,热带风暴集中发生于10~12月

(续表)

南海诸岛	部分代表性岛礁	平均影响时间(h)	排序	平均影响频次(次)	排序	影响月份分布
中沙群岛	一统暗沙、宪法暗沙、比微暗沙、隐矶滩、石塘连礁、指掌暗沙、中北暗沙、武勇暗沙、南扉暗沙、神狐暗沙、黄岩岛	4 164	2	3.8	2	7~11月
东沙群岛	东沙礁、东沙岛、南卫滩、北卫滩	4 526	1	4.2	1	6~10月

注:资料数据来源于孙超等(2014)。

(三)南海诸岛旅游交通可达性分析

交通可达性与便利性是影响南海旅游战略开发的又一关键因素。南海旅游可依赖的交通方式为邮轮航道交通、空中航线两种方式,需要有航道、港口、码头、机场相配套。目前南海岛屿中已有的机场包括:永兴岛机场、太平岛机场、中业岛机场、南威岛机场、弹丸礁机场,基本上都可以满足战斗机、军用运输机等中型飞机的起降要求。已有码头的岛礁:太平岛、中业岛、南威岛、景宏岛、安波沙洲、弹丸礁、永暑礁、西礁;简易补给码头有:南子岛、美济礁、渚碧礁、南薰礁、东门礁、赤瓜礁、华阳礁、毕生礁、仙娥礁等(以厦门大学东南亚研究中心、南洋研究院李金明教授的研究成果作为主要参考依据——《中国南海疆域研究》专著)。

南海海上航道是世界海运最繁忙的海域之一,仅次于地中海。这些航道不仅是国际石油天然气的重要运输航道,同时也可成为未来南海诸岛旅游的重要航道。基于2005—2009年世界气象组织(WMO)志愿观测船舶(VOS)记录信息,获取南海船舶航行近30 000个轨迹位置点数据。从这些位置点可以清晰地看出,南海航道根据出发地和目的地可分为9类,分别为广州—新加坡、广州—曼谷、台湾海峡—广州、台湾海峡—新加坡、高雄—新加坡、台湾海峡—民都洛、巴士海峡—新加坡、巴林塘—新加坡、巴拉巴克—新加坡等。其中广州到新加坡航道、高雄—新加坡是南海最繁忙的航道。其次是广州到曼谷,巴士海峡到新加坡等。从图2中可以看出,这些航道主要经过西沙、中沙和东沙群岛附近,而南沙群岛附近海域因地形复杂,海底暗礁众多,船舶较少,基本绕过此区。

这些航道是南海旅游战略开展实施的重要交通基础,西沙群岛、中沙群岛、东沙群岛可与陆地实现有效的旅游联结互动,尤其是西沙群岛。南沙群岛因特殊的海底地形和水文情况,海上航道偏弱,但是可开发海上短线航道和潜艇类交通设施,打造海、陆、空立体旅游航道旅游模式。

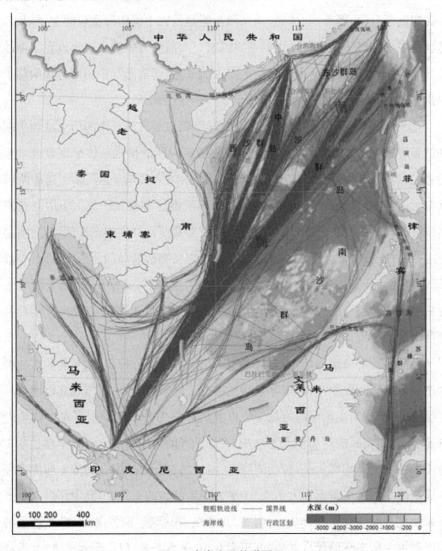

图 2   南海交通航道图示

三、南海旅游战略开发的国际环境

南海国际环境主要体现在南海主权的国际争端,这一问题直接决定中国南海旅游战略开发的安全性与可操作性。中国与南海周边国家争端从 20 世纪 60 年代起逐渐升温,越南、菲律宾、马来西亚等是侵犯中国南海主权的主要国家,当然也是中国南海争端事件发生的主要国家。当前南海争端主要焦点在于南沙群岛,同时域外大国势力介入由幕后走向台前成为"新常态",中国南海争端趋于白热化。

基于邹伟等(2014)通过文献研究及网络爬虫等方法对南海历史地理争端事件的整理数据[16],南海历史地理争端事件随着时间的推进整体呈现显著增长的趋势,与越南、菲律宾两国的争端事件尤为突出(见表 3),主要源于越菲两国的战略利益与南海所在区域交叠,使得越菲不断挑起事端。历史上中国与越南发生争端的岛礁主要位于南沙群岛的北部、西部及西沙群岛的东部区域,主要集中于南威岛、安波沙洲、南子岛等岛礁;菲律宾则在南沙群岛的北部、东部及中沙群岛的黄岩岛区域,主要集中于黄岩岛、中业岛、美济岛、太平岛等岛礁;而马来西亚集中在南沙群岛的中部及南部区域,主要发生于弹丸礁区域;文莱则主要针对南沙南部的个别岛礁(南通礁)。

目前西沙群岛诸岛屿、黄岩岛基本由中国大陆实际控制,太平岛和东沙群岛由中国台湾实际控制,南海国际争端关键在于南沙群岛,主要体现在以南沙岛礁建设、资源开发为主的南海维权斗争以及域外势力介入等。根据表 1 收集的数据显示,越南实际控制面积大于 0.01 平方千米的岛屿有 10 个,其中超过 0.1 平方千米的优良岛屿有 4 个,包括鸿庥岛、南威岛、南子岛、中业岛等。菲律宾侵占中国南海高潮时出露面积大于 0.01 平方千米的岛屿有 7 个,其中超过 0.1 平方千米的优良岛屿有 4 个,包括南钥岛、北子岛、司令礁、西月岛等;弹丸礁是马来西亚侵占中国南海的优良岛屿,面积为 0.36 平方千米,仅次于永暑礁、太平岛和中业岛。越南、菲律宾、马来西亚等争端国不断推进南沙争议海域的油气开发，积极采购先进海空武器装备以提升海上力量，加大对中国海上生产作业活动的阻挠和侵权力度。中国在南海面临以渔业、油气资源开发、岛礁建设为主的现实维权挑战。而域外势力介入已成为中国南海国际争端升级的主要背后推手。据中国南海研究院院长吴士存对我国南海问题发展态势分析，当前海域外势力介入南海争议成"新常态"。美国"亚太再平衡"战略深入推进、日本政府积极呼应、印度乘机攫取地缘政治利益，域外大国纷纷插手南海问题，通过外交声援、军事存在、武器出口、经济援助等方式不断加强在南海的实际存在。

根据收集的信息，在南沙群岛中，中国有效控制的岛礁共有 11 个岛礁：渚碧礁、南薰礁、赤瓜礁、东门礁、永暑岛、华阳礁、五方礁、美济礁、仁爱礁、信义礁、仙娥礁、杨信沙洲，其中高潮出露海水面积超过 0.01 平方千米的岛礁有永暑岛、赤瓜礁和杨信沙洲，这 3 座岛屿具备旅游接待的基础条件，可作为中国南沙旅游战略开发的首批基地，尤其是永暑岛，目前建设有码头，可满足 4 000 吨船舶停靠。

表3　周边主要国家南海历史地理争端事件与南海诸岛控制情况

国家	历史地理争端事件数量	当前各国实际控制部分岛礁
越南	6 296	南子岛、奈罗礁、大现礁、敦谦沙洲、舶蓝礁、安达礁、鸿庥岛、景宏岛、鬼喊礁、琼礁、染青沙洲、毕生礁、六门礁、南华礁、无乜礁、柏礁、安波沙洲、蓬勃堡礁、(南薇滩)东礁、中礁、西礁、南威岛、日积礁、广雅滩、人骏滩、李淮滩、西卫滩、万安滩
菲律宾	4 305	北子岛、中业岛、西月岛、南钥岛、双黄沙洲、费信岛、马欢岛、司令礁
马来西亚	1 788	南海礁、光星仔礁、弹丸礁、南通礁

结　论

中国南海西沙群岛、南沙群岛集聚了南海旅游开发的绝大部分岛礁资源。中国南海旅游战略开发已经向前迈了一大步,开放了西沙群岛部分岛屿的度假旅游,但南海旅游不能仅仅局限于此。南海旅游交通具有良好的海上航道条件,可在此基础上开通海上多条邮轮专线,增加潜艇、小型飞机等交通旅游项目。同时旅游季节应避开热带风暴频发的夏秋两节,做好旅游安全防范工作。中国南海岛礁争端直接影响南海旅游战略的实施,这一争端的解决将是一个长期过程,需要几十年甚至更长时间。南海旅游战略作为南海资源利用的一种重要形式,同时承载了捍卫南海主权的重要历史使命,需要在制定好旅游开发利用的短、中、长期规划的基础上,递进式分阶段实施,优先开发无争议岛屿,基于南海诸岛的资源条件和当前海上航道、空中航线,不断丰富完善西沙与大陆之间的旅游形式,将南沙群岛、中沙群岛部分岛礁开发提上日程,努力达成中国大陆与台湾的良性合作,推进中国南海旅游战略的全面实施。

中国南沙驻军岛礁现状与开发战略研究

林文荣　殷　勇[*]

　　[内容提要]　南沙群岛中目前有驻军的岛礁数量为 51 座,越南、菲律宾、马来西亚、中国分别占据其中的 29 座、8 座、6 座和 8 座。中国驻军岛礁位于南沙群岛核心部位,具有得天独厚的"地利"优势,可充分借此优势将中国南沙人工岛规划建设为南沙海域的行政管理中心、交通枢纽、渔业基地和油气基地,并附以一定程度的军事建设为南沙海域安全提供保障。我国驻军的美济礁、渚碧礁、永暑礁互为犄角,且已建设成南沙最大的人工岛屿,在此建设军事基地能够有效地监控和维护南沙海域的海空安全,并且可以同步建设为我国开发南海中建南盆地、万安盆地、南薇西盆地和礼乐盆地的石油开发与保障基地。建议采取"西进东出"的策略,以永暑礁作为西进的战略基点,抢先进行南沙西部深水油气的勘探开发作业;以美济礁作为东出的战略基点,强化对南沙东部的无人岛礁的控制,同时加快对南沙东部渔业资源和礼乐盆地油气资源的开发进程。

　　[关键词]　南沙群岛　驻军岛礁现状　开发战略

　　南海是位于西太平洋的边缘海,海域面积约 350 万平方千米,其四周被中国大陆、中南半岛、马来半岛、苏门答腊岛、加里曼丹岛和菲律宾群岛所环绕,西侧

　　* 林文荣,发表本文时为南京大学地理与海洋科学学院硕士研究生;殷勇,南京大学地理与海洋科学学院副教授。

以马六甲海峡和新加坡海峡与印度洋相连,东侧以巴士海峡和巴林塘海峡与太平洋相接。南海是亚太地区重要的战略通道,其西南侧有"东方的直布罗陀"之称的马六甲海峡更是国际上最重要的水道之一,其东北侧的台湾海峡亦是东亚国家重要的海上生命线。据统计,马六甲海峡每年约有5万余艘各类货船通过,且继续以8%的增速增长,通过海峡的年均货运量约占世界海洋货运量的1/4至1/3,通过海峡的年均油气货运量约占世界油气海运总量的1/3至1/2。

20世纪70年代以前,南海周边国家并没有对我国南海主权和海洋权益提出过异议,当时也不存在南海问题。近30年来由于在南海南部发现了极其丰富的油气资源,再加上南海在亚太地区的重要战略地位,以及美、日域外大国的干涉,南海周边国家对南海主权的声索愈加强烈,导致利益冲突日趋激烈。南海问题,通常认为涉及"五国六方",即中国、越南、菲律宾、马来西亚、文莱和中国台湾。近些年来,南沙群岛部分岛礁的开发与扩建活动加剧了以上各国尤其是中越菲三国在南沙海域军事摩擦和冲突的风险。中国政府自1947年公布《南海诸岛位置图》,图上标注有11段断续线的中国南海国界线,以后出版的地图均遵照政府规定画有这些断续线,中国在南海的主权理应得到国际社会广泛认同。南沙群岛位于中国南海海疆国界线内,其主权具有充分的法理依据。中国在南沙群岛自己的领土上进行开发建设活动,完全是从维护南海和平出发,即便是必要的军事建设也完全是为了防御,其他国家无权进行干涉。为了切实维护好我国在南沙群岛的海洋权益,必须对我国南沙驻军岛礁进行战略定位,通盘考虑各岛礁的战略布局和开发,最大限度地发挥好各岛礁的战略地位和作用。

一、南沙群岛岛礁控制现状

南沙群岛的所有岛礁均位于我国南海海疆国界线之内,属于我国的固有领土。由于历史政治原因和在地理位置上提供的便利,目前这些岛礁被南海周边的越南、菲律宾、马来西亚、文莱四个沿岸国严重侵占。经过高分辨率遥感影像的监测统计（遥感影像的空间精度优于 2 米），截至 2015 年 12 月，在南沙群岛岛礁中已有 51 座礁体上建设有不同规模的礁堡或高脚平台军事设施。在此基础上查阅相关文献和新闻报道，总结出南沙群岛中实现常态驻军的岛礁共有 51 座，其中越南驻军侵占我国岛礁数量为 29 座，菲律宾驻军侵占 8 座，马来西亚驻军侵占 6 座，而中国政府及台湾方面实际控制并驻军的岛礁仅有 8 座，分别为永暑礁、渚碧礁、美济礁、华阳礁、赤瓜礁、东门礁、南薰礁和太平岛（如图 1、表 1）。南沙群岛的 51 座驻军岛礁中，有外国驻军的有 43 座，占驻军岛礁总数的 84%，足见我国南沙群岛岛礁被侵占之严重。

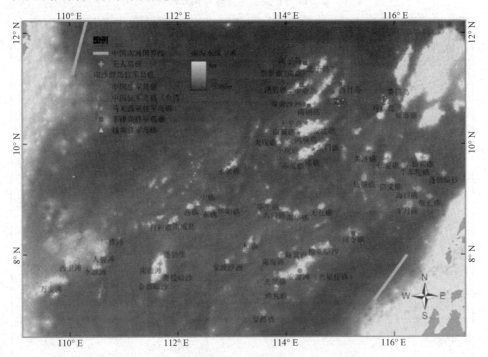

图 1 南海周边国家驻军侵占我国南沙岛礁示意

目前，中国除了驻军实际控制的 8 座岛礁外，还对南钥岛、双黄沙洲、杨信沙洲、库归礁、安乐礁、西门礁、舰长礁、信义礁、仁爱礁、奥援暗沙、康泰滩、曾母暗沙等 12 座岛礁进行常态化的巡航监控。1988 年中国海军南沙守备部队先后进驻了永暑礁、华阳礁、南薰礁、赤瓜礁、东门礁、渚碧礁 6 座岛礁，1995 年中国渔政实际控制了位于南沙东部海域的美济礁。中国在南海问题上始终保持谨慎克制的态度,主张南海主权声索国"搁置争议,共同开发",并通过和平协商的方式对话解决南海问题。继菲律宾和越南在南沙群岛设立行政单位以后,中国政府在 2012 年设立隶属海南省的三沙市,政府驻地设在西沙群岛永兴岛。三沙市是由国务院批准建制的地级市,下辖西沙、中沙、南沙诸群岛,涵盖岛屿面积约 13 平方千米,海域面积约 200 万平方千米,是我国面积最大、人口最少的市,也是我国继舟山市之后的第二个以群岛设市的地级行政单位。

表 1　南沙群岛各国驻军岛礁及相应的驻军时间

驻军入驻时间	中国驻军岛礁(8 座)	菲律宾驻军岛礁(8 座)	马来西亚驻军岛礁(6 座)	越南驻军岛礁(29 座)
1946	太平岛(台湾)			
1970		马欢岛、费信岛		
1971		中业岛、西月岛、北子岛		
1973				鸿庥岛
1974				南威岛、景宏岛、安波沙洲、敦谦沙洲
1975				南子岛
1978		双黄沙洲		染青沙洲、毕生礁、中礁
1980	司令礁			
1983			弹丸礁、光星仔礁、榆亚暗沙	
1986			光星礁、南海礁	
1987				柏礁
1988	永暑礁、华阳礁、渚碧礁、赤瓜礁、南薰礁、东门礁			舶兰礁、奈罗礁、西礁、日积礁、大现礁、东礁、南华礁、无乜礁、琼礁、鬼喊礁、六门礁

（续表）

驻军入驻时间	中国驻军岛礁（8座）	菲律宾驻军岛礁（8座）	马来西亚驻军岛礁（6座）	越南驻军岛礁（29座）
1989				广雅滩、蓬勃堡、人骏滩、万安滩、李准滩
1991				西卫滩
1994		南钥岛		
1995	美济礁			
1998				金盾暗沙、奥援暗沙
1999			簸箕礁	

越南是侵占我国南沙群岛岛礁数量最多的国家，尤其在南沙群岛的西南部海域越南独霸一方，侵占了该海域所有的岛礁，并将中国、马来西亚、菲律宾都拒之在外，而越南侵占的其他岛礁则大多位于南沙群岛的核心地带。越南对南沙群岛岛礁的驻军侵占主要始于20世纪的七八十年代，当时正值中国国内政治动荡和中越十年战争期间。在处理南海问题的对策上，越南坚持将南沙群岛主权"合法化"作为其国家计划，在法律上主张《旧金山和约》的"南海主权未定论"，在行动上"岛有居民、礁有驻军、暗沙有前哨"，并从人力、军力上巩固实现其"主权在己"的目的。在行政上，越南政府在1982年非法地将南沙群岛编为"长沙县"，划归庆和省所属。在军事上，越南将南威岛作为其在南沙群岛的军事指挥中心和行政中心，并在鸿麻岛、南子岛、西礁设有副一级的指挥中心。目前，越南侵占的岛礁除了南子岛外，均无一般平民居住。

菲律宾共侵占我国8座岛礁，分别为中业岛、西月岛、北子岛、马欢岛、费信岛、南钥岛、双黄沙洲、司令礁。除了位置较为偏南的司令礁以外，其余的7座岛礁均分布在南沙群岛的北侧至东北侧海域。此外，菲律宾除了长期驻守以上8座岛礁之外，还不定期地派遣士兵到火艾礁进行守备。1999年菲律宾登陆舰在仁爱礁坐滩，此后一直派有6名士兵在此驻守，妄图以此实际控制仁爱礁。菲律宾对以上岛礁的侵占主要始于20世纪70年代初期,当时正逢我国国内政治动荡时期。在处理南海问题的对策上,自 2010年阿基诺三世当选菲律宾总统以来,菲律宾一改原来温和的南海政策,在南海问题上持续走激进路线,大肆渲染中国"威胁"南海及其周边国家安全,激化中国同东盟国家的关系,将南海问题单方面提交国际仲裁,意图使南海问题国际化,并拉拢美、日等域外国家入伙。菲律宾在侵占我国的岛礁上驻军人数并不多,且军事设施相对简陋。相比在军事上的无所作为,菲律宾更加偏好于采取咄咄逼人的气势误导国际舆论并借助域外势力制衡中国。在行政上,1978 年菲律宾划设南沙群岛北部作为一个独立特别市,命名为"卡拉延市",其驻地设在中业岛上。目前除了中业岛以外,菲律宾非法侵占的其他 7 座岛礁均无一般平民生活和居住。

马来西亚自 1983 年以来先后驻军侵占我国南沙群岛南部的弹丸礁、光星礁、光星仔礁、榆亚暗沙、南海礁和簸箕礁共 6 座岛礁。相比越南和菲律宾在南海问题上同中国的高调对抗,马来西亚则表现得缄默不语。马来西亚南海政策的重点和核心集中在其南海海洋安全利益和油气资源带来的经济利益之上,一方面,通过经营巩固已占有岛礁加强对其实际占领;另一方面,通过加紧南沙油气资源开发攫取更多的经济利益。弹丸礁,马来西亚称其为"拉央拉央岛",1983年马来西亚派遣一支海军特种部队占领了该岛礁,其后经过三次大规模的填海造陆工程,弹丸礁已经建设成一个有 1 500 米长机场跑道、面积达 0.35 平方千米的人工岛,且该岛礁被开发成一流的潜水旅游度假胜地。弹丸礁上设有军事指挥中心,建有马来西亚侵占南沙岛礁中最大的军事基地。除了每年的 11 月份至次年 1 月份之间的旅游停业期间,其他月份弹丸礁上均有从事旅游业的服务人员居住,人数在 50 人左右。

文莱是南沙群岛主权声索国中唯一没有实际驻军的国家。在南海领土和海域划界问题上,文莱既没有反对中国的领土诉求,也未对中国南海"断续线"提出质疑,主张当事国通过和平协商解决南海争议,其对中国提出的"搁置争议,共同开发"一直是比较支持的。文莱对南沙群岛的领土主权声索仅限于南通礁。1993 年,南通礁被马来西亚非法控制。2009 年,马来西亚和文莱互相签署文件

"私相授受"南通礁,将南通礁划归文莱。文莱虽未驻军进占南通礁,但其对南沙油气资源的掠夺可谓不甘人后,至今已在南海开发油气田共 11 个,其中 2 个位于我国南海国界线内。

二、我国对驻军岛礁的开发

中国政府对永暑礁等 7 座岛礁的驻军控制自 1988 年开始。1987 年,应联合国教科文组织要求,中国政府开始筹划建立永暑礁海洋气象观测站。次年 2 月,中国政府组织施工人员在永暑礁礁盘南部开始建造钢筋混凝土结构的观测站。16 日(农历除夕),为应对越南海军抢占永暑礁的意图(当时越南装载有建筑材料的武装渔船已出现在永暑礁海域),中国海军当机立断在永暑礁搭建成了第一代可驻军的茅棚高脚屋并驻军 5 人。1988 年 8 月,海洋气象观测站竣工并随即投入科学观测使用。1989 年,在最初搭建的第一代高脚屋附近新建成了 3 座第二代钢凉亭式的高脚屋。其后,在原有观测站的基础上,逐渐修葺完善建成了钢筋混凝土结构的第三代礁堡式建筑。至 2014 年 8 月永暑礁填海造岛之前,永暑礁已建有面积约 10 000 平方米的礁堡平台 1 座,混凝土基底的玻璃钢质航标灯 10 座,礁堡平台上建有 5 000 吨级的补给码头和直升机停机坪。2015 年 7 月,永暑礁结束填海造陆作业,实际造陆面积 2.79 平方千米,一举跃升为南沙群岛中陆地面积第三大的岛屿。永暑礁人工岛已建成一座长 3 000 米、宽 50 米的机场跑道和一处面积达 0.5 平方千米的深水港,同时仍在进行其他基础设施和绿化设施的建设。

华阳礁是我国在南沙群岛中驻军控制的第二座岛礁。1988 年 2 月 18 日,我国在华阳礁建成了第一代高脚屋实现驻军。1997 年 5 月 2 日,华阳礁建成了第三代混凝土礁堡,驻礁士兵的生活得到改善。2013 年 7 月,中国开始在华阳礁进行填海造岛工程。至 2015 年 4 月,华阳礁围填海施工结束,造陆面积 0.28 平方千米,成为南沙群岛中陆面面积第七大的岛屿。2015 年 10 月 9 日,华阳礁人工岛上的灯塔建成并投入使用,这座 50 米高的灯塔将为该海域船舶航行提供安全保障。

1988 年 3 月 13 日,中国海军于当月建成了赤瓜礁第一代高脚屋,随后在年底建成 3 座第二代钢凉亭式高脚屋。90 年代,中国海军组织人员建成了钢筋混凝土结构的赤瓜礁礁堡,礁堡平台面积约 1 000 平方米,含简易的补给码头和直升机停机坪。2014 年 1 月,中国政府开始实施赤瓜礁填海造岛工程,经过连续 10 个月围填海作业,至 11 月份完成填海造陆面积 0.11 平方千米。2015 年 10 月 9 日,赤瓜礁灯塔举行竣工发光仪式并投入使用。赤瓜礁人工岛还将进行国防设施的建设。

中国海军在 1988 年 6 月在东门礁建成用于驻军的第二代高脚屋。20 世纪 90 年代,东门礁建成第三代钢筋混凝土结构的礁堡,礁堡平台面积约 1 000 平方千米,在礁堡西南侧建有一座灯塔。2014 年 3 月东门礁开始实施填海造岛工程,至 2015 年年初完成填海作业,造陆面积 0.08 平方千米。东门礁人工岛现在正在进行岛上基础建筑物的建设。

渚碧礁系由中国海军在 1988 年驻军控制,同年建成了第一代茅棚高脚屋,随后,在一代高脚屋附近建成二代高脚屋。渚碧礁礁堡于 1990 年 8 月竣工,包括一栋 4 层高的楼房(地上 3 层、地下 1 层),一处雷达哨所和一座直升机停机坪,礁堡一侧建有简易的补给码头。2015 年 1 月渚碧礁开始实施填海造岛作业,至 7 月份完成一期填海作业,建成的人工岛面积达 4.11 平方千米,成为南沙群岛中陆面面积第二大的岛屿。2015 年 8 月,渚碧礁人工岛上开始铺设机场,以渚碧礁人工岛规模估计该机场的机场跑道将达到 3 000 米,可以起降大型运输机。

南薰礁在 1988 年 2 月 25 日由中国实际驻军控制至今。20 世纪 90 年代建成第三代混凝土礁堡。2014 年 3 月,南薰礁开始进行填海造岛工程施工,截至 11 月份完成填海造陆面积 0.18 平方千米。南薰礁人工岛呈"只"字形,其主体建在岛礁中央,"两臂"向外伸出至礁盘边缘对中央部分形成拱卫姿态并分别连接了原有的礁堡和新建的港口码头。南薰礁人工岛在建位于岛屿中部的南薰大楼和一臂翼上的港楼。

美济礁是中国政府最晚驻军控制的一座岛礁,也是所建成人工岛中面积最大的一座。1994 年 12 月 29 日,美济礁由隶属中国农业部的渔政部门实际控制,其后在 2013 年 2 月正式转交给中国海军南沙守备部队驻守。1995 年 4 月,中国渔政部门在美济礁礁盘东南西北四侧一共建成了 13 座第二代高脚屋。此后在 1998 年至 1999 年又陆续在美济礁礁盘的东南西北四侧分别建成第三代钢筋混凝土礁堡(礁堡含直升机停机坪)。至 2015 年 1 月中国开始在美济礁实施围填海作业以前,美济礁东西两侧的礁堡均已废弃,实际投入的只有南北两侧的礁堡。2015 年 6 月,美济礁暂停填海造岛作业,已完成填海造陆面积达 5.67 平方千米,被一举打造成为南沙群岛中面积最大的岛屿。中国正在美济礁人工岛的西北侧铺设美济礁机场。美济礁也是中国驻军岛礁中唯一有平民长期居住于此从事海洋捕捞和水产养殖工作的岛礁。美济礁人工岛的扩建工作很可能在条件成熟时重启并着力打造成中国最南端的"海洋之心"城市。

中国对南沙群岛驻军岛礁的开发主要表现在驻军设施的升级换代上,由最初的第一代茅棚高脚屋升级为第二代钢凉亭高脚屋,再升级到钢筋混凝土结构的第三代礁堡式建筑,同时伴随着驻军岛礁对外通信设备的逐渐升级。中国对以上岛礁的新一轮大规模开发则表现在自 2013 年底开始普遍实施的填海造岛工程,经过两年左右时间的围填海作业,中国在南沙群岛完成填海造陆面积达 13.22 平方千米,超过了南沙群岛其他驻军岛礁面积总和的 6 倍。中国驻军岛礁面貌发生了翻天覆地的变化,由最初空间狭小、条件恶劣的岛礁一举打造成为南沙群岛中空间最为充裕、环境最为优越的岛屿(如图 2)。至 2015 年 7 月,在南沙群岛所有岛礁中,面积排名前十大岛屿中中国驻军岛屿占了其中的六成(如表 2)。

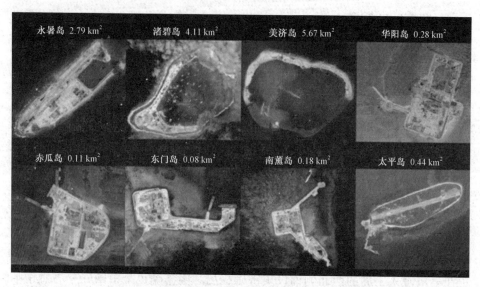

图 2   中国南沙驻军岛礁填海造岛后的人工岛影像

表 2   中国驻军岛礁围填海作业前后的南沙岛屿面积排名

2013 年初南沙群岛岛屿陆面面积排名				2015 年末南沙群岛岛屿陆面面积排名			
面积排名	岛屿名称	岛屿面积 (平方千米)	岛屿类型	面积排名	岛屿名称	岛屿面积 (平方千米)	岛屿类型
1	太平岛	0.44	自然岛	1	美济礁	5.67	人工岛
2	弹丸礁	0.35	人工岛	2	渚碧礁	4.11	人工岛
3	中业岛	0.33	自然岛	3	永暑礁	2.79	人工岛
4	西月岛	0.16	自然岛	4	太平岛	0.44	自然岛
5	南威岛	0.15	自然岛	5	弹丸礁	0.35	人工岛
6	北子岛	0.14	自然岛	6	中业岛	0.33	自然岛
7	南子岛	0.13	自然岛	7	华阳礁	0.28	人工岛
8	染青沙洲	0.12	自然岛	8	南薰礁	0.18	人工岛
9	敦谦沙洲	0.09	自然岛	9	西月岛	0.16	自然岛
10	南钥岛	0.08	自然岛	10	南威岛	0.15	自然岛

三、我国驻军岛礁的战略位置

(一) 南海航行安全方面

南海是世界上第二大航海通道,每年通过南海的各类船舶总量 10 万余艘。南沙海域位于南海南部,靠近马六甲海峡,是南海航行的必经通道之一。但是,南沙海域东侧多岛礁和浅滩严重威胁着海上航行安全,是海上航行中的危险区域;而其西侧水深较深且岛礁和浅滩密度较少,因此南沙群岛西侧海域才是海上航行的最主要通道(如图 3)。

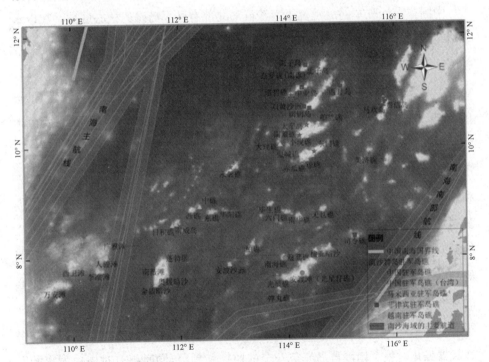

图 3　南沙驻军岛礁与南海主航线的位置关系

越南驻军侵占我国的万安滩、李准滩、广雅滩、西卫滩、人骏滩、蓬勃堡、奥援暗沙、金盾暗沙均位于南沙群岛的西南侧海域,是南沙群岛中距离南海西部主航线最近的有驻军岛礁群,直线距离在 50 海里以内,对南海西部航海通道安全具有极大的威慑和影响。

我国驻军控制的永暑礁和华阳礁均位于南沙海域海上航行危险区的西侧边缘,是中国驻军岛礁中最靠近南海主航线的岛礁,在直线上距离南海西部主航线约 100 海里。因此,可以充分借助永暑礁和华阳礁的"地利"优势,为往来航行于南海的船舶提供安全保障和及时的援救措施,并可以通过在永暑礁人工岛上修筑机场提升对南海西部主航线的航行安全保障以及快速救援反应。

(二)南海军事威慑方面

中国在南沙驻军的岛礁位于南沙群岛北部有驻军岛礁的核心区域。在以永暑礁、美济礁、渚碧礁为顶点的三角范围内,一共囊括各国驻军岛礁 12 座,约占各国驻军岛礁总数的 25%。在以中国驻军岛礁为中心的 24 海里影响范围内,囊括了菲律宾和越南驻军侵占我国的中业岛、双黄沙洲、南钥岛、敦谦沙洲、景宏岛、鸿庥岛、染青沙洲、东礁、舶兰礁、琼礁、鬼喊礁、大现礁共 12 座岛礁。在以中国驻军岛礁为中心的 50 海里(93 千米)范围内,除了囊括以上 12 座岛礁之外,还囊括了菲律宾和越南驻军侵占的北子岛、南子岛、奈罗礁、中礁、西礁、毕生礁和柏礁 7 座岛礁,即在中国驻军岛礁 50 海里范围内菲律宾和越南一共驻军侵占我国岛礁有 19 座,占所有被侵占岛礁总数的 44%。在以中国驻军岛礁为中心的 100 海里(185 千米)范围内,则囊括了菲律宾、越南和马来西亚驻军侵占我国的岛礁 35 座,为以上三国侵占我国岛礁总数的 81%。以中国驻军岛礁为中心的 200 海里(370 千米)范围内,除了越南侵占的万安滩不在该范围内,其余有驻军岛礁均在该范围以内。因此,可以在中国驻军岛礁上部署大半径监视和防御性武器强化对整个南沙群岛海空安全的监控和预警,同时提升对周边国家的军事威慑力(如图 4)。

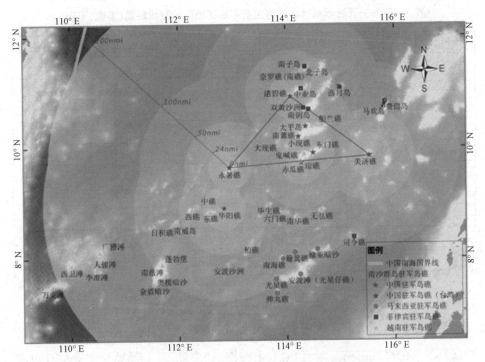

图 4　中国驻军岛礁不同距离下的影响范围示意

　　此外,中国南沙驻军岛礁中永暑礁距离越南金兰湾海空军基地最近,直线距离约 260 海里(约合 480 千米)。美济礁距离菲律宾巴拉望岛西侧的乌卢甘湾海军基地最近,直线距离约 195 海里(约合 360 千米)。南沙东部海域的蓬勃暗沙和仙宾礁是最接近于乌卢甘湾的南沙岛礁,直线距离在 120～140 海里(约合 220～260 千米)之间。这两座岛礁目前均为无人岛礁,在这两座岛礁上修建雷达可有效监视乌卢甘湾内舰艇的动向。菲律宾军方还升级了乌卢甘湾海军基地的军事设备,拟将其打造成仅次于苏比克湾基地的第二大海军基地。苏比克湾是菲律宾最大的军事基地,位于吕宋岛西侧,靠近南海中沙海域,种种迹象表明美国有意将重新入驻该军事基地。中国南沙驻军岛礁与苏比克湾的直线距离在 400～450 海里(约合为 740～840 千米)之间。南海主要驻军岛礁和沿海主要军事基地之间的直线距离如表 3 所示。

表3　南海主要驻军岛礁和沿海主要军事基地间的直线距离(单位:千米)

地名	永暑礁	渚碧礁	美济礁	南威岛	中业岛	弹丸礁	金兰湾	乌卢甘湾
渚碧礁	190							
美济礁	285	200						
南威岛	160	350	420					
中业岛	215	30	190	375				
弹丸礁	270	395	335	250	415			
金兰湾	480	550	730	470	565	715		
乌卢甘湾	645	525	360	775	510	625	1 070	
苏比克湾	980	780	750	1 140	770	1 085	1 240	550

(三)南海油气开发方面

南海是我国四大海区中面积最大、水深最深的海区,同时也是我国四大海区中最富油气的海区。南海素有"第二个波斯湾"之称,其石油储量保守估计也有230～300亿吨,天然气储量估计达到20万亿立方米(折合油当量200亿吨)[1],两者总量可达450亿油当量。据国土资源部地质普查数据表明,南海的油气资源主要分布在南海大陆架上的10余个高丰度油气沉积盆地之中,这些盆地的总面积达到85万平方千米,约占南海大陆架面积的一半。南海北部陆架上有珠江口盆地、琼东南盆地、北部湾盆地、莺歌海盆地等油气沉积盆地,目前中国在以上盆地中均发现了大型油气田并已经进行了开采作业。在南海南部陆架上,万安盆地、曾母盆地、北康盆地、文莱-沙巴盆地均是极富油气的沉积盆地,这些含油气盆地的部分位于我国南海国界线内。据估计,这些盆地的油气密度超过20 000吨/平方千米。自20世纪70年代以来,越南、马来西亚、文莱、菲律宾、印度尼西亚五国便开始在南海南部陆架上进行油气开发活动,至今已钻探油气井数量达1 380口,摄取油气达6 000万吨油当量,其中近半数来自我国南海国界线

---

[1]　中国能源网,http://www.china5e.com/news/news-870435-1.html。

内。而中国目前还未能在南海南部实施一口油气钻井,抓紧开发南沙海域油气刻不容缓。

中国驻军岛礁主要分布在南海南部大陆坡的珊瑚岛礁上,永暑礁距离万安盆地、曾母盆地、南薇盆地、中建南盆地分别为500千米、650千米、300千米、400千米,可有效管控南沙群岛西部及西南部油气盆地的油气开发活动。我国驻军的美济礁是南沙群岛中距离礼乐盆地和礼乐滩北盆地最近的岛礁之一,其直线距离在150千米以内,另外,美济礁距离巴拉望盆地约300千米,距离文莱-沙巴盆地约500千米。因此,利用美济礁的"地利"优势可以有效监管礼乐盆地、礼乐滩北盆地、巴拉望盆地和文莱-沙巴海域的油气开发活动,或者为南沙东部和东南部海域油气开发基础保障提供极大的帮助(如图5)。

中国驻军岛礁在维护南沙海域主航线航行安全,维护南沙海域诸油气沉积盆地的油气勘探开发作业安全,以及维护南沙海域安全、稳定方面,均有极其优越的地理区位优势,应当充分发挥这种"地利"优势,维护南沙海域持久和平稳定与共同繁荣。

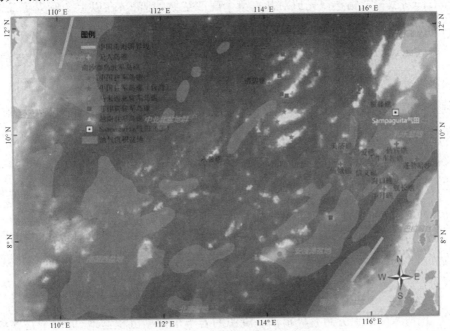

图5　南沙东部海域的无人岛礁及油气盆地分布

四、我国驻军岛礁的开发战略

（一）岛礁防御规划

中国已在驻军的 7 座岛礁完成了填海造陆作业，涉及造陆面积 13.22 平方千米，成功打造出南沙群岛中陆面面积最大的 3 座人工岛屿。中国已同步地在以上 3 座岛屿开始建设永暑岛机场、渚碧岛机场和美济岛机场 3 座机场。7 座岛礁由最初的弹丸之地升级为现在的人工岛着实不易，建议推行积极防御的策略，首先加强这些岛屿的军事安全防御能力。鉴于南沙群岛几乎所有驻军岛礁均在以中国驻军岛礁为中心的 200 海里（约合 370 千米）范围内，因此，建议在永暑礁、渚碧礁、美济礁 3 座最大岛屿上打造大型军事基地，形成犄角之势保卫中国驻南沙岛礁的安全。同时，建议在以上 3 座岛礁中部署监测半径达 300 千米左右的对空警戒雷达以完成对几乎整个南沙空域的监视；在以上 3 座人工岛同时建立深水港口进驻大型军舰以加强对南沙海域海上航行安全的管控能力。

在充分完成和完善了中国南沙驻军岛屿的基础设施和军事设施建设之后，建议继续奉行"走出去"的策略。首先，进一步强化对未驻军无人岛礁的巡航控制。这部分岛礁包括由菲律宾北子岛驻军监视的北外沙洲，菲律宾双黄沙洲驻军监视的杨信沙洲，台湾太平岛驻军监视的中洲礁，以及位于南沙东部海域的信义礁、海口礁、仙宾礁、舰长礁、半月礁和蓬勃暗沙等诸多无人岛礁。其次，建议积极控制南沙东部海域未被驻军占领的无人岛礁，将其定位为开发礼乐盆地和礼乐滩北盆地的油气资源的落脚点。

（二）资源开发规划

南海大陆架上分布有极富油气资源的若干个大型沉积盆地，但由于这些油气沉积盆地的地理位置过于偏南,中国很难对这些海域的油气开发执行有效的监管。为更好地应对中国经济发展中对油气资源的需求,从中国大陆近海油气勘探开发转向对南海南部油气资源勘探开发应当提上日程。受地理位置以及周边国家油气开发进程的影响,中国对南海南部油气资源的开发工作不可能一蹴而就,必须根据实际情况采取先易后难、循序渐进的开发策略。

万安盆地和中建南盆地是位于南沙西侧海域的大型含油气盆地。2012 年 6 月,中海油在南海中南部划定的 9 个海上油气区块中有 7 个位于中建南盆地,2 个位于万安盆地和南薇西盆地的部分区域。目前,中国尚未在以上 9 个油气区块进行油气勘探作业。越南在万安盆地的万安滩一带油气勘探开发活动十分活跃,早在 1987 年便开始在位于我国南海国界线内的万安盆地进行油气开发活动[1]。其投入生产的大熊、蓝龙油田以及木星、西兰花、红兰花气田等 11 个油气田位于我国南海国界线内。在越南划定的 185 个海上油气区块中,多达 69 个区块全部或部分深入我国南海国界线内。永暑礁是中国驻军岛礁中距离万安盆地和中建南盆地最近的岛礁。为加快南海南部油气资源开发的步伐,建议在永暑礁建立油气勘探和开发保障基地,首先对中建南盆地 7 个油气区块进行勘探开发,其次在中建南盆地油气开发稳固情势下逐步向万安盆地进发。

礼乐盆地是位于南沙海域东部极富油气的大型沉积盆地之一,其面积约 5.5×10^5 平方千米。据国土资源部油气普查数据表明,礼乐盆地含油气密度在 5 000~10 000 吨/平方千米。据估计,礼乐盆地天然气总储量达 20 万亿立方英尺,约为 5 660 万亿立方米[2]。2011 年,菲律宾在礼乐盆地 SC72 区块勘探发现大型气田 Sampaguita 气田,并随后于 2013 年投入生产,主要生产天然气和凝析油,日产天然气约 5.7 万立方米。据估计,Sampaguita 气田天然气总储量可达 1 310 亿立方米,凝析油储量达 1 540 万吨。[3] 中国驻军的美济礁至礼乐盆地直线距离在 30~150 海里(55~280 千米)之间,距离菲律宾开采的 Sampaguita 气田

---

① 腾讯新闻,http://news.qq.com/zt2012/SCSnewpolicy/。
② 菲律宾石油网站,http:/www.oilpro.com/。
③ 维基百科,https://en.wikipedia.org/wiki/Sampaguita_gas_field。

直线距离约为 130 千米。目前,中国已经开始在美济礁人工岛上修建机场,届时将可以通过空中巡航有效地监控礼乐盆地的油气开发活动或为中国在礼乐盆地的油气开发提供保障。因此,建议在南海南部油气资源开发活动中应将礼乐盆地的油气勘探提上日程,并在美济礁人工岛上建立大型油气加工与藏储基地和南沙东部海域油气开发的保障基地,抓住时机进军礼乐盆地,逐步建立一条由礼乐盆地至美济礁的油气输送管道,变被动为主动,打乱菲律宾在礼乐盆地的油气勘探规划。

在渔业生产上,美济礁及其以东的南沙海域历来是我国渔民的传统捕捞地,这一海域遍布有信义礁、海口礁、舰长礁、牛车轮礁、仙娥礁、五方礁、蓬勃暗沙等大小岛礁 20 余座。同时,美济礁潟湖也是我国热带海鱼养殖的重要基地。因此,建议同油气开发方向一致,以美济礁作为南海渔业生产核心基地,逐步向南沙东部海域进军并控制一系列无人岛礁,为该海域的渔业生产以及油气开发提供支撑和保障。

(三) 行政管理规划

国以民为本,南沙岛礁之建设,亦同国家之建设,不能军民分离,需要充分发挥人民在稳固边疆中的重要作用。南沙岛礁离不开军队的保卫,更离不开人民的捍卫。目前,美济礁是中国驻军的 8 座岛礁中唯一有平民居住的岛礁。建议人工岛后续规划中考虑在永暑礁、渚碧礁、美济礁引入平民长期居住,同时提供渔产、旅游、科研、物流运输等行业的就业机会。

另一方面,为针对越南和菲律宾分别在侵占我国的南沙岛礁设立了县级行政中心,同时加强我国对南沙岛礁及其海域各类资源的开发规划和管理协调工作,建议在南沙群岛设立隶属于三沙市的县级行政单位南沙区,政府驻地设在永暑礁。建议在永暑礁、渚碧礁、美济礁三座大型人工岛上军民结合,同步建设军用和民用设施;在其余四座小型人工岛上进行全军事化建设,建成拱卫三座大型人工岛的前哨。中国南沙驻军的 7 座人工岛功能规划建议如表 4 所示。

表4　中国南沙7座人工岛战略规划和功能定位

岛礁名称	人工岛陆域面积（km²）	功能定位	战略规划
美济礁	5.67	军民两用	南沙东部海空军基地、海警基地、油气开发基地、热带生态和渔业科学研究基地、南沙旅游度假区、国家海洋公园、医疗救助中心
渚碧礁	4.11	军民两用	南沙中部海空军基地、海警基地、国家海洋公园、渔业生产基地、航空航天地面站、医疗救助中心
永暑礁	2.79	军民两用	南沙军事指挥中心、南沙西部海空基地、海警基地、南海紧急救护中心、油气开发基地、热带海洋及深海科学研究基地、南沙旅游接待中心、国家海洋公园、海上丝绸之路服务转运中心、县级行政单位（南沙区）署地
华阳礁	0.28	军用	军事基地（侦听、监视）、海上交通驿站
南薰礁	0.18	军用	军事基地（侦听、监视）、海上交通驿站
赤瓜礁	0.11	军用	军事基地（侦听、监视）、海上交通驿站
东门礁	0.08	军用	军事基地（侦听、监视）、海上交通驿站

（四）其他方面规划

南沙群岛是位于我国最南端的领土，接近地球赤道，纬度很低，在4°N～12°N之间。可以充分利用低纬度的地理优势，在其中的渚碧礁人工岛上修建航空航天地面测控站为国家航空航天事业提供支持。

中国驻军的永暑礁靠近南海西部主航线，可以充分利用"地利"优势，将永暑礁打造为南海主航线上的中国海上丝绸之路服务转运中心，并借助这一契机将永暑礁建设成中国最南端的海上城市；同时借助其邻近南海主航线的"地利"优势，为往来于南海的船舶提供及时高效的安全保障和医疗救护。

结　语

南沙群岛是位于我国最南端的领土,含有 230 余座岛屿、沙洲、干出礁和暗沙暗滩。但目前,南沙群岛岛礁被南海周边国家侵占严重,其中 43 座岛礁被越南、菲律宾和马来西亚非法驻军占据。中国驻军岛礁位于南沙群岛的核心部位,向西可以有效地监管和保障南海主航线的航行安全,并为中建南盆地、万安盆地的油气勘探提供保障;向东可以有效地为开发南沙东部海域的岛礁和渔业提供支援,并为礼乐盆地和礼乐滩北盆地的油气勘探提供保障。中国驻军的美济礁、渚碧礁、永暑礁互为掎角、三足鼎立,且现已建设成南沙最大的人工岛屿,合理规划建设这三座岛屿能够有效地监控和维护南沙海域的海空安全。南沙西部拥有重要的南海主航线和丰富的深海油气资源,将永暑礁人工岛打造为"西进"的战略基点能够充分地发挥其地利优势,达到事半功倍的效果。南沙东部海域具有丰富的无人岛礁资源、渔业资源和油气资源,将美济礁打造为"东出"的战略基点,积极控制南沙东部的一系列无人岛礁作为向东进发的落脚点,对强化该海域的实际管控能力,加快该海域渔产和油气资源开发,尤其对礼乐盆地油气的大规模开发均具有深远意义。

新形势下南海维权维稳问题再思考

林　松[*]

[内容提要]　维护我国在南海海域的海洋权益以及南海方向的稳定局势,既是贯彻习近平同志关于维权维稳系列讲话精神的重要体现,也是落实我海洋强国战略的必由之路。面对南海方向日趋严峻的局势,我们既要把握底线、坚决维权,又要防止冒进、妥善维稳,通过维权维稳辩证关系的巧妙运用,逐步将南海局势向利我趋势引导。

[关键词]　新形势　南海　维权　维稳

2013 年,习近平同志在中共中央政治局第八次集体学习时指出:"要维护国家海洋权益,着力推动海洋维权向统筹兼顾型转变。……要统筹维稳和维权两个大局,坚持维护国家主权、安全、发展利益相统一,维护海洋权益和提升综合国力相匹配。"当前,美、日染指南海的程度越发加深,南海方向面临的现实安全威胁呈上升趋势;综观我国海上全局,南海是面积最大、资源最广、地位最重要、忧患最多、主权和利益争夺最激烈最尖锐的海域,是海上维权维稳的主阵地。新形势下,维护南海岛礁和海域主权、海洋权益、海上战略通道安全,形势严峻、任务艰巨,我们必须深刻领会习近平同志讲话精神,正确处理好南海维权和维稳的重要关系,在建设海洋强国、捍卫南海权益的实践中有所作为。

---

*　林松,发表本文时为海军指挥学院副教授。

一、南海维权维稳及其辩证关系

在民族伟大复兴的历史进程中,南海扮演着越来越重要的角色,南海不仅是国家安全的屏障、经济发展的命脉,还是我主权争端的焦点、冲破战略挤压和封堵的前沿阵地。维护南海战略通道安全,守好南海寸海寸礁,是历史赋予我们的崇高使命和责任担当。

维权,《现代汉语词典》释义为"维护合法权益"[1],据此可将"南海维权"从字面上理解为"维护南海的合法权益"。海洋权益是国家在海洋中享有的各种权利和由此带来的利益的统称。南海海洋权益主要包括南海断续线内的岛礁和海域主权、航行权、资源拥有权和专属管辖权以及由此带来的海洋政治利益、海洋经济利益、海洋安全利益和海洋科研利益等。[2]

"稳"顾名思义即为"和平""稳定",据此可将"南海维稳"理解为"维护南海的和平与稳定"。南海的和平稳定,理应是南海周边及全世界爱好和平国家的共同愿望。中国政府一直致力于维护南海的和平稳定,努力将南海建设成为和平之海、友谊之海和合作之海,2002年签署的《南海各方行为宣言》就是最好的例证。

在南海方向,维权和维稳这一对矛盾始终存在,并且呈现出对立性、统一性和转化性特征。对立性是指维权和维稳是一对矛盾体的对立面,相互制约、相互对立,处理不当,维稳和维权会向着相反的方向发展。过急或不当的维权行动,在一定程度上会影响南海局势的稳定;而一味追求稳定,息事宁人,则可能导致合法权益的丧失。统一性是指维权和维稳共处于矛盾统一体中,维稳处理好,有利于维权;维权做到位,有助于维稳。二者相互关联、互为补充,统一于维护南海主权、安全和构建海洋强国的全局。转化性是指良好的维权维稳形势会互相促

---

① 中国社会科学院语言研究所:《现代汉语词典》,商务印书馆2010年版,第1418页。
② 陈尚君:《中国海洋维权研究》,海军指挥学院,2012年版,第10页。

进,转化为良性发展态势;恰当地处理南海维权,会转化为助推南海稳定的动力;南海的稳定局势,会转化为南海维权的坚实基础。新形势下,维权和维稳是辩证关系,要全面分析,通盘把握。维稳既包括维护周边环境和海域稳定,也包括维护国内大局稳定,不能脱离所处的国际环境和周边关系一味强调维权,也不能单纯为维稳而在维权上无所作为。维权要考虑为维稳创造条件,维稳要积极为维权创造机遇。

二、当前我国南海维权和维稳中存在的主要问题

和平解决海洋争端,维护地区形势稳定,是我国处理海洋问题的重要政策。遵循这一政策,近年来,中国先后与越南、菲律宾等南海周边国家通过国家领导人互访、双边和多边谈判磋商等形式,达成"和平解决海上争议,采取有效措施维护南海和平与稳定"的共识,①一定程度上维护了南海局势的稳定。对于越南和菲律宾等国在南海的侵权事件,我及时通过外交照会、抗议予以回击,并第一时间出动军事和行政执法力量前出维权;在各种外交场合积极发声,宣传我南海权利主张;通过设立三沙市、加强海上巡逻、建设南沙岛礁等有力举措强化对南海的有效管辖,有效维护了我在南海的海洋权益。可以说,在党中央的领导下,上下齐心、军地联合,南海维权维稳斗争取得了明显成效,但南海维权维稳依然存在诸多问题,需要引起高度关注,加强应对。

(一) 南海维权存在的主要问题

新形势下,我南海维权工作虽然一直都在有序推进,但南海维权形势风云变幻,对此,需要清醒认识、准确研判。

---

① 吴继陆:《我国海洋维权的立场与主张》,紫光阁,2012 年第 10 期,第 14 - 15 页。

1. 顶层设计存在不足,维权目标不够清晰

南海维权问题涉及国家政治、经济、科技、法律、执法、军事等诸多领域,必须站在国家高度予以筹划、组织与实施。21世纪以来,美、俄、日、韩等主要海洋国家纷纷制定国家海洋政策,建立国家级的海洋决策机构,统筹军队以及政府各部门力量,强化海洋权益的拓展与争夺。相比较而言,我国的海洋维权在顶层设计上略显不足。至今尚未制定专门面向南海的海洋政策。尽管近年来国家与各涉海部门日趋重视和关注南海问题,认识到南海维权的重要性,但是在一些核心问题上,如南海维权在国家发展中的地位作用,岛礁主权何时收复、怎样收复,海域划界如何实施、何时完成、影响如何,维权力量整合后如何分工,维权行动风险如何评估,等等,仍没有明晰的思路。特别是在南海维权目标方面仍然模糊。而维权目标直接决定着维权力量建设与维权手段实施的方向。南海维权目标不清晰,势必导致维权力量建设与运用的随机性、盲目性,南海海洋权益的有效维护也难以实现。

2. 法规制度建设滞后,维权依据不够充分

海洋维权需要完善的法律法规予以支撑。当前,我国相关法规制度建设仍相对滞后,难以适应南海维权形势的发展与维权行动的需要。主要表现在:一是海洋基础法规建设方面。《中华人民共和国领海及毗连区法》《中华人民共和国专属经济区和大陆架法》虽已颁布,但绝大多数条款取自1982年《联合国海洋法公约》,原则性过强,急需制定大量配套法规和实施细则,对海洋维权的主管部门、海上执法的主体力量、各类侵权行为的具体处罚措施等做出规定。对于外军舰船在我管辖海域的法律地位、权利义务也需要明确。如2001年"4·1撞机事件"后,美方以"紧急避险"为借口,侵入我领空并降落我军用机场,由于我国国内立法没有相关的规定,我方在处理此事件时基本上无法可依。二是军事法规层面。和平时期军队参与海上维权执法行动,政策性、敏感性强,相关的职责、指挥协同和兵力运用时机、规模等,均需要法律法规予以明确。随着我国海洋维权行动强度和频率的不断提升,包括训练大纲、战备条令、日常作战勤务条例等也需

要进一步予以调整和完善,从而为军事海洋维权行动提供坚实的法律支持。

3. 军警协同深度不够,维权效率难以提高

新世纪以来,海军与海警等部门先后建立了海上行动协调配合机制,对我国的海洋维权行动起到了重要推动作用,几次重大专项行动中也有效维护了我国的海洋权益。然而,军警协调机制在运行过程中也暴露出一些问题:情报不能实时共享,海军支援掩护行动依据不足,军警海上联合维权行动的临时性和随机性大,海上协调配合方案可操作性不强,海军和海上执法力量之间的联合演习与巡逻机制尚未形成,等等,严重影响了军警海上联合维权行动的效率。

4. 维权手段不够灵活,维权效果不够明显

相对于周边国家来讲,我国海洋维权手段仍存在很大欠缺,主要表现在:海洋维权手段的选择上缺乏统筹,力量使用上缺乏协调,效果上缺乏评估。政治、执法、军事等维权手段通常是被动应对而非主动出击,单一使用而非综合运用。而我国周边一些国家,其维护海洋权益的手段运用更加强调综合性与实际效果。以日本为例,在东海油气问题上,日本通过舆论造势——政府交涉——海上调查——提出东海"中间线"——军事监控"中间线"海域等一系列步骤,政府、媒体、海上保安厅、海上自卫队先后参与行动,使得东海油气问题从无到有逐步升级,最终由舆论宣传升级为军事行动,综合使用多种手段,可谓环环相扣、计划周密。当前,在我南海维权中,外交、政府涉海部门、军队等维权力量之间缺乏统筹,难以形成合力。国外海洋强国在海洋维权中综合手段运用的经验做法值得我们借鉴。

(二)新形势下南海维权面临的主要挑战

当前,南海已经成为各方力量博弈的前沿阵地,南海维稳将面临越来越大的挑战。

1. 越、菲在海洋权益问题上态度坚决,花样不断

中越双方都是《南海各方行为宣言》的签字国,根据宣言,"各方不以武力或

威胁使用武力解决南海争端"。中国一直恪守这一原则,致力于维护南海的和平稳定。然而,2011 年 6 月,时任越南外交部发言人阮芳娥在就"中国海监船制止越南石油勘探船在南海进行勘探作业"事件所举行的新闻发布会中指出:"越南海军将采取一切必要措施保护越南独立、自主和领土完整。"①把动用海军作为解决争端的选项,此举已经初步显露越南在南海问题上的强硬态度;2014 年越南更是动用了其国内一切力量,对我"981"钻井平台的正常作业进行百般阻挠,再次证实了其在中国南海维权问题上的坚决态度。

菲律宾对我南海权益的侵犯与越南相比,有过之而无不及,而且花样百出。2009 年菲律宾通过新版《领海基线法案》,将我南沙部分岛礁划入其领海基线范围内,并主张拥有对黄岩岛的主权;2013 年,菲律宾就南海问题向国际海洋法法庭提起仲裁,单方面要求启动仲裁程序,其野心在于通过仲裁撼动我南海断续线的合法性,进而从中谋利。时至今日,菲律宾在单方面提起国际仲裁的道路上仍坚持一条路走到底。

越南、菲律宾在南海海洋权益问题上的坚决态度,对我维护南海稳定无疑是一种巨大的挑战。

2. 东盟其他国家在南海问题上对中国压力不断增大

随着中国综合国力的不断增强,东盟不希望中国太过强大,害怕中国强大后可能推行"亚洲门罗主义";另一方面,"中国威胁论"在东盟也有广大市场,南海问题正适合东盟用于牵制中国。东盟试图通过将南海问题复杂化、多边化,变"共同开发"为"抢先开发",使中国无法全心全意致力于经济建设,达到制约中国和平发展的目的。此外,东盟在南海问题上日益一体化和机制化应对中国。东盟通过东盟地区论坛讨论南海问题,企图使南海问题多边化和复杂化。2015 年8 月 6 日闭幕的东盟外长会议发表的联合公报中,以 7 个自然段的文字阐述涉及南海问题的内容,其中提道:"有关国家的外长认为,发生在南中国海的筑岛行为削弱了信任,增加了紧张,破坏和平、安全与稳定。"公报中虽然没有指明具体

---

① 何懿:《国际观察:越南在中越南海争端中的态度》,中国广播网,2011 年 6 月 3 日。

的国家,但结合南海形势,显然是对中国的一种指责和变相施压。

3. 域外大国激发南海矛盾争端会动作不断

在南海问题上,美日印等域外大国的插手使南海问题更加复杂化、国际化,不利于南海的稳定。自美国国防部发布南海政策以来,美国一直以"航行自由"为借口对南海问题说三道四,特别是近年来,美国更是不断通过在南海海域进行联合军事演习、派军用舰机在南海巡逻等方式深度干涉南海事务,并要求韩国等国家表明对南海问题的基本态度和立场。日本外相 2011 年在访问印尼时提出"有必要构建多边框架解决南海主权争议问题",标志着日本正式插手南海问题。① 受美日影响,印度和俄罗斯也不断在南海有所动作,越南不断加强与印度的军事合作,借机使印度军舰前往南海。俄罗斯不断在东南亚出售军事装备,还帮助越南建造核潜艇,而且越南还有意拉拢俄罗斯共同开采南海石油。无疑,美、日、印、俄等国的插手都对南海的和平稳定产生重大影响。

4. 其他方向维权斗争也会对南海维稳带来压力

当前,我国维权斗争的主要海域在东海和南海,而我未来可能面临海上局部战争的三个方向也包括东海、南海和台海。三个方向在战略对手上存在一定的重合性,一旦某一个方向维权斗争出现问题,其他两个方向极有可能形成联动局势。

南海问题主要形成于 20 世纪 70 年代初,源自越南、菲律宾、马来西亚等南海周边国家对南沙岛礁的侵占。但其背景与台湾问题有很大的关系,台湾问题若迟迟不能解决,台海局势一旦有变,再度趋紧,将严重影响我南海方向的稳定。

南海问题与东海问题的形成时间大体相当,均在 20 世纪 70 年代初,但两者自形成之时起即存在相互联系和相互影响。两者之间联动具体表现可归纳如下:一是南海方向与东海方向同时升温、紧张,使我在海洋领土争端问题上面临两条战线,战略压力明显增大;二是日本与越、菲等国在东海、南海问题上相互支持、相互呼应,形成联手对我的局面,使我面临外交、舆论乃至军事上的压力和挑

---

① 朱陆民、刘燕:《试析南海问题的特点及对中国东盟关系的影响》,载《世界纵横》,2012 年第 5 期,第 73-76 页。

战,使我面临更加复杂的形势;三是我在南海、东海某一问题上采取的政策措施也会产生联动效应,会对另一方传递出或强硬、或和缓的信号,进而影响对方的政策行为走向。

三、新形势下统筹南海维权维稳的基本思路

南海方向维权与维稳,我国与各方既有共同利益,又有矛盾冲突,涉及空间广,内容多,博弈对象差异大,要统筹好南海维权和维稳工作,必须把握好斗争原则,充分运用维权维稳的辩证关系,运用不同方式方法灵活处置,在积极应对岛礁被侵占、海域被瓜分、资源被掠夺、安全受威胁等侵权行为不断的现实军事斗争中坚决维权,在建设海洋强国、维护国家政治外交大局的背景下积极维稳。

(一) 把握统筹南海维权维稳的指导原则

在南海维权维稳斗争中,要正确认识和处理维权和维稳的关系,既坚守底线、坚决斗争,又着眼大局、管控风险,坚持顺势而为、对等反制、后发制人,努力实现维权维稳积极平衡和动态平衡,这就要求在维权维稳行动中,坚守以下基本原则:

1. 把握维权底线,坚决捍卫重大海洋权益

岛礁和海域主权、领土完整,是我在南海的核心利益。因此,在南海维权维稳工作中一旦涉及这些问题,我们必须坚守底线,敢于斗争,坚决捍卫国家主权。

2. 服从国家大局,防止维权冒进

南海维权维稳斗争政治性、政策性、敏感性强,任何过激和冒进的维权行动都可能引发政治事件。因此,我们应管控好南海方向可能存在的风险,一切手段均应服从并服务于建设海洋强国大局。

3. 主动营造态势,避免形势恶化

针对当前南海动荡局势,因势利导,以岛礁建设为契机,主动营造有利态势,

引导南海局势向我有利方向发展,维护南海稳定。

4. 坚持四海统筹,防止多向联动

统筹好黄海、东海、台海和南海局势,防止在我南海维权维稳行动中,其他方向的相关国家向我发难,形成于我不利的联动局面。

5. 广开合作渠道,增进互信机制

南海维权维稳的核心在于国家利益,包括经济利益和安全利益。因此,我们可在"一带一路"倡议基础上,畅通合作渠道,加强合作、互利共赢,把南海周边国家打造成为共谋稳定、共同发展的利益共同体和命运共同体。

(二) 正确处理和运用南海维权维稳的辩证关系

清醒认识、正确处理和运用南海维权维稳的辩证关系,对于统筹南海维权维稳工作至关重要。

1. 拓展交流合作,在维稳中维权

和平与发展是时代的主流,各国在海洋方向存在着共同利益,这是维护南海形势稳定的基础。我国一直奉行"睦邻、安邻、富邻"的外交政策,致力于通过友好谈判和平解决领土和海洋权益争端。进入 21 世纪以来,我们和周边国家的相互依存不断加深,区域经济一体化的势头日益强劲。这种形势下,维护南海战略通道安全和海洋权益,应将新安全观落到实践层面,在不断发展军事力量的同时,通过双边、多轨磋商与对话,增进了解和信任,加强国际合作,遏制不稳定因素和军事冲突,争取实现利益相关国的共赢,在维护海洋形势稳定中维权。

2. 加强南海开发,在维权中维稳

当前,我南海主权利益受侵犯的内容多、范围广,既涉及国家领土、主权完整和安全利益,又有海洋资源归属、控制海洋通道、扩大国家防御纵深等重大政治、军事和经济利益。正确处理这些侵权行为是当前处理南海方向维权和维稳关系的现实课题。由于复杂的历史和现实原因,这些问题短时间内难以解决,急不得,但又不能无所作为。要有大的战略智慧和豪气,既维护南海形势的稳定,又维护合法海洋权益。政治外交上要有坚定明确的立场,军事上要坚持维权巡航常态化,重点突出海洋经济开发,充分发挥三沙市在主权宣示上的重要支撑作用,实施军事控制、行政管辖和资源开发同步,坚持武控民进、民进武卫、军民合力,达到既维权又维稳的战略目的。

3. 综合运用多种手段,积极开展海上斗争

南海权益之争具有对抗性、复杂性、长期性,因此,"要综合施策、多管齐下,统筹运用海上维权、外交谈判、法律斗争、舆论宣传等手段形成斗争的整体合力"。南海危机,危不可怕、机不可失,危机之时可能正是破局之机。对于非战争行动的维权,要采取政治声明、外交抗议、严重警告等方法表明立场,制止侵权行为。在法理上,通过媒体、互联网等手段广泛宣传我国对南海诸岛拥有主权的历史和法理依据,通过发表白皮书及政府声明等方式表明中国政府对南海尤其是断续线问题的立场和态度,通过舆论造势捍卫我国的海洋权益;在经济和科技领域,要稳步进行各类开发活动,并从政治、外交和军事行动上予以积极配合;在维权行动上,以政府执法力量为主,军事和民间力量有机配合,采用海空侦察巡逻、海上游弋、巡航执法等方法强化现实存在,采用有针对性的军事演习、海上武器试验等方法向对手施压,慑止其侵犯我海上权益的企图和行为;在应对突发事件上,以我不吃亏、利益不受损为底线,一旦触犯我底线,就要果断遏止、坚决实施自卫和反击,有效应对、借机发力,顺势改变战略态势,争取战略主动,为彻底解决南海问题、稳定南海形势奠定基础。

(三) 加强顶层设计,积极构建南海维权维稳军警民联合机制

当前,就南海海域的管控现状而言,我与越菲等国存在守控岛礁他多我少、设施建设他好我差、作战支援他近我远的客观现实。针对南海这种现状,必须构建有效维权机制,研究探索正确的战略指导,有效管控风险,统筹各种维权力量,不断提高管控力度。

1. 着眼南海安全利益全局，注重顶层设计研究

统筹南海维权与维稳，应着眼维护南海安全利益全局，用战略和长远眼光，明确目标，统筹规划，既要积极稳妥，又要有效维权。坚持"主权属我，搁置争议，共同开发"的12字方针，认清主权在我需要政治底线，搁置争议需要规定界限，共同开发绝不是肆意哄抢。当前，应立足南海形势发展趋势和维权特点，明确南海维权斗争能力建设的方针政策、原则要求和总体目标，注重谋略运用研究，形成系统、配套理论体系，指导和牵引南海的维权斗争准备。当前，在维护南海形势稳定的条件下，要围绕实际占领、有效管控、积极开发等难点问题，把政治、外交、军事、科技、文化等各种手段紧密结合起来，积极把握维权维稳主动权。

2. 着眼提高南海维权维稳效益，构建军警民联合机制

习近平同志指出："要加强同地方海上执法力量的协调配合，优化完善军地联合维权执法的运行机制和方式方法，为海上维权执法提供坚强的后盾。"南海方向维权维稳行动，涉及领域广、部门多，要提高行动有效性，必须按照体系集成要求，构建军警民联合机制，整合力量资源，统一行动指挥。要确保军警民协调制度化，以军为后盾，以警、民为前台，寓军于民、以民掩军、以军护民、软硬结合，研究探索构建守礁部队、值班舰艇（包括海警舰船）、地方船只"三位一体"的舰礁联防、军警民协防机制，充实完善各类协同处置预案，强化海区监控和军事威慑，坚决遏止有关国家在南海的侵权行为，维持当前南海管控现状和稳定态势。要推进岛礁管控民事化，在三沙市的基础上，加强对南海海域的民事行政管理，坚持海警、海事等政府力量海上巡航执法、护渔护钻，大力推动渔业油气资源、旅游观光等经济资源开发活动，加快发展海上运输、海上救援、海洋水文气象预报等公共服务产品，通过民事化和提供国际公共服务产品等方式彰显主权，提高海洋维权的能力水平，有力有效地维护南海领土主权和海洋权益。

南海海上战略通道通行安全法律保障问题研究

赵福林 *

[内容提要] 南海海上战略通道是我走向远洋的必经之路,保护海上战略通道安全对于我国具有重要的政治、经济和军事意义。我应熟练掌握并运用国际法关于不同性质战略通道的规定以及国际法赋予的相关权利,为通行安全提供法律防护。

[关键词] 南海 战略通道安全 法律保障

海峡作为国际海洋交通的"咽喉",具有重大经济和战略价值。南海海上战略通道从地理性质上都属于海峡,它们是太平洋和印度洋之间的海上走廊,是亚太地区国家包括我国在内的战略物资补给线,世界上运送各种物资的远洋货轮有2/3要经过这些海峡。由于海峡不同的法律性质,国际法以及沿岸国对其进行了很多特别的规定,在实际通过和有效保护上必须谨慎对待。

一、南海海上战略通道的法律性质及周边国家的具体法律规定

按照海峡水域的法律地位分,可将海峡分为内海海峡或群岛水域海峡、领海海峡、非领海海峡以及用于国际航行的海峡。所谓内海海峡或群岛水域海峡,即

---

* 赵福林,发表本文时为海军指挥学院战略系海军战略教研室讲师。

在领海基线或群岛基线以内的海峡,这种海峡如同基线以内的其他水域一样,是一国的内水或群岛水域,该国对它有排他的管辖权与支配权,其法律制度由该国自行确定,沿岸国可以对外国船舶通过海峡做出具体规定,在我们目前确定的南海海上战略通道中印度尼西亚的巽他海峡和菲律宾的巴拉巴克海峡即属于群岛水域海峡。领海海峡是主要是指宽度不超过领海宽度的一倍的、两岸同属于一个国家的海峡,因为我国确定的海上战略通道中无此类性质的海峡,在此不多加说明。非领海海峡即指海峡宽度超过两岸的领海宽度的海峡,此类海峡两岸的领海宽度以内的水域属于沿岸国所有,其中间部分属于专属经济区或公海水域,台湾海峡和巴士海峡即属于此类海峡。用于国际航行的海峡是指两端都是公海或专属经济区,尽管其宽度不超过 24 海里,但构成重要的国际海洋通道而被用于国际航行的海峡,具有重要的经济和军事价值,马六甲海峡即属于此类。

(一) 印度尼西亚的巽他海峡和菲律宾的巴拉巴克海峡的海上通行制度

由于这两个海峡都属于群岛海道,按照《联合国海洋法公约》的规定,所有船舶和飞机均享有在群岛国指定的海道或空中航道继续不停、迅速和无障碍地通过或飞越的权利,通过群岛海岛的船舶和飞机不得偏离海道中心线 25 海里以上,在群岛国尚未指定海道或空中航道的情况下,外国船舶可通过正常用于国际航行的航道,行使群岛海道通过权,实用无害通过制度。

印度尼西亚为外国船舶和飞机通过印尼水域规定了三类航行权:一是和平航行权,即任何船只和飞机可以在印尼领海和群岛水域享有无害通过权,这是针对船只在驶入或驶出群岛水域所实行的制度,穿越巽他海峡必然会经过其领海和群岛水域。二是群岛海道通过权,即所有船舶和飞机在印尼政府指定的群岛海峡中及其空中航道通过印尼水域及其领海的权利。巽他海峡即是印尼政府向国际海事组织提交的群岛海道方案中的一条:卡里马塔海峡—巽他海峡。三是过境通过权,这种权利特指马六甲海峡和新加坡海峡。

菲律宾 1984 年批准了《联合国海洋法公约》,但对《公约》中关于群岛水域法律地位和群岛海道通过制度的规定持保留意见。主张其群岛基线内的海峡水道均属内水,未经许可不得通过。与菲律宾友好国家的船舶可无害通过菲律宾所指定的群岛海道。但目前没有确切的官方文件证明指定了哪些群岛海道。根据学者研究文章,菲律宾政府同意指定巴拉巴克海峡为群岛海道,因此,如果我国同菲律宾政府保持友好关系,可以在巴拉巴克海峡享有无害通过权。

特别要注意的是,通过以上两海峡,必须是不停和迅速的通过,通过时可以停船和下锚,但以因不可抗力,或遇难所必要的,或为救助遇难人员、船舶和飞机的目的为限,不能进行与航行无关的可能对沿岸国安全有任何威胁的行为,潜艇必须水面航行。

(二) 台湾海峡和巴士海峡的海上通过制度

台湾海峡中超出领海的部分是实行自由航行制度,任何国家的舰船和飞机都可以自由通过。对于领海部分,未经我国政府允许,外国军用、政府船只和飞机不得驶入或通过;对于毗连区和专属经济区部分外国船舶和飞机行使自由航行权必须遵守我国毗连区和专属经济区相关法律规定,这也是未来我们限制外国船只和飞机通过的可以依据的重要规定。巴士海峡位于中国台湾岛的兰屿与菲律宾的阿米阿南岛之间,但由于菲律宾国内法规定的领海基线不是从其宣布的群岛基线量起,且其对领海宽度的规定也比较特殊,因此,在行动中我们必须注意,在没有得到菲律宾的友好示意之前,沿国际航线通过,尽量不要太靠近菲律宾一方的水域通过。但总的来说,在这两处海峡中,我们可以自由航行,潜艇是无须水面航行的。

(三) 马六甲海峡的通过制度

根据 1970 年印尼、马来西亚签订的《关于两国在马六甲海峡的领水疆界条约》以及 1971 年印尼、马来西亚和新加坡发表的联合声明,马六甲海峡部分属于领海、部分属于专属经济区。该海峡实行过境通行制度,海峡内部部分航段实行分道通航制。同时三国为海峡规定了比较详细的航路规则和海上交通安全管理规则,这些我们在通过时都是必须严格遵守的。

二、熟练掌握国际法赋予军用舰机和民船的权利

根据国际法规定,军用舰机和民船均享有一定的权利。我们应熟练掌握法律赋予的这些权利,以便在需要的情况下加以熟练运用。

(一) 军用船舶、飞机的法律地位和权利

军用船舶、飞机享有豁免权,我国的军用船舶、飞机除了受我国管辖外,不受其他任何国家管辖,但是必须遵守国际法;在海上航行和飞行必须遵守海上交通规则和避碰规则;在外国领海和港口必须尊重及执行沿岸国有关法律和规章;必须遵守我国承认的国际公约。同时,一旦军用船舶、飞机采取侵略行动时,其豁免权就全部丧失,此外,战争将使交战国之间军用船舶、飞机的豁免权暂停生效,而交战国与中立国之间军用船舶、飞机的豁免权仍然有效。政府船只和飞机也享有同军用舰船和飞机相同的豁免权。军用船舶的主要权利有以下几个方面:一是登临权,即靠近和登上被认为犯有国际罪行或其他违反国际法行为嫌疑的船舶进行检查的权利,检查的理由主要有海盗行为、贩运奴隶、从事未经许可的广播、非法贩运麻醉药品或精神调理物质、无国际船舶或悬挂外国旗帜疑为本国船只或悬挂本国旗帜疑为非法者。二是紧追权,即沿海国军舰在有充分理由认为外国船舶在本国管辖水域内违反该国法律和章程后逃离时,而对其紧追至公海,并把它拿捕带回港口,交付本国法院审理的权利。此项权利也可以由军用飞机行使。三是惩罚海盗权。四是自卫权,主要表现在两个方面,本身遭受武装袭击或严重威胁时和外国舰船飞机的行为对国家的主权、和平与安全已明显地构

成严重威胁或损害的情况。五是紧急避难权,即在紧急情况下进入外国港湾避难的权利。行使这一权利时必须尊重沿岸国当局关于港湾的各种规章制度,军舰还不得有损害沿岸国的和平、安全和良好秩序的任何行为,并应支付因得到救助的各种费用,在避难理由消失后,军舰应立即离开避难的港湾。在实践中我们对因天气原因未经批准到我领海的船只进行了驱赶,因此,我舰艇紧急避险一般情况下不要在未经沿海国同意的情况下进入他国领海,如别无选择,应在及时请示报告的基础上才能进入他国领海或港口,此项权利须慎用。

(二)民用船舶的权利

民用船舶是没有豁免权的,在其他国家海域航行,或在公海航行被其他国家军舰认为有充足理由时,都可能被临检,但是它同军舰相比最大的优势在于:民用船舶行使无害通过权时无须向海域所属国申报批准,只要不危及沿岸国的和平、安全和良好秩序正常行驶,就可以无害通过相关水域。如果其他国家无正当理由对其实施拦截或者扣留,就应当承担相应的赔偿责任。

另外,在未来我为保证海上战略通道畅通,可能会采取军舰护航的方式通过海峡,那么接受护航的商用船队是属于什么性质,目前没有明确的规定,但按照战争法惯例,一般都理解为在有军舰护航的情况下,应将其视为政府征用船只,也享有豁免权,其通过制度应同军舰或其他政府船只相同。

三、应用国际法赋予的各项权利对南海海上战略通道实施有效保护

(一) 实施实际军事行为,宣示我方合法权利

1. 保持一定时段、一定数量的军事存在

通过以上分析可以看出,按照国际法的规定和各国法律的具体要求,我国的军用舰船和飞机可以在法律允许的范围内,采取相应的通过制度,经过相关的海峡。为了正确行使权利、宣示权利,减少沿岸国的敏感度,我们有必要定期和不定期地组织军用舰船和飞机在遵守相关法律规定的前提下通过这些海上战略通道,以实际行动申明我方的合法权益。特别是在远航训练过程中,要适当安排到这些海峡执行穿越航行的任务,使基层指挥员能更加感性地了解和熟悉通过这些海上通道需要注意的一些问题,这对于战时采取军事行动来保护海上战略通道安全有十分重要的意义。

2. 采取有效的军事护航措施

战时,为了确保我海上战略通道的畅通,可以采取护航的方式,由军舰护送商船队通过南海相关通道。对于军舰,只要合法地行使权利,遵守国际法规以及沿岸国的各项规定,任何国家或地区,除了交战方以外是不能采取任何敌对措施的,否则将被视为对国家主权的干涉或侵略,势必会引发国际纠纷,因此,一般国家是不会轻易干涉的;同样,由军舰护送的船队同样会被视为政府财产,也享有豁免权,外国船只一般不会临检或阻止这些被护送的商船。用军舰护航在一定程度上也可以减少商船被敌方拿捕甚至攻击的可能性,对于保持我海上战略运输的畅通有重要意义。

(二) 充分利用南海海区现有力量,有效监控各国在海上战略通道的相关行动

南海是我国海上战略通道的必经之地,区域十分广泛,虽然争端众多,但大部分地区属于各国划分的专属经济区以及公海范围,我方完全可以利用在这些海域各种船只、飞机活动相对自由的有利条件,形成有效保护南海海上战略通道的长期军事存在,有效监控各国在海上战略通道的相关行动。在其他国家对我方战略运输进行无理干涉的情况下,及时提供国际法许可范围内的军事威慑和援助。一方面,可以利用在南海海域捕鱼的众多中国渔船有效监视南海海上各国军事力量动向,及时搜集有价值情报。我国渔船在南海海域捕鱼已经有悠久的历史,对于渔船的行动,只要没有危及其他国家岛礁安全或违反沿岸国的制度规定,各国也都保持默许态度,虽然渔船不能直接为实际保护海上战略通道安全服务,但是作为一支分布比较广的监视力量还是有很重要的意义。当然,在实施这方面的行动时,应当注意方式方法,这些行动是建立在各国对我渔船活动范围基本态度之上的,一旦违背也可能会陷入被动。另一方面,利用好我目前在南海海域的军事存在。一个是利用南海海域内的各常驻岛礁,密切关注当面海情、空情;一个是利用好我在南沙西沙值班值勤的舰船,尽量扩大活动范围,一旦有紧急情况发生,及时进行军事支援。

(三) 广泛开展国家外交活动,促进同海上战略通道周边国家的良好关系

海上战略通道涉及的国家众多,且通过制度除了受国际法的约束外,沿岸国家的相关规定和政府态度对此有很大的决定作用,因此,从外交上保持同这些国家的友好关系,对保护我南海海上战略通道安全有着极其重要的意义。一方面,保持同沿岸国的良好关系可以使我战略物资通过海峡时不会受到沿岸国的干涉。在我们确定为海上战略通道的几个海峡中,印度尼西亚的巽他海峡和菲律宾的巴拉巴克海峡都属于群岛通道,包括出口和入口在内都是属于各国的群岛

水域,其通过制度是建立在沿岸国同意的基础之上的,巴士海峡虽然可以自由通过,但由于菲律宾的海域规定不明显,政府态度不明确,同样存在一些过境的隐患,马六甲海峡的通过制度也是由新加坡、马来西亚和印度尼西亚三国相关协议构成的,因此,在这些海峡的通过权上,沿岸国是有很大的决定权的。我们必须同这些国家加强平时的往来,培养良好的甚至是亲密的外交关系,确保战时我战略物资的安全通过。另一方面,可以对减小其他国家在海峡范围内对我实施干涉起到重要作用。这些海峡要么是群岛通道,要么是国际海峡,但都同沿岸国的切身利益息息相关,如果战时其他国家要在这些海峡实施封锁或其他干扰行动,首先侵犯的是沿岸国的利益。因此,如果我们同沿岸各国在外交上建立良好关系,那么就相对减少了沿岸国家允许其他各国利用海峡对我实施封锁的可能性,对于确保我运输力量通过海峡是有利的。

(四) 充分利用国际法和战争法,迫使他国放弃或减少破坏我海上战略通道安全的行为

不干涉别国内政是国际法的一项基本原则。未来反"台独"军事斗争中,外国干涉势力为干扰我反"台独"作战,无论是采取什么手段来破坏我海上战略通道的畅通,如果没有得到联合国安理会的授权,必将是彻头彻尾地违反国际法的。同时,由于南海地区国际航线众多,一旦干涉方采取一定程度的军事行动,也必将牵扯到众多国家利益,因此,我们必须紧紧抓住他国干涉的违法性,注意引用国际法的规定,加大宣传力度,争取世界舆论的支持,迫使外国干涉势力放弃干涉或者减弱对我干涉力度,这对于海上战略通道的安全必将起到重要的促进作用。

（五）加强对可能影响我方在南海海上战略通道行动的法律对策研究和演练,提高临机处置能力

1. 周密想定可能情况,精心研究方案预案

在未来反"台独"军事斗争中,敌方和外部干涉势力为了削弱我军事斗争潜力,必将想尽一切办法破坏我海上运输。为了确保战时我南海海上战略通道的安全,我们必须要在平时结合南海形势和海上运输实际,想定敌方和外部干涉势力可能采取的行动,并结合我方实际制定周密的方案预案。对于敌方,由于我实施封锁作战,其兵力必将大部分被困于岛内,可能采取破坏我海上战略通道的兵力只有为数不多的潜艇,我们就要结合潜艇的不同战法,分析敌方可能采取的破坏方法,如袭击商船、在航线上布设水雷等,从国际法和战争法的角度进行分析,制定出相应的法律对策,同时采取相应的符合国际法、战争法的军事措施,实施有效保护。外部干涉势力由于具有强大的军事实力和有利的地理优势,可能会采取对我封锁海峡、对进出我国商船进行临检拿捕或令其改变航向、在南海海域划定禁区等方式破坏我海上战略物资的运输;我们也要深思熟虑,认真分析国际上曾经有过的干涉势力干涉他国运输所采取的一系列手段和方法,仔细分析法律对策,必要时采取适当的军事行动,确保海上战略通道的安全畅通。

2. 针对具体军事行动,提出具体法律意见

为了保护我南海海上战略通道安全,我们采取法律对策的同时,必将会有具体的军事行动。采取军事行动的是针对敌方或外部干涉势力违反国际法、战争法破坏我海上运输行动,采取军事行动是为了维护我海上合法权益,但无论我们采取什么样的军事对策,在为国家利益服务的前提下,要遵守相关法规和该海域中其他国家合法规定,这样才能使军事对策的效果最大化,不至于陷入他方的法律陷阱,不至于变主动为被动。因此,在实施具体军事行动时,必须熟悉相关国际法、战争法知识,熟悉海域周边其他国家的合法规定,在进行充分的法律论证

的前提下进行,确保军事行动的合法性。

3. 贴近实战海区特点,展开实战训练演练

南海海区各方势力众多,未来进行保护海上战略通道安全的行动必然会相对复杂,针对这一情况,我们平时必须加强实战训练,根据方案预案,紧贴南海海区和各战略通道的特点,结合具体任务进行演练。一方面,要利用实战演练培养广大官兵的实战反应能力,提高相关部队应急处置各种情况的能力,战时一旦发生紧急情况,随时能够正确地贯彻上级指示命令,灵活机动地处置具体情况,确保保护海上通道安全任务的顺利完成。另一方面,通过实战演练培养一大批既懂军事又懂国际法律、既熟悉南海海区的特点又了解各战略通道的实际情况、既有牢固的理论知识又有丰富的实际应对突发情况经验的综合性骨干力量,为未来保护南海海上战略通道安全提供可靠的人才保障。

"双轨思路":演进、逻辑与前景

李忠林[*]

[内容提要] 2014年以来,"双轨思路"成为中国南海问题的主要政策取向。中国解决南海问题将坚持两个轨道,一个轨道是中国分别与东盟相关声索国个体进行谈判;另一个轨道是中国与东盟整体共同维护南海的和平与稳定。前者聚焦于争端及其解决,后者则关注地区稳定及维护。其实,沿着两个轨道解决南海问题已经持续十几年。2002年中国与东盟签订《南海各方行为宣言》便是典型案例。经过十几年的新发展,中国政府逐步形成并完善以"双轨思路"为基本主张的南海政策主张组合。

[关键词] "双轨思路" 逻辑 发展变化 展望

一、"双轨思路"的演进路径

"双轨思路"在2014年被正式确立为中国处理南海问题的政策取向,不过早在2013年这一思路就得到充分的酝酿,而在2015年则得到进一步的完善和补充。

首先,2013年是"双轨思路"的酝酿阶段。

---

* 李忠林,发表本文时为北京大学国际关系学院博士后。

王毅上任外长后,于2013年5月1日首访泰国,提出了中国对东盟政策的"三个坚持"政策,即"中国新一届政府将坚持把加强与东盟睦邻友好合作作为周边外交的优先方向,坚持不断巩固深化与东盟的战略伙伴关系,坚持通过友好协商和互利合作妥善处理与东盟国家间的分歧和问题"。具体到南海问题,6月30日,王毅在中国-东盟外长会上强调:中国同少数国家围绕南沙岛礁的争议不是中国同东盟之间的问题,中方一贯主张通过对话和直接谈判寻找解决之道;个别声索国的倒行逆施不可能得逞;中国愿与东盟国家共同努力,排除来自各方面的干扰,切实维护好南海地区的和平稳定。

2013年9月,李克强在南宁举行的中国-东盟博览会上指出,对于南海争议,应当由直接当事方在尊重历史事实和国际法的基础上进行磋商。南海争议不是中国同东盟之间的问题,更不应该也不可能影响中国-东盟合作的大局。最后,他还重申了中国的"三个坚持"政策。

2013年10月,中国国家主席习近平在印尼首次提出建设21世纪海上丝绸之路、建设中国东盟命运共同体的倡议。就南海问题,习近平主席则指出:"对中国和一些东南亚国家在领土主权和海洋权益方面存在的分歧和争议,要始终坚持以和平方式,通过平等对话和友好协商妥善处理。"

同年10月24日至25日,中国召开首次中央周边工作座谈会,这是党中央为做好新形势下周边外交工作召开的一次重要会议。此次会议旨在争取良好的周边环境,为此要"更加奋发有为地推进周边外交,为我国发展争取良好的周边环境"。

10月9日,第16次中国-东盟领导人会议在文莱召开,李克强提出中国、东盟合作的"2+7合作框架"。两点政治共识聚焦于中国、东盟之间的战略互信和互利合作,七点建议中包括稳步推进海上合作。

此时虽然"双轨思路"还没有正式出现,但其相关要素已经具备。最重要的是,未来将产生的"双轨思路",应该是在中国对东盟整体战略框架和中国周边战略大框架下的一项具体政策主张。中国的南海政策将服务和服从于中国的东南亚政策和周边政策,而非相反。

其次,2014年是"双轨思路"的确立阶段。

2014年8月9日,王毅外长在中国-东盟外长会上指出,"中国和东盟已经找到了南海问题的解决之道",正式提出"双轨思路"。

9月7日,出访澳大利亚的王毅在悉尼提出,在南海问题上应该做到"四个尊重":尊重历史事实,尊重国际法规,尊重当事国之间的直接对话协商,尊重中国与东盟共同维护南海和平稳定的努力。

2014年底,李克强总理在中国-东盟领导人会议和东盟峰会上正式提出"双轨思路"。这是中国国家领导人首次明确指出以"双轨思路"处理南海问题,标志着该思路成为我国处理南海问题的国家政策。

2014年底,中国召开第二次中央外事工作会议,确立发展与安全两个轮子一起转动。这意味着,"双轨思路"不仅服从于2013年的周边工作会议的方针,也服从于更大的中央外事工作会议的方针。统筹国内国际两个大局,统筹发展安全两件大事。

再次,2015年是"双轨思路"的发展阶段。

2015年8月5日,王毅在中国-东盟外长会上重申"双轨思路",之后称"双轨思路"是中国与东盟处理南海问题的机制的第一步。在此前后,王毅在不同场合阐述了与"双轨思路"相关的"五个坚持"和"三点倡议",进一步完善和补充"双轨思路",均是根据现实情况和事态发展,对"双轨思路"所做的必要的补充完善。

目前,"双轨思路"可以概括为"一二三四五":"一"是一套政策组合,即中央外事工作会议精神及周边工作精神指导下的一套政策组合;"二"是两条轨道;"三"是"三点倡议";"四"是"四个尊重";"五"是"五个坚持"。实质是排除外部干扰,由地区国家处理地区问题。

二、"双轨思路"的背景分析

近些年来,南海这盘大棋越下越大,越来越复杂。各方博弈已经超出领土争端的议题范畴和南海地区的地理范畴。作为中国南海政策的变阵之举,"双轨思路"始于对南海战略大博弈的观察和反应,是南海战略大博弈的产物。

从博弈对手看,域外观棋的"高参们"变成了下棋的"高手们",奥巴马、G7领导人,均公开指责中国岛礁建设是改变现状,加剧紧张局势。东盟国家、西方国家纷纷出动最高领导人发话。特别是美国,从幕后走向前台,逐步取代地区争端国与中国发生直接角逐和激烈对冲。

从博弈内容看,其他博弈对手不断开辟博弈新战场,中国先后遭遇"国际司法战"和"岛礁建设战"两轮围攻。南海断续线、防空识别区、海上执法、资源开发和岛礁建设先后成为各方拉锯的话题。各方关注的焦点已经不再仅仅局限于岛礁主权争端和海洋划界问题,其影响外溢到其他领域。

从博弈态势看,各方均积极主动,各不退让,竞相提出了有利于本国的争端解决方案,博弈不断升级。在力量对比上,由中国以一对多,局限于本地区,转变为以一对更多,南海问题国际化的趋势进一步凸显,由过去的地区层次扩展到国际层面。

从博弈结构看,南海战略大博弈的结构发生变化,形成清晰的三层结构:第一层是中国与相关国家之间的主权争端,第二层是中国与东盟整体之间的关系,第三层是中国与其他大国围绕南海问题的博弈。前两层的基本态势未变,第三层则快速发展,中美、中日甚至是中印、中澳双边关系中的南海因素凸显。第三层中,尤以中美两国的南海博弈为重中之重,从目前态势来看,甚至有可能发展为影响南海问题走向的主导因素。

从博弈效果看,南海大博弈结构关系的变化,导致中国原有的南海政策部分失效。中国政府的南海政策长期坚持12字方针:"主权归我,搁置争议,共同开发。"这一政策作为中国主动提供的应对争端的公共物品,得到了有关各方的积极评价。但是客观而言,外部环境和内部设计均给其实施造成诸多障碍。因此,中国需要进一步调整南海战略设计和政策设计。

三、"双轨思路"的效果分析

"双轨思路"将南海问题锁定在前两个层次,有助于分清责任,维护中国和东盟国家解决南海问题的主导权;同时,将其他大国排除在进程之外。但是,作为最近几年推出和逐步实施的新理念和新设想,"双轨思路"显然还存在诸多战略盲点。

首先,"双轨思路"未能有效应对南海博弈结构的第三层——主要是美国。2015年以来,中美之间在南海问题上的对抗显著升级。目前中美在南海问题上的困境,是中国坚决反对美国介入南海问题,但美国基于对中国战略意图的判断,意欲强势介入南海。中国政府面临国内民众的巨大政治压力,美国政府则面临着军方势力以及国会强硬派的压力,双方都难以明确做出让步。

其次,从目前"双轨思路"实施的情况看,中国与第二层次的东盟整体关于"南海行为准则"的磋商有所进展,但中国与第一层次的东盟声索国启动双边谈判十分艰难,特别是菲律宾转而将争端诉诸国家海洋法庭。其他国家的意愿不足和对华担忧导致中国力推的双边谈判举步维艰。

可见,"双轨思路"在空间维度上只是覆盖了东盟当事国和东盟两个层面,没有有效覆盖美国等域外势力,如何发挥和利用东盟非当事国的作用没有明确说明。换言之,"双轨思路"与其他政策的配套之间的协调不够,缺乏战略互动,尤其是与第三轨美国对应不畅。

四、"双轨思路"的前景分析

美国介入南海问题是不以中国的意志为转移的,中国无法忽视难以阻止美国介入南海问题这一事实。如何解决美国等亚太大国介入南海问题的事实,是中国管控南海问题必须面对的问题。中国需要其他配套、协同的政策来解决美国对南海的介入问题,将"双轨思路"与中美新型大国关系有机对接。在这种态势下,中国、东盟各国和美国势必会意识到,各方需要找到一个平衡之道,突显各方高度重叠之利益,兼容各方合理之主张。届时,"双轨思路"可能会延伸至二轨半或者三轨:双轨+美国。

事实上,"双轨思路"虽然将美国排除在外,但这并不意味着中美之间缺乏沟通南海问题的渠道。中美战略与经济对话就包含海上问题的磋商。习奥会晤不出意外地磋商南海问题,这有利于双方摸清底线,达成谅解,缓解对抗,助力推动构建中美新型大国关系。南海问题应作为中美良性互动的一个化危为机的案例。如何在防止美国介入南海问题的同时,又要合理照顾美国等域外国家的利益关切,是下一阶段对"双轨思路"的重大考验。

统筹推进中国-东盟海上安全合作的对策思考

陈通剑[*]

[内容提要] 推进中国-东盟海上安全合作是经略南海的重要内容和应有之义。论文主要针对当前开展南海安全合作面临的困难和挑战,提出切实加强战略规划和组织领导、优先选择与印尼构建双边海上安全合作、巩固拓展与东盟国家的海上安全合作、着力深化与部分东盟国家的"护航外交"、健全完善中国-东盟海上安全合作机制、积极探索与美军开展南海安全合作、扎实推进海洋软实力建设等对策建议。

[关键词] 东盟 南海 海上 安全合作

南海地缘优势和战略利益特殊,是我前出两洋、走向远海的战略要地,是维护与拓展国家利益的战略支撑。在加快建设海洋强国和推进"一带一路"重要倡议构想的背景下,面对复杂严峻的南海形势,我国应充分发挥综合优势,大力推进与东盟海上安全合作,更好地维护和拓展我国在南海的战略利益。

一、推进中国-东盟海上安全合作的战略意义

推进中国-东盟海上安全合作是深度经略南海的重要内容和应有之义,对于维护和拓展我国南海的战略利益至关重要。

---

* 陈通剑,发表本文时为海军指挥学院讲师。

（一）有利于塑造和平稳定的南海战略环境

南海周边国家严重侵犯我岛礁主权和海域权益,使我在南海面临岛礁被侵占、海域被分割、资源被掠夺的被动局面。东盟部分国家在南海问题上不断强化与美、日等域外大国的协商与合作。域外国家也企图利用南海问题,牵制和制约中国和平崛起,军事干预程度越发严重。着眼未来,在南海方向发生海上军事冲突的可能性不能排除,对我国安全发展大局的牵动和影响愈发凸显。积极推进中国-东盟海上安全合作,能够深化我国与东盟国家之间的政治互信,规范双方在南海地区的行为,削弱域外大国插手的战略影响,减少战略误判,有效管控分歧,避免问题复杂化,有利于保持南海局势总体和平稳定。

（二）有利于维护南海战略通道安全

南海战略通道的地缘战略地位日益上升,已经成为攸关国家核心利益的生命线。然而,当前我国在南海中南部海上力量弱、海上活动少,特别是对马六甲、巽他、望加锡等重要战略通道的控制力和影响力相对较弱。积极推进南海安全合作,与东盟有关国家开展常态化的演习训练、海上联合搜救、打击恐怖主义及海盗等行动,逐步构建我国主导的合作机制,能够进一步前推我海上力量活动空间,有效增强对南海重要海峡的控制力、辐射力和影响力。

（三）有利于掌握南海斗争主动权

近年来,随着美国"重返亚太",加强南海军事部署和兵力活动,加大插手南海问题力度,南海问题东盟化、国际化趋势日益凸显。积极推进南海安全合作,能够提升我与南海周边有关国家的合作层次,有效分化瓦解南海利益同盟,避免出现东盟、域外国家在南海问题上一致对我,使我陷入"以一搏众、孤掌难鸣"的不利局面。此外,积极推进南海安全合作,逐渐掌握主导权和话语权,也是破解"谈不拢、打不得、拖不起"僵局,扭转被动劣势,夺取南海斗争主动权,强化和扩大我在南海相对优势,形成有利战略态势的重要砝码。

二、中国-东盟海上安全合作面临的困难和挑战

近年来,我国与东盟有关国家开展了一系列海上安全合作与交流活动,为营造安全稳定的南海战略环境发挥了积极作用。但应看到,我国与东盟海上安全合作尚处于起步阶段,囿于多种因素,在合作的领域拓宽、层次提升及对象扩展等方面困难与挑战并存。

(一) 战略互信缺失

由于在南海问题上与我国存在较大争议和严重分歧,加之越、菲等国与我实力对比差距日趋拉大,其对我发展壮大的"戒惧感"日益上升,深感在南海问题上时间在我、前景堪忧,这种戒惧心态愈发容易成为南海形势升温的"催化剂"。因此,在推动海上安全合作方面,有关国家疑虑甚深,目前所提及的合作项目多是要求我方为其提供能力建设方面的援助,如开展培训或提供海上维权执法能力所需装备等。在深化海上安全合作问题上,越、菲等国一直扮演搅局者的角色,不断从中阻挠。

(二) 国内聚力不足

一是协力不够。推进中国-东盟海上安全合作不仅需要进行整体筹划和统筹,而且需要政治、经济、外交等领域的高度协调与配合。但近年来,由于我国并未出台推进南海安全合作的总体战略规划,且相关政策、思路并不清晰,军地力

量没有有效整合,各方的努力难以形成合力。着眼未来,其前瞻性和预见性需要加强,计划的精准性和预案的严密性也需进一步提高。二是准备不足。目前国内研究、从事中国-东盟海上安全合作的力量储备不足,机构建设滞后,配套法规缺乏。特别是具有国际战略视野、法律专业知识和丰富实践经验的合作人才偏少。

(三) 合作机制不健全

一是缺乏有效约束力。《南海各方行为宣言》是中国-东盟海上安全合作机制的典范,但仅为南海有关国家间的政治承诺书,而非国际法律文件,缺乏必要的强制性和约束性;"南海行为准则"的制定目前处于起步阶段;东盟地区论坛(ARF)、西太海军论坛(WPNS)等平台未建立强制性的监督、惩罚、制裁和制度执行机制,成员国完全是在自愿、自觉的基础上遵守制度。二是机制不完善。顶层设计不足,缺少系统规划,安全磋商机制单一性问题日益突出;应急反应机制架构不完整,出现问题时有时仅依靠经验进行判断、决策、处理,解决危机的随机性较大、成功率较低,一旦发生突发事件很容易导致双边关系危机;机构运行模式比较单调,双方磋商机制运行模式仅限政府官员会议和沟通,表现形式单一,缺乏民间学者交流和沟通的平台。

(四) 域外势力干预

针对我与东盟深化海上安全合作,域外大国基于多方面考虑,势必采取多种方式加以阻挠,比如:怂恿和支持越、菲等个别国家挑起事端,与我叫板;利用同盟及伙伴国渲染"中国威胁论",恶化我开展海上安全合作的外部环境;煽动他国对华示强逞能;不排除在其他战略方向对我实施牵制干扰。日本等国将与美保持一致,增强与越、菲海上防务合作,在我与东盟开展海上安全合作问题上横加干预。

三、推进中国-东盟海上安全合作的对策思考

开展中国-东盟海上安全合作是大势所趋,应主动作为,把握大局,趋利避害,力争突破。

(一)切实加强组织领导和战略规划

建立领导小组,将国家维护海洋权益领导小组工作向南海方向辐射,成立经略南海分组,由国务院牵头,军地有关单位参加,把海洋经济、海上联通、海洋环境、防灾减灾、海上安全、海洋人文等作为重点领域,负责落实南海安全合作的总体规划和组织实施。应紧盯战略需求牵引,持续深化海上安全合作理论及对策研究,重点围绕海上安全合作的理念创新、机制构建、制度建立、规则适应与重塑、力量建设与运用等重难点问题组织筹划论证,明确总体思路和具体措施。

(二)优先选择与印尼构建双边海上安全合作

印尼是南海的战略支点国家,构建中国与印尼的双边海上安全合作至关重要。可采取以下措施加以推进:一是开展海上搜救、海上反恐、反海盗合作,共同维护战略通道安全。二是寻求印尼对我开放有关军港,为我海军舰船提供休整和补给点。三是推动两国海军每年在南海南部海域组织海上军事演习,并逐年提升演习的层次和规模,不断扩大影响力。

(三)巩固拓展与东盟国家的海上安全合作

一是提供海上公共安全产品和民事服务。南沙岛礁扩建后,更好履行我国

在海上搜寻与救助、防灾减灾、海洋科研、气象观察、环境保护、航行安全、渔业生产服务等方面承担的国际责任和义务,利用新建避风、助航、搜救、海洋气象观测预报、渔业服务及行政管理等民事方面的功能设施,为周边国家以及航行于南海的各国船只提供必要服务。二是深化军事交流。通过开展军事代表团和军舰互访、互派军事留学生、举办安全合作研讨会、实施联合训练、组织联合海上演习、加大军援军贸合作等措施,增进互信,夯实基础,提高合作广度和深度,寻求建立长期海上安全合作机制。三是增强对马六甲等重要海峡的战略影响和控制。持续深入地与印尼、新加坡、马来西亚、泰国等国发展海上安全合作,显示我在重要海峡的海上力量存在,探索维护战略通道安全的常态化机制。

(四) 着力深化与部分东盟国家的"护航外交"

抓牢用足护航编队途经南海的契机,积极协调和组织开展有关交流活动,加深友谊和了解。一是在遂行亚丁湾护航任务过程中,与新加坡、泰国、马来西亚等参与护航的东盟国家在印度洋开展交流合作,增进互信。二是护航编队归途顺访印尼、文莱、马来西亚、泰国、越南等国,与上述国家海军舰艇开展海上联合演习。三是寻求每批护航编队赴新加坡樟宜港访问、休整和补给,探索与新加坡、印尼、马来西亚三国海军舰艇开展海峡联合巡逻,形成常态化机制,逐步扩大我对马六甲海峡的影响力和辐射力。四是靠港访问期间,适时与有关国家组织研讨会,交流护航经验,探讨联合打击东南亚海域海盗和海上恐怖活动等问题。

(五) 健全完善中国-东盟海上安全合作机制

在海上传统安全合作方面,在积极落实《南海各方行为宣言》基础上,主动参与并力争主导"南海行为准则"的制定;建立中国-东盟南海危机预警、演练、决策及协调机制,监控分析容易引发危机的突发事件和活跃变量,制订应急预案,组织针对性危机处置演练。在海上非传统安全合作方面,创立完善各层次的合作机制。如建立非传统安全信息交流网络，及时进行情报交换、通报，跟踪掌握各国海上非传统安全问题的现状和动态，定期交换防范和治理等方面的信息和经验，提高共同应对海上突发事件的能力。[①] 此外，还要健全中国-东盟防长会议机制，深化非传统领域的合作。

（六）积极探索与美军开展南海安全合作的机制

美国始终是解决南海问题绕不过去的"坎"，是影响南海稳定的最大外部因素，中美南海安全合作的开展将成为中国-东盟安全合作的"风向标"和"助推器"。奥巴马政府时期，中美在东盟地区论坛框架下曾密切协调，就区域经济一体化、反恐、防扩散、打击跨国犯罪、防灾减灾等问题加强了沟通与合作。2014年4月，第14届西太平洋海军论坛年会通过了《海上意外相遇规则》。应进一步深化发展中美双边关系，充实"不冲突、不对抗，相互尊重、合作共赢"的中美新型大国关系内涵，不断增进战略互信、持续开展务实合作，并在现有合作基础上重点加强南海安全事务上的合作，使南海成为构建中美新型大国关系的"试金石"。鉴于与美军开展海上安全合作的政策性要求高，可考虑"初步介入"的模式：一是双方不定期组织南海安全合作研讨交流和对话，逐步增进了解和互信，持续探索深化合作的方式方法。二是派遣海军兵力参加美国在南海主导的多边联合海上军事演习。三是推动制定《中美防止海上事件协定》，构建多领域、多层次的对话渠道和协调机制，加强中美南海危机管控。

（七）扎实推进海洋软实力建设

海洋软实力是各国实现海洋治理、维护海洋权益、与海洋和谐共处时的文

---

① 杜博、姚永辉、赵旭赟：《加强中国-东盟海上军事安全合作的若干思考》，载《海军学术研究》，2014年第2期，第24页。

化、价值观、法规制度、生活方式所产生的吸引力和感召力,是建立在此基础上的认同力与追随力。① 海洋软实力所起到的作用有时往往超过军事作用。应充分发挥我国海洋综合实力的优势,不断加强海洋软实力建设,减少东盟对我的误解和疑虑。如,在东盟国家关切的海洋气候变化、海洋灾害管理、海上搜救等问题上,为地区国家提供灾害信息和能力建设等服务,推动东亚应对气候变化的研究与合作;加强海上公共卫生、海洋环境监测等领域合作,为东盟国家提供力所能及的帮助,进一步增强对东盟国家的辐射影响。② 此外,还应采取政府和民间、双边和多边、第一轨道和第二轨道外交等多种渠道,构筑具有中国特色的海洋软实力,逐步赢得南海新秩序话语权。

---

① 杜博、姚永辉、赵旭赟:《加强中国-东盟海上军事安全合作的若干思考》,载《海军学术研究》,2014 年第 2 期,第 23 页。

② 同上。

推进 21 世纪海上丝绸之路安全合作的思考

冯 梁　阮 帅　陈通剑*

[内容提要]　建设 21 世纪海上丝绸之路战略的提出,对于我国建设海洋强国,实现中国梦具有重要意义,分析研究海丝安全合作有助于海丝战略的顺利实施。本文分析了海上丝绸之路途经区域——南海、印度洋方向和南太平洋方向错综复杂的安全形势,提出推进海丝安全合作具有现实紧迫性。同时海丝途经区域相关国家具有与我开展安全合作的意愿且有一定的合作基础,因此推进海丝安全合作具有一定的可行性。文章最后探讨了海丝安全合作需把握的合作目标、合作原则、合作方式和具体措施等重点问题。

[关键词]　21 世纪海上丝绸之路　安全合作　海洋强国

党的十八届三中全会提出全面推进丝绸之路经济带和 21 世纪海上丝绸之路建设战略①,为我建设海洋强国、实现中国梦指明了方向。然而,21 世纪海上丝绸之路(以下简称"海丝")途经区域安全形势错综复杂,对我海丝沿线的安全稳定构成严峻挑战。分析研究推进海丝安全合作的问题对于海丝战略构想顺利实施具有重要现实意义。

---

* 冯梁,中国南海研究协同创新中心副主任;阮帅,发表本文时为中国南海研究协同创新中心研究生;陈通剑,中国南海研究协同创新中心助理研究员。

① 《三中全会〈决定〉:推进丝绸之路经济带、海上丝绸之路建设》,人民网,2013 年 11 月 15 日,http://politics.people.com.cn/n/2013/1115/c1001-23559215.html。

一、21 世纪海上丝绸之路建设面临的安全形势

海丝建设涉及海域较广,但就近期而言,主要包括两个方向,即印度洋方向和南太平洋方向。上述海域社会发展状况各异,安全背景复杂,我海丝建设面临的安全形势不容乐观。

(一) 我国南海安全形势错综复杂,域外大国强势干预使我海丝安全合作面临诸多困难

南海是我推进海丝安全合作的起始海域,也是我海丝安全合作的关键海域。我与南海周边国家存在诸多岛屿归属、海域划界等问题,美、日等域外大国势力基于围堵中国之战略目的,不断强势介入南海争端。2015 年 5 月以来,美国等域外大国不断渲染我南海岛礁建设危及南海稳定,采取军用舰机抵近侦察手段①,极大地增加发生海上军事危机的可能性。美国等国强势干预,一方面鼓动个别国家在侵犯我南海权益的错误道路上越走越远,另一方面也使得大部分国家担心在中美之间被迫选边站,导致其在推进与我海上安全合作问题上顾虑重重、裹足不前,处于起步阶段的中国与东盟海上安全合作面临严峻挑战。

(二) 印度洋方向多方势力暗流涌动,局部地区形势动荡,我海丝安全面临潜在威胁

印度洋是我国贸易、能源等主要途经海域,是海丝建设的重要方向,肩负着

---

① 《外交部发言人华春莹就菲律宾指责中国在南沙群岛相关岛礁上的建设活动违反〈南海各方行为宣言〉答记者问》,21CN 新闻,2015 年 5 月 4 日,http://news.21cn.com/hotnews/a/2015/0504/23/29497750.shtml。

与丝绸之路经济带建设互相呼应的重任。印度洋方向汇聚多种战略力量,各方互动频繁,角力之势呈现。美国对此区域相当重视,早在 20 世纪 80 年代美军就提出了全球必须控制的 16 条海上战略通道,其中 5 条位于这一区域。① 美军凭借强大海空军实力,牢牢掌握这些通道的控制权,短期内尚无国家有挑战其主导地位的能力。印度采取积极的外交政策,大力扩充海军,企图谋求印度洋安全事务主导权。日本派出舰艇在印度洋海域巡航,并于 2011 年在吉布提设立首个海外军事基地②,意欲在印度洋扩大影响力。此外,战火纷飞的中东乱局造成地区形势动荡不安,严重威胁多国途经的国际能源、贸易通道,对海丝安全形势产生了重大冲击。

(三)南太方向部分国家政策多变,海上安全形势存在变数

南太平洋国家的政策受到美国等国政策的较大影响。美国强化澳大利亚军事基地的力量部署,试图将其作为遏制中国的后方基地。日本拉拢澳大利亚加入其所谓"价值观外交"的圈子,共同围堵中国。南太平洋方向两个主要大国澳大利亚、新西兰,与中国的经济依存度较高,但在安全事务上紧跟美国。澳大利亚追随美国,指责中国南海岛礁建设,甚至作为唯一第三方派兵参与美、菲"肩并肩 2015 演习"③,一定程度上显示澳支持美、菲干预南海事务的立场。而在经济上,澳、新及相关南太岛国则与中国保持较为密切的联系,企图从中获取更大经济利益。在南太岛国中,有 5 个(马绍尔群岛、瑙鲁、帕琉、所罗门群岛、图瓦卢)是台湾所谓的"邦交国",与台湾有"外交"往来。有 3 个(马绍尔群岛、密克罗尼西亚联邦、帕琉)是美国的自由联系国,美国有保护自由联系国不被侵犯或遭受

① 《美由"面"到"点"控制海洋通道》,新华网,2012 年 1 月 18 日,http://news.xinhuanet.com/world/2012-01/18/c_122602300.htm。
② 《日本拟在吉布提建首个半永久性海外军事基地(图)》,环球网,2015 年 5 月 19 日,http://world.huanqiu.com/hot/2015-05/6475096.html。
③ 《美菲澳上万兵力将在菲联合军演 规模之大罕见》,搜狐军事,2015 年 4 月 07 日,http://mil.sohu.com/20150407/n410880292.shtml。

侵犯威胁的责任。南太国家表面上欢迎中国参与该区域的事务,实质上意在获取中国的援助、基建项目等经济利益。考虑到海丝建设带来的丰厚利益,南太国家对我海丝构想持欢迎态度,而对于海丝安全合作则保持一定警惕。

二、推进 21 世纪海上丝绸之路安全合作具有现实紧迫性

基于海丝途经区域面临的严峻安全形势,在提升海军硬实力的基础上,必须通过加强海丝安全合作保障海丝战略构想的顺利推进。

(一) 海洋安全理念需要通过安全合作贯彻落实

习主席在金砖国家领导人第六次会晤时指出,中国外交有原则、重情谊、讲道义、谋公正,走和平发展道路[1],海丝战略构想也要给相关国家传递这一安全理念。海丝安全合作各方不谋求将一国的安全构筑在对别国或整个地区形成威胁上,而是基于平等的对话、协商,通过互利合作解决各国共同面临的安全问题。中国通过构建海丝安全合作的平台,把上述安全理念贯彻到不同级别、不同层次的会晤和磋商机制中,并促使交流与合作常态化,达到加强对话、增进互信、加深友谊、深化合作的目的。

(二) 区域海洋安全新秩序需要安全合作重新塑造

随着中国和印度经济的强势崛起,东盟国家的持续发展,海丝途经区域内部经济互动频繁,相互依赖程度不断加深,新的区域经济秩序正在重组。区域内国

---

[1] 《新起点 新愿景 新动力 习近平在金砖国家领导人第六次会晤上的讲话》,中国共产党新闻网,2014 年 7 月 15 日,http://cpc. people. com. cn/n/2014/0717/c64094 - 25291163. html.

家安全需求不断增加,原有海洋安全秩序已不足以维持区域经济的发展,迫切需要构建和借助海丝安全合作平台,塑造与区域经济发展相适应的新的区域海洋安全秩序,确保利益攸关方的共同安全。

(三)日趋多样的非传统安全挑战需要通过安全合作共同应对

海丝沿线安全挑战呈复杂化发展趋势,宗教冲突、海上恐怖势力、武器扩散、地震海啸等多种传统或非传统安全威胁交替频繁出现。以海盗活动为例,印度洋方向是全球海盗活动最为猖獗的海域,每年穿过马六甲海峡、亚丁湾海域的船只面临严重威胁。随着各国对主要航线进行的护航行动,海盗活动的影响已得到显著改善。但护航行动也暴露出通道沿线基础性信息保障不力等问题,如相关海域水文气象情况的了解不太透彻、多国信息共享不够及时、反应不够快速等。通过搭建安全合作平台,我可与合作伙伴进行情报合作、联合巡逻、人员培训、联合演习等方式开展务实性海上安全合作,共同应对安全挑战,最大限度降低传统与非传统安全威胁带来的损失。

(四)提升我海洋安全事务影响力需要安全合作提供平台

随着参与地区海洋安全事务频次和强度的增多,我迫切需要通过机制化建设推动海上安全合作。以美国为首的西方国家是安全合作的开创者和主导者。海丝途经区域影响力较大的安全合作机制如国际海上力量研讨会(ISS)、西太平洋海军论坛(WPNS)等均由美国或其盟国把持,我国仅仅是参与护航等少数几个多边合作机制。我在现有国际多边合作机制中还没有发挥出与国家实力地位相称的作用,一些重大议题,几乎均是由美国等西方大国提出,我在战略上显得较为被动。需要通过构建海上安全合作平台,增大我对区域事务的话语权,提升我海洋安全事务影响力。

三、推进 21 世纪海上丝绸之路安全合作的可行性

鉴于我新安全观占据了世界道义制高点、我丝路途经区域国家具有较大的合作意愿等条件,我推进 21 世纪海上丝绸之路安全合作,具有一定基础。

(一) 海丝途经区域安全局面严峻现状需要多边安全合作予以应对

海丝途经区域现有的安全合作是绝大部分由美国与其地区盟友之间的双边同盟所支配。但是,美国一段时期遵循的"单赢"思想和奉行的单边主义行动以及美国对中东乱局的几乎失控,极大地加重相关国家对安全状况的担忧甚至不满。显然,全球化背景下主权国家利益融合性不断增大、安全利益融合性也在不断增大的今天,仅靠传统军事同盟应对军事威胁和国际冲突,已经无法解决新的地区安全问题。区域国家逐渐认识到,全球治理背景下的多边安全合作,已经成为应对区域安全问题的重要手段。以东盟地区论坛(ARF)为代表的多边安全合作模式,越来越受到相关方的重视。[①] 共同安全、合作安全、综合安全以及可持续安全的理念逐渐获得普遍认同,并在利益攸关方的海上安全合作的行动中得到贯彻。

(二) 重点国家具有与我开展安全合作的强烈意愿

海丝沿线国家的印尼、伊朗、印度与巴基斯坦是影响海丝安全合作的重要国家,它们对海丝安全合作的积极态度,对推进安全合作具有重要意义。

印尼是 21 世纪海上丝绸之路两个主要方向印度洋方向和南太平洋方向的

---

① 郭新宁:《亚太地区多边安全合作研究》,北京:时事出版社,2009 年,第 93 页。

交汇点,是我数条海上战略通道的必经之地,对我海丝建设起着极为关键的作用。2014 年 11 月,印尼总统佐科提出要把印尼建设成为世界海洋轴心[①],这一主张,与中国倡导的海丝战略构想存在高度的契合性。印尼把中国海丝战略看成发展机遇,愿与中国在海丝建设上构筑更为紧密的战略互惠伙伴关系,这一政策指向对我推进与印尼的海上安全合作具有重要指导意义。

伊朗与巴基斯坦扼守海丝的重要通道,也是 21 世纪海上丝绸之路与丝绸之路经济带相互呼应的重要纽带。两国同时也是中国的传统友好国家,长期以来与我有着密切的安全互动。伊朗地处波斯湾出口,本身也是重要的产油大国,地理位置十分重要。由于伊核谈判落实仍存在变数,伊朗面临被西方国家孤立和制裁的危险,同时伊朗还不同程度地卷入了也门战乱和"ISIS"等问题,周边安全形势急剧恶化,迫切需要通过外部安全合作来应对国际国内安全困局。巴基斯坦由于地缘战略和国内政治生态,也迫切需要外部安全合作来应对诸多安全问题。两国对海丝建设安全合作具有相当大的兴趣。

印度在印度洋安全事务上有着重要影响力,对所有涉及印度洋安全事务的倡议和建议都具有极强的敏感性。基于对自身国家发展战略的定位,印度不希望印度洋的安全秩序由域外大国主导,无论是美国、俄罗斯还是中国。我要顺利建设"海上丝绸之路",印度的理解与支持都至关重要。抓住印度的关键,在于找到尊重其大国海上雄心和推动南亚印度洋沿岸国普遍参与这两者之间的平衡点。

(三) 现有安全合作机制具备改进完善的一定基础

海丝途径区域存在很多双边、多边安全合作机制,如中国-东盟自贸区建设的升级版、印度-东盟一体化建设、环印度洋联盟倡议、美国"印太经济走廊"倡议、印度倡导的环孟加拉湾合作、南盟内部的联通计划、东盟共同体建设、日本-

---

① 《印尼总统佐科在东亚峰会上提出海洋轴心理论》,环球网,2014 年 11 月 17 日,http://china. huanqiu. com/News/mofcom/2014 - 11/5205512. html。

东盟和印度的联通计划等等。上述合作机制中,东盟主导下的非传统安全合作机制,虽然扮演着合作的倡导者和规划者的角色,但行动执行乏力,效果不太明显;部分合作机制合作领域单一,合作深化阻力重重;域外大国主导的双边或多边合作机制,虽然效果明显,但排他性较强,包容性不够。基于节约战略资源、减少合作阻力之目的,我应借鉴上述机制中的合理内核,建立一个包容性强、广泛性程度高、效果明显的合作机制。

(四) 部分国家海洋战略调整也为海上安全合作腾出空间

海丝途经区域主要国家都将发展本国经济作为国家内政外交的重点,创造一个和平稳定的外部安全环境逐渐形成共识,希望借助多边安全合作共同应对安全事务的意图明显。

佐科上任以后,誓言要通过建设"海上高速公路"将印尼打造成为海洋强国,这一计划重点是国内基础设施建设,加强海上互联互通。而印度也希望在和平稳定的外部环境下集中力量解决国内人口就业、经济增长等问题。两国均对海洋安全合作提出需要。美国虽然一直把双边军事同盟作为安全支柱,但面对中、印等国的强势崛起和俄罗斯陆上威胁,其控制世界海洋安全事务变得力不从心,也希望在其主导下通过多边安全合作平衡区域力量。美方的想法虽然与我初衷不同,但至少在形式上为与我推进多边框架内的海丝安全合作留下了遐想和努力空间。

四、推进 21 世纪海上丝绸之路安全合作需把握的重点问题

着眼未来,我在推进 21 世纪海上丝绸之路安全合作方面应当注意以下重要问题。

（一）提出合作目标

目标是力量建设和力量运用的预期结果，也是牵引力量建设与运用的努力方向。我推进 21 世纪海上丝绸之路安全合作，应当提出清晰明确的目标：一是确保"海上丝绸之路"构想顺利推进。要保护我国海外重大利益不受到严重干扰、破坏甚至损害，遏止可能发生的海上危机和海上冲突，等等。二是保护海丝合作方的利益。构建基于"互信互利、平等合作"的海上互信关系，并在海洋安全共识下采取共同的安全行动。三是要努力塑造良好的海上安全环境。增大我在海洋安全事务上的话语权，并在制定海洋安全规则、海洋安全制度等方面发挥重要作用，为我建设海洋强国和中国梦提供有力支撑。

（二）明确合作原则

一是开放性原则。要大力吸纳中小国家参与。中小国家是建设海丝的重要参与者，也是主要的受益者。东盟地区中小国家是地区多边安全合作的推动者，有时在一些地区安全问题上扮演着"领头羊"角色，作用不可小视。建设海丝需保持开放包容的姿态，大力吸纳区域内中小国家参与，形成巨大的区域影响力。要认真处理与印度的关系。印度是传统的南亚大国，正致力于成为亚洲大国，并希望在印度洋区域扩大影响力，在区域安全事务上发挥关键作用。鉴于印度位于海丝途经区域"中印缅孟经济走廊""中巴经济走廊"的中间地带，以及它对南亚区域安全事务的长期政治影响，在推动海丝建设时，需要认真处理好与印度的关系。要审慎对待大国关系。大国是影响区域多边安全合作的关键性因素。在海丝途经区域，我与美、欧盟、俄罗斯等大国之间的力量对比、利益关系状态和变化趋势，将决定海丝安全合作的基本态势，影响安全合作的结构和进程。审慎对待大国关系，做到"两手对两手"，对于把握海丝安全合作的发展方向，寻求维护区域和平与稳定的道路具有重大意义。

二是可持续原则。要合理定位区域功能。依据区域重要性和安全程度对海丝途经区域进行战略分级,形成以中国-东盟区域为战略核心区,以中国-东北亚、中国-印度洋沿岸为战略重点区,以南太平洋、北冰洋为战略关注区的总体战略格局。对各战略区合理布局,灵活确定安全合作方式,整体推进海丝安全合作。要与丝绸之路经济带安全建设相互呼应。海丝建设与丝绸之路经济带建设互为掎角、相辅相成,海丝战略支点是连接海丝与丝绸之路经济带的枢纽和桥梁,因此,海丝安全合作应与丝绸之路经济带安全建设相互呼应,并为丝绸之路经济带的安全合作提供借鉴与启迪。要推进安全合作应计算成本。海丝安全合作应当为丝路攸关国带来实实在在的安全红利。安全合作既要注意方式方法,充分顾及合作方的安全感受,防止对方因有所顾忌而裹足不前,也要考虑合作成本和代价,避免贪大求全而致安全合作难以持续。

三是由易到难的渐进性原则。先经贸后安全,由低到高。为避免刺激域外大国或引起区域内合作对象反感,进而给推进海丝安全合作带来更大阻力,合作应先由海丝经贸合作开始,逐步推广到人文领域,在相关区域凝聚共识、培育好感,特别在海洋安全事务上达成共识,而后再开展海洋安全层面的合作。先双边后多边,由小到大。海丝安全合作需要夯实合作根基,从难度较小的双边合作做起。中国作为安全合作的主要发起国,必须搞好与主要合作对象的双边关系,构筑更加紧密的安全合作体,形成海丝合作"骨架",并以此作为基础,逐渐扩大到其他多边层面。先急需后平台,由急到缓。海丝安全合作平台并非短期就能构建完成,在此之前,应以区域内发生的紧急安全问题为牵引,从大处着眼,从小处入手,探索与相关国家开展安全合作、解决安全问题的途径。

四是相称性原则。要将共同安全作为实施一切合作手段和解释一切事务的价值取向,努力平衡共同安全利益与个体安全需求之间的关系。当海丝涉及的共同安全利益与少数国家的个体安全利益发生矛盾和冲突时,应牢记安全合作宗旨,权衡利弊,节制对共同利益的追求,最大限度地降低对个体安全利益的损害。

(三) 灵活合作方式

一是二轨合作。开展海丝安全合作是一种"黏合剂",有利于合作对象间增进了解、扩大信任和加强合作。通过在二轨平台中主动设立议题,对海丝相关区域发生的敏感性、复杂性安全问题进行讨论和沟通,合作各方可形成较为明确、一致的认识。通过学者或专家之间灵活广泛的交流,为参与合作各方政府提供参考性的意见和建议。培育树立良好的安全合作意识,增强合作各方的相互信任,推动建立各方均能接受的、有效的安全互动方式,逐步在海丝途经区域营造"认知共同体"的集体认知。

二是一轨半合作。为更加方便地进行交流和沟通,一轨半方式合作允许政府及相关安全政策制定者以私人身份参与二轨方式合作的活动。官方渠道交流代表了本国的政策立场,制约因素多,回转的余地十分有限,往往不能就某一安全问题达成最终能惠及双方的共赢结局。一轨半方式合作则畅通了官方和民间合作沟通的渠道,使得民间交流的最新成果能够更快地体现在合作各方的安全政策上。

三是一轨合作。以政府或安全政策制定者为主体,构建稳定的战略性对话机制,就海丝安全相关问题进行交流和磋商。积极推动合作各方的海上兵力行动的实质性合作,针对恐怖主义、极端主义以及海盗、走私、非法移民等跨国犯罪进行联合演习,合作各方由政府主导,定期开展国际执法、维和行动、抢险救灾等演练,为开展海丝安全合作奠定力量基础。

(四) 落实具体措施

一要强化以海上信任措施为主要内容的安全合作。为消除海丝安全合作成员国之间的相互疑虑,减少海上军事对峙和化解武装冲突,营造和平稳定外部安全环境,我们有必要强化相互信任基础上的海上安全合作。要积极倡导在海丝安全合作平台框架内开展以海军非传统安全内容为主的安全合作。我海军应充分发挥军种优势,把握机会,有选择地主动推动相关海域的海上非传统安全领域的合作活动。比如,开展海军高层互访、军舰互访和人员交流;与合作对象海军建立共同的海上军事行动准则,减少摩擦和争执;建立海上军事安全磋商以及预防冲突的机制,避免冲突,防止事端;利用地缘优势,积极与合作对象开展双边和多边海上联合反恐演习,参与多边海上联合巡逻等活动。随着安全合作能力的增强,我应逐步具备对海上犯罪和恐怖势力主动出击的能力,具有及时保护我国及合作方海外资产和人员安全的能力,包括依据国际法基本准则,出动舰艇、航空兵、陆战队等力量实施人道主义救援,对危害我国及合作对象海外资产和侨民、公民安全的国际恐怖组织实施威慑性、压制性、惩罚性打击等,努力维护相关区域和平稳定的安全局面。通过建立在相互信任基础上的海军合作,达到逐步建立友谊、增进互信,营造良好合作氛围的目的,共同维护海丝途经区域的和平稳定。

二要倡导蕴含海上航行自由精神的通道安全合作。21 世纪海上丝绸之路成功与否,相当程度上依赖于海上通道的安全。要确保海丝途经区域海上通道安全,我主要通过丰富与完善海上通道安全合作来达成。要深化现有双边和多边非传统安全合作,如情报信息交流、后勤支援等,为多国维护海上通道安全努力提供服务,同时,适应我在世界主要海域攸关区利益不断拓展的趋势,力争在相关国家如印尼、缅甸、吉布提等开辟战略保障支点,与相关国家共享航道和航行保障设施,共同保障海上航行自由。

三要构建相对稳定的海上安全合作机制。为解决海丝途经区域存在的诸多安全问题,海丝安全合作必须逐步构建相对稳定的海上安全合作机制。伴随着海丝攸关方共同利益和共同挑战的不断增长,相关国家对于海丝安全合作机制将产生相应预期。为保护海丝合作方的长期安全利益,促进海丝途经区域国家间的相互信任,海丝安全合作必须努力追求区域安全利益,不断增进区域共同体的认知;必须具有相当的互惠性,而不能光考虑个别大国的安全利益,而忽略大多数中小国家的安全利益;海上安全合作机制议题要有充分的普遍性与代表性,把至高无上的集体安全作为追求目标;海丝安全合作中的大国,特别是作为海丝战略构想的主要推进方,应当承担更多的安全义务,为海上安全合作提供更多的信息及规范性服务。